中近世農業史の再解釈

『清良記』の研究

伏見元嘉著

思文閣出版

まえがき

『清良記』は、南伊予・大森（現・愛媛県宇和島市三間《みま》町）に本拠を持つ、土居式部大輔清良《きよよし》（天文一五年〈一五四六〉正月晦日～寛永六年〈一六二九〉三月二四日）の一代記で、「戦国軍記」「軍記物」と分類されるものである。「第七巻」に、永禄七年（一五六四）に旧家臣「松浦宗案」が答申したまとまった農業の記述があり、ここから「我が国最古の農書」とされている。また、第七巻は『親民鑑月集』とも別称され、これまで多くの先学によって研究が進められている。

全国の「農書」を集大成しようと、社団法人農山漁村文化協会によって、『日本農書全集』が刊行されたとき、その第一〇巻として『清良記（親民鑑月集）』と題して、「第七巻」を松浦郁郎・徳永光俊両氏が翻刻・校注・解題し[1]、「近世農書」の嚆矢として各方面に活用されている。

成立の経緯や、内容には不自然な部分が多く、疑問も提起されているが、当時の南伊予の史料はいたって少なく、『愛媛県史』を始め、愛媛県南部の地誌・町史なども、やむなく編纂物・軍記物の『清良記』によって補われているのが現状である。

軍記として解題された松浦氏も、本文を整理することに留まらざるを得なかった。一方「農書」としての解題を書いた徳永氏は、そのような条件下で果敢に論を組み立て、今後の研究の見通しを付けている。

日本農書全集版『清良記』が刊行されて四半世紀が経ったいま、筆者はその後蓄積された「第七巻」を農書としてとりあげた研究や、筆者が諸先学のご助力によって行った「軍記物としての解釈」から得られた知見によって、徳永氏の見通しに若干の架上ができるのではないかと思い、自分なりの研究を試みた。

もとより、軍記の個々の記述ごとに順次注釈を施せばよいのだが、全三〇巻に及ぶ長大な物語で膨大なものとなってしまい、先行研究者や筆者の主題である「農書」部分の検証が手薄となる。そのために本書では、軍記全体の解釈から浮びあがった疑問点を掲げ、それを解いて「第七巻」の「農書」の理解に結びつけようとしている。『清良記』を批判的に取扱っているようにも見えるが、『清良記』そのものや、主人公の土居清良、原本作者・編者などを貶めようとする気持ちは毛頭ない。

「農書」の解釈を進める中で、『清良記』『農業全書』『百姓伝記』などを近世前期の一つの基準とした結果、[2]古島敏雄氏などによって積み重ねられた従来の「農業史」で語られる枠組からはみ出してしまい、農業の始まりから発達する過程を遡及せねばならなくなった。第Ⅲ部にはその要点を「問題提起」の意味もあって収めた。

『清良記』の原本は未発見で、十数種の写本が確認されている。後述するが、これらは原本から筆写したものではなく、原本を忠実に筆写したものに底本を求めるべきとする一般的な考えは適用されない。そこで、底本には全編の考証に有利な、松浦郁郎校訂『清良記』を使用し、[3]引用個所などに『松浦本』と表記する。ただし「第七巻」、いわゆる「農書」部分には『全集』が広く親しまれているため、『全集』を優先的に引用するが、漢文混じり文で読みにくい部分もあり、文意の精査を必要とする個所には『松浦本』との差異を示し、精査を必要としない個所は適宜『全集』『松浦本』を単独で使用する。

『松浦本』は、「土居三間新本」（宇和島市教育委員会三間支所教育課所蔵）「高串本」（愛媛県歴史文化博物館所蔵）などと名付けられた写本を校合して、活字化されたものである。読み易くするため、句点・ふりがな・補字・簡単な注記が施され、濁音・吃音や字体の簡略化などもされている。初版は自費出版の形で世に出されたが、現在も版が重ねられ、容易に入手できるのでご併読いただきたい。松浦郁郎氏は、数年間仕事の余暇をすべて『清良記』の活字化に捧げられたと聞く。その成果と恩恵をもって本書が成立している。氏の御労苦を拝察し、またそれを支えてこられたご家族の皆様にも謹んで敬意と感謝を捧げるものである。

（1）松浦郁郎・徳永光俊校注執筆『清良記（親民鑑月集）』（『日本農書全集』第一〇巻、農山漁村文化協会、一九八〇年）。以下『全集』と表記する。
（2）古島敏雄『日本農学史（第一巻）』（『古島敏雄著作集』第五巻、東京大学出版会、一九七五年）。
（3）松浦郁郎校訂『清良記』（私家版、一九七五年・佐川印刷、一九七六年再版）。

〔付記〕なお、第Ⅰ部第二章、第三章、第四章の一部は、左記の通り初出している。
「『清良記』の傍証研究――将棋記述よりのアプローチ――」（『伊予史談』三二一号、二〇〇一年）
「『清良記』の改編者と成立過程」（『伊予史談』三二六号、二〇〇二年）
「軍記物『清良記』の解釈」（『伊予史談』三三六号、二〇〇五年）

中近世農業史の再解釈――『清良記』の研究――◆目次

第Ⅰ部

「軍記」の解釈

第一章　『清良記』をめぐって

一　研究の経過

はじめに諸先学の研究成果の概略を紹介し、研究の経過を振り返る。

『清良記』が「農書」として研究の対象となったのは、佐藤信淵《さとうのぶひろ》（一七六九〜一八五〇）が『農政教戒六箇条』と題して、弘化二年（一八四五）に宇和島藩士・小池九蔵（勘定方藩費留学生として佐藤信淵の弟子となる）宛てに送った書簡で次のように指摘したことが契機となる。

伊予の国にも中古に出来る農書あり、永禄年中宇和郡の領主土居清良虎松丸、少年の時より思慮深く国の衰弱するを憂い、配下の松浦宗案なる者を招いて国事を問う。宗案は頗る当時の識者にして、存じよりの事件十五巻を筆して献上せり。今尚之を伝えて「清良記」と言う。その六七の巻は、大概農事を論ぜり。これは世に稀なる珍書にて、農事を説くこと頗るていねいを尽くせり。伊予の国には所持する者多かるべし。宜しく此書を以って、宇和島農業の模範となすべし。[1]

時代が下って明治・大正・昭和初期には四国西南部の歴史史料としてみられることが多く、『史料綜覧』にも数か所の記述が、単独で、あるいは参考図書として採録されている。

『清良記』には、十数種あるいは二十数種の写本が残っているとされ、これらの基本構成は三〇巻で仕立てられており、佐藤信淵が見たとする一五巻のものは発見されていない。また、『清良記』の現存する写本には、愛媛県の史学研究者の団体である「伊予史談会」会長を務めた西園寺源透氏が、「簡潔な古本」（以下「古本系」）と、「元禄の増補を施したもの」（以下「新本系」）の二つの系統があると指摘している。(2)

大正八年（一九一九）兵庫県で行われた陸軍大演習のさいに、演習参加地域の産業振興功労者に追贈の沙汰があり、愛媛県では伊予史談会に候補者の選定を依頼した。これに対して、『清良記』第七巻において、土居清良の農業に関する諮問に答えた「松浦宗案」を、伊予史談会副会長の菅菊太郎氏が中心となって推薦し、受理されて正五位が追贈された。(3)

松浦宗案は、土居清良の祖父・伊豆守清宗入道宗雲、養父の備前守清貞の二代に仕えた侍で、歳を経て武者働きができなくなって帰農し、回国修行をして農の技を磨いたと述べている。「第七巻」はこの松浦宗案に清良が永禄七年（一五六四）正月に農業のことを諮問し、博識な宗案がこれに答える構成である。ここから『清良記』そのものを「農書」とし、作者も松浦宗案だと誤解されたりする。

『広辞苑』第五版では一部その説を受け入れ、次のように紹介している。

伊予宇和島の土豪、土居清良の一代を描いた軍記物。三〇巻。うち第七巻上・下、別名「新民鑑月集」は領主の勧農策を記し、戦国末・近世初頭の農業を伝える日本最古の農書。著者は松浦宗案または土居水也、成立年は一六二九年（寛永六）から五四年（承応三）または七六年（延宝四）の間といわれる。(4)

宮内庁の決定を受けて、地元では菅氏を中心に松浦宗案の墓の捜索が行われ、松野町に見出したとして、この地に「宗案神社」が創建され、以来、愛媛県農業の功労者、「三徹」の一人として称揚されることになる。

その後、佐藤信淵の研究者でもある瀧本誠一氏が、第七巻の「農書」部分を全国的に紹介して、(5)「農書」としての研究が広まる。また、同氏が収集した『耕作事記』（『親民鑑月集』『五穀雑穀作其外作物集』『耕作問答』『土地弁談』などを所収）の記述が、『清良記』「第七巻」の内容と非常に似ており、巻末には松浦宗案が書いた旨の別筆の書入れがあるので、『耕作事記』が『清良記』の「第七巻」を抄録しているか、あるいは逆に『耕作事記』より『清良記』「第七巻」が成立しているのではないだろうかと、報告がなされた。(6)

愛媛県農業史研究の先駆者である菅氏は、瀧本氏蔵本の『耕作事記』を検証し、「其内容は宗案農書の要項を編纂したるものの如く」とした。(7)「『清良記』を抄録したものが『耕作事記』だ」とする氏の推測は、その前後の言動とあいまって定説化される。

昭和一四年（一九三九）近藤孝純氏が、「松浦宗案」の架空性を指摘した。(8)これに触発されるように、『清良記』の記述をそのまま信じる姿勢が転換されて、昭和一五年（一九四〇）に児玉幸多氏は、第二章「四季作物種子取の事」の中に近世に渡来したとされる作物が含まれており、「永禄七年」に成立した「中世農書」説に、疑問を投げかけた。(9)

児玉氏の指摘に呼応するように、古島敏雄氏の延宝四年（一六七六）成立説、(10)入交好脩氏の寛文元年（一六六一）頃成立説、(11)近藤孝純氏の元禄一五年（一七〇二）成立説、(12)山口常助氏の承応三年（一六五四）説(13)などが発表されることになる。

一方、近藤氏の松浦宗案架空の人物説に、菅氏は反論を掲出している。反論の主旨は、宗案の実在史料・考証を示さず、『侍付』(14)という現存する『清良記』の編者（後述）の備忘録あるいは後世の人名索引を援用し、土居清良の活躍を示す『西山家記集』を引用するなど、いささか感情的なものであるが、これも定着してしまう。(15)菅氏は、『清良記』を「我が国最古の農書」として喧伝し、国の時代的な要請である「富国強兵」「殖産振興」に応えるため、愛媛県農業のシンボルとして松浦宗案を選び、それは国に申請・受理された。氏の立場を推測するに、県の要職にあった者として、史実よりも国家の要請に忠実であろうと務めたのであろう。

瀧本氏が指摘した『耕作事記』との類似性、近藤氏の松浦宗案の架空性は、菅氏によって一応の決着が付けられたことになっていた。したがって、全国に伝わる「農書」を活字化・現代語訳して広く閲覧に供しよう、それまでの研究成果を総集しようと企画された日本農書全集版『清良記』は、このことについては触れていない。

昭和五八～六〇年（一九八三～五）に永井義瑩氏は、瀧本氏所蔵本ではなく京都大学農学部農林経済学科図書館に所蔵されている『耕作事記』により、『清良記』「第七巻」は『耕作事記』を引用改作して書かれていると結論し、そこから得た所見を数多く発表した。(16) 発表された諸論文の要旨を整理すると、概略次のようになる。

①『清良記』「第七巻」全体は『親（新）民鑑月集』と呼ばれるが、これは『耕作事記』第七巻『親民鑑月集』のことで「新」は誤りである。また、これを引用した『清良記』の「第七巻」上第二章「四季作物種子取の事」だけを指すべきで、「第七巻」全体を『親民鑑月集』と称することは、誤用である。

②「現存『清良記』」は、「原本『清良記』」が大衆受けするように、『耕作事記』の諸書を加筆して農書として取り込んだものである。

③「現存『清良記』」は、『耕作事記』所収の諸書に書かれた年号や、『親民鑑月集』の「琉球芋」に関する記述、背景にある近世の小農自立過程より、元禄一四年（一七〇一）以後の成立である。

④徳永光俊氏が『全集』解題で、江戸時代に書かれた戦国時代の事象から、戦国領主の勧農策と史料の少ない中世農業から近世農業への移行が読み取れないかとする古島敏雄氏などの立場を継承しているが、成立年代よりこのスタンスは成り立たない。

⑤「現存『清良記』」写本の新本系が先に編纂され、それの意味を理解しないままに書き写したものが古本系である。

⑥『清良記』に耕作の基準として「此等堅田と言うは、音地にあらす、水田にもなく、堅て冬はかわきたる田

なり」と書かれた「古堅田《こかしだ》」は、実地調査の結果、重粘土質で「日に焦がす」必要のある「排水不良の一毛作田」である。

⑦編者は「愚民観を前面に出して、愚かな百姓に対して教諭する態度」で書いている。

⑧『清良記』は「軍記物」なので歴史史料としては扱い・引用に注意が必要である。

⑨原本では現在の大阪を「難波」と統一していたものを、「現存『清良記』」は近世の呼称である「大坂」に書き改めている。琉球芋の解説文に書かれた「芦原」は、伊予周辺の地名である。

その後に『清良記』に関しては、矢野和泉氏・石野弥栄氏・山内譲氏・門田恭一郎氏[17]・有薗正一郎氏・外園豊基氏・藤木久志氏・松浦郁郎氏などの研究が発表された。

矢野氏は愛媛県松野町を中心に活動されており、地元の宗案神社設立の経緯・諸説の紹介、『清良記』に書かれた町内にある河後森《かごもり》城の発掘成果などをもとに、城主の河原淵氏の記述や、土居清良の活躍描写に疑問を呈している。[18]

石野氏は、「高野山上蔵院文書」をもとに土居清良の「寿墓」について、第一九巻第一一章に登場する「山本左馬進」という清良の家臣と書かれた人物を、上賀茂神社社家「森家文書」に見出し、上賀茂神社の派遣する上使であることを明らかにしている。[19]また、『清良記』に関する史料を多く見出し整理している。[20]

山内氏は、『清良記』に書かれる「松葉合戦」の年月日を、『長元物語』の合戦記述にある「日蝕」を梃子に、割り出している。[21]

有薗氏は歴史地理・民俗学の立場から、稲作暦と灌漑水源との関係を、他の農書と比較検討している。[22]

外園氏は豊後大友勢の伊予への「乱取り」を本文より一九回と整理し、大友氏の水軍と伊予水軍の関係を福川一徳氏、石野氏などの研究から導き、さらに豊後・伊予の漁民による交流を大本久敬氏の民俗学研究から考察している。[23]

藤木氏は戦国時代の戦場となる村の勧農・乱取り・刈田・飢饉を『清良記』から読み取り再現を試みている。[24]松浦氏は土居清良が一世一代に誇るべき軍功である「岡本城合戦」を解説している。[25]

「軍記物」は狭義の「軍記物語」を下敷きにして、「虚実」を綴るものだとされる。また、読み手（語り手）、写し手が加わるごとに、読み手（聞き手）を楽しませるために創作が加わるともされている。『清良記』もこの範疇に入り、一読して「虚談・空想」だとわかる部分も顔を出しているが、読み手として編者の筆に心地よく「ダマされる」楽しみも与えてくれている。

語られる範囲はきわめて広く、著名な「農業」の記述を始め、伊予の戦国大名・湯築《ゆずき》（松山市）の河野氏、大洲の宇都宮氏、松葉（西予市卯之町）の西園寺氏、隣国土佐の一条氏・長宗我部氏、安芸の毛利氏・小早川氏、豊後の大友氏、阿波の三好氏、織田信長とその有力武将の豊臣秀吉、明智光秀などが登場する。豊臣時代に南伊予の支配者となった戸田勝隆。河内守護代の末である安見右近。藤堂高虎の従弟藤堂新七郎。戦国武将の紀州雑賀の鈴木孫一。信州武田氏の軍師・山本勘介。清良の仲間や敵対する有力な国人。一騎当千の侍、祐筆、武芸者、商人、農民、名本、鉄砲鍛冶、海賊、僧侶、社家、忍者、泥棒、琵琶法師、かせ侍、小者、熊野御師、伊勢御師と多彩な面々が登場する。

語られる内容も、合戦、世相、農業、将棋、相撲、印地打ち、鶉狩《うずらがり》、巻狩、流鏑馬《やぶさめ》、鉄砲製造・砲術、狂歌、とんち話、謎かけ話、仕方話、教訓談、怨霊談、妖怪談、仇討話、参詣記事、公事、金利、太閤検地、朝鮮出兵などと豊富である。

『清良記』の研究は、「農書」に重点を置いたものが多く、軍記物になぜ「農書」が書かれているのか、原本に加筆・修正・装飾が加わったとされることの当否、書きかえられたとすれば、いつどのような経緯で現存する

『清良記』に書きかえられたのか、などは明瞭にされていない。また、土居清良や国人たちの記述に精度が欠けているとされるが、(26)どの程度戦国時代の様相を示しているのか、全巻に渡る検証がほとんどされていない、など多くの宿題を抱えている。

二　『清良記』の概要

一般に『清良記』といえば第七巻の「農書」の部分にしか馴染みがないので、ここで概略の構成を知ってもらうために全編の目次を『松浦本』より掲げ、粗筋を紹介したい。

各章の下に付した年月日は本文に書かれているもの、書かれていないが文脈から推測されるものを記した。なお、●は本文に書かれた「年月日と記述」の両方を、他の史料で確認できたものである。

〔第一巻〕

一、土居根源先祖の事、並、土居徳能紀清両党の事　（文治五〈一一八九〉）
二、土居伊豆守清宗繁昌の事　（天文一五〈一五四六〉）
三、石城入部の事、付、豊後大友義秋勢寄せ来る事　（五月二一日）
四、豊後勢手分けの事。付、土居清宗入道軍評定の事
五、豊後勢石城を攻むる事

伊予三間《みま》大森に本拠を置く土居氏の先祖のこと。紀州熊野鈴木党の末で、家祖・鈴木三郎重家が「奥州下り」にさいし、長男太郎千代松を従弟の河野通信・紀四郎近清に託す。通信は太郎を重用し、河野家の後嗣に据えようとするが、太郎は河野家が二旗になることを慮り出家を志する。そのため通信も意思を曲げ、土居太郎清行と名乗らせて河野家の後見をさせる。以来、土居家代々の者は「清の字は新井紀四郎近清が家より、亀井六郎重清

へも、また土居家にも伝わる。重の字は鈴木家の重なり」と、「清・重」を名乗り栄える。清良の祖父・伊豆守清宗宗雲（一一代）は大森城に居城し、入道のさいに旗頭・西園寺氏より立間《たちま》石城《いしじょう》など（宇和島市吉田町）三〇〇貫を加増される。天正一五年以後に九州の大友氏より再々の攻撃を受けること、清良の父・土居清晴、清良の一四人の叔父たちのことなどが書かれている。

〔第二巻〕（永禄三年〈一五六〇〉六月二六日～）

一、大上、宗雲へ意見の事

二、豊後より大寄せの事

三、豊後勢立間郷寄せの事、付、赤口次郎左衛門、親の仇を討つ事

四、西園寺実光卿、石城の加勢を呼び返される事（～七月一三日～）

清宗の連れ合い・河野一族出身の豪婦妙栄のこと、清宗が栄えたこと、永禄三年に伊予各地を大友氏が大攻勢を掛けたこと、石城に籠城した土居一族の奮戦、清良の父・志摩守清晴、清良の兄・治清の戦死。旗頭・西園寺氏が攻撃を受けている石城から加番の侍衆を引き上げたこと、などが書かれている。

〔第三巻〕

一、土居備中守清貞、我が城を捨て、父と一緒にこもる事（～九月一七日～）

二、豊後勢、山の峰に小屋をかける事

三、石城勢減る事、付、九郎宗信不審を立てる事

四、石城井戸を掘り崩される事、付、白木甚左衛門の申す事

五、石城落城の事（～一〇月五日）

前巻に引き続き土居一族の奮戦。当主・大森城の土居備中守清貞が西園寺氏の振舞いに怒り、囲みを破って石

城に合流する。水の手を断たれ追い詰められた様子と、一二二人の一族郎党・上臈・婢が自刃し、妙栄は孫二人を小脇に抱え火炎に身を投ずる「石城崩」と呼ばれるありさまを書いている。ここまでが書き起こしである。

〔第四巻〕

一、土居清良、土佐へ落ちられる事　（一〇月一日～一六日）

二、和田右近謀反の時、清良働きの事　（永禄四年〈一五六一〉正月一六日）

三、千盤文太夫、左吉と口論下馬とがめの事

四、樋口・安並喧嘩の事、付、清良手柄の事

五、鹿狩りの事、付、鹿論、土居左吉、狐野又五郎手柄の事

六、お松上ろう、浮名立つ事

妙栄の計らいで、清良と姉・お松が土居家の再興を託されて城を落ち、土佐中村（大津）一条氏の家老・土居近江守を頼る。清良は一条氏に仕え、狩場での活躍、逆臣を討つ武功を顕す。お松のエピソードなども書かれている。この巻より清良が主人公になる。

〔第五巻〕

一、土州中村八幡宮祭礼の事、付相撲に礫打つ事　（永禄四年八月一五日）

二、土居近江守、謀をもって礫打ち顕される事

三、一条殿より清良へ鷹送られる事

四、入江兵部に落書の事

中村八幡の祭礼での相撲や印地打ち。一条氏の家老・土居近江守（宗珊）の振舞い。鶉・鹿狩の様子。一条兼定の従兄弟・入江兵部の振舞い。清良の武人としての修行など土佐在住のエピソード。

〔第六巻〕　（永禄五年〈一五六二〉四月一二～一六日）

一、善家六郎兵衛、謀の事

二、馬の尾を切り、公事に及ぶ事

三、土居三蔵の分別、当たる事　（七月一二日）

四、土居清良、予州へ帰城の事、付、法田和尚の事

五、石城旧跡の事、付、土居似水入道酒宴の事

六、土居領の民、心入れ深き事

七、清良、一条殿へ御馬所望の事　（永禄六年〈一五六三〉正月五日）

蓮池城の和食《わじき》氏が一条氏に反旗を翻し追討されるが、清良は部下の三蔵の奇計で城に攻め入り、和食氏を討ち取る殊勲をたてる。その功を認められて本拠大森一五〇貫（宮下《みやのした》・石原《いしはぎ》・末森《すえもり》三か村）を賜り、帰郷する。清良の新政。領民が一条氏からの離反を勧める。兼定より乗り馬「蓮池黒」を拝領するなど、いよいよ清良の領主としての活躍が始まる。

〔第七巻　上〕　（永禄七年〈一五六四〉正月）

一、土居式部大輔清良、農事を問われる事

二、四季作物種子取りの事

三、五穀雑穀その他、物作りと号る事

四、土、上中下三段、並九段、付、十八段の事

五、糞草の事

六、巧者萬作り種子置き様の事

〔第七巻　下〕

一、一両具足の事、付、田畑夫積りの事

二、農に暇なしと言い立つの事

三、土居伊豆守清宗、農に勇まれる事

四、農業を将棋に喩ふる事

五、農夫楽の事

六、清良、宗案と問答の事

清良が家老の善家六郎兵衛に「農事」を下問するが得心できず、松浦宗案などを城に召して問いかける。宗案が「書上げ」を提出する。書上げへの疑問が、清良・宗案の問答として補足される。目次では上下に分割されているが、本文では一巻として書かれている（本書では本文同様に第一章〜第一二章と表記する）。第七巻（上下）は他の巻に比べ（第一四巻上下を除く）長文である。

ここは「松浦宗案」の一人舞台である。作物の品種、栽培の時期暦、土地の品位、肥料のこと、労力のことや、領主・奉行・役人・目付のあるべき姿と現状、野良者・武家奉公人への非難など、多彩なことが書かれている。いわゆる「農書」である。

〔第八巻〕

一、清良思案深き事　（永禄七年六月二七日〜七月七日）

二、清良謀反の事、付、方々の人質取り返す事　（一〇月一二日〜一四日）

三、一条殿、御出馬、付、善家六郎兵衛偽りの事

四、西園寺殿より御使者ある事

五、一条尊家御人数、河原淵打ち出る事（一二月一日）
六、清良大浦合戦の事、付、桜井武蔵の事（永禄八年〈一五六五〉一月二五日～二月三日）
七、豊後勢狼藉の事（三月中旬）
八、一条尊家卿、西園寺実光卿対陣の事（五月下旬）
清良は一条氏より独立を図り、人質のお松を奪還する。些細なことで清良をはじめ、南伊予の国人が一斉に一条氏を離反して、西園寺氏に属する。一条氏は報復の攻撃を仕掛ける。病に倒れた旅の軍学者・桜井武蔵を庇護し土居家が抱える。大友氏の侵攻。一条氏と西園寺氏の直接対決などが書かれている。

〔第九巻〕
一、忍びの頭、丹波・丹後の事（永禄八年五月）
二、力石を掲げる事（八月二九日～）
三、鉄砲鍛治来る事（～九月二九日）
四、一条尊家卿、西園寺実光卿対陣の事（一〇月八日）
五、尊家卿、再び返し来られの事（永禄九年〈一五六六〉正月二三日）
六、豊後勢追い返す事（二月末～三月二一日）
七、三間中の侍大将、西園寺殿へ諫言の事（閏八月二四日）
八、牛公事の事
九、周地郷と成妙郷、山公事の事
一〇、野村、赤浜二頭、清良と公事の事
清良の治世。忍者の活躍。領民の鍛錬法。近江の鉄砲鍛冶・薬師堂玄蕃を招いて鉄砲製造技術の習得。土佐との合戦、大友氏の侵攻、国人間の訴訟沙汰。日和見同然の予土国境の河後森城・河原淵氏の扱いについて三間衆の西園寺氏への要望。野村の白木氏と三間衆が山争いをして訴訟となったことなどが書かれている。

〔第一〇巻〕

一、御庄兵庫頭飛脚の事、付、土佐両山夜討の事　（永禄九年二月二四日～三月一三日～）
二、南方新助、白木図書と喧嘩の事、付、清良、西園寺殿へ意見の事
三、西園寺公広卿、一条尊家卿合戦の事
四、清良、能信へ加勢の事
五、出目川合戦の事　（～四月一日～）
六、清良、薄木城を攻め落とす事
七、土居夜討の事
八、若手の衆、川を渡らざる事
九、有馬兵庫頭能信、武略の事
一〇、桜井武蔵、諸国物語りの事　（～四月一二日）
一一、桜井、文武の沙汰の事

土佐勢との出目川《いずめ》・薄木城攻防、瀬波合戦と打ち続く戦いの様子。西園寺家中の国人衆のこと。隣郷の金山城主・有馬氏のこと。清良に新に仕えた桜井武蔵の語る諸国の様子・武将のありかた、などが書かれている。

〔第一一巻〕

一、法華津、武略の事　（永禄九年六月九日）
二、豊後より大寄せの事　（七月一七日～）

三、豊後勢、三間へ打ち入る事（〜八月九日）
四、古々和泉、三間大明神の神罰を蒙る事（〜八月二一日）
五、豊後勢引き払う事、付、法華津を攻むる事（永禄一〇年〈一五六七〉二月一日〜一五日）
六、石黒、山内、一の森高森を攻むる事（二月末）
七、石城普請の事（永禄一〇年三月二五日〜）
八、重宗、通正山公事の事（〜五月四日）
九、山内敗北の事
一〇、山内外記寄せ来る事、付、長宗我部元親加勢の事

大友氏の大規模な侵攻と伊予水軍の法華津《ほけつ》氏の活躍。大友氏の三間侵入と三間三島神社の神威。一条氏配下の攻勢。清良の度重なる武功が認められて、立間石城など近隣五か村の旧領地を回復したこと。石城を再建したこと。中野氏（河野氏）と薄木氏の山争いから合戦沙汰に及ぶこと。一条氏の軍に長宗我部氏が加わって攻勢をかけることなどが書かれている。

〔第一二巻〕

一、河後森を攻むる事（永禄一〇年七月二日）
二、一条尊家、清良対陣の事（八月一四日〜一八日）
三、土佐、豊後の敵を清良積る事
四、三好長張、噂の事
五、高森合戦の事
六、薄木の城、寄せ手押し払う事（永禄一一年〈一五六八〉二月二日〜）

七、尊家卿、軍を巡られる事（〜二月二七日）
八、土佐勢、夜討の事（二月三日〜二七日）
九、鉄砲之助、扇の的を射る事（四月中旬〜一二日〜五月四日）
一〇、清良、西之川四郎右衛門と腕押しの事、付、合戦の事
一一、土居より西之川へ押し寄せる事
一二、豊後勢、押し払う事、付、一条家門、清良対陣の事（六月二九日）
一四、上山藤右衛門、薄木三河守合戦の事
一五、善家六郎兵衛、喧嘩の事
一六、桜井武蔵、敵の謀を見知る事（七月下旬）

一条氏の攻撃に清良が三間衆の触れ頭となって戦う、高森城の攻防。清良と芝（西之川）氏との再々の喧嘩。大友氏の来襲、土佐の国境勢力の茹田狼藉などと、華々しい軍談が綴られている。目次では一三章がないが、本文には「家門、清良対陣の事」と、少量の記述がある。

〔第一三巻〕（永禄一二年〈一五六九〉四月）
一、土佐一条、軍評定の事
二、豊後より狼藉の事（八月二六日）
三、土居より土佐へ手遣いの事
四、土居外記、初陣の事（元亀元年〈一五七〇〉正月一三日）
五、上山、竹原縁組の事
六、家門武略の事（八月九日〜●）

七、一の森公義、降参の事　（〜八月一三日〜●）
八、清良城代、合戦の事
九、土居左兵衛夜討ちの事、付、三宅を討つ事
一〇、桜井、朝合戦の事　（〜八月一七日）
一一、土居帰陣の事、付、家門おくれの事
一二、法華津秋宣、多田信綱、清良相図るの事
一三、多田、古屋噂の事
一四、清良、西園寺殿へ諌言の事　（〜八月二三日）
一五、中野お六の事、付、深田公義改易の事　（一二月初め〜元亀二年〈一五七一〉正月●）
一六、一条殿、西園寺殿和睦不調の事　（正月初め）
一七、清良逆心偽りの事

一条・大友連合の攻勢。土佐の国人・上山氏の抱き込み。一条氏の猛攻に深田竹林院氏・中野河野氏の降伏。土居家女軍の活躍。西園寺氏の優柔不断で二〇〇〇貫が切取られたこと。優柔不断の旗頭に替わり清良・法華津氏・多田氏が共同して対処したこと。土佐に人質となった中野お六の脱出失敗悲話。土佐との和議が整わなかったこと。南伊予が土佐勢の攻勢に苦境に立ったことなどが書かれている。

〔第一四巻　上〕

一、清良、行の事　（元亀二年九月八日〜）
二、清良の積り当たる事
三、土居、軍評定の事　（〜九月一一日）

四、玉木源蔵、入江兵部悪口の事
五、玉木を鞠の源蔵と悪口興の事
六、目安の事　（三月五日）
七、土佐勢、城々を攻め落とす事　（元亀二年九月一二日～）
八、桜井五左衛門、夜討の事　（～九月一四日～）
九、堀口辻之助、玉木八郎、桜井五左衛門同意の事
一〇、五左衛門を褒美の事、付、冬蛍の火を讃うる事
一一、武蔵、釣り合い物語りの事
一二、真吉新左衛門、支え口を略する事
一三、長宗我部元親勢、足踏みをする事、付、扇の的の事
一四、東小路法行、有馬の金山城を攻める事　（～九月一八日～）
一五、法行、鬼ヶ窪合戦の事
一六、松葉合戦の事　（～九月二一日～）
一七、法行、敗北の事
一八、土佐勢、夜軍の事
一九、土佐勢同士軍の事
二〇、円長坊、過言の事

清良の近隣諸国の形勢判断。西園寺家中のこと。土居家の勇者・玉木源蔵、松浦八郎兵衛（松浦宗案の息子）、桜井五郎左衛門の活躍。土佐勢の猛攻。遺恨ある有馬氏の金山城を一条氏の一門・東小路氏が猛攻すること。西

園寺氏の本拠が攻められる「松葉合戦」。土居家の山伏頭（熊野先達）・円長坊のことなどが書かれている。

〔第一四巻　下〕

一、剛臆の沙汰の事
二、太平記噂の事
三、胎子論の事
四、鳥の子の事、付、鶉の事
五、牡丹の事
六、所用の事
七、心軽重の事
八、牛公事の事
九、沙汰人批判の事
一〇、領内宝の事
一一、円長坊、面目を失う事
一二、牛馬、早稲を喰らい公事の事
一三、桜井五左衛門、公事を捌く事
一四、清良、人のことを撰ぶ事
一五、大将物頭心持の事
一六、清良、武功の物語りの事
一七、桜井武蔵、軍物語りの事

一八、思い立ち工夫の事
一九、酔狂の事
二〇、愛敬の事

前巻とは一転して、『平家物語』『太平記』のこと。教訓談、珍談。商人のこと、利率のこと。訴訟沙汰。人の用い方。円長坊の逸話。清良の武功談。桜井武蔵の武功談など、雑多な話が登場する。

〔第一五巻〕

一、土居より敵方へ、音物を送る事　（～九月一二日～一六日～）
二、桜井、観音寺、江村出合いの事　（～九月二三・二四日～）
三、清良、謀を縮る事　（～九月二五日～）
四、土居、軍評定の事　（～九月二六日～）
五、清良、武略の事
六、江村備後、大森へ使いを差し越す事
七、一条殿より使者の事　（～九月二六・二七日～）
八、土居郎従、詮議する事　（～九月二八日～）
九、玉木、長崎勝負の事
一〇、江村の文を家門に見られる事
一一、土佐勢、重ねて味方討ちの事
一二、土居蔵人、人数を催す事　（～一〇月一日～）
一三、元親勢を押し崩す事　（～一〇月二日～）

一四、清良、二心無き事　（～一〇月四日）
一五、江村、重ねて敗北の事　（一〇月五日）
一六、一条家門殿、帰陣の事
一七、一条殿より河原淵法忠をもって、土居へ人質を送り返される事

第一四巻上の合戦の続き。土佐勢に加わった長宗我部軍と一条氏の内部対立。これに付け込み工作すること。土佐勢の分裂による撤退。一条氏が清良の活躍を認め伊予攻略を諦め、伊予の人質を清良に返すこと、などが書かれている。

〔第一六巻〕

一、家門、清良和睦の事　（元亀三年〈一五七二〉一月三〇日）
二、土佐へ加勢の事　（四月一一日～二三日・六月）
三、道後へ加勢の事　（七月二〇日～）
四、清良、親安敵を崩す事　（～八月二日～）
五、清良、武者を流さざる事
六、郡内の武士、見苦しき行の事
七、土居、行をもって敵を崩す事
八、河野通直、加勢衆を馳走の事
九、有馬殿、方当て物語りの事　（～八月七日）
一〇、休心、点取り連歌の事、並、伊予千句の事
一一、京都周桂、土佐成楽寺桂林合点の事

一二、道後へ加勢、土居、三好と合戦の事　（九月上旬～）
一三、同所、清良手柄の事　（～九月二〇日～）
一四、清良、敵の退くを見知る事、付、輝元より土居へ書通の事　（～九月二二日一〇月二八日）

清良と一条氏との和議が成立したこと。一条氏に加勢して長宗我部氏に備えること。毛利氏と対立した北伊予・河野氏に加勢して北の川氏と共に三津浜で戦い武功を顕すこと。伊予千句と呼ばれる有馬氏の連歌のこと。河野氏に加勢して三好氏と戦うこと。毛利氏の音信などが書かれている。

〔第一七巻〕

一、清良、道後番替わりの事、付、高野参詣の事　（天正元年〈一五七三〉正月初め～）
二、来島飛騨守、清良を馳走の事、付、海賊物語の事　（～一二月二八日～）
三、清良、海賊を打ち払う事
四、清良、名所巡見の事
五、水辺、上原と喧嘩の事
六、清良、熊野参詣の事
七、清良、伊勢参宮の事、付、柳情の事　（～六月晦日）
八、土居左兵衛、軍物語の事　（四月末・五月初め・九月一九日）
九、山田、久枝諫言の事
一〇、清良の威光、付、田歌の事
一一、長宗我部元親、一条家を破る事
一二、清良、一条家へ音信の事　（天正元年一一月末）

一三、入江兵部が事、付蔵人物語の事　（〜一一月末）

河野氏への援軍で北予に出陣していたが敵の来襲がなく、清良はそのまま高野山・熊野・伊勢参詣に向かう。一六〇日にも及ぶその道中記。清良留守中の国人の動向と西園寺氏の対応。一条兼定が長宗我部元親に追放されること。隠棲した兼定を入江兵部が襲い失敗するエピソード。

〔第一八巻〕　（元亀三年八月〜天正二年〈一五七四〉正月）

一、清良、民を撫る事　（正月晦日）

二、清良、誕生日を祝われる事　（一一月二日）

三、伝久院の僧、弓稽古の事

四、元親勢、初めて伊予分へ手遣いの事　（一一月一一日）

五、元親勢、重ねて追い散らされる事

六、筒井来慶手柄、元親勢敗北の事

七、来慶最期の事

打ち続く天災と凶作。松浦宗案の活躍。行き届いた清良の撫民。一条氏に代わり長宗我部氏の再三の侵攻と防戦。大和の戦国大名・筒井順慶の叔父・来慶の奮戦が華々しい。

〔第一九巻〕

一、山内外記、武勇の事　（閏一一月一〇日〜）

二、土居俄に打ち出る事

三、清良、夜軍の事

四、土居より土佐分へ働く事　（閏一一月二六日）

五、清良、元親を批判の事、付、安並、石黒が事　（天正三年〈一五七五〉二月二六日～）
六、重ねて、元親手遣いの事
七、高森の寄せ手、土居合戦の事　（～二月二八日～）
八、筒井乱慶、徳蔵暇乞い、付、蔵人思慮深き事
九、筒井竹、帰り物語の事
一〇、土居七鑓、土佐方軍大将山内外記討ち捕る事、付、古山但馬佐門宮内討ち捕る事　（～二月二九日～）
一一、元親弟親泰敗北の事、付、近衛殿より清良御書を給わる事　（～三月二日）

長宗我部の臣・山内氏の猛攻。清良の夜戦。清良の土佐領土内攻撃。土佐勢の攻撃と「高森合戦」。清良の防戦。清良被官の筒井一族のエピソード。河後森城での攻防で清良が長宗我部親泰（元親の弟）を破ること。京都に使いしていた山本左馬進が近衛家より戦勝の祝いを授かることなど、軍記物の華である合戦描写である。

〔第二〇巻〕
一、西園寺殿より、安芸毛利輝元へ加勢の事　（三月一二日～）
二、河野通直衆、直行衆と争論の事、付、瓢簞之助目利の事
三、清良、道後へ加勢を辞する事　（四月下旬）
四、清良、御庄へ駆け助け手柄の事　（五月一八日～）
五、清良、鶉網上手の事、付、津之助が事
六、清良、重ねて御庄へ加勢の事
七、吉良左京之進、土居式部大輔と合戦の事
八、刀、脇差し、寸袋を用うる事

九、市助、挙参の事
一〇、市助立身の事
一一、向山、謀反の事
一二、元親噂の事　（天正七年〈一五七九〉・天正一五年）
一三、右京之進、話の事
一四、豊後より狼藉の事
一五、土居蔵人、出頭の事　（天正四年〈一五七六〉正月中旬・三月一二日・三月一六日・四月二日・～）
一六、高西源兵衛が事、付駲子舞の事
一七　西園寺殿より、重ねて中国へ赴く事、付、小早川隆景より土居へ書通の事
（六月八日・七月末・九月・一一月～一二月二日～）

安芸の毛利氏に加勢して備後に出兵した土居勢が敵将・福山丹後守を討ち取る。御荘《みしょう》・勧修寺《かじゅうじ》氏が土佐勢に攻撃され、清良が駆け付け撃退する。勧修寺氏とのかかわり。勧修寺氏の勇者・板尾津之助のこと。土佐勢の侵攻に清良が独断で速攻して河後森城を占領していた土佐勢を焼き討ちにすること。清良の祐筆・市助のこと。市助の語る清良のこと。長宗我部氏のこと。毛利氏の要請で遠く丹波亀山に遠征して明智光秀と対戦する。さらに、因幡鳥取城に転戦する。戦後譚。再び毛利氏の要請で出兵し、門司城一番乗りを果たすことなど、遠征の記録が綴られる。

〔第二一巻〕
一、上泉院、弁口を以って、清良重ねて中国陣の事　（天正五年〈一五七七〉正月中旬）
二、明智と小早川、戦いの事　（四月四日～四月二九日～五月一七日～）

三、予州より中国へ加勢の事、付、中国衆上月の城を攻むる事
(八月末～一一月・天正六年〈一五七八〉三月一二日～)
四、上月城に於いて土居清良手柄の事
五、土居方の鉄砲、敵味方を驚かす事
(～六月一六日・七月八日・八月下旬～)
六、将軍御勢、中国を引払う事
七、輝元、清良の永陣を感悦される事
(～九月二〇日)
八、今度の中国陣に於いて、京、田舎の忍びの者盗賊する事
九、女の霊魂蛇に成りて人の頭を巻く事
(天正八年〈一五八〇〉春～天正一〇年三月二一日)
一〇、時鳥を蜀魂と言う事
一一、中国加勢の事、並に、清良、海賊を打ち捕へる事
(天正六年八月下旬・一一月二〇日・一一月中旬・天正七年正月～・天正年四月～)
一二、楠長庵より西園寺殿へ書礼の事、並に、輝元と、公広手切れの事
(天正七年正月・天正八年・天正九年)
一三、深田竹林院弟公明、手柄の事
(天正七年七月二七日～)

毛利氏に加勢して再び亀山を目指して攻め上ること。再々の中国出兵で伊予の諸侯が軍費に困ること。播州上《こう》月《づき》城に籠る尼子氏・救援軍の織田軍との戦いに清良が鉄砲で活躍すること。志方城を巡る攻防と戦後譚。再び中国への出兵途上の航海中に海賊衆との交戦。西園寺氏と毛利氏との争い。織田信長の祐筆・楠長庵からの書状のこと。竹林院公義の弟・公明の活躍などが書かれている。

〔第二二巻〕

一、芝美作守の事（天正八年春・四月二八日）
二、鳥屋が森籠城の事、並に、芝美作、富楼那の弁口を借りる事（四月二八日～五月三日）
三、芝源三郎逆心前代未聞の事
四、竹林院公義訴訟の事
五、土居、元親と合戦の事、付、芝美作逆心の事（七月二六日～）
六、真吉新左衛門、夜討の事（～七月二九日）
七、土居、中野縁組違変の事、確執の事
八、北之川対馬守通安最期の事（八月二一日～九月？日）
九、芝美作守、人質を出す事
一〇、芝美作守、人質を取り返す事（天正九年〈一五八一〉正月～三月）
一一、公広卿より三間へ加番の武士を遣わされる事
一二、薄木合戦の事、並に善家手柄の事（三月九日）

国人・芝氏の先祖と、伸張の末に河原淵氏を乗っ取るありさま。芝氏が長宗我部氏に内通すること。土居家と中野・河野家と確執の由来。北の川氏の家臣が長宗我部氏に内通して滅亡すること。芝氏の帰参と再び内通のこと。薄木城を巡る合戦。南伊予の有力国人の動向。

〔第一三巻〕

一、岡本合戦の事（天正九年五月一三日～）
二、橘合戦の事、付、河野通直より土居へ音礼の事
三、框越合戦の事、付、土居似水討死の事、併、薫蔵主悪口の事（～五月一四日～）

四、薫蔵主の事　（〜五月二五日）
五、土居蔵人利口の事
六、浦戸その他生け捕りの者助けられ、土州へ帰る事　（五月二六日〜）
七、芝美作、偽りて鰐口を遁れるる事　（七月一七日）
八、西園寺殿、北之川を攻めらるべく評定の事　（九月初め〜一〇日〜）
九、重ねて北之川の陣の事
一〇、豊後大友義秋、狼藉の事　（九月一六日）
一一、魚成、北之川を取り返す事

中野・河野氏の持ち城・岡本城を、長宗我部軍が奇計をもって攻める。「岡本城合戦」が始まり、長宗我部氏の家老・久武蔵之助などを清良が討ち取る。付随した「橘合戦・框《かまちごえ》越合戦」と土居家の大勝利が書かれ、大損害を蒙った土佐勢はしばらく伊予に出兵できなくなる清良一代の武功譚が綴られる。西園寺氏の魚成《うおなし》・北の川平定戦。大友氏の侵攻などが書かれている。

〔第二四巻〕
一、堂ヶ内小七、手柄の事、付、同人最期、清良下知の事　（天正一〇年〈一五八二〉正月三日）
二、安並藤蔵、黒瀬殿の制札を削る事、並、直行と公広卿確執揺籃の事
三、宇和方より、郡内へ取り懸る事
四、毛利輝元と公広卿手切れ、隆景清良分別を以って和睦の事　（天正八年正月）
五、輝元家老両川、清良へ使者の事　（天正九年一〇月・一〇月二一日〜一二月初め）
六、鎌田三河守、切腹の事　（天正八年一二月？）

岡本合戦の功で、岡本城と城のある「堂の内村」が清良に与えられたこと。西園寺氏の政治。西園寺氏と毛利氏の仲違えと清良の取り成し。国人・鎌田氏の反逆などが書かれている。

〔第二五巻〕

一、重ねて中国へ加勢の事　（天正一〇年三月一日・三月三〇日～六月二日・六月四日～六月末）

二、豊臣秀吉の体を西園寺殿、清良に尋ねらるる事

三、杵臼程嬰の事

四、馬履物言う事

毛利氏の要請で伊予衆が順番で中国に加番を勤めること。毛利氏と織田氏の直接対決の場・備中高松城攻防に出陣すること。「本能寺の変」に毛利氏が秀吉に加勢すること。土居家から都に偵察を出すこと。天下の形勢。西園寺氏の家政。内方の霊陽院のこと。土居内蔵進というおどけ侍のことなどが書かれている。

〔第二六巻〕

一、黒瀬殿に於いて軍評定之事　（天正一一年〈一五八三〉一二月二日）

二、重ねて軍評定の事　（一二月三日）

三、蔵人弁口の事

四、黒瀬殿、重ねて御尋ねの事

五、順の舞いの事

天下の形勢。伊予衆の立場。西園寺氏のこと。土居蔵人の道徳論などが書かれている。

〔第二七巻〕

一、公広卿、元親と対陣の事、付、芝美作守一類土佐方になる事

（天正一二年〈一五八四〉二月半〜三月六・七日〜三月一〇日〜）

二、土居、味方を離れ出張る事

三、土佐方斥候を出す事、付、親泰敗北の事　（〜三月一六日〜）

四、松浦八郎、都之助に追われる事、付、土佐方狂歌の事

五、土佐方栗原姉輪の松を狂歌に引く事、付、都之助の事

六、松浦と小嶋勝負の事　（三月二一日〜三月二一日〜）

七、土佐方夜討ちの事

八、清良先陣の事、並に、武略を以って元親勢を欺く事　（〜三月二三日〜）

九、土居夜討ちの事

一〇、清良、退く敵を見知り武略の事、並に芝美作守分別厚き事　（〜三月二七日）

長宗我部氏の久々の侵攻。芝氏などの土佐帰属。西園寺公広の出陣。桜井武蔵の戦死。松浦八郎兵衛の源平時代さながらの華々しい一騎打ち。芝氏の偽りの西園寺氏復帰などが書かれている。

〔第二八巻〕

一、黒瀬殿、明神に御社参の事、鐘撞定離狂歌の事

二、清良、先祖仏事、入室の事　（天正一二年一〇月二・三日）

三、強都元来の事

四、強都、黒瀬殿へ召される事

五、公広卿、三島御社参、付、実平卿の事　（天正一四年〈一五八六〉三月二八日）

六、公広卿と元親、和睦調わざる事、付、岡本と言う鉄砲打ち面目を失う事　（閏八月初め）

七、久武内蔵助、兄の弔い合戦の事、付、中野、深田土佐方になる事　（八月末・八月二五日・八月二九日～）
八、土居、夜討ちの事　（～一〇月三・四日～）
九、土居従軍評定の事、付、清良工夫の事　（～一〇月七日～一〇月一〇日）
一〇、鳥屋ノ森、取り巻かれる事　（一〇月一六日～二七日）
三間三島神社のこと。琵琶法師・強都《すねいち》のこと。仏事のこと。禅問答。鉄砲技のこと。松浦瓢簞助の無類の活躍。西園寺氏と長宗我部氏の和議が整わなかったこと。土佐勢の侵攻に竹林院、中野・河野が降伏すること、清良の作戦が好奏して土佐勢が引き取ること。芝氏が独立を宣言すること。西園寺氏の芝氏攻撃など。

〔第二九巻〕

一、重清、生い立ちの事　（天正一四年一二月初め）
二、南元上人、災難の事　（一二月末～天正一五年〈一五八七〉正月）
三、三浦覚兵衛、化鳥を射る事
四、西園寺殿御夢の事、付、宗案夢合わせの事　（天正一五年正月二日）
五、土居左兵衛討たれる事、付、円長坊討たれる事、並に最期の事　（正月二〇日）
六、左兵衛怨霊の事　（二月二六日）
七、土居の部下狼藉の事、付、元親勢敗北の事　（四月～五月）
八、土佐長宗我部元親、京家になり、阿讃両国を取り離される事、付、伊予国取らず、毛利家より指し引きの事　（六月）
九、四国、京方になる事　（一〇月）
清良の子・重清《しげきよ》のこと。重清が小早川氏の養子になること。西園寺氏滅亡の予兆を暗示する怪談。土居家の家老・土居左兵衛が上意討ちにあうこと。左兵衛の怨霊が重清に執りつき自殺すること。豊臣秀吉の天下となって伊予は毛利氏（小早川氏）の支配に、長宗我部氏は土佐一国になること。南伊予に近世の波が押し寄せる。

〔第三〇巻〕

一、公広卿、黒瀬城を預け御開きある事付、戸田民部少輔政信、土居清良へ使礼の事　（天正一五年一〇月二〇日●）
二、土居、法華津、勧修寺下城の事、付、政信より清良へ、重ねて使礼の事　（一〇月二六日）
三、河野采女、親の仇を討つ事
四、清良北の方、嘆きの事
五、所々の一揆、丸串城を攻むる事、付、政信より清良を頼まれる事　（一〇月～から一二月一日）
六、西園寺公広卿御最期の事、付、河野通正親子の事　（一二月一一日●）
七、戸田民部少輔政信、宇和郡入部の事、付、清良、知行を辞退の事　（天正一六年〈一五八八〉二月一二日）
八、安見右近、土居清良鉄砲の事　（八月）
九、芝美作守、思い切るの事、付、子供最期の事　（慶長五年〈一六〇〇〉九月）
一〇、戸田政信悪逆の事　（天正一九年〈一五九一〉正月・一二月二八日・文禄三年〈一五九四〉一〇月二三日●）
一一、藤堂和泉守高虎、清良を高麗陣に誘われる事、並に、清良往生の事
（文禄四年〈一五九五〉●・慶長元年〈一五九六〉・寛永六年〈一六二九〉三月二四日・享保一六年〈一七三一〉）

小早川氏が移封され、その後の戸田氏の南伊予入部と混乱。西園寺氏の下城。清良などの下野。戸田氏からの誘い。清良の一揆平定。西園寺公広の最期。戸田氏の治世。浅野氏の太閤検地。安見右近との鉄砲技比べ。藤堂新七郎との交流などが書かれ、清良の死で終わる。

〔第三一巻　町見上〕（京都大学文学部図書館蔵本〈古本系〉）

一、十文字曲尺之事
一、筋畂之事
一、矢倉上様之事
一、縄張様之事
一、曲縄張様之事并算用之事
一、山ヨリ山町縄引き様之事

いずれも朱線で抹消され、本文記述はない。

（1）瀧本誠一編『佐藤信淵家学全集』下巻（岩波書店、一九二七年）。
（2）西園寺源透「『清良記』緒言」（京都大学文学部図書館蔵古本系『清良記』添付、一九一九年）。
（3）菅菊太郎「松浦宗案と其の農書に就いて」（『社会経済史学』一三巻一〇号、一九四四年）一九頁。
（4）新村出編『広辞苑』第五版（岩波書店、一九九八年）一四八二頁。第六版（二〇〇八年）では「新」が「親」に訂正され、「松浦宗案著作説」が削除されている。一五五六頁。
（5）瀧本誠一『続日本経済叢書』第一巻（大鐙閣、一九二三年）。
他に、清水岩蔵『親民鑑月集』（北宇和教育会、一九三三年）、入交好脩『清良記――親民鑑月集――』（御茶の水書房、一九五五年）、島正三編『親民鑑月集（清良記巻七）の研究・二』（文化書房博文社、一九六七年）、入交好脩『清良記――親民鑑月集――』（近藤出版社、一九七〇年）、門田恭一郎翻刻『高串土居本清良記巻七（親民鑑月集）』（伊予史談会双書第二三集、伊予史談会、二〇〇七年）がある。
（6）瀧本誠一『日本経済典籍考』（日本評論社、一九二八年）一～五頁。「博識の指教を仰ぐ」とされている。なお、同書では『畊作事記』と表記されているが本書では「畊」を「耕」と表記する。

（7） 菅菊太郎『松浦宗案』（愛媛県先哲偉人叢書第六巻、愛媛県教育会、一九四三年）二四九頁。
（8） 近藤孝純「松浦宗案は架空の人物」（『伊予史談』一〇〇号、一九三九年）。
（9） 児玉幸多「清良記について」（『歴史地理』七五巻五号、一九四〇年）。なお、当時は「近世」と「中世」の区分を、徳川幕府成立をもってされることが多かった。
（10） 古島敏雄『日本農学史第一巻』（『古島敏雄著作集』第五巻、東京大学出版会、一九七五年）。
（11） 入交好脩『清良記——親民鑑月集——』（近藤出版、一九七〇年）。
（12） 近藤孝純「清良記雑考」（『伊予史談』一二六号、一九五〇年）。元禄一五年以後を想定。同「清良記の作者と成立年代について」（『社会経済史学』二三巻一号、一九五七年）では元禄一〇～一五年としている。
（13） 山口常助「清良記の作者および成立年代」（『伊予史談』二〇七・二〇八合併号、一九七三年）、同「『清良記』の史料的価値について」（『歴史手帳』二巻六号、一九七四年）、同「清良記の作者および成立年代」（『清良記』（『松浦本』）序一九七五年）。
（14） 『松浦本』の巻末に収録されている。
（15） 管菊太郎「清良記及び松浦宗案のことども」（『伊予史談』一一六号、一九四三年）、同「松浦宗案と其の農書に就いて」（『社会経済史学』一三巻一〇号、一九四四年）。
（16） 永井義瑩「『清良記』巻七の基礎研究(一)～(四)」（『農村研究』五七～六〇号、一九八三～一九八五年）、「『清良記』巻七をめぐる農書研究（一）」（『農村研究』六一号、一九八五年）、「『清良記』巻七をめぐる農書研究（二）」（『農村研究』六三号、一九八六年）。
他に「『清良記』および『式野截』の田畑分類」（『農村研究』五五号、一九八二年）、「原本『清良記』から現存『清良記』への編集と成立過程」（『地方史研究』二一〇号、一九八七年）、「農書『清良記』巻七と農書『親民鑑月集』」（『オホーツク産業経営論集』三巻一号、一九九二年）、「『清良記』諸写本の所在とその背景」（『地方史研究』二五二号、一九九四年）、「『清良記』第七巻第八項目「農無暇謂立之事」の解釈を中心として」（『伊予史談』三〇〇号、一九九六年）、「『清良記』第七巻第四項目の土性区分について」（『伊予史談』三〇六号、一九九七年）などを発表され、『近世農書「清良記」巻七の研究』（清文堂、二〇〇三年）に、総集されている。

(17) 門田恭一郎「西園寺源透と『清良記』研究」（熊谷正文編『西園寺源透――その生涯と学積――』西園寺源透伝記刊行会、二〇〇四年）。また、同氏の前掲注(5)『高串土居本清良記巻七（親民鑑月集）』に『耕作事記』の『耕作問答』と、「『清良記』の研究著作目録」が収録されている。同「『清良記』巻七の研究」（『伊予史談』三四九号、二〇〇八年）も参照。

(18) 矢野和泉「「清良記」論考」（『伊予史談』二九七号、一九九五年）、同『河後森城の発掘と歴史』（八重垣書房、一九九八年）。

(19) 石野弥栄・井上淳・土居聡朋「高串土居家文書」（『研究紀要』三号、愛媛県歴史文化博物館、一九九八年）。

(20) 石野弥栄「『清良記』の成立と素材について」（『伊予史談』三三九号、二〇〇五年）。

(21) 山内譲「戦国期南伊予の日蝕」（『伊予史談』三二三号、二〇〇一年）。

(22) 有薗正一郎「『清良記』巻七にみる土居領の水田耕作法」（『近世農書の地理学的研究』古今書院、一九八六年）。

(23) 外園豊基「豊後大友勢の伊予乱取り――「清良記」の世界――」（『戦国期在地社会の研究』校倉書房、二〇〇三年）。

(24) 藤木久志「戦場の村の記憶――『清良記』全三十巻を読む――」（藤木久志・蔵持重裕編著『荘園と村を歩く』校倉書房、二〇〇四年）。

(25) 松浦郁郎「「千人塚」清良記岡本城の戦」（『よど』五号、二〇〇五年）。

(26) 須田武男「『清良記の研究について』上・中・下（『伊予史談』二〇三・二〇四合併号・二〇五号・二〇六号、一九七二年）など。

第二章　軍記『清良記』の検証

一　土居清良の時代背景

まずは本文の解釈を進めるために、当時の伊予の状況を略述する[1]（図1・2）。北伊予は湯築城（松山市）の河野氏と来島村上氏・能島村上氏・平岡氏の勢力が大きく、これらが瀬戸内海の水軍を構成している。東伊予は讃岐・阿波の細川・三好氏に強い影響を受ける。喜多郡を中心に宇都宮氏・大野氏、宇和郡には西園寺氏がおり、これらは国人の盟主的な存在であった。

『清良記』の起点となる「石城崩」のあった永禄三年（一五六〇）頃は、土佐中村（大津）の一条氏が振い、南伊予にまで勢力が及んでいる。

河原淵氏（庄林《しょうりん》・渡邊氏、松野町）、勧修寺《かじゅうじ》氏（谷・御荘《みしょう》氏、愛南町・高知県宿毛市）、法華《ほけ》（花）津《つ》氏（清家・清原氏、西予市明浜町・宇和島市吉田町）、津島氏（宇和島市津島町）、三間衆《みましゅう》と呼ばれる土居氏、中野・河野氏（高森城）、有馬・今城《いましろ》氏（金山城）、竹林院・西園寺氏（一ノ森城）なども、一条氏を盟主としていたとされる。

四万十川上流域（吉野川・三間川）の河原淵氏や三間衆は川で、勧修寺氏・津島氏・法華津氏は海上で結ばれて、四万十川河口の土佐中村を中心とした一つの経済圏・交流圏を構成していたと推測され、今日の県境で判断すべきではない。河原淵氏は、一条氏一族・東小路氏の子供を養子として迎えた氏族でもあり[2]、伊予国での一条

図1　西南四国の軍事情報関係要図
(石野弥栄「戦国末期における西南四国の軍事情勢」『よど』創刊号、2000年を参考に作成)

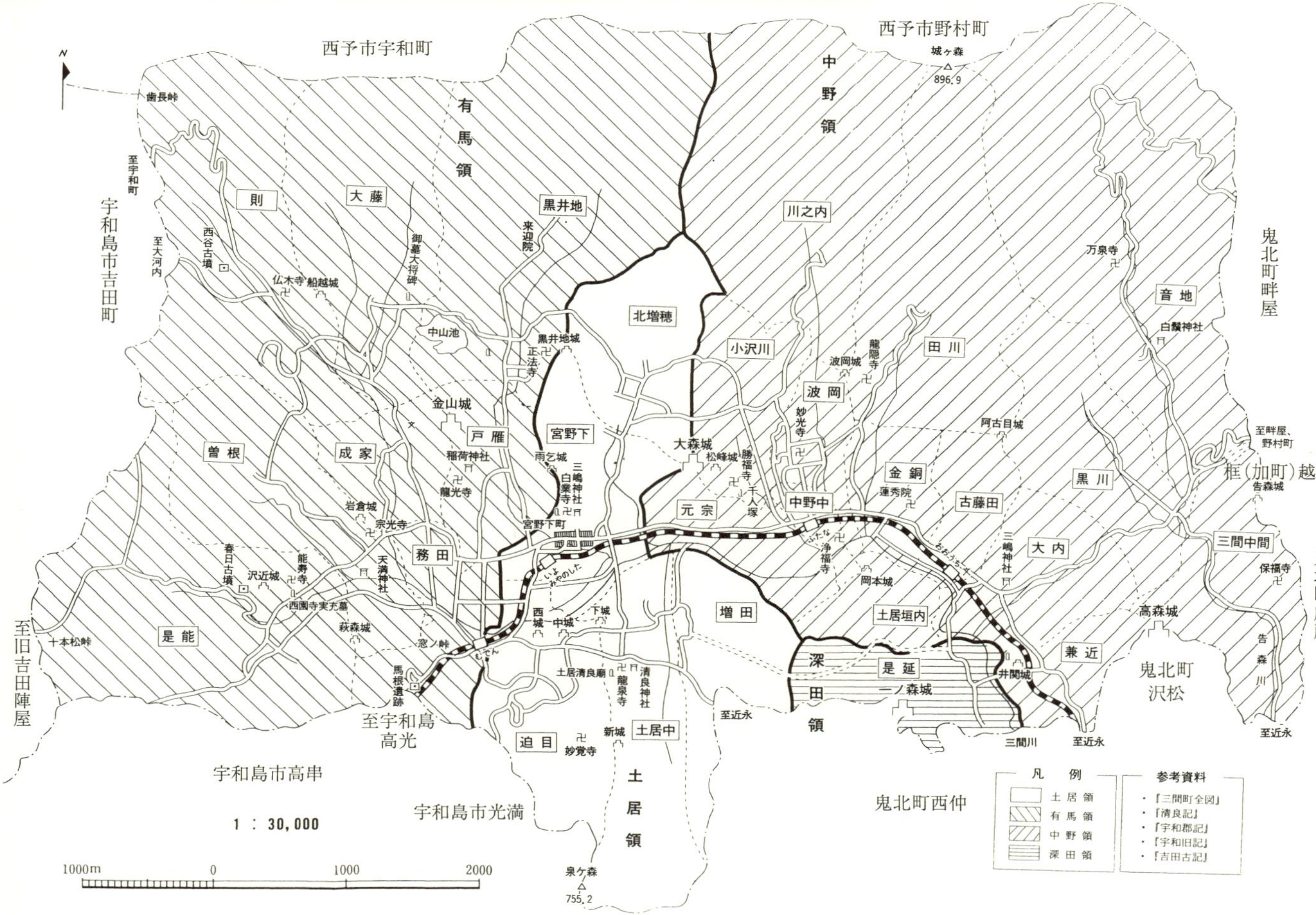

図2　三間周辺図(『三間町誌』より作成)

氏の旗頭的な存在であった。勧修寺氏も当時は一条氏の氏族であり、津島氏も一条氏と近い関係であったようである。

一方、伊予の状況を大局的にみれば、大内氏・陶氏の版図を引き継いだ安芸の毛利氏と、敵対する豊後の大友氏との関係が大きく作用している。毛利氏は河野氏と接近して縁戚関係を持ち、大友氏は一条氏と縁戚で、宇都宮氏とも結ぶ。

永禄六年（一五六三）に西園寺公広《きんひろ》は土佐に一条氏を攻め、一条氏は大友氏の援けを受けてこれを撃退する。[3]

永禄九年（一五六六）河野氏が三間地方に侵攻して、土佐との国境の山口に築城・対陣する。[4]

永禄一一年（一五六八）の河野氏と一条氏の「鳥坂《とさか》合戦」では、前哨戦の「高島の戦」を三間衆は一条氏の側で戦っている事が確認されている。[5] 戦は宇都宮氏・一条氏の同盟軍が、河野氏・西園寺氏[6]・安芸の毛利氏の連合軍に敗れて終息する。これ以後一条氏の勢力が衰退し、毛利氏の伊予での影響力が増し、宇都宮氏も衰えて実権は大野氏に移っていく。

一条氏と西園寺氏の関係は一条基房《もとふさ》と西園寺実充《さねみつ》（『清良記』には実光・真光と書かれる）の代は安定している。二人の下国年代は大きく異なるが、同じ下国公家であるうえ、隣国の領主として交流があり、縁戚関係を持っている。[7] しかし養子の公広が、実充の後を継ぐ頃から（年代は特定されていないが）関係が複雑になる。

『長元物語』には「幡多郡一条殿御法名光寿殿ト申セシハ。武道御調略スクレサセ。土佐国中ノ侍各幕下ニシヨクシ。伊予国ノ宇和島ヘモ庇を御ヲロシ。諸侍ナシミモ深シ。ソレヨリ後三代ニ当タル一条殿御家門様ト申ハ。御形儀モ荒ク。諸侍衆モ或ハウトミソ子ミ。或は他国へ退出[8]」と、この間の様子を概観している。

元亀三年（一五七二）西園寺公広の攻勢に耐えかねた一条兼定（『清良記』では尊家・家門と書かれる。尊家・家門とは家柄のこと）は、大友宗麟に援助を依頼して、伊予に大規模に出兵してもらうと、七月に公広は降伏し和

氏、一条氏は互いに侵攻ができない構図になっていた。
いずれにしても、土居清良たちの三間衆など伊予・土佐国境勢力の屈服や協力がなければ、西園寺公広や河野
土に伸張することになる。
その後、天正二年（一五七四）二月、一条兼定が長宗我部元親によって追放され、長宗我部氏の勢力が四国全
議が調う。(9)

二　全編からの疑問

南伊予の状況や諸先学の『清良記』の成立に関する研究をふまえて全編の解釈を進め、第一巻、第一七巻、第二〇巻、第二一巻の一部にある清良が地元を離れた箇所や、各巻に多く登場する「将棋」にまつわる記述を検証すると、次のような疑問が浮上する。

（1）軍記の構成が特異である

戦国武将の「一代記」の体裁を採ろうとしているが、清良の母・幼少の記述・元服の記述・初陣の記録・官位任命（官途許状ではなく主家許状）など、清良そのものの記述が粗く、晩年の記述もほとんどないなど、「一代記」としては完成していない。

第一巻第二章で土居清宗と、その連れ合い「妙栄」が生んだとされる一四人の子供たち、すなわち清良の父や叔父が紹介され、その中の三男清宗のところに「清良の父なり」と書れている。清良自身の記述はなく、母が誰なのか書かれておらず、幼名「虎松」時代の逸話は、第九巻第一二章に八歳の記事として、身体の鍛錬のため毎日力石を持ち上げたことが出てくるのみである。

清良の父である土居清宗の三男・土居志摩守清晴は、「天文二十年辛亥中春」に「征夷大将軍義輝へ出仕をと

げられ、志摩守に任ず」とされている。暗に足利義輝の父・義晴に「晴」の「いみな」をもらったように書かれているが、将軍親子は天文一九年（一五五〇）に近江に逃れている。年代的に義輝は「義藤」と名乗っており、「義晴」はすでに前将軍で、同年五月に近江穴太で没している。[10]「いみな」をもらったとすれば、「藤」をもらうことになろう。

隠居（入道）した土居清宗の後を、長男の備中守清貞が継ぎ、本文の流れから清貞が当主になって間もなく、実子をさしおいて（永禄三年の石城崩れのさいに清貞の嫡子三歳を三島神社の神官・河野氏に預けたとある）[11]、元服直後らしい甥の清良を養子にたてたことになる。土居氏代々の相続方法の、干支巡りに（辰年の清宗、巳年の清貞、午年の清良）相続したことにしているが、土居家には先祖にも養子相続の記述がなく、清良の生いたちはどこか不自然である。

武将には欠かせない元服の記録（いつ頃、烏帽子親が誰か）も書かれていない。それだけの身分ではなかったのかも知れないが、突然に「虎松」が「清良」となり、石城籠城戦に奮戦する。第四巻で土佐に落ちて一条氏に出仕し、突如「式部少輔」となり、いつの間にか「式部大輔」に昇任する。『松浦本』では「太輔」とか書かれる事が多く、「少輔」と逆戻りする箇所も少なくない。二度の結婚が記されているほかは、本人・清良の私的な部分の描写が余りにも少なく、抽象的に過ぎ、記述が軍功のみに偏っている。

清良隠棲後の記述は、親族も近づけず侘び住いし、第三〇巻で河内守護代の末裔で鉄砲の名人・安見右近との鉄砲の技比べ、戸田氏の後を受けた藤堂高虎の甥・藤堂新七郎との交流のみが書かれている。

安見氏は代々右近と名乗り、河内・私部《きさべ》城に居して畠山氏の重臣となるが、松永氏に亡ぼされている。『清良記』では罪を得て、戸田氏の客将になったとしている。その後の史料には加賀前田氏に仕え、大坂夏の陣で先鋒として奮戦し加増を受けるが、罪を得て能登島に流され流配地で没したとされる。砲術の流派に「安見流」がある。安見流は、慶長年間に加賀前田氏に仕えた安見隠岐守元勝が創始したとされる。年代的には『清良記』に登場する右近の子供が「安見流」の創始者だと推定され、先代の右近が鉄砲の名人であったかわからない。[12] 藤堂新七郎は大坂夏の陣で戦死しており、以後の具体的な記述はない。

この他には、遡って第二〇巻第五章に、清良臨終のエピソードの中で、得意としていた鶉《うずら》狩のさいの板尾津之助という清良と同年の勇者（勧修寺氏の家中）との思い出話が登場しているだけである。

（2）西園寺氏の無二の忠臣として土居家を描いている

土居家は前述のように永禄一一年（一五六八）頃までは一条氏を盟主としていた、あるいは西園寺氏との両属状態だったと考えられる。これを無視して西園寺氏を盟主として描いた第三巻までと、永禄一一年の記述が中心となる第八巻より第一二巻までの記述が矛盾することになる。西園寺氏を盟主とせざるを得なくなる戦が、『清良記』で省略された鳥坂合戦である。

（3）清良たちを傭兵集団として描いている

史実として伝えられる地元での活躍を無視しても、清良を傭兵のように、毛利氏（小早川氏）に従いたびたび外征させ、中央の政権統一の戦（前哨戦）に参加したとする、「空想・虚談」を無理に創作・挿入している。

（4）「三月十二日」を、土居家の「吉例の日」として無理な記述をしている

（3）（4）については軍記物の「華」なので、本章第三節で改めて述べる。

（5）石城と立間《たちま》・喜佐方《きさがた》・立間尻《たちまじり》（宇和島市吉田町）を、無理に土居領にしている

『清良記』の導入部で、土居伊豆守清宗・志摩守清晴などが籠る立間・石城を、大友氏の大軍が包囲し攻防が描かれる。第三巻では土居家の当主・備中守清貞が、本拠大森城をささいな理由で捨て、前線にすぎない石城へ合流入城するが、奮戦叶わず、一族郎党が自害し落城する。

土居氏の石城領有の経緯を『清良記』本文で追うと、第一巻で清宗は天文一五年（一五四六）二月に入道して、「宗雲居士」となる。「三月朔日、真光より山田治元御使にて宗雲へ、立間、喜佐方、立間尻、彼之三百貫知行してすなわち石城持たせられ候へ」と、西園寺氏より入道の引出物のようにもらう設定となっている。

第三巻の「石城崩」で土佐に落ちた清良は一条氏に仕え、蓮池城攻撃の軍功により、第六巻で永禄五年（一五六二）に故郷大森へ帰還する。第八巻で一条氏を離反した清良は、西園寺氏に出仕して数度の軍功を重ねる。第一一巻第六章で、「ここにて公広こころ付きて、本知なればとて立間、木佐方（喜佐方）、立間尻を清良へぞあて行われける」とあり、第七章で石城を再興する。第六章の記述では年月日が書かれていないが、前承として永禄九年八月の戦いが書かれ、「十月末より」普請が始まり、翌年の二月一五日には完成し、叔父の土居似水を城代に置き、以後保持したことになっている。

この一連の記述は、「石城崩」が史実ではないとされるのを始めとして、立間・喜佐方・立間尻の、土居家領有にも疑問を抱く向きが多い。(13) 疑問点を整理する。

①土居清宗の入道の引出物として本願とほぼ同じ、あるいは本願を上回る加増を受けること。
　「一所懸命」と呼ばれる時代に、余りにも安直な褒賞ではないだろうか。

②加増を「使いを以って賜る」不思議さ、安易さ。

③立間・石城包囲のくだりで、大友氏の当主を大友義秋と書いているが、義秋は「義鑑」のことを書き換えていると考えられる。しかし、大友氏の当主は天文一九年（一五五〇）二月より義鎮（宗麟）になっている。

④大友氏の出兵の条件が整っていない。
　大友氏は義鎮の治世の始まりから同族との戦いがあり、さらに陶氏に取って代わった毛利氏との戦いが続く。永禄二年（一五五九）正月には毛利氏に支援された竜造寺氏との戦いで有力武将・少弐氏を失うほどに圧迫

され、山陰の尼子氏と結んで苦境を脱しており、永禄二・三年には大規模な伊予侵攻は起こり得ない。[14] 第六巻第六章に「永禄五年はとりわけ備作なる。子細は去々年申の年、大友家にありて貝・鐘の音を聞かず」[15]と、永禄三年は大友氏の侵攻がない平安な年だったとしている箇所があり、矛盾している。また、数多くの侵攻が書かれているが、これほど頻繁な遠征は兵農未分離の体制では行い得ず、できたとしてもほとんどが武装した農民・漁民による盗賊的な行為に限られよう。

⑤本拠の大森城を捨て、前線の石城に駆け込み土居家を断絶に追い込む当主・土居清貞の不可解な行動。

⑥一条氏の氏族である勧修寺氏を、西園寺寄属として大友氏に降参させる。

⑦津島氏も勧修寺氏と同様に描く。

⑧西園寺氏の本拠が、当時「松葉」であったことを知らずに後の本拠である「黒瀬」と書いている。[16]

⑨当該地域は海岸部にあたり、交通路の関係もあり水軍勢力でないと治められない。

福川一徳氏によれば、伊予（宇和海）水軍の法華津氏は、大友・西園寺・一条・河野と水軍勢力として特殊な連携をしており、[17] 輸送業者としての側面が持つ比重が大きく、陸上のみの勢力とは性格が異なっている。

法華津氏も『清良記』では、西園寺氏一筋に忠勤を励む者として描いている。

⑩清良の祖母・妙栄の記述は、壇ノ浦の二位の尼（平時子）、あるいは板額御前をモデルとしているか、第三〇巻第六章に書かれた、中野・河野氏の当主・通賢の室「妙栄」の働きを参考としているのではないだろうか。[18]

（6）　戦いの様相が異様である

敗戦の記録を矮小化して講談に書換えており、源平時代さながらの合戦と、鉄砲を装備した戦いが混在する。

敗色の濃い合戦は、必ず個人的な描写（筒井順慶の叔父の来慶とその子「竹」や、松浦八郎兵衛などの講談調の記述）にすり替わる。一般的に「軍記物」は、成立年代が早いほど、勝敗は時の運とばかりにこだわらず素直に書かれるが、作為が多すぎる。

（7）一条氏・勧修寺氏・河野氏（湯築）を美化して書いている

一条氏にはすべて尊称・敬語を付し、当主の個人名は書かれず尊家・家門とのみ表している（唯一第七巻に「家房卿」と三代前の「房家」の偽名が書かれる）[19]。『長元物語』も「御家門様」と同様の表記をしており、兼定の名家意識（公家意識）でそのように呼ばせていたのかも知れないが、長宗我部氏との差異が際立つ表現である。

清良を誇大化させるだけなら、四国制覇を目指した猛将・長宗我部元親を、好敵手として描けば良いはずである。長宗我部氏に対しては、第二〇巻第一二章に、はるか後年に起こる豊臣秀吉の対薩摩・島津氏との戦いで、息子・信親《のぶちか》を戦死させたのも、「ただ計策して敵の内輪破れを待つごとく」と陰険な策を常に用いる家風のせいだとして、命を懸けて戦った敵としての敬意をまったく払わず、「悪役」として書いている。

一条氏の氏族である勧修寺氏（他の史料では御荘氏とされる）を、土居氏同様に終始西園寺氏の無二の忠臣として、武勇や家風を称揚している。御荘氏が、長宗我部氏に屈服した後も（天正一二・一三年〈一五八四・五〉頃とされる）[20]、以前と同様の書き方である。河野氏も、毛利氏の対大友氏戦略に同調して南伊予に進出はしたが、一条氏に巻き返される。永禄一一年の鳥坂合戦にさいしては、毛利氏の援軍頼みのように弱体化している。

なお、河野氏を「勝山の」としているが、本拠は「湯築城」である[21]。現存する松山城が慶長年間に勝山に築かれたこと、当時湯築に本拠を置いていたことを、知らないで書いている可能性が大きい。

（8）河原淵氏、芝氏を極端に悪意をもって書いている

「第七巻」第一二章で、「爰に庄林法忠、小身にして人に例に引へき程の家ニ而はなけれども」としているが、庄林（河原淵、渡邊）氏は河後森城主で、後の石高に換算すると約一万六〇〇〇石、土居氏は約二六〇〇石程度

にすぎない。(22) 土佐に内通する家で、南伊予混乱の元凶として描かれる。

芝氏（西之川氏）は河原淵氏の家老格で、(23) 後に自立して主家・河原淵氏を簒奪し、長宗我部氏に属するが、終始異様なほど仲が悪く、描写には嫌悪・悪意すら感じられる。

(9)　有馬氏（今城氏）を家来同様に書いている

「第七巻」第一章で松浦宗案が始めて登場する場面に、「領中にても物に博く当りて作意ある百姓、正直にして功の入りたる者と、盗人心ありて横着成る者を呼迚、宮下村宗案、黒井地村久兵衛、無田村五郎左衛門、彼是三人大森に登城す」とある。

この時の清良は、宮下村《みやのした》、石原村《いしはざ》、末森村《すえもり》三か村(24)の領主として復帰した直後で、黒井地村《くろいじ》、無田村《むでん》は有馬氏の領地である。(25)

有馬氏の活躍は第一〇巻に登場するが、第一四巻第一二章の宮下村の早稲が牛馬に食われる事件では、有馬領の黒井地村の牛馬も、大森城下に集めて清良が裁決するようになっている。再々の大友氏の侵攻にさいしても（多くは史実と整合しないが）、清良の本拠大森より海岸に近いにも関わらず有馬氏の動向は書かれない、あるいは清良の配下として書かれる。ちなみに有馬氏は後の石高で四七〇〇石程度とされる。(26)

(10)　津島氏などをまったく無視した書き方をしている

津島氏は後の石高で九七〇〇石程度(27)の大身であるが、名前だけが登場する。太宰氏（黒井地城主(28)）、井関氏（井関城主(29)）など、三間に古くからある著姓だが見当たらない。

(11)　実名で登場する人物は絶家が明らかな人物で、虚談（講談）の中で語られている

実名の代表となるのは、豊臣秀吉、明智光秀、小早川隆景、長宗我部元親だろう。一方、大友義秋、三好長張、丹後五郎左衛門などは、虚談に登場させるのみならず遠慮して宛て字にしている。国人衆の名前も同様で、一条

氏の当主は名前も書かれない。

文芸の世界では、名前を憚って宛て字を用い、口演するものは音に宛てず「塩谷判官《えんやはんがん》」のように、聴衆の想定に任される手法を採る。豊臣秀吉の統一で南伊予の支配者になる戸田勝隆にも、同様の配慮がされて「政信」とし、悪逆な領主として書いている。推測にはなるが、編者はこの戸田家を摂津尼崎・美濃大垣・信州松本の戸田家に繋がる一族と勘違いして、音にも宛てなかったのだろう。

(12) 侍の城下集中居住、武家奉公の年季務めが書かれ、身分意識・描写が戦国時代とは思えない

第一八巻第二章に、「他領にかわり清良が下の百姓は、いずれも平等によく働き、よその侍にもまさりてけなげなるは、よき者の真似をしならい、侍の真似をする故なり。その真似をさせんがために赤井播磨、同徳右衛門、桜井五左衛門、木口三郎、同五郎衛、岡部源右衛門、下山源内、荒井源兵衛、山口八郎太郎、別田太郎左衛門などを、里侍と名付けて村々に置き、彼らは沙汰をよくわきまえたるをもって、奉行、諸役人、僻事を言い付くるかとの横目の頭なり」と、書いている。侍衆は城下に住み、例外的に里に住んでいるとしている。「第七巻」にも同様の主旨の描写が多数登場し、第一二章に「少し金銀をしためて、其年季明は隙を取て又本の百姓ニかへりぬ」と、年季奉公が書かれている。この地方では行われていた制度なのかわからないが特異であり、三か村の領主と侍・百姓の関係とは思えない。

(13) 中断された文章の続きが、はるか後巻に登場する

「第七巻」第一一章で、「某名字は、鬼松浦迚隠れなき者の末なれは、子供に取らせ申さすとも、六郎兵衛殿是非にと被仰て、近頃八郎兵衛に松浦を呉申候へハ、八郎兵衛弟共は夫に腹を立、あらぬ名字を名乗り申候」と、書き、続きの文章ははるか後の、第二七巻第五章に次のように登場する。

今こと宗案に男子あまたあれども、父が領知、名字をばいずれにもくれず、なんじらが所領は太刀の先にあ

るぞ、主人あらば忠義をつくして恩賞にあずかれ、恩賞にあずかりて後に父が名字を取らすべしとて、我所領をば差し上げて子等にはくれず。この八郎も数度の手柄をして清良の恩賞ありける。そのとき松浦をぞ名乗らせけるに、二男、三男はすぐれてさがさがしき者どもなれば、父があまりに諸事公道にして名字をさえくれぬに、いざさらばとて二男は弓之助と付け、三男は栗原伊賀右衛門とぞ名乗りける。宗案は少しもいやなる気色なくして、次男は名字を持たず弓之助とばかりはいかがなり、幸い汝らが母方は矢野なり、弓に相応なるかと言いければ、いとどかまをかけたく思いはずんだる若者にて、それより矢野弓之助と名乗り、兄弟ともにすぐれたる物どもなり。

松浦宗案自身が、自分の子供たちのことを述べているくだりであるが、同様に分割された記述は「第七巻」に多出する。また、「第七巻」には前後が（文節が）入れ替わった文章が多く登場する。第一四巻上では、伊予を占拠・滞陣している土佐勢をさておいて、第一四巻下で「うわさ話」「珍談」などを延々と一巻分挿入し、第一五巻で思い出したように戦いの記述に戻る。

(14)　全三六巻本が、(30)三〇巻本になっている

現在伝えられている写本は三〇巻本である。京都大学文学部蔵本には新本系と古本系の二本があり、古本系の目次には三一巻が掲げられているが、本文はない。「侍付」と称する編者の備忘録か、あるいはこれを後世に補足した人名索引が付録として付けられ、「総目録」を加えて三一巻としているものもある。(31)

その他にも疑問を感じる個所は多数あげることができるが、割愛する。

三　清良の遠征に関わる疑問

前節の疑問(3)(4)については、土居清良が伊予を離れる記述が多く、この部分には『清良記』の影響を受け

ない史料が揃っていると考えられるので少し念を入れて検証してみる。

第一六巻第三章で、安芸の毛利氏と勝山の河野氏が「いささかの筋をとがめあい」緊張する。河野氏は西園寺氏に加勢を乞い、清良など宇和衆が出陣する。元亀三年（一五七二）七月～八月のことだとし、清良は軍功をあらわす。活動範囲が、これまでの三間周辺から北伊予にまで一気に広がる。

第一二章では「同年九月上旬、阿波三好孫七は、将軍信長へ申して北伊予より攻め入り、河野家を亡ぼさんと聞こえければ、通直はせ向かい、これを防がる。また、讃岐の諸勢をば三好将監率いて、海上を三津のえりようへ攻め入ると聞こえければ、河野より西園寺殿へ加勢を乞われけるにより、清良また大将として五百余騎をさし向けらる」と、ある。

毛利氏との交戦は確認できず、「三好孫七」は三好康永（笑巌）の養子になった豊臣秀吉の甥・秀次（孫七）で、天正一三年（一五八五）の「四国征伐」を前倒しして、秀吉を信長に置き換えているのではないだろうか。(32)また、三好将監や三好氏の侵攻も史料では確認できない。

第一七巻に入ると、「天正元年癸酉正月初めより」「三好長張」が、河野氏を亡ぼすとの風聞で宇和衆が輪番で加勢する。清良の番に当たり出陣するが、その後、長張の侵攻がないことが確実視される。清良は、ちょうど「石城崩」一三回忌にあたり、供養のために一部の供を連れて、高野山・熊野三山・伊勢神宮参拝の旅行に出発する。

同巻第二章で天正元年（一五七三）二月二八日に、「近習の兵ただ二十七騎、雑兵百六十にて来島の城へ入られける」とあり、来島飛騨守の歓待を受ける。三月五日に五隻の船に分乗して、上方に向かう。海路大坂に向かう途中、白石島付近で海賊に襲われるが、清良一行の鉄砲で撃退する。明石・岩屋で再び襲われるが、これも射すくめてしまう。清良は来島衆に鉄砲の技を伝授し、来島飛騨守に「軍船の極意」を授かる。

『平家物語』の描写を借りて航海を綴り、「北に摩耶山、西の宮、尼ヶ崎を過ぎ行きて、難波のことはしらねども、天保の津にぞ着きにける」と、大坂に上陸して、楠木正成の赤坂城跡を見物し、高野山上蔵院に入る。清良は、上蔵院算慶に先祖、物故した家中の者の法要を施してもらい、円満院に滞在していた兵法者との「いさかい」のエピソードを残して、熊野に向かう。「小辺路《こへじ》道[33]」を辿り、「カンノカワ（神納川）」の強弓を多数買い求め、[34]「おとなしの坊」に導かれ本宮に参る。那智山では「老の坊」の出迎えを受け、ついで新宮を参拝する。土居家発祥の地、「牟婁の土居」を訪れ、伊勢に向かう。伊勢では橋村織部大夫正弥の出迎えを受け、内宮・外宮を参拝する。安濃の津では「勢州の国司と織田信長取り合い」を見物、「江州安土山を信長、城になされんとの聞こえあれば見回り」、京都に入る。京では愛宕山と名所旧跡を見物し、大坂に向かう。大坂では馬市の開催を待って六月二〇日まで滞在し、再び海路をとって大森には晦日に帰着する。

以上が参詣旅行のあらましである。ここでは次のような疑問が登場する。

①三好長張は「長治」のことだろうが、長治の活動としては時期が早すぎる。天正元年（一五七三）五月に篠原長房が亡んでからである。[35]

②来島「飛騨守」は仮託名ではないだろうか。
海賊衆が海のない国守号を名乗るだろうか。実在したとは思えない。

③船上にて鉄砲で戦ったとしているが、当時の来島警護船を襲う者はいないだろう。[36]海上では距離感が掴めず、海賊衆の方が火砲の技に長けている。

④供の人数が多い。
同時代の記録である『身《み》自鏡《のかがみ》』には、身分が高くても供は一、二人だとしている。[37]丸串城主（宇和島市）の西園寺宣久《のりひさ》も参宮日記を残しており、供の人数は書いていないが、往路播州姫路より志方まで小寺（後の黒

田）勘兵衛の家臣に護衛してもらっている。帰路の備後鞆では、「ゆがみぬる二かひに居れば下よりも焼きふすべられ狸になるぞ」と、木賃宿に泊まりを重ねており、一、二人の供しか連れていない書き方で、困難な旅を続けるのが参拝修行である。(38)

⑤神納川の弓は、多数求められるものではない。

『兼見卿記』に「弓一張カンノ皮、持参、面会、切麦有之、各機嫌也」(39)と、要人への贈答品として登場する。

『続紀伊風土記』には、熊野那智大社が徳川家康に「寒川弓」を送り、側近の大久保忠鱗からの礼状を記録している。その中で大久保自身が弓をねだっており、(40)数多く買い求められる品ではないことがわかる。

⑥旅行中の季節感、関所・関銭の記述がない。

大坂以後の季節・風景描写がまったくない（全編を通じて少ないが）。修行者を悩ます多数の関所と関銭の記録がない。(41)伊勢の国に入ると、一転して関所がなくなる画期的な状態に触れていない。

⑦伊勢参拝の記録が簡略過ぎる。

御師(42)のもてなしは、「日那」の身分に応じて馬に乗せ、供揃いを仕立てて参拝させ、大規模な神楽を奉納する参拝様式が確立されている。(43)

⑧伊勢の国主と信長の取り合いはあり得ない。

信長は伊勢の北畠氏に茶筅丸を送り込んでいる。(44)また、この期間にこの地域では合戦沙汰は見出せない。

⑨安土城予定地を見物したことになっているが、漢字表記の「安土」という地名は天正四年（一五七六）以後である。

『滋賀県史』によれば、六角氏・観音山城の「あづち」（弓の練習場）だった可能性が指摘される。(45)六角氏の残党が元亀元年に再起した時、中川重政が「あづち」に駐屯したとされるが、(46)ローカルな地名に過ぎず、清良が知っていたとは考えられない。

⑩京見物では愛宕山しか具体的に書かれない。

将軍と信長の関係が悪化し、近江路の百済寺焼き討ちを巡る騒動、上京放火が始まる室町幕府の滅亡直前の切迫した状況が一切登場しない。[47]年号も天正元年（一五七三）ではなく元亀四年と書かれるべきである。

⑪大坂の記述がない。

大坂は当時本願寺を中心とした日本有数の繁華な都市だった。その情景が一切ない。

また、馬市を理由に長期に滞在した事になっているが、[48]清良は第六巻第七章で永禄六年正月に一条兼定にもらった「蓮池黒」を、第二七巻第六章の中で、「二十五才になれども」と、愛用している。

⑫航海には、風待ち・船泊まりがつきものだが、往復ともにない。

西園寺宣久の記録では磯漁りのような航海を続け、「雨はふり船はせばくて短夜をあかしかねたる浪の上」と、詠んでいる。[49]島の多い瀬戸内海を、雨天の夜間にも確実に航行できるのは近代に入ってからで、仮に風の状態などが良くても日数が往復共少なすぎる。

次に、第二〇巻第一章「西園寺殿より、安芸毛利輝元へ加勢の事」をとりあげよう。

「そのころの取りざたには、輝元中国を支配をするは、もっとも余儀なきことなり。さて大坂の城へ兵粮をつづけらるることいわれなくして、将軍信長、殊のほかご立腹にて、伊勢の国主九鬼右馬之丞を大将にて、輝元退治のため差し向けられ、そのほか海賊どもに下知し、小船三千余艘にて堺の浜、淡路島へ押し渡り、中国より大坂への兵粮米の船を打ち破り、奪い取るべしとて、これにも加勢ありて、播磨、備前、備中、備後の国境へも押し入り、手柄次第に打ち取るべしとの朱印を出されたる由」

「ここに淡路洲本の城主三河守と毛利家、備後の福山丹後守は縁者なるをもって内通し、丹後守に逆心をすすめ輝元を背く。九鬼、三河守これを聞きて折に幸いなり、と喜びて、三河、丹後両人に将軍より加勢の武士を差し添え、かれこれ六百余騎、丹後守が居城福山へ引き入れたると聞こえければ、小早川左衛門佐隆景これを聞きて、即時に押し寄せ攻め落さんとす」

小早川氏の加勢に、清良などが中国地方に出兵する。天正三年（一五七五）「三月一二日」に清良は三津浜（松山市）を出船し、「鞍」に上陸布陣したのが「一九日」だとしている。敵の大将・福山城の福山丹後守は、「一七日」に城から四、五里離れた伊予勢に夜襲をかける。伊予勢は混乱するが、清良は初めての敵地での野営なので警戒を怠らず、巻き返して丹後守を城に追い詰める。小早川軍が包囲攻城し、「一八日」～「二六日」の九日間で落城させ、土居家の家老・土居左兵衛が丹後守を討ち取る殊勲をあげる。

この戦いも矛盾に満ちている。毛利氏の大坂兵糧入れは、天正四年七月のことである（西園寺宣久はこの船団に便乗して参宮している）[50]。伊勢の国主は茶筅丸で、九鬼《くき》氏は熊野一二浦の有力な一将に過ぎず、前年の長島門徒との戦いで、海上から安宅《あたぎ》（あたけ）船を乗り付けて功を顕した[51]。信長に信任されるが、当時は「伊勢湾水軍の長」程度で、豊臣政権になってようやく三万六〇〇〇石の身代である。淡路洲本の三河守は、安宅《あたぎ》河内守が該当する[52]。この戦いのモデルは、天正二年（一五七四）閏一一月に始まった備中松山・高梁の三村元親《もとちか》と毛利氏の戦いである[53]。ここで矛盾点を整理すれば次のようになる。

①当時清良は遠征できる状況ではない。

前巻の第一九巻で土佐勢の猛攻撃が書かれ、河後森城の本丸まで押し詰められていた芝氏などの伊予勢は、駆け付けた清良の活躍で漸く危機を脱した。土佐勢の退却した天正三年三月一日に勝閧をあげ、清良が大森に帰還したのが翌日二日となっている。趨勢に決着が付いた訳ではなく、国元を空けて遠征することはできないだろう。また、外征する準備期間もない。

②合戦の経過と日月が矛盾している。

モデルとなった三村氏との戦いの経過と矛盾しており、その上日付が整合しない。

毛利氏は備中小田に本陣を敷き、小早川氏は国吉（川上郡手の庄）、松山・杜（新見市）、備前児島（岡山市）と備中・備前の広い範囲で戦っている。『桂岌圓覚書』には、「石川久孝、三村元親娘婿にて候つる。幸山に罷り居り候つる。是も程無く明け退き、阿州へこころざし罷り退き候へ共、相成らず候て家来の友野石見と申す者を頼り、阿州へ罷り退き度と申し候を石見かえり忠仕り、隆景様へ申し上ぐるについて御人数遣はされ候。則て相果され候。御頸本陣へ持たせられ候。其時輝元様は備中小田に御座させれ候つる」[54]とある。輝元の小田在陣は、天正二年閏一一月から翌年正月一日（三月一日説もある）[55]とされている。

③備後「福山」と備後「鞆」を舞台として書いている。

しかし、備後「福山」の地名は当時ない。福山は元和八年（一六二二）徳川氏の親藩大名である水野氏が、徳川氏の譜代親藩として始めて西国に配置された時に築城命名されて備後福山が誕生する。[56]清良の時代には一帯は「草戸千軒」と呼ばれて、小早川氏の勢力圏である。

福山丹後守は、三村氏の娘婿・「備中」福山（幸山）城の石川久孝が該当する。[57]石川氏は旧細川系の人物で、阿波・讃岐・淡路に縁が多い。

④同時期に「松葉合戦」が起きている。

山内譲氏が「松葉合戦」の日付を、「日蝕」をもとに検証している。『長元物語』の松葉合戦に「黒瀬カ城へ働時。城ヨリ手前松場（葉）町。此町破ル時。與州ノ曾根殿先手ニテ。曾根衆数人討死す。此町ニ放火ケル時ニ。折節日蝕ニテ方角モ見ヘス。敵の城へ行カカリ。日蝕モハレミレハ深入シタリ」[58]との記述がある。これを天正三年三月二〇日と特定した。[59]この期間に清良が国元を空けていたとは考え難い。

『清良記』では、この戦いが土居家の吉例となって、以後「三月一二日」に外征する事が多い。第二〇巻第一五章で清良は毛利輝元の要請により、天正四年（一五七六）「三月一二日」に再び外征する。

三津浜を出船した清良は、「安芸・塩の浦」に上陸し、丹波亀山の「石川谷」に布陣して明智光秀と戦う。このとき亀山城（京都府亀岡市）に孤立した明智氏は援軍と合流できず、四月二日の夜「風雨にまぎれ」城を脱出する。たまたま清良が布陣する石川谷を明智軍が通過しようとして大乱戦となり、「村井治兵衛、惟任主水、滝川十兵衛」などはじめ、多数の敵を討ち取る大功を建てる。「隆景は亀山に三日逗留して、境目の仕置き、諸事堅く言うつけ、清水清左衛門、柳沢刑部両人を吉川式部少輔隆久に添えて城を預け置き、因幡鳥取の城も毛利方より攻めむれども、いまだ落城せざれば、直ちに因州によせたりける」と、その後の行動を記し、清良もこの軍に加わって手柄をたてる。

この記述を検証すると、次のような疑問が浮かぶ。

①登場人物が、虚名・偽名・仮託名である。

実名である明智光秀・小早川隆景は亡んだ家であるが、信長方の武将「丹後五郎左衛門」は丹羽五郎左衛門を表していよう。討ち取ったとされる諸将の名前は、「村井」は京都所司代の村井姓を拝借し、「惟任」は明智氏が賜下された名前で親族にも容易に譲れない姓である。「滝川」も信長配下の有力武将滝川一益の姓を拝借している。城番に指名される「清水」は後に備中高松城で切腹する人物、「柳沢」は当時将軍側近で後に豊臣氏の西国代官になった柳沢元政、「吉川式部」も後に鳥取城で切腹した人物である。

②具体的な地名がほとんどあらわれない。

『清良記』の実際に行われた戦いは、地名などの描写が細かい。それに対しこの戦いでは、超遠距離の遠征だが、道中の記述がまったくなく、「塩の浦」「石川谷」しか登場しない。

③四月二日の天候が『言継卿記』と矛盾する。
『言継卿記』に京都での天候の記録がある。亀山は京都と一五キロほど離れ、一山越えているが、共に内陸の盆地なので「風雨」は共通しそうである。風雨の記述は、「三月十九日風雨頻、二十日風雨、二十一日雨、二十七日雨晴陰、四月五日陰晩景雨降、九日夕雷鳴、十日巳刻雨、十四日　雨辰下刻晴」[60]しか見出せず、一致しない。
④戦況からの矛盾。
当時は明智氏が丹波氷上城（兵庫県丹波市）の赤井・荻野氏攻撃中に、八上城（兵庫県篠山市）の波多野氏が叛旗を翻す。明智氏は地元勢力の造反で大壊走を喫し、丹波亀山城を拠点として建て直しを図っていた。[61]一般的には波多野氏など地元勢が先鋒を務め、加勢は後方警戒に付く事になるが国人の動きや人名が一切登場しない。また、別に本拠を持つ勢力への攻城戦は必ず退き口を明けておき、損害を少なくする。仮に退き口にあたる亀山の京口に軍を置いたとしても、地理不案内の伊予勢が布陣する確率は少ない。
⑤鳥取遠征の矛盾。
当時、鳥取山名氏は毛利氏の与党で、小早川氏が攻撃する必要がない。若桜鬼城（鳥取県若桜町）に反毛利勢（旧尼子氏など）が追い詰められて立て籠もっていた。吉川氏は但馬をほぼ押さえ、その勢力などを使って丹後由良城を攻略させている。[62]山陰を吉川氏が受持ち、小早川氏は余り関与しない。

ついで、第二〇巻一八章に再び外征の記述が登場する。前章で宇和の諸将が輪番で小早川氏に加勢したが、一八章で清良に順番が廻ってくる。ところが、明智氏は亀山に滞留し、羽柴秀吉は姫路から引き返したため、毛利氏も引き返す。この頃、門司の原田左馬之助が毛利氏に反旗を翻す。

しやっ、攻め落とせとて、人数一万余騎差し越され、清良も帰りがてら見物せんとありて、門司へぞ寄せられる。（中略）十二月二日の暁、海陸四方より乗り入りける所に、土居の忍びの者ども、夜の間より足軽を引き入れて、よき時節に、土居式部太輔清良、門司の城へ一番乗りなりとぞ名乗りける。

ここに「帰りがてら」とあるが、清良は一体どの方面に出陣を要請されていたのだろうか。見物衆が勝手に参戦するなどあり得る話ではない。

第二一巻第一章で、清良は再び丹波亀山を目指す。「さて、清良、五百余騎を率いて二月晦日の宇和を立たれ」と、今回は「三月十二日」ではない。

第二章には「同年五月四日、隆景五万余騎にて亀山の城を攻むべしとて丹波路へおもむきければ、将軍信長、はや先におん心得ありて、筒井順慶、滝川左近将監一益、羽柴筑前守秀吉、丹波五郎左衛門尉長秀、かれこれ五万余騎にて馳せつけ、日向守光秀にぞ加わりける」として、その後に合戦の描写が続く。

第二〇巻で「丹後」と書かれた丹羽氏はここでは「丹波」となっている。ここに書かれた諸将のうち、丹羽氏だけが江戸時代も唯一大名として存続する。合戦の描写は講談の張り扇が聞こえるように賑やかなものである。しかし、この時期の畿内は平穏で、本文にも「どこで」このような合戦が行われたかの記述はない。なお、筒井順慶の叔父とされる「筒井来慶」は、第一八巻に清良の家来として登場し、第一九巻には「筒井乱慶」「筒井竹」なる人物も登場する。

第三章に変わり、「あくる天正六年三月十二日は前の吉例とて七百余騎打ち立ち、郡内、道後かれこれ合わせて三千五百余騎、備後の鞆に上がり、輝元の指図を待ちける」と、播州上月城（兵庫県佐田町）に籠った尼子勝久・山中鹿之助を攻める。今度の戦いは第五章までと比較的詳細に語られ、清良が十匁玉の鉄砲を放物線を描くように撃ち、敵味方を驚かせ、山中鹿之助の甥・山中猪助を玉木八郎が討ち取る。荒木摂津守（村重）が、尼子勝久と共に切腹することになっている。

この戦いについても主な疑問点を列挙する。
①合戦の様子が華々しく書かれるが、上月城は吉川氏の大胆な布陣で毛利勢に完全に包囲され、城からも、信長の救援軍もまったく手が出せず、鑓合せがなかった戦いである。(63)
②山中鹿之助と甥の山中猪助は、語呂合せの命名である。また、討ち取った土居家の勇者は、玉木源蔵（第一四巻第四章・第五章で語られる）とされるべきだが、松浦宗案の息子・松浦八郎（兵衛）と混同して、「玉木八郎」と書かれている。
③荒木摂津守を切腹させている。
摂津守村重は後に信長に背くが、豊臣政権が成立した時にも存命である。
④第五章では追撃しなかったと書きながら、第六章には引き続いて神吉《かんき》・志方《しかた》城（共に兵庫県加古川市）の攻防が描かれる。
毛利氏は高砂に水軍を上陸させ海岸部で戦ったが、(64) 上月城攻めの清良の加わったとされる毛利軍は、神吉、志方方面へは秀吉の前線本部である姫路城や書写山《しょしゃ》に妨げられ、直接行軍が不可能である。上月城は東方からの敵を想定した山城で、戦い・地勢も合致しない。

第一一章には天正七年（一五七九）のこととして、「四月の替わりは土居清良へぞ当たりける。清良、黒瀬殿へ申されけるは、あの大軍の中へ、百騎や五百騎つれて参ること、いかがおぼし召され候ぞ。ときの声のかざしばかりにて候わん。信長公の立腹をおそれ給うに似て、毛利方への聞こえもしかるべからず」と、五〇〇騎を率いて出陣する。

航海中に同勢の大津直行（大洲・宇都宮氏）が乗った船が海賊に襲われ、清良が追跡・反撃する。清良は第一七巻で来島飛騨守に伝授された軍船の極意で、海賊を退治する。ここでも次のように疑問が生まれる。

①目的地の地名が書かれず海賊退治に終始する。

②村上水軍の本拠近くで海賊が来襲し、陸兵の清良が軍船を指揮するなど、あり得るだろうか。

③『清良記』では天正九年の戦いとされている「岡本合戦」がこの時期に行われている。(65)

第二四巻第五章で、天正九年(一五八一)一〇月に「土居よりは薄木三河守重宗に五十騎の兵指し添え」秀吉軍に包囲された鳥取城(鳥取県鳥取市)の救援に向かう。第二〇巻に登場した、吉川式部少輔が切腹する「鳥取干殺し」である。ここでは薄木氏が土居家の家来となる。鳥取城の救援に失敗した毛利軍は、伯耆羽衣石城(鳥取県湯梨浜町)の南条氏を攻撃し、これを救援しようとする秀吉軍との攻防が、伝聞の形で書かれている。(66)

第二五巻第一章で清良は備中高松城攻防戦に出陣する。毛利氏は敵の豊臣氏に本能寺の変を知らされることになっており、毛利氏は旗などを秀吉に貸し与え恩を売る。清良も配下を都に派遣したことになっている。この部分はかつて近藤孝純氏が考証している。(67) ちなみにこれまで「丹後・丹波」と書かれた丹羽氏は、今度は実名で書かれる。

四 「第七巻」からの疑問

我が国最古の農書とされる『清良記』「第七巻」上下を軍記物として読むと、次のような疑問が浮上する。

(1) 書出しの文章から不可解なものである

永禄七年甲子清良十九歳の時、家老衆を集異見を被問けるに、旗頭西園寺殿両代心延〳〵にして、敵国ゟ軽しめられ給ふと言ふは、不詮議成ル者の沙汰成へし、穿鑿深くして見よ、土州一条殿家と豊後大友は婿舅なれは、言合て大敵也。阿波讃岐は三好左京太夫、中国は毛利輝元、何も疎の敵なるそや」(『全集』五〜六頁、『松浦本』六六頁)

清良は永禄五年（一五六二）七月に、大森一五〇貫が返されて復帰する。あくまでも一条氏の被官として大森城主の設定であるが、「第七巻」では清良が心もとない西園寺氏を盟主とするという書き方で矛盾する。また、一条氏と大友氏は同盟者である。したがって清良は大友氏を敵として意識する必要はないことになる。さらに、三好氏は伊予東部・北部には大きな影響力を持つが、三間には直接的な影響力はない。毛利氏も同様で、瀬戸内海、河野氏、西園寺氏が間に入る。しかも永禄七年に輝元は一二歳にすぎず、(68) なぜ書かれるのか不可解である。

（2）文節の前後で主題が変えられることが多い

先上農の仕方は、五戒五常を形取り、心の行ひ第一候。其次第有増言上致候。夫上分の農夫は、欲レ前ニ慈悲一不レ欲ニ無益殺生一為レ本ニ正路一不レ奪ミ他人ニ畔境一為ニ崇敬一不レ欲ニ夫婦諍論一勘弁時節不レ違於レ実、撫ニ育万作一不レ究ニ日夜身楽一。か丶る事を心に絶さすして、

第一　神祇《じんぎ》を祭り、公義を恐れて法に不背。

第二　五穀を時節相応に仕付、小作迚菜園を能く仕、妻子に菜園の取様を教へ。

（中略）

第十　猟漁をせす。

此末五つのせぬ事をせすして、上の五つに情を強く入、諸事倹約を本として、くわん寡孤独を憐ミ、夫婦納得仕るを上農の大筋の心持に致候。

されは、上農は居所を専にする事、武家に究竟の城郭を構へらる丶如く、上分の居所は、背に山を負ふて、前に田をふまへ、左に流れを用ひて、右に畑を押へ、親譲りの地方を屋敷廻りに扣て居らされは、耕作心の儘にには成不申候。其子細は、下農の作り荒らしたる地は、責《せめ》て五年肥さ丶れは、作りも不宜。悪敷耕作した

る土を俄に上農か耕せは、草の間は見事なれ共、虫喰ひ、風折多小して実入不宜。年久しく能作りたる土は、虫不喰、日損・水損・風折もさのミなし。（『全集』一〇〜一一頁、『松浦本』六六〜六七頁）

前半は「上農」のあり方を書いている。後半には、「上農」に対して「下農」の事が書かれるべきだが、「下農の作り荒した」と「はぐらかす」ように書く。同様の主題を微妙に外した記述は、「第七巻」に集中する。

（3）松浦宗案への疑問

宗案が書かれた個所を羅列すると、まず「第七巻」第一章の、「領中にても物にひろくて作意ある百姓」として「宮の下村宗案」が初出で（本章第二節(9)）、「君御父清貞公農夫の事業を御尋ありければ、かたはし申し上げるに、皆まで言はせ給ず、武士の手段に少しも替わらぬぞ、具足甲に似たる蓑笠を着て大刀に等しき鋤鍬を持ち、名馬の如く手を追いたるは諸志に異ならず」（『全集』一五頁、『松浦本』六八頁）と、先代・清貞の農業についての諮問にも応えたことのある百姓として書かれている。

松浦宗案が自身の経歴を述べる中で、清宗に初御目見えのことと名前の由来を次のようにいっている。

> 清宗公、某か父右京進を被召出、万御尋ある序に、今の鬼之助か父丹波召、農の業を御聞有しに、其時京宗珍ハ将基を仕られ候ひし。御機嫌の余りに、いかに伝次、汝は父にも劣るましき面魂なるか、将基を知らすや武道不心懸なるにや、近く寄て見よ、将基さし習ふへし。軍には素ョリの事と、語るを聞は、耕作の事も将基に違わす、其外万の事将基の術になそらへ而、前後を弁へ、本末を知れは、金銀を多く貯へるそ、金銀を貯へるは上は牛馬をも持、民は嵐子迄も余る程扶持するッ迚御戯れあり。
>
> 即座にして宗珍弟子にと被仰付れ、両月の間にさしのほり、幾程なく宗珍にも負不申さす、黒瀬殿へ被召出、宇都宮、南方にも勝れけれは、西園寺殿、御褒美の余りに、京将基所へ参り駒を直せとの御事疎かならす。
>
> （中略）扨〳〵能手を案し出せりと、両殿御かんの余りに、某伝次を其の時ゟ宗案と被召けれは、諸傍輩な

じりて、未額髪のふわめく宗案〳〵と言ならわし而（候）（『全集』一二九〜一三〇頁、『松浦本』一〇〇頁・（　）内『松浦本』による補注。以下同様）

これらは宗案が書上げて提出した文書形式での記述で（整っていないが）、書上げの末尾には、

永禄七年正月吉日　　　松浦伝次貞宗入道宗案（『全集』一四四頁、『松浦本』一〇三頁）

と署名してある。

第一二章の清良との問答の中では、「此の宗案、只今御前を罷立候時は、最早諸人の目付もてなし、日頃には抜群ましておもはゆく御座候へし、下々は其如く御座候。予め御奉行所ニ而、村〳〵百姓の御沙汰有時、毎度某召出、御末座いたし、御尋ねの事共をあらまし申上ける故にや、近年ハ某所へ歴〳〵の名本、侍衆迄も御出有て、宗案か浅智をはしられすして、異見抔問方も御座候。（中略）某を諸人用ひて上て、御家老衆同前の様に、私なから存候。是偏えに君の民を恵ミ給ふ故也」（『全集』一六四〜一六六頁、『松浦本』一〇八頁）と、述べている。

ここでの宗案は「奉行所」なじみの者で、常に名本（庄屋のこと）や侍衆の諮問に応え、名本・侍衆が宗案を「家老」同然に扱うからなのか、私ながら「家老衆同前」に思っていると、尊大な書き方である。

「其方宗案は旧き人ニ而、其上国〳〵所々を見廻り、才覚有て積上手、学深ふして心善良なる聞へあり。我父、祖父いとなしミ深く、子供兄弟は今に武道の心掛怠らさるに、其方独世を遁れたる如く有けるは、〈某事清宗公後左〉コソ深き心当りやあるらん」（『全集』一八五〜一八七頁、『松浦本』一一二頁・〈　〉内の文は『松浦本』にはない。以下同様）との清良の問いかけに、次のような回答をしている。

御察の如く（其の事は）清宗公御以来御情深く身に余りて忝御事に候。頭を剃りても多くの領地を費し申事を痛存けれは、度〳〵御陣の御供申、君の威をかり形の如く手柄も数多仕けれと、四十歳を越ては手足の力も劣り、某如きの一騎武者は、心儘の働きなりかたしと（難く御座るかと）、臆病を煩ひ出、領地は差上て候。

（『全集』一八六頁、『松浦本』一一二頁）

入道の動機と所領返上のことを書き、子供に領地を継がせなかった理由を問答の中で、子供は自力で領地を得るものだとしている。

宗案は、第一四巻では清良の諮問に答える民生の顧問、第二七巻には歌人、あるいは軍師として描かれている。さらに第二九巻第四章「西園寺殿御夢の事。付、宗案夢合わせの事」には、「天正十五年正月二日の夜、公広卿めでたき御夢をご覧あるとて、諸人喜び樽肴《たるさかな》等を持ち運ぶこと斜めならず。土居よりも松浦宗案をもって御喜びをぞ、申されける」と、土居家を代表して慶賀の使者となり、西園寺公広の夢判断をする。第五章には土居家の家老土居左兵衛が上意討ちにあい、左兵衛の最期の言葉に清良の旗本の名前と同列に登場し、第三〇巻には土居一族出身の僧侶のように描かれている。

宗案は身分が安定して書かれていない。技法かもしれないが、一介の百姓が元家臣となり、奉行所なじみの者、清良もなじみの者、歌人・軍師、家老と徐々に誇大化されていく。

（4）「検見、地割、下札」と「鬮持《くじもち》制度」に関する記述が登場する

「地割」という言葉はほかにも用例があるが、検見、下札と同列に書かれれば、該当するのは江戸時代に行われた農地の再分配制度、「鬮持制度」に関する用語となろう。

第七章で「下地生付野良者（のら者）、いよいよ油断に也、己か油断とは言わす、田畑の悪しきと斗心得。無情者尚以不心懸なれは（不精者猶以て無心掛けなければ）田畑連々に疲もて行（やせて行き）」（『全集』一一五〜一一六頁、『松浦本』九八頁）と、のら者の素行を書いた個所も、「田畑悪しき」という表現は、先祖代々受け継いだ農地の表現ではなく、鬮持制度で割り当てられた田畑への表現に思える。

（5）横目、奉行、役人、君主への非難・皮肉が多数登場する

文章量がもっとも多いのは「横目」に対してである。「第七巻」第一二章の「清良、宗案問答の事」で語られ、宗案が清良の面前でこれらの非難を行う。これに対して、清良の反駁、反省は一切ない。

（6）　他巻と比較して文章量が多すぎる

上下に分けられた巻は、「第七巻」と第一四巻だけである。第Ⅰ部第一章で掲げた目次を参照していただきたい。

（7）　労役の見積もりについての記述が多く、その内容は過大である

第七章などは一章分すべてが農作業とそれに付随した労役の事で占められている。たとえば、一町田規模で男八一一人役が計上されている。極端な寒冷地ではなく、背後間近に山のある地域で、柴薪の手間一二〇役分が計上されており、煮炊き・照明などを含めても過大ではないのだろうか。耕作の手間も他の農書に比べて過大である。さらに、奇妙なことだが、牛の歩行距離まで登場する。

（8）　全般に幕藩体制下での事象で占められる

諸侍の領内にある彼ののら者を、未進方に取上て仕ふを（見）申に、かた腰をひねり、勇々敷立廻り能、道具持抔には一際余勢に見へぬれは、のら百姓の癖として第一長高く、かたいかりて横柄なれはなり。しかはあれと夫の役も得せす、元気は元来ならさるとハ言なから、其主人の心持により、敷にすき、しかも百姓の案内者にして、色々課役抔懸とらせて、殊外によけれは、欲にて候て後はおとなしく、下代抔させるといへトモ、何事にも久敷と（こ）たへる事ならす、少金銀をしたためて、其年季明は隙を取て又本の百姓ニかへりぬ。奉公の間弁口を聞習ひけれは、人共このもしく思ひ、公事出入使、縁組抔の媒にしつ、又ハ奉公の内、牛蒡、大こんの皮をむき習らひ、魚の鱗を引覚へけれは、愁、祝儀の時は料理を被頼、胴服、古袴を引懸、大脇差を横たへ、悉皆人の事斗仕廻り、一両年の内に又未進仕出し、頓而奉公に出る。百姓心捨りて奉公人振りの出る時は、引込て百姓をし、奉公気質捨りて百姓気になる時分は又奉公出、終に善悪片付かたし

（『全集』一七八〜一七九頁、『松浦本』一一一〜一一二頁）

此起りは親譲りなり。其訳は、父母野良ニして、其女胎む時唯居りをし美食するにら、腹ふとふして子の長ふとし。其子五、六歳迄養ひ立る内に、母野良なるにより其子抱て馳走する故肥ふとりて、七歳らは薪を刈へきをからすして、人の瓜、茄子、梅、桃、栗、柿を盗て、十五、六歳迄ものら遊ひをし、横着を言習ふにら弁口も聞、奉公人の振りを以する（『全集』一〇七頁、『松浦本』九六頁）

ここで書かれているものは、兵農分離した状態の、「武家奉公人」のことである。「のら者」が武家奉公人になる、しかも武家方はこれを珍重・称揚すると、皮肉交じりに書いている。

後半の引用文では、「のら者」がなぜ育つかを述べているが、飽食の時代か、太平の時代の様相を書いている。一方、第六巻で清良が大森に復帰した時には、領民は餓え、清良が第一番に行ったのが、「かゆ」の施行であることになっている。

（1）石野弥栄「戦国末期における西南四国の軍事情勢」（『よど』創刊号、二〇〇〇年）、同「伊予国宇和郡における戦国領主の存在形態」（『瀬戸内海地域史研究』第八輯、二〇〇〇年）、西尾和美「中世伊予河野氏の婚姻関係と『伊予河野家譜』」（『松山東雲女子大学人文学部紀要』六巻、一九九八年）、朝倉慶景「伊予西園寺氏と土佐一条氏のかかわり」（『伊予史談』二七五号、一九八七年）同「土佐一条氏の伊予侵攻について」（『伊予史談』二九五号、一九九四年）、宮尾克彦「鳥坂合戦考」（『文化愛媛』三五、一九九四年）、福川一徳「伊予法華津氏研究序説」（『伊予史談』二三四号、一九七九年）、川岡勉『伊予河野氏と中世瀬戸内海世界』（愛媛新聞、二〇〇四年）などを参考にした。

（2）『松浦本』五頁。東小路教行（本文には「法行」と書かれる）の子供・教忠。

（3）『史料綜覧』第一〇巻（東京大学史料編纂所、一九七七年復刻版）五八一頁。

（4）前掲注（3）『史料綜覧』第一〇巻、六四四頁。

（5）前掲注（1）石野「戦国末期における西南四国の軍事情勢」一二六～一二七頁。同「宇和郡境目における戦国領主の動向と性格」（『よど』四号、二〇〇四年）で、高島の所在などを再検証されている。
（6）前掲注（1）宮尾「鳥坂合戦考」は、西園寺氏が戦いの当初には一条氏側で参戦していた可能性を指摘し、川岡勉「永禄期の南伊予の戦乱をめぐる一考察」（『愛媛大学教育学部紀要人文社会学科』三六巻二号、二〇〇四年）は、一連の抗争をより明確にしている。
（7）前掲注（1）朝倉「伊予西園寺氏と土佐一条氏のかかわり」に、一条房家の娘が西園寺公宣に嫁ぎ、設けた子供が天文一八年に没し、「法名前伊予守殿一秀梅信大善定門」「松葉公宣次子」との位牌が現存することなど、一条・西園寺の関係を考証している。
（8）『長元物語』（『続群書類従』第二三輯上、続群書類従完成会、一九五七年）八頁。
（9）前掲注（3）『史料綜覧』第一〇巻、八一〇頁。
（10）『足利季世記』（近藤瓶城編『改定史籍集覧』第一三冊、一九〇二年）二〇四・二〇六・二〇九頁。太田藤四郎編『言継卿記』巻二巻（大洋社、一九四一年）天文二一年正月二八日、六月二九日条。
（11）『松浦本』一八頁。
（12）『加賀藩史料』第二編（前田徳育会、一九三〇・一九八〇年復刻）、「寛永十三年七月七日、前田利常、高光に、その臣安見隠岐を能登に流すべきことを告ぐ」七八一～七九三頁。「慶長元和寛永侍帳」（石川県立図書館ＨＰの「貴重資料ギャラリー」で閲覧可能）には、「慶長十年富山侍帳」に「安見隠岐六千石、安見右近四百石」、「寛永四年侍帳」には「安見隠岐九千石」とある。所荘吉執筆の「砲術」（『国史大辞典』一二巻、吉川弘文館、一九九一年、五八六～五八七頁）も参照。
（13）『愛媛県史』通史編古代二・中世（愛媛県、一九八四年）。
（14）大友氏関係は、『大友記』（『群書類従』第二一輯、群書類従完成会、一九五七年）、外山幹夫『大名領国形成過程の研究』（雄山閣、一九八三年）などによる。
（15）『松浦本』六二頁。
（16）前掲注（13）『愛媛県史』によれば、天正年間に松葉より背後の黒瀬に本拠を移しているとされる（六二三頁）。

(17)前掲注(1)福川「伊予法華津氏研究序説」。
(18)『吉田領寺社古記並古城跡之覚書』(別称『吉田古記』、以後引用にはこの称を使う。清水眞良編、予陽叢書第三巻、愛媛青年処女協会、一九二八年)に、天正一五年(一五八七年)一一月一一日河野通賢、同月一五日通氏・通純、同月一四日妙栄が没したことが記録されている(一六二頁)。
(19)『全集』九八頁、『松浦本』九四頁。
(20)『南海通記』(山本大編『戦国史料叢書』人物往来社、一九六六年)五一八~五一九頁。前掲注(13)『愛媛県史』では、天正一二年正月としている(六七八頁)。
(21)第一六巻に明応年間(一四九二~一五〇〇年)の記事として「河野殿は湯の町の城より毎日々打ち出」とあるが、この記述は肯定できる。『松浦本』一一三頁。
(22)『宇和郡記』(清水眞良編予陽叢書第三巻、愛媛青年処女協会、一九二八年)二五三・二五六頁。
(23)芝氏については不明なところが多く、地元の地誌でも『清良記』によっているところが多い。石野弥栄「伊予河野氏とその被官の高野山参詣について」(『研究紀要』七号、愛媛歴史文化博物館、二〇〇二年)に、「上蔵院文書」にある西ノ川(芝)氏文書を紹介されている。本文に書かれる新興勢力ではない(一一頁)。
(24)『三間町誌』(三間町誌編纂委員会、三間町、一九九四年)によれば、石原《いしはぎ》村は寛政七年(一七九五)ごろには増田村とも呼ばれ天保八年(一八三七)に増田村に統一された。末森《すえもり》村は享保以前に増保村と改め、明治一九年(一八八六)に北増保《きたますお》村に名前が変更される(四〇二頁、三九六頁)。
(25)前掲注(22)『宇和郡記』二五二~二五三頁。宇和島藩では「地組」と称し、旧領主支配地域を一つの単位としており、黒井地村、無田(務田)村は「有馬組」に属する。
(26)前掲注(22)『宇和郡記』二五二~二五三頁。
(27)前掲注(22)『宇和郡記』二四九~二五〇頁。
(28)前掲注(18)『吉田古記』一四八頁。
(29)前掲注(18)『吉田古記』一六八頁。

（30）前掲注（18）『吉田古記』では、三五巻本に第三六巻を書き加えたとされている（二〇五頁）（第Ⅰ部第三章第一節参照）。なお、石野弥栄「『清良記』の成立と素材について」（伊予史談』三三九号、二〇〇五年）は、「廿、六」と書かれた写本を紹介し、二六巻本であった可能性を示している。全体のバランスから二六巻本、あるいは佐藤信淵が見たとする一五巻であった可能性が高いが、本書では予陽叢書版『吉田古記』が記す三六巻が『清良記』の原本と仮定して述べていく。

（31）『松浦本』四二四～四二八頁に、「侍付」「総目録」が収録されている。西予市図書館蔵本も三二巻となっている。

（32）『太閤記』（近藤瓶城編纂『改定史籍集覧』第一九冊、近藤活版所、一九〇一年）。『四国後発向並北国御動座の事』（近藤瓶城編纂『改定史籍集覧』第一三冊、近藤活版所、一九〇一年）。

（33）高野街道とも呼ばれている。熊野記念館資料収集委員会自然・歴史部会編『熊野古道小辺路調査報告書』（新宮市、一九八七年）に、国会図書館蔵本『清良記』を引用して、注釈を施されている。編集に携わられた山本殖生氏のご教授によれば、『清良記』の近世的な部分に疑問を抱きながら、表記年代が古い旅行記として採録されたとのことで、道中の地名「大獄」は「大滝」、「大役」は「大股」の誤記だと考証されている。曾良『元禄四年日記』（山本安三郎編『奥の細道随行日記』小川書房、一九四三年）に、同街道を通った記録がある。

（34）十津川の強弓として知られる。岸谷誠一校訂『保元物語』（岩波書店、一九三四年）に、「吉野・十津川の指矢三町、遠矢八町と云」と登場する（三八頁）。

（35）『三好記』（『続群書類従』第二三輯下、続群書類従完成会、一九五七年）など。三好長治は三好家の執事職・篠原氏を元亀四年五月植桜城に「紀伊国より鉄炮三千丁呼寄せ」攻め滅ぼす。三好氏は長治の母（小少将）が権勢を得て乱れる。内紛が誤伝され伊予が緊張したことはありうる。

（36）山内讓「中世後期瀬戸内海の海賊衆と水軍」（『瀬戸内海地域史研究』第一輯、一九八七年）などによれば、瀬戸内海の交通は当時関銭の徴収と配分方法が確立実施されていた。

（37）『身自鏡』（米原正義校注『戦国史料叢書七・中国史料集』人物往来社、一九六六年）。

（38）『伊勢参宮海陸之記』（神宮司庁編集『大神宮叢書』神宮参拝記念大成、臨川書房、一九七一年）。西園寺宣久は公広の弟にあたる。

(39)『兼見卿記』(『史料纂集』続群書類従完成会、一九七一年)天正四年七月一二日条。

(40)和歌山県神職取締所編纂『続紀伊風土記』第三輯(一九一〇年)。「寒川」(小辺路の西麓の村)が、強弓の産地か確認できなかった。

(41)児玉洋一『熊野三山経済史』(有斐閣、一九四一年)には、「熊野に残る一木・二木・九鬼の地名の木・鬼は柵を示し、ここで関所を通る通行税を徴収した」とある(九一八頁)。『大日本古文書・家分け高野山』に、永禄一〇年の鬼が城で関銭七文の定めが残されている。前掲注(40)『続紀伊風土記』には、「曾根浦」(二七一頁)と「上里村」(二九四頁)に関所があり鳥目五銭をとっていたとしている。桑田忠親校注『信長公記』(新人物往来社、一九七三年)には、「当国の諸関、取分往還の旅人の悩みたる間、末代に於いて、御免除の上、向後関銭召し置かるべからざるの旨、堅く仰せ付けらる」とある(九八頁)。

(42)本宮の「おとなしの坊」、那智山の「老の坊」、伊勢「橋村織部太夫正弥」の実在性は、宮家準『熊野修験』(吉川弘文館、一九九二年)に「音無越後」「音無新坊」が、『米良文書』(『熊野那智大社』第三、続群書類従完成会、一九七七年)に「廊《ろう》の坊」が、小西瑞穂「戦国期における伊勢御師の活動——橋村氏を中心に——」(『大阪樟蔭女子大学論集』二五号、一九八八年)で、橋村織部太夫正弥が、いずれも伊予を檀那《かすみ》としていることが確認される。

(43)前掲注(38)『伊勢参宮海陸之記』二〇七頁。

(44)前掲注(38)『伊勢参宮海陸之記』二〇七頁。前掲注(41)『信長公記』九八頁。

(45)『滋賀県史』第三巻中世~近世(滋賀県庁、一九八六年)三二四頁。

(46)『佐久間軍記』(『続群書類従』第二〇輯下、続群書類従完成会、一九五七年)。「於此栽江州諸将。長光寺柴田勝家ニ。長原ヲ佐久間信盛。宇佐山ヲ森可成ニ。安土ヲ中川八郎右衛門ニ給。五月岐阜帰陣」(九九頁)。「天正四年丙子。江州安土ニ城ヲ築。三月。信長公御移徙。四月。大坂御発向」(一〇四頁)。『佐久間軍記』は『信長公記』を補うものとして後世に編まれており、漢字の「安土」は築城以前の地名表記ではない。『多聞院日記』第二巻(辻善之助編、三教書院、一九三五年)の天正四年二月一八日条に、「信長、近日江州へ越、アツチ山ニ可拵要害之用意」とある。この日記は地名を漢字表記することに勤めているとうかがえる。また、前掲注(41)『信長公記』には、天正四年「正月中旬より江州安土山御普請」「二月廿三日、安土に至って、信長、御座を移され」(一九一頁)

とある。前掲注(39)『兼見卿記』は天正四年二月二四日に信長が安土城に移ったとしている（九七頁）。

(47) 前掲注(41)『信長公記』元亀四年「四月三日、先、洛外の堂塔寺庵を除き、御放火」「翌日、又、御構へを押へ、上京を放火」「四月十一日、百済寺堂塔、伽藍、坊舎・仏閣、悉く灰燼となる」（一三八頁）。ルイス・フロイス著、松田毅一・川崎桃太訳『日本史』四（中央公論社普及版、一九八一年）に、この混乱と焼却、破壊された社寺のリストが掲げられている（二八九～三〇二頁）。

(48)『石山本願寺日記』上巻（上松寅三編纂校訂、大阪府立図書館長今井貫一君在職二十五年記念会、非売品、一九三〇年）には、天文初年に六町が成立しており、天文一九・二〇年に「町内対抗綱引き大会」が行われ、引き手が各町六〇人としている。上下巻に「馬市」の記述はない。

(49) 前掲注(38)『伊勢参宮海陸之記』二〇四頁。

(50) 前掲注(38)『伊勢参宮海陸之記』二〇四頁。

(51) 前掲注(41)『信長公記』によれば、天正二年七月一五日の河内長島攻撃に「九鬼右馬允あたけ舟。瀧川左近、伊藤三丞、水野監物、是れ等もあたけ舟」で参加し、一揆を壊滅させる（一六〇頁）。

(52)『国史大辞典』一（吉川弘文館、一九九二年）の「安宅《あたぎ》氏」の項（平山行三執筆）に、安宅「冬康（摂津守）の次男貴康は天正九年信長淡路征討の時降伏し、由良城を渡した」（二二四頁）とある。新井白石著、今泉貞介・吉川半七校訂・編纂『藩瀚譜』（『新井白石全集』東京築地活版所、一九〇五年）には、仙石秀久が「安宅河内守」を降伏させ、安宅氏を信長のもとに伴ったとある。居城も炉口城・由良城と文書に登場し、「洲本城」は後年に脇坂安治によって築城される。

(53)『中国治乱記』（『続群書類従』第二一輯、続群書類従完成会、一九五七年）、『岡山県史』第五巻中世・第六巻近世（岡山県、一九九一・一九八二年）。

(54)『桂岌圓覚書』（三坂圭治校注『戦国史料叢書・毛利史料集』人物往来社、一九六六年）四七頁。

(55)『備中兵乱記』（近藤瓶城編纂『改定史籍集覧』第一五冊、近藤活版所、一九〇一年）には、「三月一日」としている。

(56) 後藤陽一『広島県史』（山川出版社、一九九九年）九二頁。

(57) 前掲注(53)『岡山県史』中世編、二三二頁。柴田一・朝森要編『郷土史事典・岡山県』(昌平社、一九八二)六四頁。米原正義校訂『陰徳太平記』四(東洋書院、一九八〇年)。

(58) 前掲注(8)『長元物語』三一頁。

(59) 山内譲「戦国期南伊予の日蝕」(『伊予史談』三二三号、二〇〇一年)。

(60) 太田ぜん編『言継卿記』補遺三(続群書類従完成会、一九六七年)一二四頁以下参照。

(61) 前掲注(39)『兼見卿記』天正四年正月~四月。前掲注(46)『多聞院日記』天正四年正月二八日。松井拳堂『丹波史年表』(丹波史談会、一九三七年)。『兵庫県史』第三巻中世編(兵庫県、一九七八年)。芦田確次・村上完二・青木俊夫・船越昌『丹波戦国史——黒井城を中心として——』(歴史図書出版、一九七三年)、波多野秀治編『籾井家日記』(笹山毎日新聞社、一九三一年)、二木謙一監修『明智軍記』(新人物往来社、一九九五年)、岡光夫『封建村落の研究』(有斐閣、一九六三年)など。

(62) 前掲注(61)『兵庫県史』第三巻中世編、六五四頁。

(63) 前掲注(54)『桂岌圓覚書』四八頁。浜田洋「上月城跡」(『播磨』六一号、西播史談会、一九六五年)に、「五月十四日杉原播磨守重寄手より塁《(類カ)》無しの鋳鉋にて上月城の楼を射たるに微塵になりて失せたり、此の鋳鉋の玉宝暦の比上月城二の丸辰巳の切岸崩れより出でたるに目方五百匁ありたり。其の他金の符矢の根等出で明和八年森対島《(馬カ)》守殿に奉る」と紹介され、海賊衆による一方的な砲撃戦であることがわかる(五三頁)。

(64) 宮野宣康「兵庫県編」(戦国軍記研究会編『戦国合戦事典』第六巻、新人物往来社、一九八九年)。

(65) 前掲注(23)石野「伊予河野氏とその被官の高野山参詣について」一〇頁。

(66) 『東郷町誌』(東郷町、一九八七年)に、第二編第二章で足羽愛輔氏が戦いの経緯を詳述されており、経緯はほぼ一致する。

(67) 近藤孝純「清良記の作者と成立年代」(『社会経済史学』二三巻一号、一九五七年)五七頁。

(68) 『寛永重修諸家譜』第一〇(続群書類従完成会、一九六五年)二四二頁。

第三章　軍記の検証からみえるもの

一　原本『清良記』の成立時期

前章で述べた多くの疑問点を解くためには、『清良記』の成立過程を知る必要がある。

まず、原本が誰によりいつ頃成立したのかに関して、諸先学の研究成果を集めて紹介する。

延宝九年（一六八一）に吉田藩寺社方の森田仁衛門によって編まれた『吉田古記』には、『清良記』の成立に関する記述が次の二か所に書かれている（内容に不適切な表現があるが、そのまま引用する事をご容赦いただきたい）。


清良記と云は、土居式部大輔清良の事を書記したるものなり、此作者宮下村に住居せし眞吉水也と云ふ者なり、前世の業にひかれ、人にきらはるる病をうけて、谷と云ふ処に引込居たりける、庵の壁に

雨霰雪や氷と隔つれど　落ちれば同じ谷川の水

となん、病によりて屈みたる指に筆を結び付て、草案などを書かれたるを見侍るに、中々無病の指の揃ひたるもの、いかでか及ばん(1)

清良隠遁して土居中村に住ふ、家来並諸人いとをしみ養育す、遙に後

伊達遠江守藤原朝臣秀宗尊公御拝領地、依之、御入国以後十四五年清良存生にして中村に居、寛永六年己巳三月二十四日、八十四歳にして病死畢、其後三十三回忌以後家来筋目の諸人、登帝都吉田神官を以って、昔年より委細訴申之処、被届聞召則神祇之　御免書頂戴、以来社頭を建立し崇敬する者也、委細清良記三十六巻に見えたり(2)

はじめの引用文は、「吉良本」と呼ばれる写本にのみ書かれている。(3)校訂者の西園寺源透氏は、「吉良本」の成立を、江戸時代中期だとする。

次に、伊尾喜本『清良記』序文には、「土居中村の庄屋の祖たるものと共に編みたりといえども専ら酔也翁の編と覚ゆ」と、書かれている。(4)

入交好脩氏は、土居清良の末裔の一家とされる高串（現宇和島市）土居家に伝えられた、彦根藩士・津田理右衛門の書簡を見出した。ここにも成立年代を知るための糸口がみえる。

土居式部大輔清良殿御事委し仰聞候。兼而及承候神ニ御祝、今程土居宮清良之明神と申由、御利生明ニ有之、所の氏神ニ奉崇九月二十四日御祭礼之由珍重之事、神は依人之敬増威と申候へば、弥御繁昌可有之と存候。清良記土居水也御作立之由及承候。少々拝見申度候。扨又土居家之系図荒増御書付御越一覧申候。兼而存候とは相違ニ候。土居ハ伊予之屋形河野殿二男得納三男土居と及承候。処ニ清良之土居ハ鈴木家より相続之由、此段相違存申候。

入交氏は「年」の書かれていないこの書簡を、「寛文初頭（二年乃至三年）の正月十一日であろう」としている。(5)

その他では『三間町誌』に所収されている、「家老鈴木仲左衛門などからの江戸よりの書状」に、「清良記と申す書ハ三間宮ノ下水也と申す者、慶安三年より作り立て、それ以来四年目に清書仕廻（中略）水也弟高串村庄屋甚右衛門右の通り申し候。もっとも甚右衛門ならびに三間庄屋市兵衛などうち寄り、仕立て申し候事」(6)とある。

津田氏書簡の宛先は、筆頭が高串村甚右衛門となっており、津田氏の同僚・吉田十郎右衛門が井伊家の使者として宇和島伊達家を訪れたさいに、甚右衛門家に世話になった礼状と、書状を貰った返信を兼ねている。石野弥栄氏などが彦根・井伊家の津田氏を考証したところによると、理右衛門の祖父が豊臣政権での南伊予の大名であった戸田氏に仕え、そのさいに土居一族との付き合いが始まったようであると言い、寛文五年頃の書簡だと考察している。(7)

貞享二年（一六八五）に吉田藩浦方の岡村直正によって編まれた『郡鑑』によれば、伊尾喜本『清良記』序文にみえる「土居中村庄屋の祖」には代官も勤めた「与兵衛」が、『三間町誌』所収の書状にみえる「三間庄屋」には沢松村の庄屋に「市兵衛」が見出される。(8)

山口常助氏は、『吉田古記』、伊尾喜本『清良記』序文、津田書簡に登場する土居（眞吉）水也（酔也）を探求し、彼が三間・三島神社の神主を務めていたこと、没年が承応三年（一六五四）とつきとめた。(9)

　これらをまとめると、神職を務めていた土居水也は、病のために引退を余儀なくされ、同様に、時代の変遷で隠棲を余儀なくされた先祖の土居清良とその家臣の記録を綴ることに余生をささげた。慶安三年（一六五〇）より土居水也を中心に、高串村庄屋甚右衛門、沢松村庄屋市兵衛、(10)土居中村庄屋与兵衛などの親族に助けられて、原本の『清良記』を三五巻に仕立て、足掛け四年後の承応二年（一六五三）までに完成させたことになる。(11)

　ところで、水也没後の寛文元年（一六六一）に清良の三三回忌を迎え、末裔の者や元家来の血筋の者が、土居清良を神に祀ろうと企画する。

　これには一つの機縁がある。宇和島伊達藩初代の伊達秀宗には、本家の伊達正宗に選抜派遣された山家清兵衛《やんべせいべい》という財務方の家老がいた。秀宗は正宗の長男だが、豊臣秀吉に幼少の頃から質として出仕していた。徳川氏の天下となり秀吉に所縁のある秀宗は、仙台宗家の家督を継ぐことができず、新たに宇和島で一〇万石を貰った。秀宗は「伊達一〇〇万石（表高は六二万石）」の御曹司の感覚で、正宗に三万両の膨大な借金をして入封する。信じ難い額だが、毎年三万石分の所領から正宗の隠居料として借金を返済している。[12] 戦国の余風が残り、武断派とでもいうべき家臣が勢力を持ち、この一派と秀宗には、借金返済で弱体化した領国の経営に力を注ぎ、緊縮した財政を強行に推し進める清兵衛は煙たい存在であり、ついに闇討ちにしてしまう。

財務の貴重な人材を失った秀宗は困難な藩経営を行う。その後に天災や罹病と、災難が続く。秀宗は清兵衛の怨霊の祟りだとして恐れ、承応二年（一六五三）に京都・吉田家より奉幣使・猪熊兼古を迎え、「和霊神社」として祀る。[13] 奉幣使一行の道中には、領内の代官・庄屋が接待に動員され、綺羅を飾って宇和島に入る。これに、『清良記』の編纂に関わった与兵衛・甚右衛門・市兵衛も関与したと思われ、この例（怨霊は別として）を見習って清良の神格化の手続きを踏んだようである。

土居水也が三間の大社である三島神社の神主だったことから考えると、清良の神格化は水也の発案であったかも知れない。『清良記』編纂中の出来事で、『清良記』も神祇《じんぎ》（吉田家）への申請材料として編まれた可能性が大きい。

幕府は朝廷の神祇副であった吉田家を制度として取り込み、神社・神官を支配する。吉田家は吉田神社の祭主でもあり、「唯一神道」の宗家でもある。[14]

村の社が土俗神ではなく、神祇公認の手続きで創建されることは珍しい。土居家所縁の人達が「神祇」を、藩より上の権威を持つ、朝廷・幕府の機関であるとの認識であえて申請を行ったことは間違いないだろう。

寛文元年が清良の三三回忌で、その前後に申請した事になっており、「清良明神」の神号を得て清良神社が寛文元年に創建されたとされている[15]（写真1・2）。現在もつづく祭礼の九月二四日は清良の生没には関係がなく、

写真１　清良神社（著者撮影）

写真２　土居清良廟（著者撮影）

神号を貰った月日を示しているようである。

寛文三年（一六六三）八月に幕府の寺社奉行が将軍直属となった関連で、新寺社の建立は本山・神祇の許可だけでなく、寺社奉行の許可も必要になった[16]。『吉田古記』を見る限り、清良神社は吉田家の免状だけで創建されたとうかがえ、寛文元年から三年までに神号をもらったことは間違いなさそうである[17]。

西田長男氏は、当時の吉田家を調べている。氏の主題は当時問題となった「吉川神道」との関わりであるが、調査に用いた史料には今日見られないものが含まれている。氏によれば吉田家の当主は、寛文元年の時点ではわずか九歳で、世襲の社家とよばれる家々が守り立て、複数の家老格の家が取り仕切っていたという。(18) 新寺社の創建は寺社奉行の許可を受けるようにとの法令は、後年にも布達されており実効性に疑念があるが、当時の吉田神社は当主が幼少で神道の奥義を伝承していないとされ、会津藩主・保科家に後援された「吉川神道」を幕府の神祇機関に推そうとする動きがあり、微妙な立場に置かれている。したがって、幕法を軽視して独自の免許を発行することはあり得ない。

神祇に創建を申請するには、吉田神社の家老家の執事に願いの筋を申し立て、参考資料を添付して、神に祀るに相応しいかの判断をしてもらうことになる。執事から家老家の当主にいたり、当主の専決か家老達の合議によって、相応しいと認められれば免許交付の手続きにいたる事になろう。

では、土居家家来筋目の者は、どのようにして吉田神社の社家に、清良の事跡を認めさせたのだろうか。都から離れた四国西南部の一小名の事跡を説明するために、先述のように清良の記録である『清良記』が提出されたと推測される。しかしながら、太平の世の都人である社家には、『清良記』に書かれた清良の実像は、好戦的で反復常ならぬ者、四国の一地域のみで活躍した武将、徳川氏の世の始まりに貢献のない者、と判断されよう。家来筋目の者は、縷々補足の説明をせねばならなかった。その説明が功奏して免許が得られた。

したがって、『清良記』の第三六巻にその経緯が書かれているのは、申請のさいに『清良記』が提出されたこと、清良の「実録」である『清良記』が、都人には受け容れてもらえなかったことを表していよう。

すなわち原本を三六巻本と捉えれば、完成は寛文三年頃までとすることができる。

二　改編された『清良記』

従来の『清良記』研究では、現存する写本は、原本から写本されるつど加筆・編集が加わった、あるいは省略されて書き写された物であるとの仮定のもとに、原本の成立年代の特定が試みられてきた。

これらの研究の多くは、「第七巻」いわゆる農書のみの所見から導かれており、その記述と構成が全編を通じて考察されたことは少なく、前章であげた多くの疑問点の回答や参考とはなりがたい。

前節で原本が吉田家へ提出された可能性が高いことを述べたが、吉田社の社家は当代の突出した教養人である。吉田家に提出された元本が、前章で指摘したような現存する虚構に満ちた『清良記』であったなら、とり合ってもらえるものではなかっただろう。『平家物語』『義経記（源平盛衰記）』『太平記』などを読んだ人なら、これらのパロディーであると指摘できる程度の咀嚼で書かれている個所が多すぎる。

原本は、人名や事件の年月日も伝わる範囲でできるだけ正確に書かれたもので、『清良記』も出版に値するものだと提出者は考えていたと思える。当時各地の軍記が多数出版されていた。しかし、明暦三年（一六五七）に「和本之軍記類板行仕事者之バ出所以下書附奉行所へ指上可請下知事」(19)と、京都では事実上の軍記出版が禁止された。こうして土居水也の書いた『清良記』は神祇への申請資料としてしか日の目をみず、これを基に改編された『清良記』が元本となって、現存する写本となったと考えられる。

ここでは、土居水也が不自由な身体で懸命に綴った原本を書き改めなければならなかった事情、また現在伝わっている『清良記』がどのようにして成立したかを辿ってみる。

前述したように、太平の世の社家・都人や支配者には、「実録」の『清良記』が受け入れてもらえるものではなく、軍記の色彩を弱め、「物語」として書き換える必要を指摘したのが第三六巻の内容である。結論からいえば、この主旨に添った改編が全編に施される事になる。いくつかの例をあげておこう。

伊予と土佐の国境勢力として、自家の存続のために一条氏・西園寺氏と寄属を繰り返し、『清良記』の記述にある河原淵氏のように（実際には鳥坂《とさか》合戦以後の）両属状態であったものを、太平の世の視点から変節漢と思われることを嫌い、西園寺氏一筋の無二の忠臣と書き改める。

一時は主であった格式の高い家の末流である一条氏には、敵対交戦しても終始敬語をもって書き、追放される事態もいたわしそうに表現して影ながら助力したと書く。一条氏を追放した長宗我部氏は、その後絶家したのを幸いに、遠慮会釈なく「悪役」として表現する。

一条氏の氏族である御荘《みしょう》氏も、都での著姓である「勧修寺流」であることから勧修寺氏としてこれを称揚する。御荘氏は永禄一一年（一五六八）以後に西園寺氏に寄属したであろう清良と、敵対して戦ったことが原本に書かれていたと推測されるが、これを削除してしまう。さらに、一条兼定が追放され、兼定の復帰を画策して長宗我部氏と戦うために西園寺氏に後援を求めたであろう事や、戦いに利あらず長宗我部氏に屈服した後も、史実を一切無視して、土居氏同様に終始無二の忠臣、文武に秀でた西園寺氏の柱石として書き改めている。この余波で津島氏等の動向を表現できず、名前だけ登場させてお茶を濁す結果となってしまう。

『平家物語』『太平記』で有名な河野氏（湯築）を、伊予の大族で毛利氏の頼りになる縁戚として描く。史実としては、毛利氏の対大友戦略に同調して、一時は南伊予に進出するが巻き返されて鳥坂まで押し返される。鳥坂合戦でも毛利氏の援軍頼みで、毛利氏には手の掛かる与力大名となっている。

これら都人に馴染みのある家をことさら賛美して描き、それらの家に土居家が伍していた、あるいは友好的な頼りにされる関係を持っていたとする書き方となる。

前章で全編からの疑問(2)(7)(10)として掲げた大部分は、そのような視点に立って解釈すれば無理なく読み解ける。

同じく(3)(4)の疑問に掲げた「備後福山遠征」に関しては、編者が『太平記』にも登場する「備中福山」を知らず、(20)江戸時代に成立した「備後福山」と勘違いしているか、「鞆」を「鞍」とわざと書き換え、「空想・虚談」のサインとしたのかもしれない。なお、備中福山城は岡山県総社市清音《きよね》に位置し、四、五里離れた場所に「鞍」の地名は見出せなかった。(21)

また、清良の遠征についても例をあげよう。「丹波亀山」遠征の記述で、唯一現地の地名として出てきた「石川谷」は、亀山（京都府亀岡市）周辺には見つける事が出来ない。亀岡市教育委員会のご教授によれば、現在使われている地名、市史編纂の過程でも登場しないとのことである。地元の人が通称で呼んでいる可能性はあるものの、この地域は京都市民から「西山」と呼ばれてハイキングで親しまれ、ガイドブックが多数出されているが、それらからも見出せなかった。『丹州三家物語』などに、丹波与謝郡の「石川谷」に偵察に出た細川家の交戦記録があり、(22)そこからの援用かもしれない。

前章で述べたように、この世紀の大遠征というべき記録も道中の記述はなく、石川谷の戦いの後に因幡鳥取へと引き続いて遠征して、手柄を立てたと無造作に流し書きしている。実録であれば、遠征範囲からみても二・三巻の文章量が必要となろう。しかし、わずか一章で、しかもタイトルは「土居蔵人出頭の事」とあって、編者自らが「虚談」だと告白しているに等しい。

上月城遠征の記述では、荒木摂津守村重を切腹させている。その影響で後の描写で荒木氏の摂津伊丹・尼崎・花隈での反旗や、播州三木別所氏の籠城などが大幅に省略される。荒木氏・別所氏や、氷上城の赤井・荻野氏、八上城の波多野氏を助けて本願寺を支援しようとする毛利氏の戦略と、清良ら宇和勢への出陣要請記述が食い違い、本願寺・中国勢力を中心とした反信長勢と信長勢との攻防状況が一致しなくなる。毛利氏は本願寺・将軍義昭と連携して摂津丹波ラインで守ろうとし、次第に後退して播州丹波ライン、備前伯耆ライン、最終的に備中高松城で信長勢と直接対決する。こうした情勢に関しても『清良記』では第二〇巻第一五章、第二一巻第一章、第三章、第一一章、第二五巻第一章の「話の枕」が、前後の入れ替わった時代錯誤した説明になっている。

伊予土佐の国境勢力ともいえる清良などが、長期間国元を留守にできるのかという、根本的な理由を除外しても、個々の記述を検証すれば創作であることが明らかで、清良が四国を離れる外征部分は、すべてが「空想・虚談」なのである。

編者はサービス精神に富んでおり、これらの合戦の後に必ず「戦後譚」を挿入している。しかし、いずれも元本から十分に咀嚼されないままに書かれ、虚談であることを浮き立たせてしまっている。天下統一の前哨戦というべきこれらの戦いに広範囲に参加させ、ローカルな武将である土居清良の誇大化を図って、実録にはない面白さを改編者は用意し、後世の読者を「楽しくダマス」こととなる。

第一七巻の参詣旅行については、清良が天正六年（一五七八）正月に高野山・上蔵院に逆修塔（寿墓）を建立している記録があり[23]、部分的な（高野山だけかもしれないが）参詣記録があったものを、時期を変え潤色した可能性がある。

伊予では清良の置かれた状況に近い丸串城の西園寺宣久が伊勢参拝を行っており、『身自鏡《みのかがみ》』の作者・毛利氏の臣である玉木土佐守吉保も、味方を攻撃するために出陣する敵将・秀吉を姫路で見物しているように[24]、当時は万難を排して参詣する例も珍しくなく、今日の参拝旅行の概念でみることは出来ない。清良も小人数で、短期間の旅行をした可能性は否定できない。

次に、全編(5)の疑問として掲げた「石城」と立間・喜佐方・立間尻領有をとりあげる。

前章では、清宗が隠居料同然に、本願とほぼ同じかそれより多い加増を使者をもって賜るなど、清宗の時代の疑わしい事例を列挙した。

清良の時代の記述では、大友氏の再々の侵攻にさいしての防戦態勢の記述を追うと、細かな矛盾が出てくるが、大友氏の侵攻そのものが行われたのかさえ検証できない。しかし、第一三巻第一章「岡本城合戦」から第三章

「框越合戦《かまちごえ》」の状況には、決定的な矛盾が登場する。史実ではこの戦は天正七年六月にあったが、『清良記』には九年五月として書かれている。

あら筋を追うと、五月二三日に月待のため「出家、山伏、諸侍」が大森城に詰めていた。翌日は引き続いて愛宕講が行われる。そうしたところに、「松宗《まつむね》の遠見番」が中野・河野氏の持城、岡本城の異変を告げる。清良は直ちに当番の侍二七騎を派遣する。岡本城の城代・西藤衛門を尋問すると、土佐勢を本丸に引き入れたことを告げるが、裏切り行為を後悔しているという。清良は西氏を大森に連行する。西氏の再度の裏切りを知った本丸の土佐勢は、西氏の人質を楯に抵抗し、乱戦となる。

土佐勢は久武蔵之助を大将に、岡本城奪取の潮時だとして城に向かう。藪に埋伏した清良家中の鉄砲が敵を打ち崩し、主将以下多数の土佐勢が討ち取られた。

これらの合戦は夜明け前から、「一里にたらぬ道にて終日」の合戦だったとしている。搦め手の土佐勢と芝氏などの伊予の土佐方も、加町越（框越）で土居家の重臣・土居似水と中野河野氏と戦う。似水は流れ矢に当たり戦死する。

『長元物語』には、この戦の経過が次のようにある。

宇和郡三間ノ郷ニ。土居。金山。岡本。深田。高森。此五ケ所敵城道ノ間。一里二里又半道也。其中ニテ岡本ノ城忍取。才覚久武内蔵之介仕リ陣立シテ。敵ノ存モヨラヌ大山三日路続タル谷峰ヲ越。其間ニ人馬ノ食物拵。煙ノタタヌ様ニトテ。五日ノ用意シテ。兵糧馬ノ飼等小者ノ腰ニ付サセ。竹ノ内虎之助ト云武辺巧者大将ニテ。一騎当千ノ侍二十人。小者モ撰テ二十人。此城へ忍ヨリ乗入ラントスル所を。城中ノ者聞ツケ出相。散々ニ切アヒ。突あふ。虎之介ムコノ弥藤次深手ヲ負。其外手負有トイエドモ。本丸ヲ乗取。二ノ丸を敵暫持かかへ。鉄砲合戦。其音聞。久武カ陣所半道ほと隔てたる所ヨリ。敵ノ城深田。高森ヲ跡ニナシテ。

此両城ノ中ナル道ヲ。諸人一騎懸ニカクル。此岡本ノ城は。敵方土居ト云人ノ知行クルメノ城ナレバ。土居も此火ノ手ヲ上ルヲ見て。岡本ノ城ヘカケ来ル。土佐衆モ此城十町計手前ノ坂ニテ馬ヲノリ捨テノリ捨テ。息ヲツカズ岡本ノ城ヘトハセキタル所ヲ。土居清義《(清良)》土佐衆ノ来ルヲ見テ。鉄砲ヲフセテ待カケ放チケレバ。久武内蔵介。佐竹太郎兵衛、山内外記。三人ノ大将爰ニテ討死。其雑兵共大勢討レ。岡本ノ本丸モ明ノキケリ。敵弥勝ニノリ。此辺暫時降参不仕事。(25)

右のように、この戦いは土佐側の計画主導で行われたものである。竹ノ内氏がごく少数の兵を率いているところをみれば、『清良記』の記すように、城内に手引きする者がいたと推測される。竹ノ内氏が勇士を引き連れ、手引きした西氏の裏切りによって城内で戦いが始まり、急遽清良らが布陣して土佐の主力部隊を待ち受ける。工作した岡本城に乗り込み、主力は城外の程よい地点に密に待機して城内の合図を待っていたのだろう。清良が布陣するためには搦め手口に支隊を出し、背後の防備を固めなければならない。搦め手の中野・河野氏と土居似水の布陣と同時に、あるいはこの方面の敵情を確認してから清良の布陣が行われ体制が整う。

土佐側からみれば、岡本城に直接向かう主力部隊と搦め手口の支隊は必ずしも同時刻に行動を起こすものでなくてもよい。主力が岡本城の占拠・攻撃に専念できる体制を作れば良く、城外を取り囲んだ・占拠状態で、背後を伊予勢に攻撃されるのを防ぐために、支隊に牽制させれば良いことになる。

この戦いの主導権は当初土佐勢にあった。しかし、手引き者の「返り忠」によって、早急に体制を建て直した清良が主導権を奪った。土佐の主力部隊と(『長元物語』によれば「半道」の場所に待機した)、支隊を迎え撃つ布陣が速やかに展開できたのが最大の勝因であり、似水が立間石城にいたとすれば、大森より連絡を受け、兵を集め、持ち口まで駆け付けることになり(大森城まででも一〇キロを越える)、時間との戦いである清良の作戦は成立し得ない。大森城から加町越に早急に布陣するだけでも大変なことである。似水の(26)、土居家中の石城在城を編者自身が否定していることになる。
延宝九年（一六八一）に森田仁兵衛によって編纂された『吉田古記』が、『清良記』の立間・喜佐方・立間尻領有の傍証ともされている。同書のうち「立間、喜佐方、立間尻」について森田自身が調査・確認した記録を掲げる。

立間尻浦
一、立間尻浦犬尾城迹者、昔年法花津播磨守清原朝臣範延之城郭也。本城雖在于法花津浦、依要害宣、一戦死茲城矣、自是継子前延、失権柄将威、流落日向国、苟孫子今暦然乎民間、凡至延宝九辛酉年、百弐拾余年也。(27)
一、海蔵寺、西京妙心寺末○蟠龍山
正法妙心禅寺悟渓禅師の支流、浄妙山等光寺滅和尚之付庸、晋主座、萬治年中再興也。当寺者三界導師大法王釈迦牟尼世尊之道場也。昔年法華津城主清原朝臣播磨守範延之氏寺也。（後略）(28)

立間村
一、医王寺棟上文字
（前略）仍当寺再興、金剛仏上日、大旦那沙弥清原勝円、大工沙弥道泉、並右兵衛尉畢。慶永廿三年乙未二月日敬白。(29)

喜佐方沖村分　立間郷之内
一、東持山圓通寺（大乗寺末）一宇あり、禅寺也。但当住は浄土助誓。（後略）

一、奉上棟、八幡宮御願円満、殊作者後西園寺御家門繁栄、然則郷内地頭旦那、清原朝臣法花津播磨守範延〔華押〕

奏奉行　左兵衛吉安

元亀三稔壬申二月十八日

敬白　神主　左馬進延興清原朝臣。

一、吉岡山古城あり、範延持内の由。

河内沖両所に懸る、但城代御手洗弥三郎。

一、清涼山安楽寺一宇（大乗寺末）

老民の云、当寺者吉岡の城主御手洗弥三郎建立也、此人範延為名代仕置、豊後州へ渡海の時御供、佐伯松浦にて死、依之年号月日等難知と云。

当寺開山は融山説公記室禅師も、右同船豊州へ渡り死去の由。

一、同寺に有位牌に

第二世悦臨得公記室禅師、天正十五年二月二十日遷化。

一、雷電宮謹勧進帳　敬白

大日本国、自皇城此方、南海道伊予州宇和荘木佐方郷、雷電八社大明神、（中略）

雷電坪之ノ内清家朝臣三郎兵衛。(30)

豈元亀四年癸酉八月十三日

以上は棟札や聞き取りで年号の明記されたものを収録した。これにより、立間・喜佐方・立間尻は土居家の領有ではなく、法華津（清原・清家）氏の領有であった事を確認できる。

『吉田古記』の後世の写本である「吉良本」には、この他にも『清良記』からの引用が多数掲載されている。『吉田古記』の古態を示すと思われる写本にも、『清良記』からの引用がある。そのうち本章冒頭で引用した「委細三十六巻に見えたり」の部分のみが『清良記』の原本の記述である。他に立間村の「石城」「竹城」の記述が、出典を書かれていないが、明らかに改編された『清良記』から引用されている。つまり、『吉田古記』の中には、土居家の立間・喜佐方・立間尻領有を否定する内容が含まれている上、古い系統の写本にさえ改編された『清良記』が引用されていることから、土居家領有説の傍証とはなり得ないのである。また、『吉田古記』の成立は延宝九年であり、『清良記』改編はこれ以前に行われていたことを示すことになる。[31]

物語の起点となる永禄三年（一五六〇）の石城玉砕の「虚談」は、年月・史実の改竄を余儀なくさせ、伊予の情勢に大きな変化をもたらした永禄一一年の「鳥坂合戦」にも触れる事ができなくなってしまう（清宗の代の話として「鳥坂」は登場する）。[32]この戦いが毛利氏の参戦で勝敗が決し、その後に伊予での影響力が増したことを省いて毛利氏・小早川氏を描き、敗れた一条氏の伊予での影響力が低下する状況が説明できなくなる。第八巻で清良ら三間衆が、一条氏を離反する理由も、単なる一条氏の侍達との「諍い」としか書けなくなる。また、その後の毛利氏が伊予勢に出兵を求める状況も、説明が不十分となる。

徳川氏の天下統一の過程でどのような貢献・かかわりがあったのかが、神祇を担当する吉田家や社家には重要で、徳川氏に弓引いた人物の神格化はできない。

第二七巻で小牧長久手の戦のさいに、徳川氏と連携した長宗我部氏の伊予侵攻戦では、西園寺氏が屈伏したことを省いてしまう。西園寺氏が屈伏したことによって、豊臣政権下で西園寺氏が排除されて小早川氏の伊予支配が成立する重要な戦である。この時の土佐勢の侵攻に、対抗した清良は間接的に徳川氏に敵対したことになるため、岡本城の合戦で戦死した久武蔵之助の弔い合戦と、矮小した戦いにしてしまう。また、豊臣氏の九州出兵のさいに長宗我部氏の子供が討ち死にしたことを先に書いているにもかかわらず、『清良記』は九州出兵を省く。平定後に小早川氏が毛利氏から独立させられ、新たに九州・筑後などに大封を与えられて転封されたことを記さずに、突然に南伊予の支配者に任命された戸田氏の入封を書き、一層混乱したものとなっていく。

土居清良をいかに誇大化するかが改編者の腕の見せ所でもあり、『信長公記』『太閤記』『佐用軍記』『丹州三家物語』などをもとに、各地の合戦を組立て直して清良を活躍させ、中央の天下統一の前哨戦とでもいうべき戦いに参戦していたかのような記述となる。各地への大遠征は、清良がいかに武勇をもって天下に聞こえた大人物であったかを強調し、軍記物の華やかさを生む効果をあげるが、逆に恵まれた豊かな領地を持つ土居清良たちを、「雑賀衆」「根来衆」のような鉄砲傭兵集団のようにしてしまう。

前章に掲げた「全編からの疑問」の、(2)(3)(4)の一部、(6)(7)(11)については、すべてこの視点から見れば疑問は氷解し、無理なく解釈できる。

京都大学文学部蔵本（古本系）の目次に書かれた、築城・測量の技術なども、原本にはあったものらしい。これらが削除されたのは、築城という軍事的なことが太平の世に相応しくない、測量という地味な技術が文学として相応しくないと削除されたのかと思われる。

南伊予衆は高度の測量技術を持っていたようで、後に土佐と沖の島の境目を争い、幕府の裁決を得る事になるが、高度な測量技術で（この時関わった町見師〈測量士〉は土居氏の副姓である「真吉」姓である）勝訴する。[33] また、吉田藩が宇和島藩より分藩した後、目黒山の境界訴訟が起こる。「百姓者末代に御座候。御地頭者当座之御事候」[34]と著名な紛争は、江戸に精巧な模型を持ち込み、吉田藩側の勝利となる。この模型は今も松野町に残り、その精度は驚くべきものである。

三　将棋の記述について

清良の一代記である軍記『清良記』に、なぜ膨大な記述量の「農書」が書かれているのか、諸先学も疑問に思い理由づけを試みている。

しかしながら納得できる説明はない。「第七巻」を「農書」として扱わずに単に軍記物の一部として読み込むと、その記述からも諸先学が触れていないいくつかの疑問が登場し、これを前章第四節に掲げた。

この疑問を解く鍵は、農書の主人公「松浦宗案」と「将棋」である。この考えは、かつて近藤孝純氏が抱いたものである。(35)

『清良記』には、第五巻に「兵歩さえ　よき助言あればさか馬に　金に成るぞおかしき」と、落書に書かれ、「第七巻」第一章の前章第四節の(3)に引用した松浦宗案の名前の由来、「第七巻」第一〇章「農業を将棋に喩うる事」には一章すべてに、第一二章には「将棋に二歩を打ち、或いは、逆王のあいごまに、さきなしの香車、桂馬、歩兵抔（杯）をつかい」など、将棋と将棋から生まれた慣用句を用いた文章が全編に多数登場する。

まずは近藤氏の論考要旨を引用する。

松浦宗案は清良の祖父、土居伊豆守早雲入道〔清宗のこと〕の命により、当時廻国の京都の将棊師宗陳〔『松浦本』・珍〕に師事して二ヶ月余、技大いに進み師を凌駕する程となったので、旗頭西園寺実光は「京都将棊所へ参駒を直せ」と奨めたと記しているが、この将棊の駒が金銀角行飛車桂歩兵であったことよりみて、現在行われている「小将棊」であったことが判る。（以下略）

室町期に起源を有するとみられる中将棊が一般に行われたのは徳川初期頃迄であって、中頃に入るとようやく衰微したことは『嬉遊笑覧』に「今も行はるれど、江戸にては指して少きにや」とあることによっても明らかである。中将棊に替わって登場したのは「小将棊」であるが、これが起源も詳らかでない。おそらく室町末期に基因するものであると云われ、従ってその創案者も不明であるが、現在の小将棊が完成の域におかれた功は、大橋宗桂にあろうと称される。而してこれが盛行は徳川期に入ってからで、徳川幕府は慶長年間に寺社奉行の直轄下に「碁所」と共に将棊所を置き、寛永十二年碁及び将棊師に毎歳稟米を給することになった。（将棊の項は小高吉三郎氏著「日本の遊戯」「和漢三才図絵」「国史大辞典」平凡社「大百科事典」等による）

松浦宗案が習得した将棊は現今の小将棊であり、これが習得を命じた土居伊豆守は大友宗麟の軍と戦って、永禄三年十月五日七十八歳をもって自刃しているので、習得を命じたことが仮に事実とすればそれは永禄三年以前、弘治・天文の間であろうが、この頃已に小将棊が完成されていたとは信じ難い。前述小高吉三郎氏は小将棊について、「大橋宗桂の創案か否かは不明であるが、現在の将棊が完成の域におかれたのは、彼の手に成ったことは疑う余地なし」とされている。大橋宗桂は寛永十一年三月九日（一六三四）八十歳で没しているので、逆算すれば彼の生年は天文廿四年乃至弘治元年（天文廿四年十月廿日弘治と改元）に該当する。

土居伊豆守が宗案に将棊の習得を命じたのが、彼の自刃の年、即ち永禄三年であったとしても、弘治四年二月二十八日永禄と改元されているので、当時大橋宗桂は未だ六七歳の小童に過ぎない。小高氏説の如く小将棊の完成者が大橋宗桂であるとすれば、当代に小将棊、これをもって諸国を巡歴する京都の将棊師宗陳、或いは京都将棊所等を求めることは無意味である。『清良記』この記述は、徳川期に入って小将棊が盛行し、一般化し、将棊所と称する幕府の職名の起源が、もはや一般人には不明となった頃の記述と思わなければならない。(36)

近藤氏は「第七巻」第一章で語られる「未額髪ふわめく」伝次が、小将棋を習得し、「能手を案し出し」たところから宗案の名前を得る時期を、「永禄三年以前、弘治・天文の間であろう」としているが、永禄七年にすでに四〇歳を越えて隠居（入道）しているところから逆算すれば、もう少し年代を遡らなくてはならない。

氏の研究当時は「将棋史」の研究が今日のように進歩しておらず、疑問の解明にはいたらなかったが、(37)氏の提言は、児玉幸多氏が『清良記』には江戸時代に渡来した作物が記載されていることから永禄七年成立ではないと指摘したこととあいまって、同書の成立が江戸時代に入ってからだと見直される契機となる(38)。

その後、戦国遺跡より小将棋の駒が出土したとの報道があり、近藤氏の論文も見直される必要があった。「将棋史」研究は増川宏一氏(39)、山本亨介氏(40)、門脇芳雄氏(41)などにより大きく進歩しており、今回あらためて見直してみた。

山本氏によれば、現行の将棋（小将棋）の起源は平安時代にまで遡ることができる。当時は駒数三六枚で飛車・角行がない。その後に猛豹四・酔象二が加わり、天文年間に猛豹・酔象が除かれて代りに飛車・角行が加わって現在の形となった(42)。

増川氏は、小将棋は武士・町人に愛好され、盛んになったのは取った駒が再使用できるルールが確立したからで、一一～一二世紀に武士が台頭し、武士の生き方「自己の農業共同体を維持し、所領を保証される安堵が生存の目的であったからといえる。それゆえに簡単に降伏し、容易に敵味方の関係が変化したのであった」(43)と、小将棋が当時の武士の生き方と共通したものだと考察されている。また、将棋は宮廷から広まったとする考えを否定し、庶民の側から賭博用具として広まり、町人出身の初代名人大橋宗桂《そうけい》が、「これほどの将棋上手になったのは〔庶民層に〕多くの将棋相手があったからである」(44)と、当時の身分差・社交性を考慮して述べている。さらに、戦国時代の出土駒に触れて、「一六世紀後半には武士の間でも将棋は急速に普及したであろう。このことは最近一五年間に発掘された出土駒のうち、戦国時代のものが過半数をはるかに超え、駒の進む方向が表裏に記入されていることからも裏付けられる。表面上は武士は多忙を極めたようにみえる戦国時代であるが、僅かな戦闘の時以外は、武士達は待機対峙の無聊を慰めねばならない日々があまりにも多かったであろう(45)」と、特異な余暇形態のもとにギャンブルとしての将棋が盛んになり、そこから数多くの慣用句が生まれたともされる。

将棋がその後どのような状況を見せるかを追うと、弊害が目立ち、関東の雄・北条家の家訓「早雲寺殿二十一箇条」の中には、「悪友との交際を絶たなければならない。その友達とは将棋・囲碁・笛・尺八の仲間である」[46]とある。「戦国乱世」の幕を開いたとされる人物、あるいは後北条宗家・早雲の権威を利用した禁令を出さなければならなかった。さらに、土佐長宗我部氏・慶長二年（一五九七）[47]、伏見城・慶長一〇年（一六〇五）[48]、備前岡山藩・慶長一五年（一六一〇）[49]と、禁令は続々と出される。

徳川幕府は、碁・将棋衆に扶持を与えて一見保護しているようにみえるが、これは諸芸の（絵・能・連歌など）の体制への組み入れを図ってのもので、「本来非生産的な遊芸に熱中するのは、江戸時代の道徳概念から見て受入れ難いものだった」「将軍の遊芸の相手として、本因坊や宗桂が召し出され、貴族や上級僧侶が囲碁や将棋を楽しんでいたが、庶民が将棋を楽しむ自由は著しく制限された」[50]と、される。諸大名は幕府の意を汲み、競って能・碁・将棋の上手を招き逆意のない証としているが[51]、下級武士や農工商が将棋・賭け将棋にウツツを抜かすことは許されない。

戦国時代には奨励されなくても勝手に普及し、封建体制が整うにつれて禁止される。松浦宗案が伝次と名乗っていた頃には普及が目覚しく、清良に答申したとされる永禄七年（一五六四）に「将棋に喩える」のは武士の共通認識で通じやすく、時代にふさわしいことになる。宗案が師事したという廻国の将棋師宗珍の存在は確認できないが、前記した伏見城の御制法では「将棋衆」の届け出を規定しており、多数のプロの存在がうかがえる。このプロの頂点に立ったのが大橋宗桂である。

次に「将棋所」についてみる。「碁所」「将棋所」はルールを定めたり、指す人のランクづけをして、対局をスムーズにする朝廷を中心としたサロンの差配人のことである。「所」はもともと天皇家の家政機関で、天皇に仕える公家・門跡が任じられたが（位階を持たない者は天皇や皇族に直接奉仕ができない）、戦国時代には諸芸の名人が位階をもらって、その役目を果たしている。

「天文年中に後奈良天皇は日野晴光、伊勢貞孝等に命じて酔象の駒を除かす[52]」と、酔象の駒を除いたルールの改正を求め、所役か、所の上司である日野・伊勢両氏に指示したことになる。「碁所」を称していた本因坊算砂《さんしゃ》が、碁と将棋を司っていたが、大橋宗桂に将棋の分野を任せたとの伝がある。本因坊算砂は日傘を差すこと、乗り打ちを許されており、[53]「碁所」は朝廷に公認されたものだったと推測される。サロンへの出入りを希望する者は、算砂あるいは彼が指定した人物と対局し、人物・技量を試し、格づけされ、対局の趣向をたかめる。

豊臣秀吉が後陽成天皇に「しょうぎのむま《（将棋の駒）》わうしよう《（王将）》をあらためて、大しようになされ候へ[54]」と申し入れをしているのは、芸能・遊戯事は、朝廷が差配するものであることを示している。天下人と呼ばれても、直接命令を出さず、朝廷の伝統である「所」がルールを決める風習があり、秀吉もこの習慣を尊重している。西園寺氏が伝統的な思考で京都に将棋所があるものとして、伝次（宗案）に将棋所での修学を褒美として下賜しても、矛盾がないことになる。近藤氏の引用文で登場する「寺社奉行」は、創設は寛永一二年（一六三五）で、寛文三年（一六六三）八月には将軍直属の機関となる。幕府の職制には「将棋所」はなく、[55]増川氏によれば、幕府将棋衆の筆頭格である大橋家が、将棋所を名乗っているのは「私称」に過ぎないという。[56]

このように、将棋は戦国期には武士たちの間で広がっていたとみられ、「将棋」や「将棋からの慣用句」などは、大枠として『清良記』原本にあっても矛盾がないことになる。したがって、近藤氏が「松浦宗案は架空の人物」であると指摘した根拠の一つである、将棋の完成が大橋宗桂によっているので永禄頃の人間である「松浦宗案」は架空の人物である、との論考は否定されることになる。

一方、『清良記』の「第七巻」を江戸時代に成立した「農書」とすれば、将棋の記述が多用されるのは幕藩体制下の道徳概念からみて特異なものと捉えなければならない。つまり、庶民層（大衆）を読者として想定していないことになる。

四　架空の人物・松浦宗案

二代目将棋名人・大橋宗古《そうこ》が、将軍家に献上した『象戯図式《しょうぎずしき》』[57]に、『清良記』の成立について参考にすべき記述がある。

この書に見える「二歩、さきなしの香車、桂馬、歩兵」の禁止は、大橋宗古が確立したルールである。[58]つまり、『清良記』第七巻第一二章の「二歩を打ち、或いは、逆王のあいごまに、さきなしの香車、桂馬、歩兵抔をつかい」という記述は、『象戯図式』の刊行された寛永一三年（一六三六）以後に書かれたと判断される。それまでは、これらの指し手が禁じ手ではなく、戦国時代には使われていた。

『象戯図式』に林羅山が寄せた序文には、さらに重要なことが書かれている。

宗古余に謂て曰く、初め宗桂、信長公に見ゆ、公、其象戯を視て曰く、是れ陣法に象てる、武人宜しく習い知るべき芸也。是に於て、其の旧名を改めて、名を宗桂を賜る。桂馬の号、算に有るを以てなり[59]

ここで想起されるのは、松浦宗案が土居伊豆守清宗に将棋を習えといわれた、宗案が最初に登場する箇所（第二章第四節(3)）だろう。

すなわち、このエピソードは羅山が大橋家の家伝により書いた、初代名人・大橋宗桂が桂馬使いに秀でて信長から「宗桂」の名前を拝領する部分、将棋を武士の嗜みとする部分を基にして、『清良記』の編者が、信長と清宗を置き換え、武士の素養として将棋は習うべきだとすること、将棋の「妙案」を考えて「宗案」の名前をもらうことに話を作り替えて流用したのではないだろうか。

近藤氏は、宗案の架空性を論じて、「兵農未分離の当代の習いとして戦場に狩り出されても軍夫か、せいぜい足軽小人以上に出る人物とは思えない。その宗案の描写が進むにしたがって、諸国を遍歴して農事を究めた人物となり、清良の祖父に仕えて戦功のある勇者となるなど、彼の人物像は次第にエスカレートして、ついには智勇兼備の老武者となり前後矛盾した描写となる[60]と、宗案の身分が定まらないことを指摘している。

前章第四節(3)で松浦宗案への疑問として、身分が物語の進行に連れて上昇し、家老にまで昇格していることを確認したが、第三〇巻第四章では「宗案もうちかけのそでをしぼりて立ち出」と、土居家一族出身の僧侶の役回りを与えられ、姿を消してしまう。

さらに、宗案には疑問がまだ多くある。「第七巻」で清良の下問に対する宗案の書上げの末尾に「松浦伝次貞宗入道宗案」と記しているが、名前の「貞宗」についての疑問である。「貞」は清良の養父である先代土居家の当主・清貞で使われ、「宗」は先々代の清宗で使われている。松浦宗案はこの二代に渡って仕えたとも述べている。

当時の習慣では、主の名乗りは主人から与えられなければ名乗れない。事例をあげると、播州龍野の領主「赤松広秀」が好例である。広秀は豊臣氏の旗下になると自発的に「秀吉」の「秀」を名乗るのを遠慮して、「広英、広通」と改名する。[61]この習慣は江戸時代にも引き継がれる。[62]

第一巻の冒頭に土居家の先祖一三代の名乗りが書かれ、代々受け継がれる「重・清」の由緒が書かれている。土居家の侍には、誰も主筋・土居家が先祖から受け継いだ名乗りである、「重」「清」や当主の「宗」「貞」を名乗る者はおらず、「松浦貞宗・宗案」だけが例外なのである。「貞」「宗」の一字だけなら、何かの功績で主より「いみな」を与えられたと考えられるが、このような名乗りは土居家中ではあり得ない。

宗案は歳をとり、武者働きができなくなると知行を返上し、帰農したことになっている。侍の働きは「一所懸命」といわれるように、領地を守るために命を賭けて戦うものであり、知行を子供に譲る保証を求めて働くことも意味する。宗案の遁世・入道は、領地を誰かに引き継いでもらう事により成り立つものである。「鬼松浦」と知られた武勇名誉の血筋の者だともしており、伝次と名乗っていた前髪の若者の年代に、将棋の「能手」を案じたからといって、隠居・出家同然の名前を付けられれば、父や親族は怒り、主家に愛想を尽かすだろう。また、近隣に鳴り響いた剛勇の侍を、領主が後嗣も決めずに引退させる事は不自然で、名前だけでも戦力として利用するものである。

宗案が始めて清宗に御目見えした時に父・右京進に伴われていたが、この右京進は後に「因幡」と書かれて「勘走衆」として再登場する。それには、「鬼松浦」といった風貌をみせず、「しわ多き苦労人」「民生の調整役」として宗案同様に描かれ、「第七巻」第九章で「田踊・風流」を披露する岡部鬼之助の父・丹波と「お神酒徳利」のように対になって描かれる。

高齢になった（四〇歳をすぎた）宗案が、いつ頃隠居したのか明瞭には書かれていないが、清貞の代だと設定され、土居家の一大事である永禄三年の石城合戦には名前が出てこない。この頃は「矢の一筋も射られない」年齢と想定せざるを得ない（病に臥していたとも書かれていない）。にもかかわらず遙か後に第二七巻で軍陣に姿を見せる不自然さや、第三〇巻の天正一五年（一五四六）の記述に「うちかけ」を着て登場しているのは長命だからと強いて納得しても、その父親・因幡を「鬼松浦」の片鱗を見せず、「老文官」として第一四巻第八章で再登場させるのは、矛盾しているのではないだろうか。

前章第四節(3)で宗案の子供の記事が、「第七巻」と第二七巻に分割されて書かれていることを紹介した。長男が八郎兵衛、二男が矢野弓之助、三男が栗原伊賀右衛門とされ、菅菊太郎氏は、松浦瓢箪之助が四男としている。(63) 瓢箪之助は『松浦本』ではその様な直接的記述はないが、編者も宗案の子供であることを念頭に書いているとうかがえ、文脈からみれば菅氏の見解は妥当である。

宗案は子供たちに「松浦」の姓を譲らずに引退し、家老・土居六郎兵衛の勧めで、戦功のあった八郎兵衛に松浦の姓を譲ったため、次男以下が怒って勝手に各々の名前を名乗ったとしている（第二章第二節(13)参照）。しかし、八郎兵衛に姓を譲るきっかけとなった戦いの記述がなく、またそれまでの八郎兵衛がどのように称していたかの記述もない。武家は父系社会で、姓は自動的に引き継ぐのが自然である。

記述量が多いのは、八郎兵衛と瓢簞之助で、八郎兵衛は玉木源蔵と並んで土居家の双璧をなす勇者として書かれている。瓢簞之助は第四巻第一章で土佐に落ちていく清良の供として登場し、山中で「今朝越えて又何時の世に帰るべき　あらなごり惜しさよの山中」と狂歌を読む（「ひょうたんの介」と書かれる）。第二〇巻第二章では「利口者・目利巧者」として書かれ、第二八巻では世の軌範を無視する武勇誇りの「悪口者」とされ、ここで西園寺氏に「瓢簞之助」の名前を貰う前後を無視した書き方をしている。さらに、瓢簞之助は第二九巻第一章で、小早川氏の養子となる清良の息子・重清に付き従って安芸に赴いたとしながら、つづく第六章の土居家のお家騒動で家老の土居左兵衛が殺されるさいに、この上意討ちの仕手として加わっている。二・三男は、名前だけがしばしば登場する程度に描かれている。

これらの子供の名前は、「弓と矢」「栗とイガ」「瓢簞から（将棋の）駒」と対句・慣用句から流用した名前で、戯作者などが使う安直な常套手段の命名である。これらの子供の描写はすべて「虚談」で、『源平盛衰記』や俗話を下敷きに書いているのが第二〇巻第二章や第二七巻第六章となる。

架空の人物・松浦宗案を肉づけするために子供たちを創作して、活躍を『源平盛衰記』などの記述を借りて描き、物語を誇大化させている。同時に、子供たちに奇妙な名前を付け、活躍を「講談」として描き、架空性をわかり易くしている。つまり編者は、全編を通読すれば松浦宗案の架空性がわかる仕掛けに構成していたことにもなろう。

ところで編者は「農」や「民」を語る副主人公の松浦宗案に対し、「武」や「諸国」を語る人物として桜井武蔵を用意している。

第八巻第六章で諸国武者修行の兵法者・桜井武蔵は病に倒れ、清良の庇護を受ける。病を回復した武蔵は清良の参謀を勤め、諸国回遊の見聞談・軍談を随所で披露する。第二一巻第二章には「桜井武蔵は上方の軍になれたる巧者にて、このころ天下に聞こえたる甲州武田信玄に軍を教えし山本勘助と同学にて、同じくらいの勇者なれば、かけ引きあぶなげなく殊に屈強の侍多くありければ、伊予陣の花は桜井、高名は斎藤の武蔵坊とぞさたありける」と、架空の合戦に活躍する。この箇所は全編の中でもっとも拙劣な記述で、近藤氏はここから『甲陽軍鑑』の影響を読み取り、成立年代の考証を試みている。

いつのまにか武蔵は娘を呼び寄せて善家八十郎に嫁がせ、役どころを土居蔵人に譲って登場の機会がなくなり、第二七巻第三章で「土居の楯鉾と頼みきったる桜井武蔵討たるれば」と、「流し書き」で抹殺されてしまう。石城の城代を勤めていたとされる土居似水の最後と同様の流し書きである。

これらのことは編者が、全編を「文字数」に圧倒されずに通読すれば、物語の虚構性がわかる仕掛けに構成していることになる。同様の仕掛けは、第二〇巻の「鞍」や、「備後福山」といった地名の誤りも同様で、「実録ではなく空想・虚談ですよ」との「サイン」として意図的に書かれた可能性が高い。

「松浦」は三間で栄えた著姓で、原本に松浦宗案を名乗る者が記録されていて、それに仮託して空想を書き加えている可能性もある。しかしここではあくまでも現存する改編された三〇巻本の松浦宗案を論じた。

（1）『吉田古記（『吉田領寺社古記並古城跡之覚書』）』（清水眞良編、予陽叢書第三巻、愛媛青年処女協会、一九二八年）一五七頁。

（2）前掲注（1）『吉田古記』二〇五頁。
（3）西園寺源透「解題」「校訂備考」（前掲注1『吉田古記』巻頭・二三九頁）。
（4）『清良記』（西予市図書館所蔵・先哲記念館保管）。
（5）入交好脩『清良記――親民鑑月集――』（近藤出版社、一九七〇年）一五～一六頁。
（6）『三間町誌』（三間町誌編纂委員会、三間町、一九九四年）二一六頁。石野弥栄「『清良記』の成立と素材について」（『伊予史談』三三九号、二〇〇五年）によれば、「櫻田家所蔵記録下（慶安―萬治）」（宇和島叢書）宇和島伊達文化保存会蔵の「十月廿一日付覚書」。なお、「三間庄屋市兵衛」は「三間屋市兵衛」だとされている。
（7）石野弥栄・井上淳・土居聡朋「高串土居家文書」（『研究紀要』三号、愛媛県歴史文化博物館、一九九八年）六七頁。
（8）『郡鑑』（吉田郷土史研究会編『伊予吉田郷土史料集』第四輯、吉田町教育委員会、一九八二年）一五一頁。羽藤明敏解読・編集『伊予吉田領御庄屋歴代記――是房村庄屋毛利家文書――』（二〇〇三年）にても確認される。
（9）山口常助「清良記の作者および成立年代」（『伊予史談』二〇七・二〇八合併号、一九七三年）、同「『清良記』の史料的価値について」（『歴史手帳』二巻六号、一九七四年）。同「序文」（『松浦本』）。
（10）第七巻一二章に「沢松村名本」は気骨のある者として登場する。
（11）拙稿「『清良記』の傍証研究――将棋からのアプローチ――」（『伊予史談』三二一号、二〇〇一年）で、承応三年としている。『三間町誌』所収文書が伝聞であるため、土居水也没年までとした方が良いという考えである。
（12）青野春水『日本近世割地制度史の研究』（雄山閣、一九八二年）二七一頁。三万両を米に直すと七五、五六七石余となる（中沢弁次郎『日本米価変動史』〈柏書房、一九六五年〉金一両銀六〇匁、米一石銀二三・八二匁換算）。元和四年より政宗没年の寛永一三年まで一八年間、三万石所領分より返済している。三万石を「四公」とすれば一二、〇〇〇石、一八年では二一六、〇〇〇石の元利返済をしたことになる。
（13）『伊達家御歴代記』（近代史文庫宇和島研究会編『宇和島藩庁伊達家史料』第七、一九八一年）に、「慶安二年宇和島大地震城石垣崩れ、殿様長病い」とある（一八六頁）。細川勝親『和霊宮御霊験記』（安政二年〈一八五五〉、宇和島市立図書館所蔵）など。

(14) 江見清風「唯一神道論十」(『國學院雑誌』一七巻一〇号、一九一一年)。「神祇官代」(國學院大學日本文化研究所編『神道事典』弘文社、一九九四年)。「神祇伯」は白川家の世襲で、「副・代」をもって吉田家をあらわす。

(15) 前掲注(6)『三間町誌』八〇六頁。前掲注(1)『吉田古記』には「一、上棟奉造立、土居神祇宮一宇、金輪聖王、天長地久、御願円満、如意吉祥、当地頭武運長久、郷内安穏、檀那施主藤原朝臣清良公家来、各子孫、繁昌、寿命長遠、求願満足、従類安全之所」と、年月日がない棟札を載せている(二〇四頁)。

(16) 宮地直一『神道史序説』(理想社、一九五七年)、寛文三年(一六六三)八月に「新社之寺社建立弥可令停止之、若無據子細有之者、達奉行所可受指図事」と発令され、神道にも適用された(三八七頁)。

(17) 入交氏が「津田」書簡の成立を「寛文二乃至三年」としているので、この説に従えば寛文二年を下限とみなしうる。

(18) 西田長男『日本神道史研究』第六巻近世編上(講談社、一九七五年)二三一頁。家老格の社家は「世襲の三家」としている(八七頁)。吉田神社社務所のご教授では、七家の社家が執り行っていたとされる(二〇〇〇年二月)。

(19) 原田伴彦代表編集『日本都市生活史料集成』第一巻三都篇(学習研究社、一九七七年)一五一頁。

(20) 岡見正雄校注『太平記』(角川書店、一九九一年)三三一頁。

(21) 「古本系」とされる松山大学蔵本『清良記』(愛媛県立図書館マイクロ版)には、「鞆」と書かれている。

(22) 『丹州三家物語』(『続群書類従』第二三輯下、続群書類従完成会、一九五七年)『細川忠興軍功記』(近藤瓶城輯『改定史籍集覧』第一五、近藤活版所、一九〇一年)。

(23) 石野弥栄「伊予河野氏とその被官の高野山参詣について」(『研究紀要』七号、愛媛県歴史文化博物館、二〇〇二年)一〇頁。逆修塔を正月に建てたとしているが、冬の高野山に修行僧以外がとどまっていたのか疑念がある。「林鹿の清水」(『全集』一三三頁、「林鹿」は「麓」の誤記ヵ)と書かれた清水などの「里坊」に降りる習慣がいつまで行われていたか確認できなかった。

(24) 『身自鏡』(米原正義校注『戦国史料叢書七・中国史料集』人物往来社、一九六六年)「羽柴筑前殿居城也。上月の合戦に負ける事無念にや被思ける。但馬より因幡鳥取へ取懸られる。先手勢八人の頭にて、一万余騎ぞ立ける。秀吉も見物有けり。幸と思ひ、一日逗留、我等も見物しける。其時始て羽筑を能見たりけり。其姿、軽やかに馬に乗り、赤ひげに猿眼にて、空うそ吹てぞ出られける」(四八七頁)。
(25)『長元物語』(『続群書類従』第二三輯上、続群書類従完成会、一九五七年)二二六～二二七頁。
(26) 土居似水の存在も検証材料がないが、本文の記述より推定すれば架空の人物である可能性が高い。
(27) 前掲注(1)『吉田古記』一二六頁。
(28) 前掲注(1)『吉田古記』一二七・一二八頁。
(29) 前掲注(1)『吉田古記』一三二頁。
(30) 前掲注(1)『吉田古記』一三九～一四二頁。
(31) 近藤考純「清良記雑考」(『伊予史談』一二六号、一九五〇年)に、金剛山本「吉田古記」には『清良記』に関する記述がなく、また、原型に近い写本としている。「石城」「竹城」の記述がどのようなものか氏は触れておらず、筆者は未見である。近藤説によれば、改編された『清良記』成立年代の傍証にはならないことになる。
(32)『松浦本』第一巻第二章「また、郡内の宇都宮豊綱、堺論言い出され、真光公と取り合い始まる。大野直重、津々喜谷治郎太夫武綱両人は、宇都宮を助けてかれこれ三旗にて鳥坂に取上り、(中略)旗本真光公は鳥坂の在家へ放火し、鳥坂峠を打ち上り給えば、豊綱驚き、あつかいになりし」(一〇頁)と、清宗の時代の合戦として登場する。
(33) 前掲注(1)『吉田古記』一五八頁。『松浦本』では、清宗の次男・右衛門清影が真吉家を継ぎ、清貞の末子も真吉新左衛門良元と名乗る(三頁)。
(34) 須田武男編『松野町誌』(松野町、一九七四年)九二六～九二七頁。
(35) 近藤考純氏は「松浦宗案は架空の人物」(『伊予史談』一〇〇号、一九三九年)で、「武士道観念」「笑話の転用」『信長公記』の影響、『甲陽軍鑑』の影響、「大阪餅」の大坂地名、「甘藷」「将棋」を、「清良記の作者と成立年代について」(『社会経済史学』二三巻一号、一九五七年)において、津田理右衛門書簡の入交氏解釈への疑問、「武士道論」、中江藤樹の『翁問答』、『甲陽軍鑑』『太閤記』『農業全書』との関わり、「桝」「鍛冶」「将棋」「琉球芋」を、「『清良記』研究の現状と将来の課題」(『伊予史談』二二一号、一九七六年)において、「津出」などを用いて成立年代を考証している。

(36) 前掲注(35)近藤「清良記の作者と成立年代について」六二〜六三頁。
(37) 近藤氏の松浦宗案架空説は、菅氏の否定説がそのまま容認されていた。永井氏は近藤氏の架空説を踏襲されているが、追考はされていない。
(38) 児玉幸多「清良記に就いて」(『歴史地理』七五巻五号、一九四〇年)。
(39) 増川宏一『将棋』Ⅰ・Ⅱ(ものと人間の文化史二三・二三―一、法政大学出版局、一九九七・八年)。同『将棋の駒はなぜ四〇枚か』(集英社、二〇〇〇年)。
(40) 山本亨介『将棋文化史』(朝日新聞、一九六三年)。
(41) 門脇芳雄『詰むや詰まざるや』(平凡社、一九七六年)。同『続詰むや詰まざるや』(平凡社東洋文庫、平凡社、一九七八年)。
(42) 前掲注(40)山本『将棋文化史』三〜八頁。
(43) 前掲注(39)『将棋』Ⅱ、一八五頁。
(44) 前掲注(39)『将棋』Ⅰ、二二六頁(括弧内は著者注)。
(45) 前掲注(39)『将棋』Ⅱ、四九頁。
(46) 前掲注(39)『将棋』Ⅰ、三頁。
(47) 前掲注(39)『将棋』Ⅰ、二三九頁。
(48) 前掲注(39)『将棋』Ⅰ、二二七頁。
(49) 前掲注(39)『将棋』Ⅰ、二五六頁。
(50) 前掲注(39)『将棋』Ⅱ、二五四頁。
(51) 前掲注(40)山本『将棋文化史』二五〜二六頁。
(52) 前掲注(40)『将棋文化史』八頁。
(53) 前掲注(39)『将棋』Ⅰ、一八九頁。
(54) 『御湯殿上日記』(『続群書類従』補遺第三、続群書類従完成会、一九五七年)、文禄四年(一五九五)五月五日条。

(55)　『日本史事典』（平凡社、二〇〇一年）三八二頁。稲垣史生『時代考証事典』（新人物往来社、一九七八年）四二〇～四三八頁。
(56)　前掲注(39)増川『将棋の駒はなぜ四〇枚か』一三二～一三五頁。
(57)　前掲注(41)門脇『続詰むや詰ざるや』一七頁。
(58)　前掲注(40)山本『将棋文化史』三五頁。
(59)　林羅山「大橋宗古象戯図式序文」（京都史跡会編『林羅山全集』弘文社、一九三〇年）五九五頁。原文は漢文。末尾に「寛永十三年作」とある。
(60)　近藤考純「清良記の現状と将来の課題」（『伊予史談』二二一号、一九七六年）二三頁。
(61)　西村欽治『赤松広通』（駟路の会、一九七九年）直接改名の理由には触れていない。
(62)　『記録書抜』（近代史文庫宇和島研究会編『宇和島藩伊達家史料』第七巻、一九八一年）に、宝永六年「江戸若君様御誕生、瀬良田鍋松様と被為付、御名字鍋之字御遠慮候様相触」とある（一〇三頁）。
(63)　菅菊太郎「松浦宗案と其農書に就て」（『社会経済史学』一三巻一〇号、一九四四年）九六八頁。「大三島本」を底本としている。

第四章　「第七巻」の検証

一　松浦宗案の語るもの

『清良記』「第七巻」上下は全一二章で構成されている。本来ならば、まず各章のあらましを述べたいのだが、第二章「四季作物種取の事」以外は、本文に夾雑するように主題・文意の明らかに異なった文章が入り込んでいる特異な体裁で、逐語訳や抄訳はできるがまとめきれない。前章で検討したように架空の人物として、「農・民政」を担当する松浦宗案、「軍事・諸国」担当の桜井武蔵を、なぜ創作する必要があったのかを考え合わせると、各章の記述をそれぞれ単独で解釈しても、十分に汲み取れないものとなる。

そこで、第一二章では宗案の書上げへの疑問を清良が問いかけ、宗案が書上げを補充するように答える形式をとっており、言い換えれば架空の松浦宗案をして語らせたい・強調したい部分と考えられるので、これを分析する。

第一二章の問答の主題と、それぞれの回答の文章量を掲げる。（　）内の行数は『松浦本』による。

第1問　「下農の無駄を省く方法」（一四行）
第2問　「目付けの事。奉行役の事」（七八行）
第3問　「民を使う時期について」（一八行）

第4問　「役人の悪事をいかに防ぐか」（五九行）
第5問　「役人の悪事をいかに防ぐか。新たな対策」（二〇行）
第6問　「宗案の書き出しの実行優先順位」（一一行）
第7問　「百姓は五戒（壁書）のうち何を恐れるのか」（二〇行）
第8問　「牛耕の事」（二六行）
第9問　「牛耕の事。牛の能力」（四行）
第10問　「人の田起こしの能力」（三行）
第11問　「早乙女の田植えの能力」（三行）
第12問　「籾をこく能力」（九行）
第13問　「夫の油断は妻の油断」（一五行）同問を家老の土居左兵衛が回答（二四行）
第14問　「油断なる者をどのようにすればよいか」前問同様左兵衛が回答（一七行）
前問を宗案が回答（六行）
第15問　「再々問うが横目の事」（五七行）
第16問　「宗案隠遁の理由」（一〇行）
第17問　「宗案の領知返上の理由」（四行）
第18問　「子供への領知の相続」（四行）
第19問　前問に重ねて「子供が親より優れている場合」（一二行）
第20問　「奉行人への進物の事」（七行）
前問に重ねて（四一行）、途中より清良が引き取り意見を述べる（六三行）

問答では、第2問、第4問、第5問、第15問と、「奉行・目付・役人」に関するものが文章量全体の四〇%を越えている。ついで多いのは、「下農・油断なる者」で第1問、第13問、第14問と一五%程度。「進物の事」が「奉行人《ぶぎょうにん》」と重複しているが第20問に書かれ、夾雑の文章を除いても一〇%は越えている。肝心の「農業」のことは、第8問、第9問、第11問、第12問と一〇%にも満たない。つまり、農業のことは主題ではなく、目付・役人あるいは奉行人のこと、農業に拙い「油断なる者」「下農」のこと、奉行人への進物が主題なのである。各章にばら撒かれた前後の整わない夾雑文も、これらのことを補足している文章である。

松浦宗案の書いた・話したとされる部分を、主題別に書き出してみると回答が得られる。先にも述べたが、文節が前後入れ替わり中断される文章が多くあるが、これらを主題ごとにカードに写して、前後を並べ替えれば一貫したものとなり、宗案が語りたい、宗案をして語らせたい主題・主意が明瞭となる。

「第七巻」全体に範囲を広げて宗案の語ることを主題ごとに整理すれば、次のようになる。代表的な記述を紹介してみる。

(一) 編者の個人的な怨み

善人脇ゟ見て、やれ是は法を背は、夫〳〵は上の御嫌ひある事を斯なすソト、其時分に教へられは、国法の数〳〵を不残覚へて居申ものニ而は御座無候。下々には不限、侍衆ニも左コソ候わめ、子細は数条の御壁書を被出れ候に、時移り事去りては数多失念ありて不審晴難きにより、箱の底ゟ其壁書取出してコソ、夫〳〵は制なると知らるゝ事度々あり。夫百姓は物を書は稀也。朝夕鬧敷に紛れて、数多のケ条可覚様なし。失念は尤思し召しやられ、一度言渡したり迚失念をめゆ(ゆる)し給わす、押て殺されんハ、慈悲なし。(『全集』一六七~一六八頁、『松浦本』一〇八頁)

か程隙暇なきなると知ろし召されてれても、作り出せるものを害そこけて〔皆削〕（かいそこげて）、召上げらるへきは、又天道のおそれもありなん。能程〳〵に有るへき事か。（『全集』一四三頁、『松浦本』一〇三頁。（　）内は『松浦本』による、〔　〕内筆者、以下同様）

個別の現代読みは『全集』に書かれているので省略するが、「壁書」（法令・掟）を「箱の底より」取り出して見るという表現は不審である。永禄三年（一五六〇）の「石城崩」で土居家は一端瓦解して、永禄五年の秋に清良の統治が再び始まっており、この宗案の書上げは永禄七年の正月に披露されている設定になっている。わずか一年余の間に、箱の底に溜まるほどの壁書きが布告されるだろうか。また、「押て殺されんハ、慈悲なし」は実際に、「押し殺され」た事を表わしていよう。『全集』は、一般論で現代語化されているが、「隙・暇なく一生懸命に働いて得た財産だと知りながら、根こそぎ没収する（理不尽なやり方は）天罰が落ちるぞ!! よい加減にしておけ!!」と、感情的に罵っているとしか受け取れなくなる。

第一二章の「清良宗案問答の事」での最大の記述量は、「横目」についてである。「横目、目付（楔付）は、釘・鎹《かすがい》（・鍉《くさび》）なれば、撜拠になりて（証になって）証（拠）にあらず。扨（偖）横目・目付迚追いちらし召遣わるゝは、（先ず）下郎なくてハならす。（上ろうには似合わず、）其下郎の口証拠に被成、（証になされ、）大切なる民の生死の沙汰を定られん（るゝ）は大いに危（き事）に〈御座〉候」（『全集』一四七～一四八頁、『松浦本』一〇四頁。〈　〉は『松浦本』にない、以下同様）と始まり、延々と非難の文章が続く。青年領主・清良の面前で、先代・先々代に仕えた元侍の松浦宗案が、なぜこのような尊大・不遜な台詞を吐くのか、感情的な激語が綴られているのかという疑問は、架空の人物の松浦宗案を創作して、彼の口や書上げを通じて、編者が自分の主張を繰り広げたものだと解釈すれば無理がなくなる。

宗案の回答に清良が「不審晴れ難し」と、さらなる説明を求める設定がなされ、宗案つまり編者が自己主張を広範囲に、念を入れてくり返す工夫までされている。この時の再主張は、さらに過激な言葉で綴られていて、物語の状況設定を忘却した編者の本性（本根）をむきだした感情的な文章になっている。冒頭で酒を呑ませて儀礼を取り払う工夫はされているが、その範疇を越えてしまっている。

それらからは、横目の告発で、横目の証言だけで有罪とされ、押し殺され、私財を没収された、編者自身の個人的な怨みの告発が一つの主題となっていると読み取れる。

（2）領主、役人、目付、横目はかくあるべきだ

第一〇章に「古聖王、賢君鋤を取って自耕、日々新にして（親しく）民を勧め給ふと言ふ。農の隙を奪ふましとの事也（奪う間敷くと有る事にて外の事にあらず）、斯慈悲を垂れ給ふといふ心はなく、野楽をして日を送る（移す）は然るへき事にや（かな）」（『全集』一三七頁、『松浦本』一〇二頁）とある。

徹底して編者は「農の隙を奪う」という表現で領主を非難する。聖王賢君が農作業を実際に行うのは、農業の進捗状態を確認する、領民の動員などの参考にする、領民に慈悲の心で接するためのものである。しかるに、その心がなく「鋤」を取るのは、単に野遊びとして暇つぶしで、形骸化したゼスチャーに過ぎないとの、意味に取れないだろうか。

このようにゼスチャーだけで鋤を取る領主は誰のことをいっているのか。面前の清良に向かっていっているのではなく、一般論でいっていると理解せねばならないが、なぜ清良の面前で、領主に説教や皮肉をいわねばならないのか。

同様に第四章の「親譲の国郡を虹なりに、ゑひやつと被治候を吉とすと思召れ候迄ニ而（治められ候由と思召さる、までにて）、十人に六・七人〈に〉ハ大切の譲りの国郷を（も）破り給ふ而已也（のみなり）」（『全集』九六頁、

『松浦本』九四頁）というのも、同主旨の文脈上で語られる。

　横目については本節の(1)の冒頭で引用した文章に始まり、横目は「案（山）子（僧都、引板）鳴子」（『全集』一四九頁、『松浦本』一〇四頁）だとして、用いる側の心掛けが重要で、このような者の言葉を「証拠」とする非を唱える。

　役人についても、「役人衆は唯我受取の役の間たにあらは、主人の耳にさへ能すり入たらはと執行るゝ、及レ見申て候。（中略）悪人追従、軽薄をするをも用ひらる事は、大成誤りニ而御座候」（『全集』一五六頁、『松浦本』一〇六頁）と、主君・上層部の姿勢いかんだとしている。また、「扨道の事斗、役人衆の御覧しても、又君の御覧有ても、目前の事なから改らるゝ事なし（もあらず）、道端は草茫々として、俄に切せはめたり共しれされは、古来斯コソ有りつらんと思召さるゝ事ニ而候」（『全集』一六六頁、『松浦本』一〇八頁）とも述べている。道（あぜ道）を切り込み、勝手に農地にしたため、その部分の道が細くなっている。切り込まれた部分に隣接する道の端には、人が通らないので草がぼうぼうと生えるが、この状況を見て、「君・役人」は昔からそのようになっているのだろうと見過ごしている、と解釈されよう。しかし、前後の文脈から、「君・役人」には「目があるのか」、と、皮肉をいっているように受け止められる。

　先に掲げた「虹なりにエイヤッ」と政治を行い、十中六七は国郡を破るというのも、一般論らしく書かれてはいるが、「国郡」の領主を非難しており、一条氏のもとで親の旧領を回復した、眼前のわずか三か村の領主である清良に対していっているのではないことになろう。

　これらの領主と支配者層、奉行・役人のあるべき姿を、漢詩の教養を動員し、「屈原」まで持ち出して力説している。

（3）　上農の資格

「先上農の仕方は、五戒五常を形取り、（中略）」（第二章第四節(2)）と、上農は書出されている。また、「上農は前達て畠を（能く）〈作るに念を入〉、田を作る端（橋）として、手前より仕舞て行に」（『全集』一一四頁、『松浦本』九七頁）と、数年先の田畑まで見通して営農する者だともしている。一見農巧者のことを述べているようだが、子細に追って行くと手作地主のことをいっている。

（4）　下農、油断なる者、のら者、武家奉公人への非難

のら者（野楽者・野良者）への非難が、横目の記述についで大量に登場する。まず上農と対比して第二章第四節(2)で引用した部分の後に登場する。

垣壁崩れ、庭に草木、（生え）、菜園は、あそこ爰に鮲髭の生たる如く、牛馬の家に垣壁もなきは、又こゝかしこに糞を少しつゝ捨置もの也。左様の者は殺生に好、馬喰に（すき）、大酒をして、一生人の貯をかりて返す事をせす、昼盗人斗上手にして、太守の狩場、又は見物の所ニ而は、（ひとえに）奉公人の振に見え、しかも男振り迄見事に長高きものなり。（『全集』一〇一頁、『松浦本』九五頁）

さらに第二章第四節(4)の引用文で「油断」する者、あるいは第二章第四節(8)の引用文で「武家奉公人」にすり替わる。武家方がこれらの野良者あがりの武家奉公人を重要視・珍重する事への非難が延々と書かれ、武家奉公人の年季奉公そのものが「下農化」させる、武家習慣の村への持込による村習慣を乱す、「未進方」の先手として用いることで村の秩序や庄屋・村役の権威を損なう、と指摘している。

（5）農業暦、品種

第二章の「四季作物作り物集」では、いろいろな品種が、いつ種を蒔き、いつ植え替え、いつ収穫するか月別に仕分けされている。物語が戦国時代の設定になっており、軍事的な面から検討すると、戦には欠かせない竹・木綿・みょうが・芋（茎）・梅（干し）などの記述に疑念がある。竹には「家の修理万事によし」、木綿には栽培の方法のみが、みょうがには「畑を費さすして木、かけ、竹影に植る故不苦と思いて、其分にして置也。夫故こやしかけす」と記している。

竹は軍陣構築の主要材・矢の材料・鉄砲火縄として重要なものであるのに、その点に触れていない。木綿も軍用衣服・火縄材料としては触れていない。みょうがも軍夫や歩卒の「わらじ」の材料として書かれていないばかりでなく、籠城用・行軍用・戦闘用食料として考慮されるべきであるし、保存・烹炊・危急・飢渇など、戦に備えた記述がみられない。

（6）労役見積

「第七巻」第七章「一両（領）具足の事、付、田畑夫積りの事」を中心に、延々と労役の書上げがされている。「一此頃田地一町と言は、近代一両具足と言侍壱人分を積ル」とされ、一両具足の解説はわずか二〇数文字で、話の「枕」に過ぎず、以後労役のことが書き出されている。

「古堅田一反、此等堅田と言は、麦（音）地にあらず、水田にもなく、堅て冬は乾きたる田なり」と評される古堅田《こかしだ》を水田稲作基準とし、補足として二毛作の麦作の耕作手順と労働を述べている。

以下、畑の労役・蚕の世話・薪炭・家の修理・川除《かよけ》け・茶あぶり・筵・蓑葉取・鍛冶炭・牛馬の世話・肥やし草の刈り取りと続き、「惣人数合、八百拾壱人役。是田畑壱町弐反五畝作り立てる夫役ニ而、女をは書不入」

（『全集』一二〇頁、『松浦本』九九頁）と締めくくっており、女子の労役については一括にされている。問答の中で田植え、稲扱《こ》きの労役をについても触れている。

耕し難いと受け取れる古堅田がなぜ基準とされるのか。古堅田に苗代が作られ、他の田で苗代が作られないとすれば、麦田・水田・山田で書出された数字と整合性に欠ける、などの疑問が浮かび、同時に「何かを」主張しているように、念入りに書かれている印象を与える。

（7）土地論

第四章では「土、上中下三段、並九段、付、十八段の事」を中心に述べている。この中で「何も其の品かわりて見へ（申し）候へ共、大形は上の九段ニ而埒明申候」（『全集』九四頁、『松浦本』九三頁）という表現が登場し、宗案が土地の品位の「鑑定・評価」を行うことを前提に述べている。

「第七巻」の冒頭で、城に呼ばれた宗案が、「夫物作の数は千八品と申伝へて候ヵ、国所により種〳〵様〳〵の私名を唱へて異名多く、片言の言葉御座候（失名多くかたことのみに候）。難波の芦は伊勢の浜萩と（申す）如く、墨雪の替わりありといへトモ、其所ニ而申しならはすを申さゝる時は（申さざれば）、急度（屹度）埒あかす、百姓等得聞分す（承知せず）、御前ニ而も手遠（近）に被思召候ハん」（『全集』七〜八頁、『松浦本』六六頁）と、『千載和歌集』の古歌を持ち出して、百姓にも通じる俗語・通称で述べる断りを、大仰な「講談」特有の表現でしている。ただ、設定では宗案が語る対象者は領主の清良のはずなのだが、「第七巻」の冒頭から「埒あかす」「百姓等聞分す（承知せず）」と、対象外の百姓に対する、鑑定・評価・説得を前提とした言い回しが登場しており、この土地論が「第七巻」の主題の一つとなっているようである。

（8）　肥料論、作りまわし、裏作などの営農論

肥料については、第五章の「糞草の事」を中心に書かれているが、第三章の中や各章に記述が分散している。「作りまわし」は、第二章第四節(2)や本節(3)に見られるように、田を作るのに先立って畑作業を済ます、作物の手入れ・栽培手順・肥料の入れ方が、次の作物を見通して行われるべきだとされている。油粕などの購入肥料（金肥）の記述が散見されるが、具体的な施肥量などについては触れられていない。また、「早稲の事」に「二月彼岸に種子蒔、四月初めより同月廿に地時分迄に植仕廻、六月末、七月初めに刈て、其跡の田地には、蕎麦を蒔、小秬、小菜を蒔て九月末に取て其跡へ早麦を作り、来年の中田、晩田を起こし、苗代にする」（『全集』四八～四九頁、『松浦本』七九頁）と、裏作の麦や小秬（黍）などの、多年ローテーションが書かれている。

（9）　風雅論、風流《ふりゅう》論など

風流には第九章「土居伊豆守清宗、農に勇まれる事」で、岡部鬼之助の風流興行の記事を載せ、鬼之助に太刀を褒美として給う。また、清宗が下々の能率が上がるので四季相応に風流を許したとあり、宗案の書上げの結びに「去程に、法を厳敷行れける間は、罪人絶へさりしか、善人を被挙、又はわっさりと踊の風流を催され、大小上下皆うきかになりて後、人の心根直りて」（『全集』一四三頁、『松浦本』一〇三頁）と、風流の効用を強調すると同時に、風流を咎める為政者の姿勢を批判している。

領主や奉行・役人、横目に対して、なぜかくも強硬な長文の抗議・告発・不満・怨嗟の言葉を述べるのか、労役がなぜ強調されるのか、武家奉公人に対する非難など、「隠された主題」が、おぼろげながら浮かび上がってくる。

二　改編の背景

前節で指摘したように松浦宗案をして語らせた個所は、編者の個人的な「告発」「抗議」「怨嗟」が大量に入り込んでおり、それも、目付・横目・奉行役といった直接村を支配した者から、家老・君主にまで弾劾の手が伸び、辛辣なものである。

編集者の親・兄弟など身近な者が、横目の讒言《ざんげん》と証言のみで刑死したか、あるいは編集者本人が逼塞《ひっそく》・引退を強要されたともうかがえる。これをヒントに、編集の動機に繋がる事件がないか探索した。

本書第三章で原本の成立過程を検証し、寛文元年から三年頃までに、京都・吉田家に清良を神として祀ることが申請されて免許を得た経緯が第三六巻に追録されていることを述べた。この時点までを原本と捉えると、改編されたのはこれ以後となって、探索範囲も限定される。

『郡鑑』という吉田藩の地方《ぢかた》書がある。この『郡鑑』は、『清良記』「第七巻」第二章「四季作物種子取の事」いわゆる『耕作事記』所収の『親民鑑月集』などが掲載されており、諸先学も『清良記』の成立年代検証の材料としてとりあげている馴染み深い史料である。

「寛文六年午七月三四日洪水以後上納並流捨覚」のうち「但寛文六年霜月より三間三人御代官・御預り御村入替有候故記ス」と、表題された中に、

京升高六千八百八拾七石八斗五升五夕

一、御物成三千弐百八十四石九斗八升九合

内大豆四百弐拾石壱斗八升八合

中村　小兵衛　預

延宝三寅年ニ死罪
右之外ニ米拾九石下ル
京升高七千弐百七拾三石四斗七合五夕壱才
一、御物成参千弐百七石八斗三合
内大豆三百五十三石三斗
宮の下　六郎兵衛　預
延宝四年ニ御代官御免(1)

という、驚くべき記述がある。

六八八七石余の村々を預かり治めていた代官が「死罪」に問われ、七二七三石余を預かっていた代官も罷免されたと記している。ただ、延宝三年（一六七五）は卯年で、寅は二年に当たる。当時の筆記者が干支を間違えることは少ない。また、死罪にすることも藩主の名誉には決してならないので、一般に地方書などに書き残されることは珍しく、特異な史料である。

『郡鑑』には死罪にされた代官「小兵衛」は、『清良記』の原本編纂に関わったとされる与兵衛の総領だとあり(2)、与兵衛は寛文元年（一六六一）頃に小兵衛に家督を譲ったとうかがえる。また、寛文六年（一六六六）一一月には与兵衛から引き継いだ代官の預かり地を変更され（表1・2）、住居も今までの土居中村を「甚兵衛」に譲り、「瀬波村庄屋住宅」に移っていることを記している(3)。庄屋住宅は、役宅であり瀬波村村役場に相当する。土居中村庄屋土居家の系図では、与兵衛の次が甚兵衛とされている。小兵衛は瀬波村に分家した扱いとも受け取れる(4)。

この驚くべき記録の前後を見ると、「宮の下　六郎兵衛　延宝四年ニ御代官御免」、「右之内御代官組」（目次では「御代官切村分ケ之事」）には、「父の川　庄左衛門預　庄左衛門落馬いたし御代官訴訟申上」「延川　七郎左

衛門預　七郎左衛門頓死ニ付　日向谷　喜兵衛預　後ニ六郎左衛門」とあり、この前後に相次いで代官が罷免されたことを記している。[5] これら姓を名乗っていなかった五人（浦方代官・廉角右衛門は唯一姓名を持ち六人体制であった）の吉田藩領の代官が、死罪・罷免された後は、姓を名乗る人物三人がとって変わっている。[6]

『郡鑑』には具体的な小兵衛の罷免・刑死理由が書かれていないが、通史では吉田藩で「代官の独断専横」「馴

表1　代官与兵衛預かり村（明暦3年）

村　名	地組・旧領主	本　高	京桝高
迫　目	土居	898.7	502.1875
務　田	有馬	699.239	513.503
是　房	有馬	403	371.5156
曾　根	有馬	778.79	800
能寿寺	有馬	336.12	320.3656
大　藤	有馬	482.12	459.5
則	有馬	661.02	846.9313
土居中	土居	601.5	639.0975
成　家	有馬	325.17	234.9438
石　原	土居	399.7	299.775
土居垣内	中野	172	129
瀬　波	深田	716.6	918.1563
是　延	深田	350	350
吉　波	深田	450	548.4375
内深田	深田	600	581.25
合　計		7873.959	7514.663

表2　代官小兵衛預かり村（寛文6年霜月以後）

村　名	地組・旧領主	本　高	京桝高	寛文6年秋内検地	寛文8・9年検地
迫　目	土　居	898.7	502.1875		
土居中	土　居	601.5	639.0975		
石　原	土　居	399.7	299.775		
土居垣内	中　野	172	129		
瀬　波	深　田	716.6	918.1563		
是　延	深　田	350	350		
吉　波	深　田	450	548.4375		
内深田	深　田	600	581.25		
出　目	河原淵	699.342	627.223		
沖野々野	河原淵	731.683	656.227	533.918	
蕨　生	河原淵	718.03	419.4018	89.767	334.82217
吉　野	河原淵	643.64	630.4063	250.796	
目　黒	河原淵	705.8	529.375		
奥野川	河原淵	433.2	349.2675	104.9326	168.8976
合　計		8120.195	7179.804		

出典：『郡鑑』。
注1：「才」以下を四捨五入している。
注2：原史料では、「本高」7920.159石、「京桝高」を6887.851石としている。

れ合い徴税」などを改めるために、「延宝改革」(7)が行われたとされている。しかし、もちろん代官・庄屋小兵衛の刑死を伴った改革であるとは記されていない。

そこで吉田藩の当時の状況を検証する必要があるだろう。明暦三年（一六五七）に、仙台伊達藩宗藩の「伊達騒動」の主役・伊達兵部などの運動で、体が麻痺した病床の秀宗が書いたとされる遺言書に基づいて、伊達秀宗の五男宗純《むねずみ》が三万石を分地相続したことにより吉田藩が成立する。(8)

宇和島藩を継いだ宗利《むねとし》には面白くない事で、しかも分封に当たっては、南伊予で一・二といわれる穀倉地帯の三間盆地や、当時は水軍・交通の拠点で経済力が大きかった多くの「浦」を割くことになる。宗利は腹いせに、初代吉田藩主宗純に「高禄無能の家臣」を多数押しつけたと『土芥寇讎記《どかいこうしゅうき》』には書かれている。(9)

宗純は、『奥田甚大夫覚書之内万治元戌御分人記』で確認されるように、譜代の家臣をも狂気のごとく数多く減知・追放している。(10)ただ、宗純に付けられた家臣が無能だったというのは風聞でしかなく、分家の時に付けられた高禄家臣の比率が多いのは、本藩も同様に太平の世に変わっても、戦時・軍事体制を引きずったもので、宗藩の意向と秀宗の大様さ・ずさんさが背景にあったと見るべきであろう。こうした高禄家臣たちには、武断派とでもいうべき思考の者が多かったと推測される。宗利の性格は残っている書簡・通達などを見ても、いたって生真面目な人物で、実際には公正な人事だったかと思われる。

とはいえ、創藩の経緯と宗純の性格から、(11)宇和島・吉田両藩は犬猿の中で、宗藩の仙台伊達家や幕府も手を焼いており、宗利が幕府から「十万石格・七万石」の朱印をもらうのははるか後のことになる。(12)

第三章第二節で少し触れた「目黒山境目」紛争は、百姓が納得せず幕府に上訴した事にはなっているが、紛争当事者である双方の村の庄屋は兄弟で、当初は兄弟の庄屋も穏便に話を済まそうとしていた。宇和島藩の役人には分藩による格下げ（一〇万石から一〇万石格、藩主の形式化された官名・江戸城の詰間・将軍拝謁の格式など幕府の藩主への待遇が下げられた）が腹にあり、意固地になっている。それを受けて吉田藩の郡奉行は伊達の兄弟家であるので穏便にと書面では述べている。しかし、客観的にみれば、当主が後ろから代官に指図して「兄」に対抗しているのは明白で、能動的な宗純の側に両藩紛争の火種がある。

幕府に提出された訴状によると、目黒村の百姓が、訴訟のために作成した大きな山の模型を分割して運んださい、乞食となって出府したとされる。[13] 旅費・滞在費・生活費に窮したのは事実だろうが、荷物を背負って乞食道中したとは考えられず、後援者がいなければできることではないだろう。

こうした訴訟は、背後に藩が関わっていれば差し戻されるのが慣例で、是が非でも受理してもらうためには庄屋間の争いとする必要がある。このためには正規民として道中手形を受給・発給すれば、藩が訴訟を公認したことになるので、出訴者に乞食になってもらうよりない。表向き庄屋間の争いになっているのも、乞食になったとするのも、幕府を欺く（幕閣はこの機微を心得ているが……）修辞の「あや」に過ぎない。『郡鑑』にはその後、勝訴した褒賞に「目黒山」の山役は免除されたことが記録されている。[14]

宇和島・吉田両藩が一般的な本藩と支藩の関係に復するのは、延宝二年（一六七四）に宗藩から和解の申し入れがあり、[15] 伊達兵部が追放され（恩義ある宗純が一族を引き取る）、朱印を貰った貞享年間（一六八四～八）に、吉田藩の側用人山田忠左衛門追放事件が落着してからになる。

山田忠左衛門は土佐出身の深田に住んでいた医者で、宗純を治療したことから抱えられて出頭し、宗純の側用人格となり、宗純には忠左衛門を通じないと面会も叶わず、宗純の言葉もすべて忠左衛門から下達されたという。仙台以来の譜代家臣は面白くなく、忠左衛門排斥に宗藩・本藩とも連絡を取り、藩主と対立して遂に忠左衛門追放に成功する。[16] 忠左衛門は、高禄家臣の整理などの改革を宗純に進言したようである。

宇和島・吉田藩では、村の支配は郡奉行の下で、豪農より選ばれた庄屋が行い、庄屋や商人から選ばれた姓を名乗らない五人の代官が束ねている（浦方支配は被官）。代官の支配区域は「地組」とよばれ、戦国時代の領主の支配地域で組が構成されている。たとえば旧・土居家の支配地域は「土居組」、旧・有馬氏の支配地域は「有馬組」と旧領主の氏で呼ばれる地区もあり、代官は規模に応じて複数の組を高五〜七〇〇〇石で束ねる。[17] 庄屋は村民には絶対的な権力を持ち、『北宇和郡史』には「当時農民が下駄をはきて庄屋の土間に入る事能はず、肥担桶を担へる時と雖も、庄屋に逢はば之を卸して土下座せざる可らず[18]」と記している。

その他で特筆すべきこととして、寛文六年七月に領内で大洪水があり、吉田藩では七〇〇〇石余の被害があったと『郡鑑』は記録している。[19] 吉田藩は、創藩にさいして陣屋と陣屋町を吉田（『清良記』の当時は立間・喜佐方・立間尻）に定めて背後の山を掻き削り埋め立てて造成建設し、そのうえ禁裏の手伝い普請を命じられるなど、[20] 実収四万石とされる藩財政は窮乏していた。そこに七千石の収穫減は痛手である。宇和島藩でもこの水害の被害復旧のために、「鬮持制度」を導入したと記録されている。[21]

これらが、現在解明されている当時の事情であり、これを考慮しつつ、『清良記』改編の理由を探ってみる。

三　「隙」「暇」の検証

「第七巻」には「農の隙を奪う」「暇を奪う」という表現が、編者の最大級の非難用語として多用されるため、「隙」「暇」をキーワードとして追及してみる。

『広辞苑』によれば、「いとま」は「暇・遑①休む間。用事のない時。ひま。②それをするのに必要な時間のゆとり。③休暇。④離職。致仕。⑤喪にひきこもること。⑥別れ去ること。離別。またそのあいさつ。⑦奉行を免じて去らせること。解雇。⑧離婚。離縁。⑨隙間。隙《ひま》」とある。「すき」については、「透き・隙①物と物の間の少しあいている部分。②続いている物事のきれめ。ひま。いとま。③気のゆるみ。ゆだん。乗ずべき機会[22]」とあり、一般的に使用する範囲のものでしかなく、「第七巻」の用例はこれらにあてはまらないようである。

「いとま」は第三巻第五章「石城落城の事（石城くずれの事）」に、能寿寺の僧侶で清宗の一四男とされる「鉄主座」が、今生の別れに落城寸前の石城を訪れ、別れ難く「鉄主座、出家のおん身なれども、一門の歴々ただいま討ち果て給うべきおん事なれば、おん心細く、いとまごいして門前を過ぎさせおわしますが、さすが一家の見果てと思い切り難くとや、行きては戻り、戻りては打ち出られ、かたぶく日のかげも消えて（後略）」という、嫋々《じょうじょう》たる描写の中に登場する。「いとま」はここではごく一般的な使い方で、こうした用例は全巻を見てもここにしか出てこない。

一方、「すき」についてみると、軍記物には『広辞苑』の③に書かれた油断や、乗ずべき機会という用例が多いが、『清良記』にはこのような記述がなく、「第七巻」だけで多用され、しかも少し意味が違っている。

また、近世農書を見ると「隙」「暇」は多用され、「少しの間にも何かの作業をするべきだ」などとされ、農業や家業の成り立ちを表す重要な意味を持っていることは肯ける。しかし、『清良記』ではその他に二つの意味をも持たせているようである。

一つは「第七巻」第九章の「土居伊豆守清宗、農に勇まれる事」で岡部鬼之助が催した風流の記述、もう一つは、宗案の書上げの結びの文章「斯程隙いとまなきものなる程と、しろしめされても作り出せるものを、かいこそげて召上げらる可きは又天道のおそれも有りなん」（『松浦本』一〇三頁。『全集』より『松浦本』の方が、意味がわかり易い）に収斂されている。

前者についいみてみる。清宗に横目衆が「農の志今は早一段と進み」と報告し、清宗は「余りに一方むきなるも、よかるべからずとて、さらば、何時々々は踊を催す可ぞ」と触れる。踊を楽しみにして人々は踊の前に仕事を済ませてしまおうとしてさらに能率が上がったと、踊・風流の効用を説く。

岡部鬼之助は慰みに風流を企画して、万石の大名に描かれた清宗に、城中で大規模な「田踊」を披露する。

種子蒔躰（体）をして、さるに臼砂を入て、さら〳〵と蒔せて渡し、弐番に清くすこやかなる若者三拾四（余）人、新しきさらいと鋤をかたけて出て、小田かへす揃鋤と言ふ事を、ほと拍子よくして渡し、三番にふこ、もつこにて糞（肥料）を運ふ迚、色〳〵の草花を荷ひて（になわせ）十人斗渡し、四番に牛を作りて、田かくまねをしきしやうの相詞（合い言葉）を以し、五番に苗を荷ふ（担う）て、容勝れたる小女房共三拾四（余）人、小乙女の姿をしてねらせ、笛（・鼓）、大鼓（・かっこ・箏・ひちりき）、手拍子にてはやし立て、一手植て引続くに、昼食を運者の躰（運びける体）をして、かろうとの蓋、水桶抔に泥を入来（たり）て、女共手に〳〵に取て、泥打を参候と、公の御前をはしめ四方八方へ打散しければ（れども）、見物人にあたらぬやうに（如く）仕廻てさつと引けるは、中〳〵肝のきれて片腹痛くとよミには、上もなき見物にて候ひし。此泥打の時、いかゝし給ひてや（如何仕舞てか）、君の九男、九郎殿、御腰刀はしりたるを（はきたるを）取上らるゝ所を公の御覧して、九郎夫は如何とあれは、取静て（つめて）騒き給わす、あまりに鬼之助か風流面白さに、かれに取られ度て押廻し申処へ、後ゟ人共泥打に恐れて走りかゝり、斯見へ見苦しき躰に罷成候へハ（なられ候えば）、忍ひ難くてコソ仕候（かくこそ仕り候）（『全集一二五～一二六頁、『松浦本』九九～一〇〇頁）

最後に「泥打」の仕掛けがあり、座敷は大混乱する「落ち」がつけられる。泥打ちで混乱したさいに、清宗の九男の九郎宗信が腰に帯びていた刀を泥打ち衆にとりあげられ、この後に九郎自身の言葉が書かれている。

清宗は鬼之助の演出と混乱した会場での九郎宗信の立居振舞いを喜び、鬼之助に「太刀」を褒美に与え、「大賓は賢者の如く敬い、民を愛するは赤子の如く」、「早覧の善悪」を戒め「小魚を煮る如く」と、『老子』を引用して為政者の心得を解説する。

九郎宗信は、源義経（『源平盛衰記』）に心酔した編者が創作した人物で、架空の石城玉砕戦でも活躍が語られる。清宗と妙栄の夫婦には、同腹の男子だけで一四人の子供を設けたと信じ難い設定にしており、多数の叔父たちにも創作が入る。

岡部鬼之助は「農」とされているが、宗案が始めて清宗にお目見えした時、宗案の父「因幡」と鬼之助の父「丹波」が同席したことになっている。その後に宗案の父と常に一緒に「勘走衆」として登場するなど、宗案や宗案の父同様に人物設定があいまいで、父子の関係が逆転した年代となっている箇所もある。また、この程度の身分の者が、仰々しく「因幡」「丹波」と国名を名乗る習慣はない。武芸者や渡り者・身分をはばかる者（博徒、泥棒、物乞い）が用い、出身地の国のみを明かし郡や村を隠す、詮索しないという意味で使われ、「講談」での登場人物とみてよい。

田踊の余興を面白く行ったとはいっても、褒賞が「太刀一振」というのは過大である。「太刀を賜る」という褒賞は、軍陣で勝敗や大将の身に関わる重大な事柄に抜群の手柄を立て、大将が佩刀・差添に携帯した限られた太刀を褒美に遣わすということである。余興の類の褒賞には、大将自らが盃を取らせる程度のものである。つまり、虚構の清宗に、架空の人物の岡部鬼之助が、清宗の領地から選抜した大人数の踊り子を動員して、これも架空の人物である九郎宗信の振舞いを借りて、過大な褒章を得るという話を持ちだして一章を創作している。つまり、踊・風流を企画する者は、褒美こそ与えられても咎め立てられる筋合いはないと、改編者が主張していると解釈されよう。

全編で踊・風流・祭礼の類が描かれている個所を捜すと、第五巻第一章の土佐中村八幡宮の祭礼と、第二八巻第五章で三間三島神社での西園寺公広が臨席した流鏑馬の記述しかない。

「第七巻」第八章の「農無暇謂立の事」では、

一、公役　一、祭礼　一、父母仕へ　一、折節句　一、祝言

一、彼岸　一、軍役（敵寄付の事なり）
一、愁　一、盆祭　一、正月　一、雪中　一、諸礼
一、庄官役　一、洪水　一、大風

と、公私の勤めなければならない行事が書かれている。

ここでは、「公役」についで二番目に「祭礼」があげられる。

確かに地元の大社である三島神社の神主が清良と共に戦う、[23] 不都合な女性を匿う、[24] 敵兵が境内を荒して神罰を蒙る、[25] 西園寺氏の先祖が負け戦で神殿の床下に逃げ込み神慮で盛り返した、[26] などの記述が登場するが、領民（氏子）との関わりや、年中行事の記述は前記の流鏑馬以外一切なく、なぜ二番目に掲げられねばならないのか疑問が残る。単に「公・神・仏」の順序観念が成立しており、『耕作事記』に書かれていたのを単純に転載されたかもしれないが、[27] 転載するのに順序は自由に書き換えられたはずである。表現を変えて書かれたものがないか検索すると、第二章四節(2)で掲げた上農の定義では、「第一神祇を祭り、公義を恐れて法に不背」と、大仰な字句で第一番に登場している。この部分は『耕作事記』の転用ではない。

この踊・風流で表されるもの、あるいは上農の定義で筆頭に書かれた「神祇」は、「清良神社」の創建と祭礼に関わっているのではないだろうか。つまり、吉田家から「清良明神」の神号を得た土居家の末流の者や、家来の末流の者が私財を持寄り、社地予定地の伐採・整地を、農閑期に氏子となる人たちを動員して行ったこと、創建を祝う「祭り」が盛大に行われたことを示唆しているのではないだろうか。

清良神社は幅二間二九段と、幅一・五間五〇段の石段の上に社殿と拝殿がある。この石段は、すべて一枚の切石で一段が作られている凝ったものである。石材として長尺を揃えるのは至難の業で、費用がどの程度かだけでなく、強固な思い入れがなければできるものではない。動員も有償で、酒手も十分にはずんだ祭り気分で行われたと思われる。

土居家家来筋目の者は藩の寺社方に了解は得ていたとしても、旧権力者の土居清良の誇大な顕彰・神格化は、藩主宗純の神経を逆撫でるものだったと推測される。藩財政の窮乏にも関わらず、在郷ではあてつけのように旧支配者の神格化が自分より上の権威で実現され、豊富な財力で自分の領民を勝手に動員して豪華な社を創建し、盛大な祝いが繰り広げられることは、許し難いことだったに違いない。

これが咎め立てられるにいたり、咎め立てられる筋合いがない、という反駁の記述となったのではないだろうか。「第七巻」は年貢・公役を皆済すればその余は自由だとの考え方で書かれている。これは発令の有無が論議されている『慶安御触書』に代表される、江戸時代の支配者が百姓を二四時間管理せねば収まらない、絶えず支配者の意向に従うべきだとする思考と懸け離れたものである。[28] 当時、一般的な百姓にそこまでの意識があったとは思えないので、特出した身分意識でこの物語が書かれたと受け止めることができる。

暇・隙を奪うことが領主の罪悪だとされて強調されるが、詳しく見ると百姓の手すきの時期に応じない動員が徹底的に非難されている。一方、時期に応じた動員にも関わらず、手詰まりを起こす者が「のら者」とされていることから、清良神社創建の動員・風流が支配者から、「農の隙を奪った」と咎められたと推測される。その反論として「隙・暇」の定義や時期が反復して述べられたともうかがえる。

その他にも支配者が百姓の繁忙期、農作業で手抜きが許されない時期に動員を掛けた事態も書かれ、書き方を替えて非難している。文章量としては圧倒的にこの方が多い。

清良神社の創建が、「隙・暇」をめぐる記述の一つであるとするのは推測でしかない。しかし、藩主・宗純の性格や、藩の当時の事情、その後の藩の政策、『清良記』に書かれた「隙・暇」表現の分析からは、以上のような解釈が成立すると考えている。宗純の執り行う藩政への批判が、清宗に語らせた『老子』の為政者の心得なのである。もう一人の架空の人物・桜井武蔵に語らせた部分も、多くは為政者のあるべき姿勢を述べている。

二つの意味に分けられた「隙・暇」の後半の記述は、宗案の書上げの結びの文章で表現されたものを含み、これが小兵衛の刑死につながり、改編者に筆を取らせる動機になったと推考される。

本書第二章第四節で「第七巻」の疑問点として「地割、検見、下札」といった、江戸時代に伊予吉田藩・宇和島藩で実施された「鬮持制度」と関連する語が見えることを記した。これについては諸先学も成立時期の検証において指摘している。本章第一節(7)で指摘した鑑定・評価・説得を前提とした文章は、土地の再分配をめぐるもので、この制度と結びつく。

鬮持制度とは、「地割、割地、ならし」ともよばれ、第二次大戦後に行われた「農地改革」に似た制度である。村中の耕地をすべて一旦公収して、この村の耕地面積などから鬮数を決め、それぞれに均等な生産高になるように田畑を組合せたものを一鬮として（この過程が「検見・名寄」と表現されている）、鬮持百姓に鬮引きで配分する。支配者は鬮分に「免」と呼ばれる収税率を「下札」として言い渡せば、半ば自動的に鬮持百姓の年貢が割り付けられ、収税ができるシステムである。

それまでの収税は、「太閤検地」で決められた石高から、その後の「京桝高」[29]と呼ばれる補正した村ごとの「石盛」や、「御竿高」と呼ばれる正保四年（一六四七）の検地高に対して、免（税率）を庄屋に申し付ける。庄屋は戸々の百姓に調整して割り当て、取りまとめて、村単位で納税に応じる「村請・庄屋請」と呼ばれる体制であった。

当時の藩は水害などによる田畑の変化の状況や、新たに開墾した田畑の面積や品位が、百姓戸別単位で掌握できていない。幕府は大名が「検地」を行えば、必ず「高を打出す」ので歓迎しなかった。その結果、実際の戸々の営農がどのように行われているか藩が掌握できず、代官や庄屋任せにせざるを得なかった。この制度は収税などに庄屋・代官の恣意が入る弊害が発生し、在郷の権力者を生み助長させる傾向が顕著になる。

宇和島・吉田両地域は、豊臣政権の大名の戸田氏・藤堂氏から、徳川政権の富田氏と御代官としての藤堂氏・伊達氏へと引き継がれる。代官・庄屋の多くは、旧土豪層出身の者が任命されている。[30]これは識字や統率力、庄屋請に応えられる財力と才覚を備えた者が、旧土豪層に多かったからだと推測される。庄屋の尊大さはこの系譜を引いているからでもある。

近藤孝純氏は当地での太閤検地帳を検証し、五反以下の百姓が過半数を占める状態を示し、再生産が出来得るのかと疑問を呈している。[31]これらの状況は、年貢を負担しきれない「走り・欠け落ち百姓」が続発し、富める者にさらなる富・土地の集積をもたらす。

宇和島藩では正保四年（一六四七）に年貢率を春先に決定してこれを五年間変更せず、百姓の努力次第で収量が上がれば百姓の手元に「余剰（作徳）」が残ることを保証する「定免制」が導入された。[32]百姓の営農努力の向上を求める「勧農策」だが、大多数の営農規模の小さい者には恩典がないに等しく、大地主にはさらなる「余剰」が蓄積されることになる。これらの弊害を打破し、藩が村の実効的な支配を確立して在地の権力者の肥大化を防ぎ、小農の自立を促進・維持するために導入された制度が「鬮持制度」であるといえる。

では、鬮持制度のもとでの小兵衛の刑死は、与兵衛や甚兵衛の中村土居家に、どのような影響をもたらすことになったのか。代官、瀬波村庄屋を勤めていた小兵衛が何らかの瑕疵で立件されると、代官職を罷免されて代官給五五俵の支給がなくなる。五五俵は三万石の吉田藩では中級の侍の待遇である。瀬波村庄屋職も罷免されて、鬮持制度で庄屋に与えられた「無役地」「給田」を没収され、鬮持百姓からの「合力米」や、労役の徴収権もなくなる。小兵衛は土居中村より分家をして瀬波村に移ったが、小兵衛の建てた家は刑死によって欠所になり何も残らなかった。[33]

土居中村の庄屋を務める甚兵衛も、小兵衛の刑死に連座して庄屋職を失う習慣である。小兵衛の先代庄屋で隠居の与兵衛と甚兵衛の土居家は、一挙に平の百姓に身分降下され、「職能給・役務給」として支給されていたものをすべて失う。鬮持制度の導入で、与兵衛・小兵衛が持ち伝えた田畑（土居家の持高）は、すべて建前では村（実際は藩）に公収され、改めて庄屋職に見合う「役務給」に変更されて支給されたものだったからである。[34]

鬮持制度を導入するにさいし、大地主の土居中村・土居家の持分を大きく下げる制度の導入は反対に遭う。そのために大村の瀬波村を上・下に分割して、[35]どちらかに小兵衛を庄屋として配属し、弟と考えられる甚兵衛に土居中村庄屋職を継がせ、両者をして土居家が所持していた田畑との均衡を図ったと推測される。

甚兵衛は、与兵衛の功績も考慮されてか欠所にはならなかったが、一介の鬮持百姓にされた。財産だけでなく、村人に対して絶対的な権限を持っていた代官・複数の地組の支配者、庄屋・村の支配者から一気に身分降格された屈辱が、「隙・暇」で特徴づけられる記述のもう一つの主題である。

横目の告発で立件されて捕縛され、裁判では「横目の証言」だけで有罪とされ、「押殺され」、「暇」なく働いて得た財産を「かいこそげて（皆削て）」とりあげられたと、抗議・告発・怨嗟する文章になる。

四　改編者について

『郡鑑』には吉田藩の歴代の郡奉行が記録されている[36]（表3）。清良神社創建の時と考えられる、寛文元年（一六六一）から二年八月までは田中徳右衛門（寛文五年一二月まで）、寛文六年の大洪水の時は、伊藤九右衛門・宮崎九左衛門・片岡伝兵衛がその任にあった。片岡伝兵衛は初代宇和島藩主伊達秀宗に付き従ってきた、仙台以来の譜代二〇〇石の人物として記録されている。[37]

伊藤は寛文六年の秋には退任し、宮崎は寛文八年九月に退任している。鬮持制度を導入するために、高野子《たかのこ》村で検地が始まった寛文八年冬には片岡伝兵衛が単独で勤め、翌年の三月五日に岡田彦衛門が就任して二人体制と

表3　伊予吉田藩郡奉行任期

年	奉行人				
明暦3年酉	田中徳右衛門		井上次兵衛	桜田平左衛門	
万治元年戌					
2年亥					
3年子		戸田藤衛門(春)			
寛文元年丑		(3年12月刃傷死亡)			
2年寅					
3年卯			↓ (正月)	↓ (正月)	
4年辰					
5年巳	↓ (12月)	伊藤九右衛門(正月)	宮崎九左衛門(12月)	片岡伝兵衛(12月)	
6年午		↓ (秋)			
7年未					
8年申			↓ (9月)		
9年酉	岡田彦衛門(3月)			↓ (8月15日)	
10年戌		鈴村弥兵衛(5月)			
11年亥					
12年子					
延宝元年丑					
2年寅		↓ (9月12日)			片岡十郎兵衛(12月)
3年卯					
4年辰		玉置助三郎(8月)			↓ (8月晦日)
5年巳					
6年午					
7年未		↓ (8月14日)		(8月14日)	
8年申	↓ (正月18日)				
天和元年酉				↓	

出典：『郡鑑』。

なる。

寛文九年八月一五日に片岡が退任し、寛文一〇年五月一日に鈴村弥兵衛が就任するまで岡田が一人で勤める。岡田の郡奉行は長く、延宝八年（一六八〇）一月一八日まで続くが、「寅（延宝二年）九月より十二月下旬独勤」と注記されており、寛文一二年五月一三日に「新知百石」を賜わっているので譜代門閥の出身ではないようである。

鈴村は寛文八・九年の検地奉行を務めた人物で、岡田の加増の翌年・延宝元年九月二日に「新知百石」を賜わり、翌年九月一二日に大坂留守居役に転ずる。この鈴村は、先述した吉田藩の山田忠左衛門追放事件に連座した家老・甲斐伊織の後に列せられ、その後鈴村家は藩主一門家へ養子を入れる。(38) 高野子村の検地奉行として三人の名前が書かれ（後出）最後尾に鈴村の名前が掲げられているが、他の二者は譜代門閥の子弟で、(39) この鈴村が、鬮持制度を実務者としてまとめあげた人物である可能性もある。

延宝二年（一六七四）九月一三日音地《おんち》村検地奉行を務めていた片岡十郎兵衛に、郡奉行任命の沙汰があったが、このときは十郎兵衛が固辞して受けず、一二月二二日に改めて任命されている。延宝四年春に十郎兵衛に「新知百石」の沙汰があるがこれを辞退して、八月晦日に「御暇」が出され、吉田藩を追放される。また、片岡伝兵衛は、延宝四年春より岡田彦衛門の相談相手になるように命じられ、延宝七年八月一四日に再び郡奉行を務めている。片岡伝兵衛は『郡鑑』の編者・岡村直正から、「延宝八年」の不作のさいに採った処置について、痛烈な非難をされている。(40) しかし、彼の動静は、小兵衛の刑死とは直接の関係がないとする書き方がされている。

こうした経緯と小兵衛の立件を照らし合わせると、十郎兵衛が郡奉行任命を辞退したため、岡田が小兵衛の立件・取調べを行ったが、岡田の手を汚さないために、十郎兵衛を強いて郡奉行に就かせた。彼に死罪の申し渡し執行をさせ、褒章として「新知百石」を下そうとしたが拒否され、さらに宮の下村代官六郎兵衛を八月に罷免させ、御用済みとなった十郎兵衛は、同月晦日に吉田藩から追放されたと考えられる。十郎兵衛は、小兵衛の罪状・罪科が理に合わず、彼を処分する「汚れ役」を遁れようとしたが遁れられず、小兵衛の刑死を言い渡した後、加増沙汰を辞退することで抗議した結果、追放されたと解釈される。

『郡鑑』の写本の一つ「佐々木本」には、小兵衛の立件に働いたと推定される「横目」のリストも載せられている。「横目」は大豆一斗の卑役で、[41]何か特別な理由がなければ記録するまでもないだろう。小兵衛の刑死の記述は、前後に願書の雛型や時期のずれた代官預地の記録を挟み、横目のリストも浦と村を分けて、間に横目拝命時の誓書の雛型を挟み、年月をずらしたものをわざわざ載せている。[42]

片岡伝兵衛の失政を非難した部分、小兵衛の刑死を書いた部分、検地の記録も最も遅かった村から書く点、郡奉行の記事など、『郡鑑』は一般に「地方書」といわれるものとは異種の記録である。諸先学は、単なる地方書としての先入観で読んでいたのではないだろうか。宇和島藩の史料『不鳴条』には公儀を憚って、検地を「内抃、地詰」と言い換えて実施したと書かれているが、『郡鑑』ではその種の配慮はまったくなく、水害村だけに行ったためにか直截に「検地」と書かれ、割地の研究者も、「うちならし」「ならし」と、穏やかに言い替えられる通例を固守して吉田藩での鬮持制度導入を見落としてきたのだと思える。

本書第二章第二節で述べた全編からの疑問(5)、石城玉砕の記述の「十月五日」は、小兵衛の捕縛の日、土居家が立間・喜佐方・立間尻を領有していたとするのは、拘禁を執行する吉田の陣屋を表しており、さらに(4)で述べた無理な吉例の日・「三月十二日」は、小兵衛が処刑された日を表しているのではないだろうか。代官の預かり地の引継ぎ記録や、郡奉行の動向からはそのような推測が可能である。

『吉田古記』には、延宝九年(一六八一)のリアルタイムの記述がある。[43]そして、原本『清良記』の第三六巻の存在を書き、改編された『清良記』の土居家立間石城・竹城領有というフィクションをそのまま収録しながら、一方でこれらが法華津氏と家老格の御手洗氏の棟札などが示す史実とは食い違うことも論評抜きで書いている。『吉田古記』の編者・森田仁兵衛は吉田藩の寺社方を勤め、与兵衛など土居家の末裔が吉田家に清良神格化を申請するのに内諾を与えていた、あるいは関与していた可能性もある。小兵衛の立件・刑死という整合性に欠ける藩の処置に、告発・抗議・怨嗟するために綴られた改編『清良記』の立間領有記述を、古態を装って出典を書かずに併記しているのは、土居家の置かれた立場に同情・同調したからだと、捉えることもできよう。なお、森田は後に、山田忠左衛門事件に連座して追放される。(44)

『郡鑑』の編者・岡村も、同様のシンパシーを持っているようである。『郡鑑』の「右之内御代官組」「寛文六年午七月三四日洪水以後上納並流捨覚」「御郡御浦奉行衆御役替之覚」「検地の時石盛九段之覚(45)」などを、付き合わせるとそのように解釈させる。

『清良記』の改編者を求めて、支配者の側から追ってみたが明瞭にはならない。『郡鑑』に、わざわざ収録された横目のリストがあるところから、『清良記』の横目の記述から追ってみる。

横目に関する記述に次のようなものがある。

法をおかれんは、我が領内のはしばしを能して（能くしめ）て中へ悪事をおいまとめらる丶様にこそ有るべきに、主人により城下二里・三里の内をきびしくせんさく有りて国端へは其のとどかざるあり。主人の浅知の程コソ（社）思いやられる。（『全集』一五〇頁、『松浦本』一〇五頁）

この文章も随分奇妙なもので、清良の当時の領地は二・三里の中に収まり、「主人の浅知」も重宗に語らしてはいるが過言である。

本書第二章第二節(8)で指摘したが、河原淵・芝氏が悪様に書かれるのは、吉田藩での「国端《くにば》へ」に相当することと関係がありそうである。小兵衛が、与兵衛より代官を引き継いだ当時の預かり地は、土居組・有馬組・深田組・中野組の土居垣内村である。[46]寛文六年（一六六六）に預かり地が変更され、有馬組を返上して河原淵組を新たに受け持つ[47]（表1・2参照）。この新たに預かった河原淵組は、同年の七月に大洪水によって大きな被害を蒙っており、復旧作業の大役を押し付けられている。

前節の「隙・暇」の分析では、藩が早期復旧を目指して大量の労働力を徴発し、これが時期に応じない動員（暇を奪う）の一つであった。さらに鬮持制度の導入が決定されて、検地には農作業の手抜きが許されない時期（季節）に行われ、これに従事した小兵衛はこの地域で立件され、刑死したと推測される。

河原淵組には先に記した「目黒村」が含まれ、訴訟指揮を行った代官誉田屋半兵衛から代が替わり、跡を継いだ孫四郎[48]が藩主の覚え目出たく功を認められ、地味の良い有馬組と入れ変わったと推測される。この誉田屋と屋号を名乗っていた代官は第二節で触れた延宝の改革でも生き残り、姓を中井と名乗る。[49]この人物が、悪様に書かれる芝氏の流れを汲む可能性もある。また、前述した山田忠左衛門が関わっている可能性もある。

小兵衛が地味の悪い区域に預かり地を変更されるのは、隙・暇・風流や横目の記述からみると「清良神社」の創建の動員を、給められたからだと推測される。

「第七巻」第一二章の宗案と清良の問答の終わりは「進物」が主題で、文章量も多い。ここからは物品や金銭を小兵衛が収めて「依怙の沙汰に及ぶ」としており、横目が小兵衛の罪状としたこと、それは「儀礼」であるとする反論など長文の問答が続くのだと解釈できよう。

寛文年間に導入された鬮持制度が、小兵衛の刑死に繋がり、その「告発・抗議・怨嗟」を伝える目的が、原本の『清良記』を改編した、もう一つの大きな理由である。編者には、死罪にされた小兵衛の子孫・縁者や、改革で代官職を失った者たちが想定されるが、土居氏の顕彰記でもあることから、土居一族の末裔に限定される。

土居水也が苦労して書上げたものを、末孫の者、目下の者がこれほど無残なまでに改編することは、儀礼上行えるものではない。編集を後援した、土居中村与兵衛・高串村衛甚右衛門・沢松村市兵衛に限定してもよく、本文は粘着性のあるくどさが目立つ文章で、博学・尊大な年配者を想定させる。

これに該当する者としては、総領の小兵衛を刑死させられ、持ち伝えた田畑を悪辣・陰険・巧妙な手段でとりあげられた、有馬組を支配していた与兵衛が、最有力視される。

第二章第二節の全編からの疑問(8)でとりあげたように、有馬氏を家来同様に書くのは、有馬組を支配していた体験から代官と村人との関係に問題がなく、組し易い・扱い易いと意識していたからと考えられる。この編者の姿勢から、三間の著姓である井関氏・太宰氏・兵頭氏などの活躍が省略されてしまう。井関氏などは、伊達家に出仕しており、その上一族が土居家と身近すぎて、虚談の中に変名を使ってあえて登場させる必要がなかったと思える。わずかに、宗案と一緒に城へ召された「盗人心あって横着者」とされた黒井地村久兵衛・無田村五郎左衛門が、有馬組を治めていた時に実在して、何らかの事件で代官としてかかわった名残ではないだろうか。

『吉田古記』の編者森田、『郡鑑』の編者岡村の抱く『清良記』改編者との連帯感も、寺社方・浦方の有能な実務者としての交際からと推測され、与兵衛の改編説を裏付けているのではないだろうか。

第一七巻の清良の高野山・熊野三山・伊勢参拝と語られる部分も、全く時代感がかけ離れており、編者自身の見聞をもとに、時期、時代背景を考慮して、四季・景色・道中の様子・参拝様式を省いて書いたものだと思える。

軍記物として記述の中で、狂言廻しを引き受けている者に、山伏の頭を勤める「円長坊」がいる。第一四巻上第一二章「円長坊、過言の事」、第一四巻下第一〇章「円長坊、面目を失う事」のように、過失の多い者として描かれる箇所が多い。円長坊は、第一七巻で清良の高野山・熊野三山・伊勢参拝にも同行し、ここでも、清良の嘲笑を受ける役回りになっている。山伏は、狂言などで無教養な者の代名詞のように扱われることが多いが、合戦場面に描かれる円長坊は武功者で、そのギャップが大きい。これは、改編者の与兵衛が参詣の旅行に円長坊と同道したさい、道中で「先達」として色々と指図されたことが、村の絶対的な支配者だった彼には受け入れがたく、その意趣返しのように、軍記の中で円長坊を扱っているのではないだろうか。

『清良記』を改編した人物は、土居中村の元代官・庄屋の「土居与兵衛」と、特定され、清良の一六〇日余の参詣旅行は、与兵衛自身の道中記ではないだろうか。

与兵衛は隠居後に、吉田家に自身で申請に出向き、第三六巻にその経緯を追録したと推定される。第一七巻第三章の「難波のことはしらねども」という歌舞伎の台詞を思わせる文言や、第三〇巻第一一章の藤堂新七郎との交流の場面に読み取れよう。

その後も新七郎と清良は一月の間対面せねば互いに空のくもりたる心地こそすれとて、打ち寄り打ち寄り酒のみてぞおわしけり。この両人寄り合われては軍物語のほか他事なし。いずれも仕方ばなしにて、立ちつすわりつせられけるを見れば、さながらに真の軍に似て、狂人のごとし

後には座り踊りの極至となる「熊谷陣屋」と酷似した描写も、この時に仕込んだ知識を活かした記述と考えられる。(50)

また、当時の京都での儒学や本草学の隆盛(51)、農業の先進地とされる上方での商品作物の豊富さを知り、手に入れた本草書を反映されたものが、「第七巻」第一章の「四季作物種子取事」である可能性が高い。

隠居とはいえ、長期の上方滞在が「壁書」違反とされた可能性もある。道中手形の発給は庄屋の役目で、庄屋自身の手形は代官から貰う規定となっている。(52)

第三六巻の趣旨に沿った、文学的な改編を志していた時に、小兵衛の刑死事件が起こる。小兵衛の刑死後に、抗議・告発・怨嗟のための改編の筆を起こし、上京で得た知識を活用して、無念の思いを込めて、全精力を傾けて何とか完結させたものが、今日我々が見る、『清良記』の諸写本の原型である、と考えている。

第二章第二節の全編からの疑問(1)で指摘した、武将の一代記として体裁が整っていないという点は、改編者の持ち時間が短かったからだと想定している。与兵衛は延宝七年（一六七九）に没しており、小兵衛の刑死に、悲嘆の歳月を送った後に、改編を志したと推測される。

遠征した合戦後には、期間中のエピソードが必ず付けられている。それらは『源平盛衰記』などを下敷きにしているが、意味の汲み取り難いものが多く、完成度が低い。完成度が極端に低いのは、練り直しの時間が持てなかったからだと思える。秀吉の九州出兵や、その結果である小早川氏の転封も省略され、清良晩年の記述が省かれるなど、疑問(14)であげたように現存本が第三〇巻で慌しく終わる理由も、改編者の持ち時間のなさを表していよう。

前後の整わない文章や、宗案の子供の記述のようにまったく別の巻でつづきが語られることがあるのは、この物語は「藩主への反逆」であり、明らかになれば小兵衛同様の扱いを受けねばならないからあえて文章を分散させたのであろう。

しかし、同時に「告発・抗議・怨嗟」を伝えるのが主題で、全編を丹念に読めば、気がつくように構成したと考えられる。これが疑問(13)への回答となる。

第二章で「全編からの疑問」として掲げた部分、「第七巻からの疑問」で指摘した部分は、以上のような視点に立てば無理なく読み解ける。

以上のように『清良記』の改編を、改編者土居与兵衛の没年である延宝七年だとすると、近藤孝純氏の説を踏襲した永井義瑩氏の元禄以降成立説と合致しない。氏の依拠するところは、『耕作事記』の『親民鑑月集』より転載された「琉球芋」の条と、背景として読みとれる「小農自立過程」である。

永井氏は『清良記』が新本系から古本系に筆写されていて、新本系は原本より加筆が重なったとの認識である。

すなわち原本と残存する写本の間に大きな改編がされている可能性は想定しておらず、当然、「軍記物」として全編を視野に入れた解釈などしていない。

『広辞苑』には「軍記」として、「①戦争の話を記した書物。軍書。②軍記物・軍記物語の略。——もの【軍記物】①軍記物語に同じ。②江戸時代に出た小説の一種。軍《いくさ》に関する事跡を興味あるように実録と空想とをまじえて書いたもの。絵本太閤記など」[53]とある。したがって、まず「実録」と「空想」を分離する作業を行い、ついで実録を検証せねばならない。従来の研究は「空想」の分離が不十分である。また、空想の部分に隠された主題の伏線、起承転結が各巻に分散されて書かれているので、これらを読み解き、整理しないと、主題が浮かび上がらない構成になっている。

軍記物の代表として『絵本太閤記』が掲げられたが、これらは現在「講談」として扱われる娯楽物になっている。講談には、当時（清良の時代、改編者の時代）の「森羅万象」、あるいは「古今東西」のエピソードを織り込む。同様の娯楽である「落語」では、上手な演者は虚談の中に聴衆を引き込んでしまい、頃あいを見計らって「落語を聴いて肯いたらいけないよ」と落とす。しかし、講談は「見てきたようなうそを言う」とされるように言い切ってしまうので、検証には骨が折れ、単に「第七巻」、「農業史」や「戦国史」「近世史」の仕切りの中での検証では、不十分なものとなる。

口演本・戯作でない『清良記』では、人名が変えられているところは、「空想・虚談です」と編者が断っていると見なければならない箇所でもある。永井氏の指摘した「百姓への愚民視」は、愚かな百姓にも劣るとする支配者への「皮肉」で、「琉球芋は渡り物也。芦原にてはかつら芋共言」の「芦原」は「彼我」の、「難波」は大坂の「古今」の表現に過ぎず、講談として読めばあえて検討する意味はない。

「琉球芋」については、本章第一節(5)で述べたが、作物の解説など軍記物には相応しいものではない。この部分は改編された時に、栽培品種と解説が「本草書」をもとに追録をされたと考えられる。古島敏雄氏が、「作物伝来説は今のところ我々にとっては未研究の分野であり、今後ともそれに大きな期待をかけることは出来ないように思う」(54)と述たように、作物に成立年代を求めることは無理がある。遺伝子の解明が試みられている今日でも、琉球芋によることは出来ない。(55)

「小農自立過程」は、全国レベルでいわれる近世の小農自立過程からみれば、宇和島・吉田藩は先行しており、寛文年間の鬮持制度導入により小農自立・維持体制ができあがる。この体制は幕藩体制が定着して、文治思考が高まる中で、幕藩政治の建前である軍陣に備えるための「ならし」として導入される。

奥村彧氏は、「割地」「ならし」が行われる時期について、「農業技術未だ進歩せず其経営は粗放なりしを以て、地割を施行するも経営上差程なる支障」がなかったという。(56)「第七巻」に述べられた営農は、実態は別としても、とても「粗放」とは見えず、割地・鬮持制度が導入されて経年を多く持ったものとは想定し得ない。むしろ、年代を元禄以後に想定すれば、繰返し起こる水害によって、鬮持制度の根幹である田畑の公平な割り付けが困難を極め、持高制度に戻る動きが顕在化したといわれているので、(57)成立年代を下げるには無理がある。

ところで『郡鑑』には、小兵衛が「死罪」とされているが、実はこれにも疑問がある。

『松野町誌』に所収された宇和島藩領の「富岡村庄屋文書」には、安永四年(一七七五)、辰九年(明和九年、一七七二)、(58)天明七年(一七八七)(59)に、河原淵組を預かる代官として、「土居小兵衛」が登場する。宇和島藩では元禄一五年(一七〇二)に、姓を名乗れない庄屋を代官に任用する時、「代官名字帯刀御免」としている。(60)幕藩体制下では、重大な瑕疵があったとされる同組(吉田・宇和島の相違があっても)の代官に、時代が下っても同名の者を任ずることは忌まれ、同名の者を任じるさいには、改名させるのが通例である。

『不鳴条』に、「私ニ郷内村先御代官小兵衛御役御免以後、卯之町光教寺ニ居候処尋候(後略)」と、年代の明記されていない文書を収録している。(61)宇和島藩士が私《わたくし》に尋ねた内容は、京桝高に変更された寛永八年（一六三一）に、「小役」がどのように扱われたのかで、その前後の代官には、土居中村・瀬波村の「死罪」にされたとする「小兵衛」しか該当者がなく、卯之町は宇和島藩領である。

『郡鑑』の小兵衛の「延宝三寅年ニ死罪」という記述も、前記したように「卯」年のことで、死罪の信憑性も疑われる。『清良記』で史実を無視して、「三月十一日」を外征出発の吉日としているところから重ね合わせてみれば、『清良記』と同様に『郡鑑』にも「空想」が混じり、小兵衛は領外に「追放」された可能性が高い。ただし、いずれにせよ『清良記』改編の目的が、藩の処置に対する抗議であった点は変わるまい。

元禄時代に成立したとされる『清良記当時聞書追攷』に、「その末葉等いまにこれありといえども、土居を名乗れるばかりにて、あるにかいない形勢《ありさま》なり(62)」と、土居家が、当時一介の本百姓にされた状態を示している。

土居家は後に再び栄え、庄屋を勤める者が輩出するところから、『当時聞書』成立後に、在郷の権威と財力の削減の目的を達して「能く過って又克く改たる人なり」と評された吉田藩主の宗純によって、与兵衛没後に禁忌が解かれたものと推測される。

（1）『郡鑑』（吉田郷土史研究会編『伊予吉田郷土史料集』第四輯、吉田町教育委員会、一九八二年）一五七頁。
（2）前掲注(1)『郡鑑』一五一～一五二頁。
（3）前掲注(1)『郡鑑』一五五頁。
（4）「十七代・国良・御代官を相勤める。延宝七年死亡／十八代・良高・享保六年死亡」（『松浦本』四二八頁）。一八代・良高が甚兵衛にあたる。三間町土居中の龍泉寺に、
延宝七己未七月□日
當山創建浄宅院安山自住居士

四代目土居与兵衛国良との墓石がある（写真１）。

羽藤明敏解読編集『御領中御庄屋歴代記』（二〇〇三）には、「土居中村　御分地分庄屋　与兵衛／実子　甚兵衛」（一二頁）。「瀬波村　御分地分庄屋　惣兵衛／右惣兵衛不届之義有之庄屋召上／土居中村跡役被仰付。御代官　土居古兵衛／右小兵衛不届之義有之罷科被仰付／父ノ川村より跡役被仰付／徳之允」（二一頁）となっている。

写真１　土居与兵衛墓（著者撮影）

（５）前掲注（１）『郡鑑』一五一～一五二頁。日向谷の六郎兵衛も程なく病死している（一五六頁）。

（６）前掲注（１）『郡鑑』に、改定後は廉角右衛門・近藤武兵衛・中井孫四郎（屋号の誉田屋から姓の中井に変わる）が任じられている（一六五～一六七頁）。

（７）「吉田藩」（『愛媛県史』近世上編、愛媛県、一九八六年）、『三間町誌』（三間町誌編纂委員会、三間町、一九九四年）二五一頁。

（８）芝正一「伊予吉田三万石の分知と初代宗純の人間像」（『伊予吉田郷土史話集』吉田町教育委員会、一九九〇年）。

（９）金井圓校注『土芥寇讎記』（人物往来社、一九六七年）四七六～四七九頁。

（10）『奥山甚大夫覚書之内万治元戌御分人記』（吉田郷土史料研究会編『伊予吉田郷土史料集』第三輯、吉田町教育委員会、一九八一年）。甲斐順宣『落葉のはきよせ《ママ》』下巻（一九二二年）に、「明暦三年分地より寛文十二年迄十三年間、士分の総数百五名中切腹（二名）等、総じて禄を放せし者六十一人、此高八千六百石」としている（二頁）。

（11）前掲注（10）『奥山甚大夫覚書之内万治元戌御分人記』「あとがき」で、編者の芝正一・太田弘爾氏が「好悪が激しく、ややもすれば独裁君主的な宗純の政治姿勢を想像することは可能なようである」と評し、前掲注（10）『落ち葉のはきよせ』では「能く過って又克く改たる人なり」としている（三頁）。前掲注（８）芝「伊予吉田三万石の分知と初代宗純の人間像」では、絵画の讃より性格を分析している（一三〜二一頁）。

(12)『記録書抜』（近代史文庫宇和島研究会編『宇和島藩庁伊達家史料』第七巻、一九八一年）貞享元年（一六八四）条（四六頁）。

(13) 須田武男編『松野町誌』（松野町、一九七四年）に幕府に出された訴状が掲載され、庄屋間の争いとして「遠国乞食躰ニ而罷越、御公儀様江御訴申上候」（九二六〜九二七頁）とある。

(14) 前掲注(1)『郡鑑』一九三頁。「一寛文四辰九月三日ニ従江戸目黒村山御出入御十分之御理運御飛脚参ニ付君奉御悦」として物頭役桜田重好の祝歌が記録されている（二五三頁）。

(15) 前掲注(12)『記録書抜』「延宝二年五月一日、吉田と御和睦之義申来」（三一頁）。

(16) 前掲注(12)『記録書抜』貞享三年五月条に山田忠左衛門とその与党とされる人物の処置が記録されている（四八〜五〇頁）。長谷川成一「支藩家臣団の成立をめぐる一考察」（『日本歴史』三二七号、一九七五年）に、吉田分藩後の家臣構成と、山田事件の影響が考察されている。

(17) 前掲注(1)『郡鑑』二二〜四五頁、八七〜一〇二頁、一五三頁。

(18) 愛媛県教育協会北宇和部会編『北宇和郡史』（一九一七年）二九二頁。南伊予古文書の会編『松岡氏手鑑』（一九九四年）「諸事心得之事」に、「一御百姓中職人商人門前より内へハ先年より下駄ニ而者不参、用捨致来候事」「一御用ニ往来之節所方之もの不下座仕候ハヽ、役人中へ申聞可申、尚又心得方之儀とも急度可申付候、平日往来之節作場抔ニ居、或ハ荷物等仕候而不下座仕候共咎申間き間敷、笠はちまきを取不申様見ぬ躰ニ〆往来可仕事。但、此儀を所方之者へ相咄ニハ不及、自分之心得可有事」九〇〜九一頁。天保五年（一八三四）に書かれた庄屋の心得である。

(19) 前掲注(1)『郡鑑』三〇二頁。

(20) 前掲注(7)「吉田藩」、蔦優・橋本増洋執筆「吉田藩」（『藩史大事典』第六巻、雄山閣出版、一九九〇年）。

(21) 小野武夫編『不鳴条』（『日本農民史料聚粋』第一一巻、酒井書店・育英堂事業部、一九七〇年）「解題」で、「宇和島藩郡奉行所の記録を輯録したもの」とされる。最終年代記述に「文久」が見出されるが、安政六年（一八五九）の朱筆が多く、原本はそれ以前に成立している。大谷清陳氏、西園寺源透氏の書き込みも収録されている。

(22) 新村出編『広辞苑』第五版（岩波書店、一九九八年）、一七五頁。
(23) 『松浦本』一二六頁。
(24) 『松浦本』一一八頁。
(25) 『松浦本』一五一～一五二頁、四一六頁。
(26) 『松浦本』三八二頁。
(27) 『耕作事記』（愛媛県立図書館蔵・京都大学農学部蔵本のマイクロ版）。「軍役」の「敵寄付の事なり」は永井義瑩「『清良記』巻七第八項目「農無暇謂立之事」の解釈を中心にして」（『伊予史談』三〇〇号、一九九六年）で指摘されるように、『清良記』で加筆されたもの。
(28) 丸山雍成「「慶安御触書」の存否論について」（『地方史研究』二五二号、一九九四年）。山本英二「続・「慶安御触書」成立史論」（『日本歴史』五八〇号、一九九六年）など。
(29) 『弌野截』下巻（近代史文庫宇和島研究会編『宇和島藩庁・伊達家史料』第二巻、一九七七年）によれば、寛永一〇年（一六三三）の上使巡見の時より、それまでの納桝一石が京桝一石二斗五升に変わったとしている（二〇六頁）。前掲注(1)『郡鑑』では寛永八年（一六三一）八月に京桝高に高直ししたとしている（四六頁、八七頁）。前掲注(21)『不鳴条』には、御巡見使は寛永七年（一六三〇）享保二年（一七一七）に来たとし（三一〇頁）、「寛永二十年上使巡見之時京升ニ成候」（三七四頁）ともしている。
(30) 三好昌文「宇和島藩における庄屋役の出自と系譜」（『松山大学論集』五巻二号、一九九三年）。
(31) 近藤孝純「南伊予における天正・慶長検地に就いて」（『近世宇和地方史の諸問題』宇和町教育委員会、一九八七年）。
(32) 木ノ本忠雄「「田畑・年貢・人別等申牒」の記」（高橋庄次郎編著『小字名考』三間町、一九七五年）。前掲注(1)『郡鑑』によれば慶安四年（一六五一）（一〇頁）。
(33) 前掲注(1)『郡鑑』には、小兵衛の給田・屋敷は欠所になり、「延宝四年」「御新田」として「拾弐石六斗五升」が「本免」に繰り入れられ、上下に分割されていた瀬波村は元の一村に戻る（一二一頁）。
(34) 明治維新後に庄屋役が解任され、同様の事態が起こり、「無役地事件・三本地事件」として係争される。小野武

夫「宇和島庄屋と無役地問題」(『日本村落史考』穂高書店、一九四八年)。青野春水「無役地事件」(『日本近世割地制史の研究』雄山閣、一九九七年)。

(35) 前掲注(4)『御領中御庄屋歴代記』では分村したとはしていない。解読・編集をされた羽藤明敏氏は「後書」で、吉田藩分藩後の是房村庄屋の六代目、あるいは七代目に相当する者が記したのではないか、としている。

(36) 前掲注(1)『郡鑑』二六二~二六三頁。

(37) 南伊予古文書の会編『藤蔓延年譜』(一九九三年)「元和卯尼ヶ崎御出船之時、五十七騎御供船割帳之写」に「桜田玄蕃与力」の筆頭に片岡伝兵衛が記録される(七~八頁)。「御分知ニ付御分人」に「二百石片岡嘉右衛門」(二〇頁)、前掲注(10)『奥山甚太夫覚書』には「弐百石片岡嘉右衛門、後伝兵衛と改名、天和元酉年隠居(中略)元禄三年伝兵衛病死」(六頁)と、記録されている。

(38) 前掲注(12)『記録書抜』「一、鈴木弥次兵衛(鈴村弥兵衛の誤記)今度家老職申付」(四八頁)。前掲注(10)『奥山甚太夫覚書』に年代不詳だが「御一門・御家老」(六九頁)とある。第Ⅱ部第一章第四節で関連文書を引用している。

(39) 前掲注(10)『奥山甚太夫覚書』。その後に鈴村を除く二者、あるいは検地奉行に名を連ねた人物が厚遇された記述はない。

(40) 前掲注(1)『郡鑑』一六一頁。

(41) 前掲注(7)『三間町誌』二五五頁。

(42) 前掲注(1)『郡鑑』二四九~二五一頁。横目リストは「天和」のものとされ、寛文六年の「迫目村《はざめ》」文書(第Ⅱ部第一章第一節で引用)では該当の人物がいない。迫目村の一か村のみでしか検証できないが、小兵衛立件の当事者以外は架空の人物で埋められている可能性もある。

(43) 『吉田古記(『吉田領寺社古記並古城跡之覚書』)』(清水眞良編、予陽叢書第三巻、愛媛県青年処女協会、一九二八年)「延宝九年四月廿九日、森田仁兵衛寺社方並古城山等の為見被仰付、御領内中廻り申時分に、両寺僧、右本尊を互いに論争せし也」(一八八頁)と、宇和島藩主菩提寺の寺僧を呼び出し、決着をつけている。

(44) 前掲注(12)『記録書抜』貞享三年八月一九日条(五〇頁)。

森田仁兵衛　同宅衛門
同断御暇被下、宇和島吉田領ハ不及申、御一門方並御老中家奉公、住居共御構。
(45)　前掲注(1)『郡鑑』一一〜一四頁（第Ⅱ部第二章第二節で引用）。
(46)　前掲注(1)『郡鑑』一五一頁。
(47)　前掲注(1)『郡鑑』一五一頁、一五五頁。
(48)　前掲注(13)『松野町誌』九〇九頁、九二五頁。前掲注(1)『郡鑑』一五一頁。目黒山抗争を江戸で指揮をとったのが代官になる前の孫四郎ではと推測されるが、それを裏付ける史料は見出していない。
(49)　前掲注(1)『郡鑑』一六四頁。
(50)　『歌舞伎年代記』上巻（正宗敦夫編纂、日本古典全集刊行会、一九二八年）。「熊谷陣屋」の初演は確認できないが、寛文年間には京には常設小屋が七軒あった（三〇頁）。
(51)　吉田光邦「本草から大和本草」（『江戸の科学者たち』社会思想社、一九六八年）。『本草綱目』をわが国の植物に置き変える努力が、中村惕斎・向井元升・稲生若水などによって進められ、分類・観察が松岡玄達などによって「本草学」に高められている。
(52)　前掲注(21)『不鳴条』三三五頁。
(53)　前掲注(22)『広辞苑』第五版、八〇六頁。
(54)　古島敏雄『日本農学史第1巻』（『古島敏雄著作集』第五巻、一九七五年）一三〇頁。
(55)　拙稿「『清良記』の改編者と成立過程」（『伊予史談』三二六号、二〇〇二年）で触れたが、世界交流の中でみれば、永禄七年に伝来していた可能性を否定できない。
(56)　奥村彧「舊尾張藩に於ける割地制度(二)」（『経済論叢』一四巻二号、一九二二年）六八頁。
(57)　前掲注(21)『不鳴条』二七三頁。
(58)　前掲注(13)『松野町誌』一〇三二〜一〇三三頁。
(59)　前掲注(13)『松野町誌』一〇三四〜一〇三五頁。
(60)　前掲注(21)『不鳴条』三六〇頁。吉田藩では延宝改革のさいに姓を許している。

(61) 前掲注(21)『不鳴条』三七四頁。前述したが「小兵衛の刑死」も岡村氏のシンパシーを示しているとうかがえる。「卯之町光教寺」に小兵衛の痕跡は見つからなかった。

(62) 「清良記当時聞書追放」(『松浦本』四二九~四三五頁)。

第Ⅱ部

「農書」の解釈

第一章　「第七巻」いわゆる「農書」としての疑義

第Ⅰ部で述べたように、現存する『清良記』は伊予吉田藩の代官・庄屋を勤めた土居与兵衛が改編したものである。与兵衛は彼の後嗣・小兵衛を藩が咎め、土居家の持高と特権的な身分を奪ったことに「抗議・告発・怨嗟」するため、『清良記』に改編を加えたのである。

改編者の与兵衛は、架空の人物・松浦宗案を通して、彼の主張をしている。したがって、「第七巻」の主人公である、松浦宗案の書いた、あるいは述べた営農は、必ずしも現存『清良記』が成立した延宝七年（一六七九）当時に行われていたものではない可能性が大きい。本章ではその問題点を明瞭にしたい。

一　徳永光俊氏の「見通し」から

徳永光俊氏が、『全集』の「解題」で、『清良記』の舞台にある迫目村《はざめ》（現・宇和島市三間町迫目）の改編直前の史料である、「寛文六年（一六六六）当御村有来池川竹木並ニ家附など書載申牒」により、家族構成と牛馬保有状況の分析から、四つのグループに分かれた経営が行われているとされ、今後の村の階層別経営研究の「見通し付け」をしている。筆者は徳永氏の階層別経営研究をさらに進めるため、「申牒」がある迫目村をみつめ、「第七巻」第七章に書かれた労役の記述を再検討することによって、問題解結の糸口としたい。

〔史料1〕

寛文六年当御村有来池川竹木並ニ家附など書載申牒

午の二月廿日　　　　迫目村

村高等頭書（省略）

井手の事（省略）

川除の事（省略）

御小物成の事（省略）

御村中林の事（省略）

御村中御用木の事（省略）

小から竹藪の事（省略）

家附人数並に牛馬の事

一、家壱軒　　市左衛門　　歳　三拾七　　（原番1）

女房　　同　三拾三

女子　長　　同　拾三

同　やく　　同　拾二

同　なつ　　同　七つ

同　ふち　　同　五つ

〆六人内　男　壱人

女　五人

馬壱匹　牛半匹
一、家壱軒　源衛門　歳　六拾四　（原番2）
女房　同　四拾二
男子吉蔵　同　二拾四
女房　同　廿壱
〆四人内　男　弐人
女　弐人
一、家壱軒　孫兵衛　歳　卅二　（原番3）
馬壱匹　牛半匹
女房　同　弐拾四
男子太郎助　同　七つ
女子しやうな　同　三つ
〆四人内　男　弐人　女　弐人
一、家壱軒　作衛門　歳　四拾三　（原番4）
女房　同　三拾六
男子三四郎　同　二十一
男子千太郎　同　拾二
男子辻之助　同　五つ
〆五人内　男　四人　女　壱人

一、家壱軒　（原番5）

馬壱匹　牛半匹

善之丞　歳　三拾八

女房　同　二拾二

男子正吾　同　九つ

男子松次　同　六つ

女子なつ　同　十二

〆五人内　男三人　女弐人

馬壱匹

一、家壱軒　（原番6）

八之丞　歳　三拾八

女房　同　三十三

男子八太夫　同　十三

女子竹　同　九つ

男子三太郎　同　六つ

女子りん　同　三つ

〆六人内　男三人　女三人

馬壱匹

（中略）

一、家壱軒　（原番42）

弥右衛門　歳　三拾九

女房　同　三拾

男子長太郎　同　十三
男子与市　同　八つ
男子助八　同　七つ
女子千代　同　九つ
女子つし　同　二つ
下人彦三郎　同　二十八
女房　同　二十七
男子長助　同　六つ
女子まん　同　四つ
下人喜太郎　同　十八
下人種子　同　二十一
同　竹　同　十三
同　ふち　同　十七
下人吉次　同　十八
母親　五　同　五十一
男子松次　同　十六
女房　同　五十三
男子久七　同　三十二
同　長久郎　同　十六

同　千太郎　同　十一

女子　あた　同　八つ

下人作衛門　同　三十九

女房　同　三十三

女子　きく　同　十六

女子　なつ　同　七つ

〆二十八人内　男　十五人　女十三人

馬壱匹　牛壱匹

（中略）

家数合四拾六軒

内

三軒　庄や組頭家

壱軒　寺

弐軒　山伏家

拾九軒　本百姓家

六軒　半百姓家

十六軒　もうと家

人数合弐百二拾九人

内

男子　百弐拾八人
女子　百壱人
馬　　三拾匹
牛　　八匹
右之数の内御未進方に奉公に出し申し人数の事
（九人箇条書略）
右之通諸事御牒面に書載申し分少しも仍御座無候而如件
迫目村庄や
弥右衛門
組頭
三之助
寛文六年
午　二月廿日
（郡奉行名省略）(1)

「井手の事」には「長壱間」以上の三一か所「間数七拾七間半」、「川除の事」には六九か所「弐千七拾六間」と、用水路が網の目のようにあったことを記している。

「家附人数並に牛馬の事」では、家数が徳永氏が指摘しているように一軒整合しない。また、「内御未進方」には九人の名前と奉行先が書かれているが、その一人「作蔵」には「御馬や夫」と「宮下弥太夫」に二重に奉行しているようことになっている。作蔵は家番㉗にしか見出せず、重復しているようである（表1）。

表1　迫目村家別構成員(牛馬含む)

家番	原番	男	女	計	壮男	壮女	下人男	下人女	下人計	下人壮男	下人壮女	馬	牛	備　考
①	42	4	3	7	2	1	11	10	21	9	7	1	1	庄屋
②	27	4	2	6	3	2	2	3	5	2	2	1	0.5	壮年男子1人武家奉行
③	38	1	1	2	1	1	2	1	3	2	1	1	0.5	下人の壮年女子1人瀬波村奉行
④	37	1	2	3	1	1	3	1	4	2	1		0.5	組頭　下人壮年男子1人武家奉行
⑤	26	4	4	8	2	3						1	0.5	2世代
⑥	22	4	2	6	4	1						1	0.5	
⑦	19	2	4	6	1	1						1	0.5	
⑧	1	1	5	6	1	3						1	0.5	
⑨	4	4	1	5	3	1						1	0.5	
⑩	18	2	3	5	2	2						1	0.5	
⑪	36	3	2	5	3	1						1	0.5	
⑫	31	3	2	5	2	2						1	0.5	壮年男子1人武家奉行。当主64歳
⑬	12	3	1	4	2	1						1	0.5	
⑭	23	3	1	4	1	1						1	0.5	
⑮	2	2	2	4	1	2						1	0.5	2世代
⑯	6	3	3	6	2	1						1		
⑰	30	2	4	6	1	1						1		
⑱	5	3	2	5	1	1						1		
⑲	8	3	2	5	3	2						1		
⑳	24	3	2	2	5	2						1		2世代。当主68歳
㉑	32	3	2	5	3	2						0.5		
㉒	21	3	1	4	3	1						1		
㉓	35	3	1	4	3	1						1		壮年男子1人武家奉行
㉔	29	2	2	4	1	1						1		当主12歳。
㉕	40	2	2	4	1	1						1		
㉖	10	2	1	3	1	1						1		
㉗	16	2	1	3	1	1						1		壮年男子1人武家奉行
㉘	28	2	1	3	1	1						1		
㉙	41	1	1	2	1	1						1		
㉚	17	1	2	3	1	1						1		
㉛	46	4	2	6	3	1								
㉜	39	2	3	5	1	2								

㉝	9	3	1	4	2	1							当主63歳
㉞	11	3	1	4	2	1							
㉟	20	2	2	4	2	1							壮年男子１人石原村奉行
㊱	3	2	2	4	1	1							
㊲	7	3	0	3	2	0							壮年男子２人武家奉行
㊳	15	2	1	3	2	1							
㊴	25	2	1	3	1	1							男やもめ
㊵	34	2	1	3	2	1							
㊶	13	2	1	3	1	1							
㊷	14	1	2	3	1	1							
㊸	33	1	1	2	1	1							
㊹	43	2	4	6	1	3	1		1			1		山伏家。下人欄１人は弟子
㊺	44	1	2	3	1	1							山伏家
㊻	45	1	0	1	1	0						1		寺
合計		109	86	195	80	58	19	15	34	15	11	30.5	8	

注１：徳永光俊「清良記・解題（1）」『全集』269頁を基に、原典の木ノ本忠雄「「田畑・年貢・人別等申牒」の記」（高橋庄次郎編著『小字名考』三間町、1975）により補足した。原番は原本の記載順。
２：点線左の部分は家族のみを表し、点線右の部分の下人を加えたものが、その家の家人合計となる。
３：幼少の当主が含まれているため、壮年を便宜上10～60歳とした。

迫目村は、三間《みま》盆地の中央をほぼ東西に貫流する三間川の南部に主村があり、背後には「泉が森」（泉山・七五五メートル）が控えているので、耕地は北斜面になる。

高橋庄次郎氏は、「山の迫間にひっそりと息づく静かな農村であり、昔からこの迫目にのみ住居があったが、三間川（を）挟んでその北方にも十四五町歩の耕地を持っていた。がこの地帯は三間川の氾濫によってしばしば荒廃、復興をくり返した跡も窺われ」、「現在のような水田に整ったのは中山池が完成された後のことであろう。この地帯を沖と呼び、三間川以南の丘陵と泉山に囲まれた地帯を内とよび耕作上の水系が二分されているのであるが、そのいずれもが水源に乏しく、農家の命の源である水に対する執着は非常に強く、（後略）」[2]と、迫目村は三間で最も早く開けた村で、水利に恵まれず、三間川の北部にも耕地を持っていたと、説明している。

写真1　三間町迫目の風景（著者撮影）

中山池は黒井地《くろいじ》村にあり、黒井地村庄屋・太宰施淵によって、寛永七年（一六三〇）に完成し、黒井地村、戸雁《とがり》村、宮野下村、迫目村、務田《むでん》村の八五町に給水した。[3]

迫目村の同時代の記録は、『郡鑑』に収録された「三万石御領三高田畑御物成並免替リニ上下ケ之覚」で、村高・田畑面積と、年貢の増減が残っている。

〔史料2〕

本高六百九拾八石七斗　　高石三斗六升七合六夕三撮
京升高五百弐拾石壱斗八升七合五夕弐才　　高石五斗壱升壱合五夕六才弐撮
御竿高六百七拾石四斗　　高石三斗九升九夕弐才五撮
田数三拾七町六反四畝拾三歩　　壱反六斗九合三夕八才七撮九
畑数拾弐町五反九畝　　壱反弐斗壱升八合四夕弐才七撮
御物成弐百五拾六石九斗　　迫目村
内米弐百弐拾九石四斗
大豆弐拾七石五斗

万治三子年御免代　　一米弐石四斗九升　上リ
寛文三卯年御免替　　一米弐石五斗壱升　上リ
寛文六午御免代　　一米壱石　上リ
延宝元丑年御免替　　一米三石　下ル

延宝五巳年御免替　　　　一米三石　上リ

天和元酉年分御未進御引捨　　一米三拾五石三斗(4)

迫目村の規模を示す史料である。「万治三子年御免代」以下は、御物成が増減した記録である。

「第七巻」第七章「一両具足附田畠夫積の事」には、労役の書出しがある。

兵農が未分離な時代に、「一両具足」が持っていた田畑を「一廉」として、その規模は「田地一町・田畑一町二反五畝」としている。つまり、田地一町と畑二反五畝が一廉となる。さらに営農に必要とされる労役（夫役・夫積・夫数・歩積、一日一人当たり労働力を一人役とする）を、詳述している。表題の「一両（領）具足」は、幕末維新史の関係もあって、土佐の制度が著名であるが、『清良記』の「一両具足」のことは第II部第二章第一節で詳述する。

「第七巻」第七章は、一廉の営農には、「惣人数（夫）合（わせて）、八百拾壱人役。是〈田畑〉壱町弐段五畝作り立る夫役ニ而、女をは書不入」と、結んでいる。この章には、文意の異なったものが混ざり、長文となるので引用せず、表2として掲げる。

女性の労役については、「二百人役」と総数を書き、家庭の切り盛りを料理に見立てた記述が続く。また第一二章の「清良宗案問答の事」で、「早乙女の田を植る」のは一反五畝(5)、「秋籾をこく」のは三斗六升(6)と、補われている。

では一廉の農家がどれだけの労働力を持ち、どれだけの家人を養う設定のもとで『清良記』が書かれているのか検討してみる。

直接に家族形態を述べたところはないが、第I部第二章第四節で掲げた「上農」の記述には、「親譲りの地方を屋敷廻りに扣て居らざれば」とあり、「清良宗案問答の事」に「扨又永き日早旦より晩迄鍬打をするは殊の外

表2　『清良記』第7巻第7章記載の一廉
(田一町・畑二反五畝規模)の労力

		反当り	面積(反)	計(人役)
稲作	古堅田	33	3	99
	麦跡田	25	3	75
	水　田	27	3	81
	山　田	38	1	38
(稲作小計)			10	293
麦裏作		22	3	66
畑作			2.5	90
養蚕				20
柴				120
井手川除				20
茶				10
農具	莚			3
	蓑			2
	農具柄			3
	鍛冶炭手伝い			4
(農具小計)				12
牛馬飼育				120
緑肥				40
家修理				20
合　計			12.5	811

注：数値は男子のみ。

大儀ニ而、草臥ければ下人共、皆そこそこに仕るに付けて、作法定め申と見へて候」[7]とある。屋敷の周囲の別棟に下人を住まわせて、抱えていることがわかる。

「夫田畑三百六十坪を一反と言ふ事は、人の一年の食物に割り宛たる物也」[8]と、「井田法」（第II部第二章第一節参照）を踏襲した部分や、「是壱反ニ而拾人斗、一年中の百味を調へる事なれは」[9]と、自家消費用の畑（菜園）について書いていることにより、下人も含めて「家人一〇人」と、想定されていることになる。

表1をみると、男子の成人は少なく、一二歳の当主も含まれている。ここでは成人年齢を一〇歳とみると九五人になり、うち七人（「内御未進方奉行人九人」としているが女性一人と重複した作蔵を除く）は村外に出稼ぎしている。すなわち、村の成年男子は「もうと家（無縁《むえん》）」[10]とされた一六軒の者を含めて八八人なので、三一、六八〇人役（88人×360日＝31,680人役）の労働力を持っていることになる。

史料2の田の面積にもとづいて、「第七章」で必要とされる労力は、約三〇、五二九人役（37.6444町×811人役＝30529.608人役）となる。畑では、田一町が一廉なので村の総廉数は三七・六四四廉になり、一廉にはそれぞれ二反五畝が付属するので、残りの三町一反二七歩を、畑に必要とされる反当り三六人役でこなせば、約一一一九人（31.09反×36人役＝1119.24人役）となる。村の田畑は、総労働力三一、六四八人役が必要とされて、わずかながら不足することになる。

戸別に見れば、家人数が少ない典型的な「単婚小家族」構成で、家人は一〇人に満たない。下人を抱えているのは庄屋一軒（表1①）、組頭家一軒（④）と、家番②③のみである（㊹は「弟子」の扱い）。

各家の分類は、「庄屋」と「組頭」各一軒、「寺」「山伏」は明記されているが、一軒の組頭、一九軒の「本百姓」、六軒の「半百姓」、一六軒の「もうと」は史料1末尾の合計に出てくるだけで区分されておらず、戸別の耕地面積も書かれていない。

牛と馬についてみれば、「牛持され八田作る事ならす(11)」、「牛（馬）を用ゆされはならす(12)」、「但し壱町には牛馬弐疋は不足なれ共(13)」、など、牛馬を各一疋所有することを前提条件としている。しかし、実際には馬は充足されているようだが、牛は驚くほど少ない。「第七巻」では、農耕は牛、運搬は馬と記述され、画然としている。したがって、牛を所有する家は農家とみなすべきだが、史料1で牛を一疋飼っているのは庄屋のみで、その他は他家と共有しているか、まったく飼っていない「本百姓」もあることになる。

史料1を見る限り、家人一〇人、牛馬一疋ずつ飼うことを前提条件とした、「第七巻」の労役の記述は整合性を持たないことになる。史料1のうち、この条件に明瞭に適合するのは、「庄屋」のみである。したがって、「一町田」と「一廉」を規準として述べていることになっているが、戸別の家人数・労力、牛からみれば、「第七巻」に書き出された労役記述は、一廉の本百姓ではなく、家人と牛馬の数を満たした「庄屋の田畑一廉分」に必要だと主張している数字ではないだろうか。

「第七巻」では「上農」の定義も、第Ⅰ部第二章第四節(2)で引用したように、村に居を構えていたであろう武家の城郭・館を例にした屋敷や、親譲りの地方をはべらすさま、「かんか独孤」を哀れみ意に懸けると書かれたように、村を構成する戸が成り立つように考慮する立場を意識している。これは、「庄屋」のことで、[14]本百姓や半百姓と比較すれば、隔絶した労働力を保有した「手作地主」のことを示していることになる。

ところで史料1の迫目村の「牒」は、別に重要な意味を持っている。「半百姓」という六軒の家が書かれていたが、「半百姓」という身分は鬮持制度で「四半百姓」とともに生まれた、新たな呼称である。制度の詳細は次章に譲るが、宇和島・吉田藩での鬮持制度研究では、寛文一一・一二年（一六七一・七二）に宇和島藩により実施され、それを吉田藩が模倣した、とされている。

これ以前にも「半百姓」と通称では呼ばれていたかもしれないが、村の公文書で書かれることはない。史料1は新しい制度によって公記されたものと考えられ、[15]南伊予の宇和島藩・吉田藩で導入された、鬮持制度に関わる初出文書だと思われる。迫目村の「牒」である史料1は、先行研究の指摘をさかのぼり、「寛文六年二月」には、吉田藩で鬮持制度が導入されていたことを示している可能性がある。

徳永氏による「見通し付け」は、庄屋、村役、本百姓、半百姓、むえん・もうとに区分された、村の身分階層間での営農の相違、鬮持制度導入以前と導入後による相違、「第七巻」に書かれた営農が行い得たか、など検討すべき主題を導く貴重なものである。

二　近世前期南伊予の耕地面積と人口と牛

史料1の迫目村の「牒」は、三間盆地の一村の情報なので、これのみで当時の南伊予を論ずるには無理がある。そこで多少の年代を前後したり、南伊予から若干離れていても、参考になりそうな史料を俯瞰した。

また、江藤彰彦氏は、岸浩氏の「近世牛疫」研究を見直し、寛永・寛文の二度に渡り、西日本で牛疫が流行し

て全滅する事態があり、「牛耕」「蓄牛」の意味と、「社会」そのものを根本的に見直す必要があるとしている。(16)

この見通しに従って、推移を調べ「第七巻」の述べる営農を再検討する基盤を堅めたい。

吉田藩領の人口は『屏風秘録』に天明六年(一七八六)の記録がある。迫目村の部分を抜粋する(表3も参照)。

〔史料3〕

口歯略記

浜名八右衛門領下

天明六年丙午

(中略)

一、同弐百七拾七石三斗四升二合壱夕

迫目村庄屋　弥三右衛門

人高弐百九人

内

八十二　徳右衛門母

七十五　市右衛門

七十五　吉蔵　母

七十四　善右衛門

七十四　伴右衛門母

七十四　新蔵家内女

七十三　惣之允母

表3　吉田藩領村の耕地面積と人口と牛馬数

村	田面積	畑面積	人口	牛	馬	村	田面積	畑面積	人口	牛	馬
能寿寺	197.53	47.55	168			土居中	330.24	105.18	251		
曽根	449.37	121.56	305			石原	244.81	73.3	119		
成家	208.92	45.31	128			土居垣内	106.55	22.46	76		
大藤	343.2	146.72	287			瀬波	520.1	180.36	372		
則	426.87	201.32	377	22		是延	254.31	51.78	158		
黒井地	455.61	173.94	409			吉波	371.15	117.58	262		
戸鴈	262.85	73.45	203			内深田	421.75	116.37	294		
宮の下	450.46	118.26	347	10	47	出目	494.59	89.95	515		
末森	216.28	51.79	125			目黒	461.88	136.86	624		
小沢川	327.26	69.96	162			音地	310.76	387.23	415		
川野内	165.51	131.35	207			吉野	374.51	205.91	708		
田川	202.73	74.8				沖野々	332.87	193.77	610		
波岡	279.49	64.29	151			岩谷	119.8	22.27			
中野中	121.59	37.18	79			蕨生	240.93	265.83	738		
元宗	265.6	67	172	12	24	奥野川	85.72	131.1	459		
金銅	159.47	50.38				上河原淵	158.88	147.56	234		
古藤田	137.92	35.48	91	6	13	小倉	186.46	208.68	441		
大内	259.49	61.94	204			小松	260.14	631.82	521		
兼近	218.84	74.28	156			窪	67.64	61.79	＊89		
沢松	270.99	93.89	215			延川	299.29	387.01	＊89		
清延	272.59	107.43	197			川上	226.17	365.09			
国遠	347.06	181.38	246			上大野	118.86	216.08	242		
成藤	198	82.21	150			父野川	180.56	855.35	935		
中間	188.85	49.79	142			下鑰山	101.43	54.19	127		
黒川	170.94	68.9	135			日向谷	9942	448.79	375		
是房	232.4	37.55	168			上鑰山	235.34	374.38	419		
務田	461.67	60.85	195			高野子	364.87	504.53	711		
迫目	376.44	125.9	209	8	30						

注1：田畑面積は『郡鑑』による(寛文8・9年検地後)。(反)少数2位以下切捨て。
2：人口・則村・古藤田村牛馬数は「口歯略記」『屛風秘録』所収による。迫目村牛馬は史料1による。宮の下村・元宗村牛馬は『三間町誌(旧版)』による。
3：浦方を除く。

七十三　源右衛門母
七十二　平　六
七十一　庄　助
七十　善兵衛
七十　古右衛門
七十　同　妻
当村之依為知行所七十以上之者
悉記之
（中略）
御物成合
人高合壱万千三百四十八
都合
御物成
人高三（ママ）萬弐千九百四拾弐人（ママ）[17]

史料1と比べ天明六年の冬には、人口が伸び悩み、かつ高齢者が占める割合が増加してくる。宇和島藩領では『大成郡録』に、宝永三年（一七〇六）八四、五六二人、宝暦七年（一七五七）九三、一四三人と総数が記録され、人口増加が多い地域は、畑面積が増えた浦・村を中心としている[18]（章末表4参照）。

次に牛馬数を見る。

宇和島藩では、吉田藩分藩前の寛永の牛疫流行について、「十七年（一六四〇）庚辰諸国牛死[19]」と、略記されている。寛文の流行には、「延宝元年（一六七三）九月廿五日、一、瘟死牛馬一万六百廿疋、牛一万四百三十五疋、馬百八十五疋、六組分」と、記録されている。[20]

分藩後の寛文の流行については、吉田藩では寛文「十二年（一六七二）子ノ夏ヨリ明ル夏秋口迄牛死ル。御領内ニ而牛数弐千三百拾弐疋死ス。両年ながら冬ハ息災[21]」としている。その後の記録では、『屛風秘録』の「御境目書付之事」に、天明七年（一七八七）の吉田藩領の断片的な情報が見える。それには則村《すなわち》（現・宇和島市三間町則）「牛　弐拾弐疋[22]」、古藤田村（現・宇和島市三間町古藤田）「牛　六疋」「馬　拾三疋[23]」と、二ケ村のみ見出される。その他では、出典は明示されていないが『三間町誌』に寛政元年（一七八九）の宮の下村「牛拾疋・馬四十七疋[24]」、延享三年（一七四六）の元宗村《もとむね》「牛拾二疋・馬二十四疋[25]」が、記録されている。

この天明の各村の情報と『三間町誌』の牛馬情報に、『郡鑑』にみえる田畑面積を加えてまとめたものが表3である。

宇和島藩の場合は、宝永三年（一七〇六）の牛数は四三九六疋、宝暦七年（一七五七）には五三一七疋と記録している。寛文牛疫での斃死一〇、四三五頭にはるかに及ばず、回復が遅れた、あるいは牛の繁殖地としての地位を失ったとみるべきだろう。

宇和島藩領の個々の村では、河原淵組の「富岡村庄屋文書」に、『大成郡録』で樫谷村と記録されている村（現・松野町富岡）の寛政二年（一七九〇）秋一〇月の村況が残っている。田が五〇町七畝二九歩あり、うち一三町が麦田、男二七四人、女二二四人、馬五〇疋、牛二三疋としている。[26]この記録も含めて、天明の記録はいわゆる天明大飢饉の後始末の文書である。

また、『田苗真土庄屋史料亀甲家史料』には、寛政七年（一七九五）の多田組「田苗真土村」（現・西予市田苗真土）の状況が記録されている。

〔史料4〕

寛政七卯七月　御代官差出控

田苗真土村

覚

一、村高八百八拾壱石五斗三升

一、田畝数五拾四町三反弐畝七歩

内但拾弐町程古来麦地大図

拾八町程新儀麦地大図

（中略）

一、畑畝数拾六町五反七畝歩

（中略）

一、無夫弐百七拾七人

（中略）

一、牛馬八拾三疋

内

牛五拾三疋　馬三拾疋

一、刈敷馬草所方ニ而相済不申候ニ付、先年より山役米指出、田野中村山ニ而刈来申候。田方植付候節ハ、草悪敷御座候節労牛給不申候故、先年より白髪村鳥鹿野村ニ而刈取申候

右者此度、村高畑其外共書立差出候様被仰聞候ニ而、夫々如紙面いたし以上

卯七月　　上甲理兵衛

御代官所(27)

少し範囲を広げると、御荘《みしょう》氏の隣領だった、現在の高知県宿毛《すくも》市の後年の記録が残っている(28)（表5）。

表5　土佐藩郷村調査書(現・高知県宿毛市)

村　名	石高	戸数	人口	男	女	馬	牛	猟銃
弘瀬浦	14.384	40	132	70	62	0	0	0
榊浦	73.070	13	93	46	47	0	0	0
大海村新田	11.400	11	46	27	19	0	0	0
呼崎	61.100	8	35	17	18	8	0	0
津賀ノ川	60.403	7	39	24	15	4	0	0
伊与野	568.260	87	342	188	154	58	0	0
湊浦	13.175	42	172	100	72	0	0	0
小尽	24.784	31	166	98	68	0	0	0
外ノ浦	16.162	12	49	25	24	0	0	0
内ノ浦	7.590	21	117	69	48	0	0	2
小浦	6.211	12	71	41	30	0	0	0
田野浦	177.342	18	88	55	33	6	0	0
田野浦枝郷鹿崎	23.171	3	11	5	6	2	0	0
福良	289.331	35	172	90	82	32	0	0
石原	245.159	39	240	118	122	51	0	4
平田	3,232.083	237	1,232	663	569	62	5	11
宿毛	1,331.590	124	549	306	243	99	0	1
宿毛枝郷和田	1,134.378	103	389	213	176	93	8	2
同　押ノ川	381.133	32	167	88	79	25	4	0
同　錦	167.402	15	69	35	34	24	0	2
同　深浦	97.779	10	54	32	22	5	0	0
同　大深浦	238.357	25	116	55	61	14	0	4
同　加波(樺)	84.250	11	52	28	24	6	0	2
同　宇須々岐	257.756	43	232	119	113	49	0	2
同　藻津	116.953	20	90	42	48	14	0	0
同　大島	50.793	73	337	178	159	0	0	0
同　草木藪	38.920	4	19	8	11	1	0	0
同　野地	55.780	10	52	25	27	5	0	1
同　山北	243.338	50	278	153	125	19	23	7
同　二ノ宮	750.630	77	420	225	195	74	6	1
同　中津野	384.572	47	234	132	102	29	5	4
平野	45.618	17	67	40	27	8	0	1
野地	195.905	28	167	89	78	17	0	3
橋上	61.134	49	208	118	90	26	0	3
奥奈路	95.805	31	133	72	61	15	0	1
京法	24.261	17	81	44	37	0	0	1
還住藪	34.504	12	49	32	17	6	0	1
神有	92.226	32	154	75	79	16	0	2
坂本	31.330	27	133	72	61	9	0	8
芳奈	986.218	103	511	281	230	94	0	5
山田(山田郷)	1,938.844	206	966	554	412	194	1	14
下山村枝郷出井	21.783	18	110	61	49	13	5	8
同　楠山	80.297	33	315	174	141	32	5	19
計	13,765.181	1,843	8,958	4,887	4,071	1,110	62	109

注1：『宿毛市史』「近世編　農村の組織と生活　土地制度」による。なお、市史の記述は平尾道雄編「土佐藩郷村調査書」(『土佐史談』81号より連載)によっている。

2：石高は元禄13年(1700)・戸数人口などは寛保2年(1742)史料による。

石高は元禄一三年（一七〇〇）、戸数・人口などは寛保二年（一七四二）のもので、石高一三、七六五石一斗八升一合、戸数一八四三戸、人口八九五八人（男四八八七人・女四〇七一人）、馬一一一〇頭、牛六二頭と記録されている。

北伊予では、松山藩領伊予郡二四か村（現・松山市・松前町、重信川河口部）の元禄元年（一六八八）の記録がある。集計の部分のみを抜粋する（表6）。

〔史料5〕

高壱万三千五百七拾壱七斗五合
（一）田畑合千四百六拾町九畝拾歩　古畝
内
高壱万弐千七百五拾六石壱斗五合
千三百弐拾三町七反七畝六歩　田方
高八百拾五石六斗弐合
百三拾壱町三反弐畝四歩　畑方
〆
高七拾壱石六升六合　内三合ハ大溝村高内引
一、田八町五反五畝弐拾八歩
但戌歳より本高之内ヲ引除　古新田ニ分ル
〆
（付箋略）

表6　松山藩領伊予郡の人口と牛馬数・元禄元年(1688)

村名	村高(石)	田面積(反)	畑面積(反)	人口	内男	内女	牛	馬	船
靏吉村	742.846	704.913	52.016	318	171	147	17	26	
横田村	800	570.74	41.216	224	117	107	15	14	
筒井村	852.853	811.56	91.22	766	393	373	23	41	
下高柳村	147.234	154.3	60.1	132	61	71	2	6	
浜村	232.44	251.353	0	745	423	322	4	4	83
永田村	371.112	344.063	22.14	167	86	81	12	16	
黒田村	462.244	403.14	29.023	210	114	96	22	15	
岡田村	225.33	223.876	15.28				6	6	
市之坪村	712.234	367.853	52.106	317	169	148	14	17	
保免村	617.976	509.983	36.593	367	208	159	7	32	
余戸村	1385.849	1568.843	185.21	789	418	371	12	80	
大溝村	452.653	376.783	20.66	203	111	92	17	16	
大間村	225.437	288.99	48.856	243	126	117	18	25	
上高柳村	428.843	448.123	45.376	239	127	112	12	19	
神崎村	865.284	964.004	92.41	370	190	180	16	34	
北川原村	548.444	574	65.093	410	225	185	15	25	1
垣生村	771.058	1038.136	197.763	960	491	469	14	56	24
古泉村	619.707	588.363	51.26	535	283	252	18	32	
出作村	258.996	258.233	42.286	184	110	74	10	24	
中川原村	800	895.933	53.403	361	187	174	18	36	
庄之内村	670.75	562.46	28.53	265	137	128	15	21	
徳丸村	813.393	910.336	51.07	471	250	271	32	30	
寺町村	136.618	132.88	6.3						
江預村	360.518	326.733	14.676	238	119	119	13	14	

注：『伊予郡廿四箇村手鑑』より。岡田村の人口は記載がない。寺町村は「戌才より古泉村と一所成」とされる。

表7　伊予吉田藩延宝元年よりの定免

村	本高	京桝高	御竿高	前年物成高	(内)米	米増減	大豆増減	御竿高②
能寿寺	336.12	320.36563	310.666	150.062	134.062	−4	0	
曽根	778.79	800	772.161	367.756	327.808		0	
成家	325.17	243.94375	332.493	119.32	110.023	−3	0	
大藤	482.11	459.5	560.739	225.03	189.23	0	0	
則	661.02	846.93125	774.544	396.708	336.1	0	0	
黒井地	623.18	759.5	795.046	343.76	326.76	0	0	
戸鴈	453.27	453.2375	411.488	216.892	191.908	0	0	
宮の下	720	877.5	764.435	407.29	373.29	−6	−2	
末盛	232.415	312.30624	315.238	131.8	118.5	−2	0	
小沢川	540	540	554.615	244.33	233.33	−4	0	
川野内	260	203.125	293.723	122.464	95.6	−1	0	
川田	350	371.875	328.527	165.42	139.72	−4	0	

波岡	418	509.4375	482.559	232.476	205.676	−10	0	
中野中	208	266.5	222.815	128.65	109.95	0	−6	
元宗	450	478.125	444.298	239.344	224.744	−4	0	
金銅	231.95	304.4375	277.632	148.634	127.334	0	−2	
古藤田	224.5	168.375	222.98	87.725	75.228	0	0	
大内	433.86	352.432	430.216	180.674	166.674	−2	0	
兼近	342.95	321.51563	385.527	145.602	125.602	−10	0	
松沢	483.16	392.5625	487.308	201.124	181.024	0	0	
清延	455	483.4375	510.047	207.45	187.95	−12	0	
国遠	392.106	551.40625	632.07	289.372	259.372	−4	0	
成藤	310.5	294.1175	374.523	151.43	134.95	0	0	
中間	286	312.8386	348.564	129.9	125.8	−2	0	
黒川	222.7	226.5527	296.891	120.926	108.426	0	0	
是房	403	371.51563	351.356	181.322	164.907	0	0	
務田	699.239	513.503	676.782	236.91	226.91	0	0	
迫目	698.7	502.18752	670.4	262.9	235.4	−3	0	
土居中	601.5	639.09375	619.28	269.068	248.018	0	0	
石原	399.7	299.775	400.925	174.694	159.994	0	0	
土居垣内	172	129	169.715	78.66	70.66	0	0	
瀬波	716.6	918.15625	915.517	462.496	412.55	−12	0	
是延	350	350	429.483	179.86	168.96	2	0	
吉波	450	548.4375	623.907	282.164	253.602	0	0	
内深田	600	581.25	743.879	280.678	249.378	−2	0	
出目	699.342	627.223	761.735	320.274	259.774	0	0	
目黒	705.8	529.375	825.632	275.24	244.64	0	0	
音地	449	521.88183	606.008	257.68	224.68	−6	0	608.008
吉野	643.604	603.40625	703.627	250	200	0	0	
沖野々	731.683	656.227	796.96	304.547	257.03	0	0	
岩谷	174.33	250.59375	187.889	81.593	71.593	−4	0	
蕨生	718.03	334.82217	492.404	176.6	145	6	0	791.85
奥野川	433.2	168.8975	187.167	75.4	60	0	0	427.71
上河原淵	345.527	456.3113	328.962	150	127	−4	−2	376.441
小倉	420	561.59312	390.887	221.6	183.6	−3	0	659.314
小松	448.1	614.04556	683.512	291	225	0	0	867.606
窪	90.53	158.13174	139.455	78	66	0	0	155.209
延川	476	723.90589	624.125	343	285	0	0	747.043
川上	420.66	514.198	576.392	267.4	217.2	0	0	1081.209
上大野	185.913	342.31834	301.964	137	107	0	0	302.297
父野川	308.093	270.3373	620.811	188.5	115.5	0	0	791.9
下鑰山	133.3596	204.87943	194.573	93.7	83.8	0	0	249.269
日向谷	200.525	229.657	386.286	109.8	78.4	0	0	417.758
上鑰山	505.7184	610.1667	528.042	257.4	206.4	0	0	809.618
高野子	403.15	663.4137	809.518	365.3	278.6	0	0	1119.129
合計	23804.105	24744.3253	27076.298	11806.925	10225.388	−94	−12	

注：『郡鑑』より。浦を除く。京桝高・御竿高は寛文検地高。御竿高②は正保４年(1647)の検地高。

右

人数合八千五百拾四人　　内四千五百拾六人　男　　三千九百九拾八人女
家数合弐千四百六拾四軒　内八百六拾八軒　石居　千五百九拾六軒　掘立
牛馬合九百弐拾壱疋　　　内三百三拾弐疋　牛　　五百八拾九疋　馬
船数合百拾艘　　内壱艘弐拾端　弐艘拾七端　壱艘拾六七端　百壱艘猟船
五艘肥船
（以下略）(29)

これらの史料から、表3に示した迫目村は、耕地面積に対して人口や牛馬数が示す割合が、いわゆる中山間村の典型的なものであるといえよう。

「第七巻」で書かれたように、一町の田と二反五畝の畑を持つ一廉の百姓が、家人一〇人・牛馬各一頭を持ち、「牛耕・人力耕」によって、水田稲作を中心に行うことが一般的であったならば、迫目村をはじめほとんどの村で矛盾してしまう。とくに、宿毛のように極端に牛が少ない地域では、どのように解釈すればよいのだろうか。

さらに、寛文牛疫で江藤氏の指摘のように牛が全滅したならば、延宝元年（一六七三）以降に牛が移入されるまでの間は、牛耕ができずに作付不能、作付不足が発生することになる。しかし吉田藩では、年貢が延宝元年から四年までの間に、一％弱引き下げられているだけで（表7）、これでは説明がつかない。(30) 松山藩領の伊予郡二四か村でみても、寛文七年より延宝元年までは定免で変動がなく、翌年の延宝二年に免が下がった村が一二、上がった村が九、変動のなかった村が二である。すなわち牛疫は年貢に、直接的な変動をもたらしていない。

以上のように、人口や牛数の検討から、水田作を中心とした営農・農業技術を、江藤氏が指摘するように「根本的に見直す」必要が生まれる。

三　「第七巻」労役記述の検討

「第七巻」第七章には、「田一町」の労力を「古堅田《こかしだ》」と呼ばれる田を基準として次のように述べている。

〔史料6〕

古堅田一反、此等堅田と言は音地にはあらす、水田にもなく、堅くて冬は乾きたる田なり。

ⓐ三人役、かん農迚冬至前打起す。遅くて十二月中、責めては正月初めなり共。

ⓑ弐人役、中鍬（鋤）迚、冬の土用、責めては明くる正月中か、又溝掘り其他牛を用ゆ、人手ニ而は調わす。

ⓒ壱人役、こやし運ひ、こへかける。運ふには馬を用ゆ。

ⓓ四人役、苗代調べ、こやし草刈、種子蒔、水かけん、彼是三月初にする。

ⓔ壱人役、後鋤、牛を用ゆ。三月中頃、此時もこへかけてよし。

ⓕ壱人役、欲田、此時初めて水を入る。是迄は畑の如し。是を春かきとも、あらかきとも言ふ。

ⓖ四人役、中代迚牛を用ゆ。しろ畔とり、こえ運ひ、こやしかけて、其外。牛馬を用ゆされはならす。

ⓗ壱人役、代かき、苗とり、二色の人夫に入。

ⓘ壱人役、苗寄せ、ゑふりさし、鍬とり、水かけん其外品々手伝いに入。

ⓙ五人役、田の草取。苗を植て廿日めに二人、又廿日めに二人、又廿日め壱人
ⓚ壱人役、水かけん。五、六、七、八月初迄の荒増を積る。分此みずかけん、又六月初、七月末の二度の干しかけん、大切の事也。

ⓛ弐人役、稲刈。但一人か一人半ニ而も刈れ共、あしく刈ては、女の手間多く入なり。

ⓜ壱人役、稲取。但し其道の程、五、六町斗の積り也。是も馬用ゆ、人ニ而は調わす。

表8　古堅田の稲作労力(『清良記』・史料6より)　(単位：人役)

作業内用	必要労力	備　考	時　期
かん農ⓐ	3	打起こし	冬至前から正月初め
中鍬(鋤)ⓑ	2	牛を使う	冬土用から正月中
こやし運びⓒ	1	馬を使う	
苗代調べⓓ	4		3月初め
後鋤ⓔ	1	牛を使う	3月中頃
欲田(あらかき)ⓕ	1	初めて水を入れる	
中代ⓖ	4	牛馬を使う	
代かき、苗とりⓗ	1		
苗寄せ、えぶりさしⓘ	1		
草取	2		苗植え後20日
草取 ⓙ	2		苗植え後40日
草取	1		苗植え後60日
水加減ⓚ	1		5・6・7・8月
稲刈りⓛ	2	1人でも出来るが入念に	
稲取りⓜ	1	馬を使う。5・6町の距離	
米籾俵ⓝ	1	夜業を入れていない	
年貢調べ・津出人夫ⓞ	5	2・3里の距離を運ぶ	
合　計	33		

ⓝ壱人役、米籾俵。但し十二斗あむ積り。此外入るといへトモ、夜なよなする事を不入。

ⓞ五人役、年貢調。同津出しの人夫、此外庭筵、其外縄以外過分に入とも、夫は皆書不入。津出しの道二、三里程の積り也。

右拾五口、合人夫三十三人役

(『全集』一〇九～一一二頁、『松浦本』九六～九七頁)

古堅田と呼ばれる、粘土質で湿気が多いが冬になって乾いてしまうと耕しにくい田を、鋤起こして施肥を行う(ⓐ～ⓒ)。三月になると苗代を作り、種を蒔く(ⓓ)。

他方、田植えの準備作業に入る(ⓔ～ⓖ)。ⓕで水が張られる。「あら」とは「是迄は畑の如し」とされるように作物が収穫されたままの状態のことである。[31] 苗が生長した時点で田植えに移る(ⓗⓘ)。田植えの労働は女性が主役で(早女乙と書れる)、ここでは男の労力のみが計上されているため各一人役と少ない。ついで草取りと、中干し・花水と水の管理が書かれる（ⓙⓚ）。無事に実った稲は刈取られ（ⓛⓜ）、女性の手により扱《こ》かれる（脱穀）。籾を入れる俵や縄の加工が農作業の合間に進められ（ⓝ）、籾摺り、選別、計量、俵詰めされて、年貢として納められる（ⓞ）ことになる。

他の史料に労役の比較できるものを求めてみると、宇和島藩郡方史料集といった性格を持つ『不鳴《ふめい》条《のじょう》』に、次のように記されている。

〔史料7〕

田一反作人歩積之事

一、苗代地　凡拾歩

中打切刈夫共　二人

刈草五十荷　七人

荒打　二人

荒抓牛共　二人

むくち牛共　二人　むくち牛の事深田ニハ不入

代《シロ》かき牛共　二人

苗取田植共　六人

草取　十人

刈取　二人半

干と摺と　五人

縄俵　三人

表9　麦田の稲作労力(『不鳴条』・史料7)(単位：人役)

作業内容	必要労力	備考
中打切株夫共	2	
刈草五十荷	7	
荒打	2	
荒抓牛共	2	
むくち牛共	2	むくち牛の事深田ニハ不入
代かき牛共	2	
苗取田植共	6	
草取	10	
刈取	2.5	
干と摺と	5	
縄俵	3	
合計	50	

注：労力をすべて足すと43.5となり合計と一致しない。

　米作四俵有ニして、惣夫役五十人余掛る。
（朱書）右大積也。先年より申演る所なり。是ハ麦を作り候田の積也。深田ハ此の積同とハ夫役不掛也。平地と山田と又ハ土地の善悪ニもより人夫増減可有候。先大図如此。(32)

　史料7はいつ頃成立したものかわからないが、後述するように史料6と共通する点も多いので、以下両者を比較検討してみよう。なお、史料7には朱書で「先年より申演る所」云々とされているところから、稲作の過程と労力の知識を持たない者へ教えるために、「麦田」を基準として書いたものだとうかがえる。この点で古堅田を基準としている史料6とは異なり、また「深田」の定義は「干田」以外の田を表している。(33)

　史料7は一反の田に必要な苗代は、「凡拾歩」だとしている。一町の田に必要な苗代の総面積は、およそ三・三畝、すなわち一反の三分一を作ればよいことになる。

　史料6のⓖまでは、古堅田全体に施される作業として書かれていたが、ⓑの「溝掘り」などの作業は、苗代に植える稲の品種、中稲、晩稲、粳・餅などを区画する作業と想定される。したがって、実際には一反すべてに施される訳ではなく、反当りの計数としては過大となろう。

　史料7の「むくち牛の事深田ニハ不入」は、朱書で「深田ハ此の積同とハ夫役不掛也」と補足されている。水《みず》田《た》・湛水田（深田）では、「むくち」と呼ばれる田の床面《とこめん》を犂締《すきしめ》（床締）て漏水を防止する作業（一般に「耕盤」「堅盤」「犂しろ」を作るといわれる）が行われず（「夫役不掛」）、「不耕起」で「代かき牛共」で田植えされることを述べていよう。

史料7では朱書で「麦を作り候田の積」としているが、苗代を作るのは麦の栽培時期と重なるため、他の田で行われていた可能性もある。しかし、『清良記』「第七巻」では多毛作の記述に「七月初めに苅りて其跡の田地には蕎麦を蒔き、小稙、小菜を作りて九月末の取りて其跡へ早麦を作り、来年の中田、晩田を起し、苗代にする」[34]と書かれ、『清良記』でも苗代作りは二年に一度は麦田でも行われていた可能性もあり、史料6があえて古堅田で集計されるのはなぜかという疑問が浮上する。

史料6と史料7では一毛作を想定した古堅田と二毛作田の麦田の違いがあり、個々の労力でも食い違う。また史料7は「苗取田植共」「草取」「干と摺」「縄俵」の労力が大きく、女性の労力を折り込こんでいることが想定され、史料6との差を大きくしている。そこで共通する項目の労役の差を書き出してみると、苗とり・田植え(ⓗⓘ)で四人役、草取り(ⓙ)で五人役、刈取り(ⓛ)で〇・五人役、米籾俵(ⓝ)で二人役の差があり、史料7にしかない「干と摺と」の五人役をこれに加えれば一六・五人役の差が生まれる。つまりこの部分が女性の労役と想定される。

ちなみに「清良宗案問答の事」では、田植えする早女乙を一日一反五畝としており、一反を植えるには〇・六七人役となる。草取り・刈り取りには比較できる内容が語られていない。

米籾俵(ⓝ)は「十二斗あむ積」としており、籾俵と米俵を合わせて一二個編むことになる。籾を米に摺るには「五分摺」と、半量になるので籾俵が八個、米俵が四個となる。「麦田」をモデルとしている『不鳴条』も「四俵」としており、一致していよう。『弌墅截』(宇和島藩の延宝元年〈一六七三〉を基準とした租税台帳)や『不鳴条』によると寛永年間までの納升俵は、計算上四斗一升六合なので一・六六四石(4俵×0.416石＝1.664石)、京升俵では五斗二升俵なので、二・〇八石(4俵×0.52石＝2.08石)の収穫量だということになる。[35]『清良記』には収穫量の直接的な記述がないので、これが収穫量を推測させる唯一の記述である。第Ⅲ部第一章第五節で触れるが、史料6の古堅田は、「中田」と区分される田である可能性が高いものの、石盛（斗代）との乖離が大きい。(36)

史料6では、稲は刈り取られてそのまま運搬されるらしく、「地干」「はぜかけ」など「干」作業がない。史料7では「干と摺と」と摺との合算で掲げられている。「清良宗案問答の事」でも、「稲を刈るはいか程そや」との清良の問いに、宗案が「刈干迚しかも麁粗に刈は、上の夫壱反五畝、中夫は八畝、九畝、下夫四畝、五畝斗刈申候。能念を入ては此半分迄ハなり不申候。唯三歩一斗刈可申也。又刈たはね迚稲を結ひて候へハ、夫は此念を入申積程麁粗にしてかり申候。扨稲よく沢山にあれは、刈にも人手込申候。又不叶公役当るか、稲の侘《ママ》言抔ありて刈る時を延引し、遅く刈候へハ壱人分を七、八人して刈、こき申にも其如し隙入申候」と答えている。刈り束ねる作業はむしろ例外的に述べ、刈り取った稲をそのまま田に寝かせていることをうかがわせる表現である。

さらに第一八巻第二章にも、「一日に三把扱くこと、古よりの法なりとかや。これを田頭にて扱くに、たとえば女五人あり、その内四人は扱きしまい、一人は油断して手にぶく、暮るるまで果たさず、ついに皆しまわずして残れば、村雨降りてぬらし、家へ取り入れることかなわざれば外に置き、盗人にとられ（中略）」(37)とあり、田頭で刈り取った稲は、女手で扱《こ》かれて籾として収納されていたことになる。鳥獣害や盗難を考慮すれば、扱き手の人数次第で早く収納することが理想とされ、これらの記述は妥当ではないだろうか。運搬の労力も大幅に軽減されよう。

宝月圭吾氏によれば、承和八年（八四一）の「太政官符」では「束ねて稲機《いなはた》呼ぶ木にかけられる」方式が全国に勧奨され、延喜年間（九〇一～九二三）ころには山城国・若狭国に広まっていたと指摘される。(38)しかし普及は畿内と周辺に限られたか、治安の悪化で後退したようで、三河では天保六年（一八三五）に成立した『門田の栄』で稲干しの効用が説かれ、(39)近世後半に「稲干場」が確立されたことを、有薗正一郎氏が見出している。(40)

史料6の収穫以後の「調製」と呼ばれる作業の記述は簡略で粗く、「年貢調」に摺作業・精米作業は含まれている。籾扱き・摺・精米作業は日常に女性の手で行われ、一町田の平均を反当り籾二石としても、籾扱きに五五・五五人役、摺は全量を木臼で摺る(41)と約一〇人役が必要となる。

史料7は米四俵を前提として「干と摺と　五人」と、収穫後の一連の作業や、「縄俵」と「縄」まであげられ、一見すれば緻密な観察のようだが、籾扱きだけでも五人を大幅に上回るはずで、史料6で五人役とされる「津出」も除かれている。

「津出」については、『弌墅截』に、各村浦の実態が記載されている。「御荘組・左右水村」には、「平城貝塚江茂三里、深江浦江茂三里、此内拾三町余上坂有、大岩道共云影平共云。下坂三十五町余有、長月平也。長うねと云。尤御城下江廻之時ハ壱俵ニ付運賃米壱升宛又小上ニ弐合五夕宛百姓中より出す。内海よりも外海より茂運賃米同前、此所大岩道小岩道とて両方に大坂有。在所故人馬送ニ難儀之由」(42)と、悲惨な例も記されている。

史料7は、「耕して施肥し、種をまき、草取りをすれば米は実り、年貢米が運ばれてくる」とする態度で書かれているようである。労役は史料6と違って、過小に評価されている傾向があるかもしれない。編纂時期の特定が出来ていないが、表9に示したように労力の合計が一致しないのは、「干」が行われるようになり、扱きに効率の良い「千歯扱《せんばこ》き」が元禄年間（一六八八～一七〇三）以降に(43)用いられるようになって、慣例として伝えられた作業量と、総計・箇条が一致しなくなったからではないかと考えられる。しかし収穫以前の作業については相違点が少なく、比較に堪えられよう。また麦田の収穫量を米四俵とする表現からみれば、乗（ロス米）を一升六合加えて納升ならば一・六六四石、京升ならば二・〇八石となる。麦田は「上々田」とされて、この斗代は一石七斗になる。しかし、地力の消耗が激しいと思える二毛作の「上々田」で、一毛作の「上田」の斗代一・五石を上回る収穫を見込まれている点は奇異に感じられる。

史料6と史料7の比較で、相違が目立つのは耕起に関する記述である。これを検討してみる。
「清良宗案問答の事」に次のような、耕起に関する記述が登場する。

〔史料8〕

清良、又問れけるは、上牛はいか程耕すぞや。
宗案か曰、麦地の荒は八反、九反、中牛ハ五反、六反、下牛は三反斗ニ而御座候。夫も上農の田は耕し安く、下農の田はかたくて牛草臥申候。また中すきは夫より三割、四割は起こし劣り候、又水田のあらハ（あればﾞ）中すきよりおとり候。
清良、又問れけるは、田夫の上はいか程起すや。
上の夫は麦の跡を一反、中夫は六畝、下夫は三畝、四畝、水田も同前ニ御座候。其外にこかし田と申は、上の夫、五畝、六畝、中（の夫）は畝四畝又四畝十歩、下夫は三畝斗起し申候。

（『全集』一七〇～一七一頁、『松浦本』一〇九頁）

史料6では古堅田が基準であったが、史料8では牛で耕す麦田を基準として、古堅田の耕起は文末でわずかに触れている。史料7や史料8も、麦田を中心としているので、麦作の栽培手順をみておく必要がある。

〔史料9〕

一、六拾六人役は、右に言麦田三反に麦を作り立て、取込迄の夫役也。但し壱反を三人役に打起すは、八月末、九月の初也。八人して麦を蒔、こへを運ふは十月の初め。弐人、こやしかけ、十一月中頃。弐人、中を削り、水をやり、十二月中。四人は二番削り、草の根を切り、水をやり、こやしをかけ、右同前の事也、正月末の事也。三人は麦刈、又取寄る人夫、馬を用ゆ、四月初頃。合弐拾弐人役に壱反を仕廻ふ故、三反弐ニ而は六拾六人役なり。

（『全集』一一二～一一三頁、『松浦本』九七頁）

史料8の麦田の耕起をみる。麦田の「荒・あら」は、史料6の稲作手順でいえばⓕ「欲田《ふけだ》」の後に「あらかき」されることで、ⓖ「中代」、ⓗ「代かき、苗とり」を経て田植えに入る。史料9では四月初めに麦が刈られ、慌ただしく水が張られて「あらかき」されることになり、ⓐⓑⓔⓕⓖの作業は行われないか、大幅に省略されることになる。つまり、ⓐ「かん農」の三人役、ⓑ「中鍬（鋤）」の二人、ⓔ「後鋤」一人、ⓕ「欲田」一人、古堅田と比べ耕し易いⓖ「中代」の一〜三人が不要で、表2の麦跡田二五人役が説明されることになる。

史料8で「又水田のあらハ中すきよりおとり候」と、「水田」での「あら」は「中鋤」より困難だとしているが、古堅田ではⓕの時点で湛水されており、それ以前にも湛水されている「水田」では「中鋤」の必要はなく、史料7をみれば耕していない。したがって、古堅田でいえばⓐ〜ⓕの作業について不必要なものが混入していて、表2の水田《みずた》に必要な労働力とされる二七人役はもっと少ないものとなる。

『松浦本』の「水田あれば中すきより劣り候」は、麦田の周囲に水田があれば浸透によって湿潤し、起こし難いことをいっている可能性があるが、行われていない中鋤と対比しており矛盾する。

「ミズタ」では水口に流入した土や水尻に集まった作土を戻す作業、未分解の古稲株を剣先鍬で割り分解を促進させる・足裏に株切具を装着して割裂き踏み込む作業、均《なら》し作業などが補足として計上される必要と、乾田とならないために雑草の発芽が少なく、田植え後の草取り作業の大幅な軽減が想定される。

史料9の、麦の労役にも、刈り取り・運搬以後の作業はすべて省略されており、女性の労力によっていたと思われる。

表2で稲作の次に大きな労力が計上されている、柴と牛馬飼育を検討する。表2は第一節のとおり『清良記』[44]の想定する「家人一〇人」の必要量だとなるが、史料1の家人数は少なく、柴も必要とされる量が過分になる。

同様に牛馬も、史料1で牛馬一疋を飼っているのは庄屋のみで、実態としては馬一疋・牛半疋の家と、馬のみ一疋あるいは馬半疋（他村者と共有カ）の家もあるばかりでなく、組頭家④のように馬を飼わない家もある。

家番⑤〜⑮は明らかに本あるいは半百姓で、⑯〜㉚の家には馬運を家業としている者が含まれる可能性が残るが、いずれの家も成人と牛馬を合わせた労働力が、『清良記』の主張する夫積《ふづもり》を満たし得ず、本百姓の一廉の労役は、大きく下方修正する見方が至当となる。

四　「第七巻」肥料記述の検討

「第七巻」には、第三章「五穀雑穀其外物作分号類の事(45)」、第五章の「糞草の事(46)」、第六章「万作物種子置様の事(47)」を中心に、分散して肥料の記述がある。

これを整理すれば、「身糞《みごえ》」として、「油粕、酒かす(48)、米の汁、糠、おがくず、はと・鳥糞、人糞・人尿、牛馬糞、油類、肉類、食物類」を、「刈肥料（刈敷）」として「蕨草、萩の子、小萩、おりど、ぜんまい、たず、土たず、河原杉、蓬、くず（葛）葉、青がや、かずら類、うつぎ、海草類、観音草、畑草類」、「桑、柳、雪見草、櫨、榎、枌《そぎ》、木槿《むくげ》、桃、藤、萩葉（ふじまめのは）」などが書かれている。「栗、柿、樫、くぬ木、常盤木の若葉」などは、上質とはいえないが「少なり共入て吉」とされている。

また、「畑の草は田へ入、田の草は畑へ入て吉。土も其如く田畑を入代へて吉。斯他所ゟ木草葉の、土迄も求め運ひて、田畑の糞しとする(49)」と、田畑の沃度を向上する手段が述べられる。「百姓の門へ指入て見るに、牛馬の家、雪隠を綺麗にし、糞沢山に持つ」と、「上の百姓(50)」の屋敷廻りのありさまを書いて、肥料調達への気配りをも書いている。

施肥の方法は、第三章に次のように記されている。

「芋類の事」……糞には糠、塵、草類吉。五月末六月の初めに刈覆迚、萩の子を沢山に刈て、芋の葉の見へさる様に置たれは、旱に痛す。其萩の子、芋の糞に成にはあらす、則其跡の畑の肥に成りて麦よし。[51]

「五辛類の事」……是も芋の如く蕨草、萩の子を刈て土を隠し候へハ、第一草はへす、土肥へて両得なり。[52]

「藍の事」……上畑に早くきく糞て植へされは、其こへ手に不合るなり。[53]

「蘆菔の事」……深く掘りて、打込迚糞を底へ入て、地を深くしたるかよそ。埋糞もよし。[54]

「蕪菜類の事」……蕪蒔迚麻の跡を打起さす、糞をかけて蒔時は、蕪大にして吉。亦五月の中に葛葉、河原杉、萩の子を刈て埋糞にしても吉。[55]

「蕗、茗荷の事」……糞をするに飽なし。酒の類、米の汁、糞に吉。[56]

「苧類の事」……糞は馬糞、油の類吉。[57]

「夕顔の事」……深さ弐尺幅三尺に掘て、其中へ埋こへを入而其上に土を置、鳩、鶏の糞、油粕をかけて得而もミ合、くさり合たる時、かつらをふとく作りたれは、其実ふとし。[58]

「茄子類の事」……藍苗は糞を能せよ、魚類の糞かけよと（中略）又苣、茄子は糞を置て植ても不痛。其外は、ありつかぬ先に糞をかくれは、其作枯るゝ也。水草はかれす、夫も糞によりて植る苗は小く短くを植て吉[59]

畑作物には個々の作物に対応した施肥法が詳細に書かれ、「夕顔の事」には深く耕して施肥をする、「深耕」と呼ばれる技が書かれている。

第六章には「身肥」について、「春は三十五日計に其作を養ひ出る。夏は廿五日斗、秋は四十日斗り、冬は五十日程経て其作にきく物也。かゝる事を思へは、木草の葉はいかに和らなるをかけても、右の日数五割ハおそかるへし」、「此肥は其作ニはあたらて、其作を取て跡へ植へたる作の為と成る也[60]」としている。肥料の種類別に効果時期を勘案して、土地を前もって肥したところに植えて「実入よし。其跡の田畑も早くあく[61]」と、効用を述べている。
第七章の「一両具足付田畑夫積の事」をみれば、「一、弐拾人役、蚕を飼夫役。此外に入といへトモ、蚕多けれは其綿ニ而する事なり、是はなくて叶わさる分を積りての事」[62]と、養蚕が行われ、多ければ「真綿」を売った代金で人を雇えば済むと書かれている。しかし、蚕虫の排泄物・さなぎなどについては貴重な肥料なのだが触れておらず、奇異に感じられる。第五章に「桑」が登場するが、「かいこ」の餌としてではなく、直接刈敷として用いられる限られた表現である。[63]

また、「油粕・酒の類・魚類」などは村外から購入していると考えられるが、入手方法も対価の支払い方法の記述もなく、使用頻度が少ないと推測でき、人糞尿を含めて基本的には自家肥料で賄う状況を示している。

ここまで畑の施肥について見てきたが、次に田での施肥を検討する。田の肥料に必要な労役（表2の緑肥四〇人役）の解説として次のように述べている。

〔史料10〕

一、四十人役は糞の草刈。三、四両月に弐拾人役、六、七両月弐拾人役。此肥草を刈置されは、諸作思ひの儘ならす。其家の牛馬の糞し斗りニ而ハ不足也。農の糞を持事、武士の斗策ある如く、又矢玉、兵糧を持、具足櫃の金銀に同し。田畑いか程鋤能しても、糞をかけすは悪かるへし。扨こやし草刈て持様あり。下農適々肥し草を刈ても高く積ミ重てうむして、大にいきらかしぬは、作に糞しきく時をしらすしての事也。いきられては肥しにならす。若葉、青草を刈ては、いかにも枯して、其後牛馬の糞に立交て、扨土にかけて、其土と腐り合たる時、作に聞く物也（『全集』一一九〜一二〇頁、『松浦本』九八〜九九頁）。

収集した刈敷は、牛馬糞と交ぜて熟《う》ませて使われることになる。

『不鳴条』の麦田一反モデル（史料7）では、「草刈五十荷　七人」としていたので、一廉分のうちの三反の麦田だけで、二一人役分の刈敷を牛馬糞で混ぜ熟ませて施すことになる。表2・史料10では、刈敷は四〇人役とされているので残りの一九人役分が、麦田以外の七反の田と二反五畝の畑に充てられることになる。

畑では輪作が行われて地力の収奪が大きいこと、耕地の特性である風害による酸化、降水による肥料分の流出や水利の悪さによって流水に含まれる里山からのミネラルの補充が少ないため、施肥の必要性が田より大きくなると想定される。したがって、畑には人糞尿・油粕・鶏糞などと刈敷肥料を併用し、しかも刈敷の種類が作物に応じて詳細に書かれていることから、その使用量は大きかったと想定される。

仮に畑に一反あたり麦田と同量の肥料が使われるとすれば、一七・五人役分が必要となり、残りの一・五人役分が田七反分となる。したがって、古堅田・水田・山田へは肥料をごく少量しか回せないことになる。

そこで稲の記述をみてみると、「畑稲の事」には「実植は畑を能打起して溝をかき、先つ糞をかけて種子を蒔也[64]」とされて、畑で作られる稲（陸稲）には肥料の記述がある。しかし、水田作の「早稲の事」「疾中稲の事」「晩稲の事」「餅稲の事」には、肥料の記述は一切なく、肥料をほとんど回せなかった、あるいは使わなかったことを裏づけている。

稲の記述のまとめには、「右稲惣数合九十六色。たれとも残らす作するにはあらされトモ、夫々の田地に相応の所を用るにより、村々、里々に有。何稲にも不限、数年能耕し、能肥たる田地に能時分を積りて作りたるに実入よし[65]」とある。「能肥たる田地」とされてはいるが、肥料については具体的に書かれず、施肥以外で田を肥やす方法、たとえば良く耕すことや客土することが書かれている。

また第六章に「苗代をするには、あらかしめ其土を肥して、其上にはやくあたるこへをかけて、苗地をいかにも広くかまへ、種子を薄く伏て、苗平ミて太き様にすへし[66]」とある。「はやくあたるこへ」という表現から、刈敷肥料ではなく即効性の「身肥」が施されることがわかる。

このように、麦田以外での「水田稲作」には、苗代地に「身肥」を施すほかに、肥料は使用していないことになる。

「麦の事」には、「上田成共、田と言ふては十月過ては悪し。され共、糞の入様にもよるへし(67)」とある。裏作の麦には「糞の入様にもよる」と、播種時期と肥料の入れ方・使用量によって収穫が変わるとしている。史料10の四〇人役で書かれた熟ませた肥料が反当り七人役分（史料7）の割合で投入され、これが基本とされている。なお、史料10の末尾に「其土と腐り合たる時、作に聞く（効く）物也」とあるとは、裏作の麦ではなく表作の稲に効果があるとしていることになる。

水田裏作の麦作には、史料9で収集された刈敷肥料と牛馬糞を混ぜて熟ませたものを、実際に施肥する時期・回数と労力が書かれている。

史料1の迫目村の家別の人口と牛馬からみれば、家人数が少なければ屎尿、「米の汁」とされる研ぎ汁や、「糠」、食べかすである「食物類」、生活で生じる「塵」の供給量が少なくなり、牛馬の数は蓄糞量に大きく関わってくる。

「水草の事」には、「百姓の門前にハ、是非火の用心の為、種子かし、足洗の為に池を庭先に不持しては不叶事なれは、夫に植(68)」という記述は、百姓屋敷の構造をも表しているが、洗い場の水も肥料になることを示しており、これにも家人・牛馬数によって使用頻度が変わり、肥料分の密度に影響する。

「土も其如く田畑を入代へて吉。斯他所ゟ木草葉の、土迄も求め運ひて、田畑の糞しとする」と、労力を必要とする客土を行い地力を高めようとし、史料6の古堅田での、ⓒ「壱人役、こやし運ひ、こへかける」、ⓖ「四人役、中代迚牛を用ゆ。しろ畔とり、こへ運ひ、こやしかけて、其の外」と再々の施肥が書かれているが、ⓓ「四人役苗代調べ、こやし刈草」を除いて行っておらず、同じ章で矛盾したことを述べている。

村の牛馬を含めた労力と、それらがもたらす糞量などは、『清良記』の記述と大きくかけ離れており、営農状態の再検討が必要となる。

(1) 松浦郁郎・徳永光俊校注執筆『清良記(親民鑑月集)』(『日本農書全集』第一〇巻、農山漁村文化協会、一九八〇年)二六八～二七〇頁。以下『全集』と表記する。木ノ本忠雄「「田畑・年貢・人別等申牒」の記」(高橋庄次郎編著『小字名考』(三間町、一九七五年)。三間町公民館で催された郷土史勉強会のレジュメ集である(原番は原本の記載順に従がい筆者が付した)。
(2) 前掲注(1)『小字名考』一頁。
(3) 『三間町誌』(三間町誌編纂委員会、三間町、一九九四年)二八一頁。
(4) 『郡鑑』(吉田郷土史研究会編『伊予吉田郷土史料集』第四輯、吉田町教育委員会、一九八二年)一二〇頁。
(5) 『全集』四八頁。松浦郁郎校訂『清良記』(佐川印刷、一九七五年)七九頁。以下『松浦本』と表記する。
(6) 『全集』一七二～一七三頁。『松浦本』一〇九頁。
(7) 『全集』一六八頁。『松浦本』一〇九頁。
(8) 『全集』一二三頁。『松浦本』六八頁。
(9) 『全集』一一三～一一四頁。『松浦本』九七頁。
(10) 耕地を持たない、持っていても僅少で他家の手伝いなどで生計を立てている者、隠居家、農業以外で生計を立てている者などを言い、『吉田町誌』上巻(吉田町、一九七一年)には、「借宅」「土地を借自分宅建居」している者だとしている(一九七頁)。
(11) 『全集』一一九頁。『松浦本』九八頁。
(12) 『全集』一一〇頁。『松浦本』九六頁。
(13) 『全集』一一九頁。『松浦本』九八頁。
(14) 徳永光俊「近世農業生産力の確立をめぐって」(岡光夫・三好正喜編『近世の日本農業』農山漁村文化協会、一九八一年）五〇頁。

(15)前掲注(4)『郡鑑』「御山役銀並竹職人銀覚」（寛文六年五月付）では、次のように旧来の百姓身分を示している（一九三頁）。

右御山役銀発ハ

上壱軒ニ付壱匁　但庄屋寺組頭大家ノ分

中壱軒ニ付七分　但小走長百姓中家ノ分

下壱軒ニ付五分　但小百姓隠居水呑小家ノ分也

(16)江藤彰彦「十七世紀・西日本における牛疫流行とその影響――岸浩氏が農業史研究に投げかけた課題――」（関西農業史研究会　第二六一回例会報告、於二〇〇四年七月一〇日同志社大学）。江藤氏は、岸浩「防長牛疫史考」（『山口県地方史研究』二八号、一九七二年）などを参考にしている。

(17)「口歯略記」（清家金治郎編『屛風秘密録』一九九七年）八二〜一〇八頁。長寿者、病人の記録を主題としている。

(18)『大成郡録』（近代史文庫宇和島研究会編『宇和島藩庁伊達家史料』一九七六年）宝永三年・宝暦七年に編纂された、宇和島藩領の「村明細帳集成」といった性格である。

(19)前掲注(4)『郡鑑』三〇二頁。

(20)『記録書抜』（近代史文庫宇和島研究会編『宇和島藩庁伊達家史料』第七巻、一九八一年）三〇頁。南伊予の民俗行事、「鬼牛」の起源とのかかわりが推測される。

(21)前掲注(4)『郡鑑』三〇四頁。

(22)前掲注(17)『屛風秘録』二三〜二四頁。馬の部分が欠けている。

(23)前掲注(17)『屛風秘録』二九頁。

(24)『三間町誌』（三間町、一九六四年。以後旧版と表記する）一〇三頁。

(25)前掲注(24)『三間町誌（旧版）』一一〇頁。

(26)須田武男編『松野町誌』（松野町、一九七四年）一一〇六〜一一〇七頁。

(27)『田苗真土庄屋史料亀甲家史料一』（愛大歴研宇和島支部史料集粋編輯委員会『宇和島吉田藩史料集粋』No.一九・

二〇、一九六八年）五五〜五七頁。
(28)「近世編　農村の組織と生活　土地制度」（『宿毛市史』宿毛市教育委員会、一九七七年。同市ＨＰで「電子版」を閲覧できる（http://www.city.sukumo.kochi.jp/sbc/history/sisi/058701.html））。
(29)『伊予郡・和気郡・久米郡手鑑』（伊予史談会双書二二、伊予史談会、一九九二年）一〜六九頁。和気郡二二か村享保一九年（一七三四）、久米郡明和八年（一七七一）が収録されており、毎年の「免」の変動も記録されている。
(30) 前掲注(4)『郡鑑』一一〇〜一五〇頁。
(31)「松山藩代官執務要鑑」（『愛媛県農業史』上巻、愛媛県農会、一九四四年）に、「麦田植付前耕返し不申、荒田と申て麦刈取の跡地を捨置申候」とある（三五四頁）。
(32) 小野武夫編『不鳴条』（『日本農民史料聚粋』第一一巻、酒井書店・育英堂事業部、一九七〇年）「惣夫役五十八余掛る」としているが、箇条の数字と一致しない（三〇四〜三〇五頁）。
(33) 前掲注(32)『不鳴条』三〇九頁。
(34)『全集』四八頁、『松浦本』七九頁。
(35)『弌墅截』下巻（近代史文庫宇和島研究会編『宇和島藩庁伊達家史料』第三巻、一九七七年）に、「納升四斗ニ乗壱升六合入ヲ四斗俵と寛永年中迄ハ拂、此四斗壱升六合ヲ京升ニ延五斗二升ニ成也」とある（二〇六頁）。『不鳴条』「納升四斗ニ乗壱升六合入ヲ四斗俵と寛永年中迄ハ御拂也、此四斗壱升六合ヲ京升ニ直申時、五斗二升ニ成」三七四頁。「乗」とはロス米のことである。
(36) 前掲注(4)『郡鑑』によれば「麦田」一石七斗、「上田」一石五斗、「中田」一石三斗、「下田」一石一斗、「下々田」九斗、の斗代である（一一頁）。籾を米にするには、宇和島藩では「五分摺」と呼ばれ、半量となる慣例である。安藤博『縣治要略』（青蛙房、一九六五年）には、幕府領では「五合摺」とされている（一八五頁）。
(37)『松浦本』二四三〜二四四頁。
(38) 宝月圭吾「中世の産業と技術」（岩波講座『日本歴史』第八巻中世四、岩波書店、一九六七年）九四頁。
(39)『門田の栄』（別所興一校注解題『日本農書全集』第六二巻、農山漁村文化協会、一九九八年）一八七〜一九三頁。
(40) 有薗正一郎「渥美半島の「稲干場」」（『近世東海地方の農耕技術』岩田書院、二〇〇五年）に、近世の「干し」

作業の変遷が考察されている。

(41)『百姓伝記』上巻（古島敏雄校注、岩波書店、二〇〇一年）。「冬の一日に、木臼では壱石程する」（六〇頁）。堀尾尚志「近世における脱穀調製技術の展開と性格」（岡光夫・三好正喜編『近世の日本農業』農山漁村文化協会、一九八一年）に、江戸時代中期に「木臼」が効率の良い「土臼」に変わる過程など脱穀以後の作業変遷が詳述されている。「摺」作業で問題になるのが「欠米（カケマイ）」の発生である。稲干しを行わない水分が多い籾で、欠米の発生を抑えていた可能性がある。

(42)『弌墅截』上巻（近代史文庫宇和島研究会編『宇和島藩庁伊達家史料』第二巻、一九七七年）三七頁。三好昌文「解説「弌墅截」について」（『弌墅截』上巻）によれば、井関安右衛門が貞享元年（一六八四）に編纂。

(43)前掲注(41)堀尾「近世における脱穀・調整技術の展開と性格」。

(44)『午年日記帳』（徳永光俊翻刻、現代語訳注記解題『日本農書全集』第四三巻、農山漁村文化協会、一九九七年）には、通年の克明な「柴刈・ちんちり（松かさ）拾い・ごもく掻き・山行・柴枝・枯れ木切・木小切・木割・割木かたずけ」などの記述があり、合計すると一〇二・五人役となる。「ごもく掻き」は刈敷肥料分、「山行」には自家所有の山林の手入れが含まれる可能性があるがそのまま算入している。この史料は河内国生駒山麓のもので、家人は出入りがあるが均し一〇人で、牛馬数は直接書かれていないが、馬は飼っておらず牛一頭を飼い使っているようである。

(45)『全集』四八～八八頁、『松浦本』七八～九一頁。

(46)『全集』一〇〇～一〇二頁、『松浦本』九四～九五頁。

(47)『全集』一〇三～一〇八頁、『松浦本』九五～九六頁。

(48)『松浦本』九五頁。前掲注(20)『記録書抜』寛文五年条に当藩の酒造高を一一、七九四石としており、酒かすが肥料に使われた可能性を否定できない（一五頁）。徳永光俊『日本農法史研究』（農山漁村文化協会、一九九七年）によれば、享保期の奈良で、「干粕」として焼酎粕が、安価な肥料として用いられている（一〇一～一〇三頁）。

(49)『全集』一〇〇～一〇一頁、『松浦本』九四頁。

(50)『全集』一〇〇頁、『松浦本』九五頁。

(51)『全集』六三頁、『松浦本』八四頁。
(52)『全集』六五頁、『松浦本』八四頁。
(53)『全集』六七頁、『松浦本』八五頁。
(54)『全集』六八頁、『松浦本』八五頁。
(55)『全集』六八頁、『松浦本』八五頁。
(56)『全集』七〇頁、『松浦本』八六頁。
(57)『全集』七四頁、『松浦本』八七頁。
(58)『全集』七四頁、『松浦本』八七頁。
(59)『全集』七六頁、『松浦本』八八頁。
(60)『全集』一〇四頁、『松浦本』九五頁。
(61)『全集』一〇五頁、『松浦本』九五頁。
(62)『全集』一一六頁、『松浦本』九八頁。
(63)伊藤智夫『絹Ⅰ』(ものと人間の文化史、法政大学出版局、一九九二年)によれば、絹は大陸からの輸入が増え、豊臣政権から江戸時代前期に決済用の銀・銅の産出が増えるとともに急増し、養蚕は衰退する。その後、人々が奢侈に流れて需要が増え、「明暦年中より追々諸国より相登り」(二一七頁)と、織物技術の向上があって再興され、ひとつのピークが元禄時代とされる。「さなぎ」は乾燥されて蛋白源として食用にされたと考えられる。
(64)『全集』五二~五三頁、『松浦本』八〇頁。
(65)『全集』五三~五四頁、『松浦本』八〇頁。
(66)『全集』一〇三頁、『松浦本』九五頁。
(67)『全集』五四頁、『松浦本』八一頁。「上田」は、ここでは「じょうた」と読む(第Ⅲ部第一章第五節参照)。
(68)『全集』七八頁、『松浦本』八八頁。

畑面積③	人口②	内男②	内女②	人口③	内男③	内女③	牛②	牛③	馬②	馬③
63.3	346	194	152	248	181	167	53	60	41	11
126.18	425	240	185	404	221	183	14	31	44	64
26.19	172	91	81	261	131	130	10	32	14	44
33.12	137	73	64	152	80	72	6	*	31	23
42.35	223	118	105	249	132	117	6	7	38	75
24.65	168	84	84	136	75	61	5	9	30	*
*	44	23	21	49	22	27	*	1	9	4
166.13	760	404	356	904	472	432	75	83	149	79
100.6	578	308	270	745	382	363	15	47	70	121
63.22	384	214	170	464	246	218	19	36	66	78
31.63	201	104	97	213	102	111	11	12	36	17
331.68	586	302	184	613	319	294	16	89	66	71
29.07	137	71	66	121	63	50	3	8	22	13
47.53	214	118	96	189	97	92	21	28	63	28
73.16	178	99	79	168	83	85	11	20	25	15
12.96	155	83	72	234	129	105	18	40	14	5
223.38	1061	589	472	1150	605	545	42	46	28	13
159.78	546	306	240	673	366	307	19	9	16	*
40.08	204	109	95	163	87	76	*	*	10	2
12.52	26	17	9	19	9	10	*	*	*	*
*	68	34	34	70	33	37	*	1	*	*
*	24	14	10	33	18	15	*	1	*	*
207.9	661	367	294	698	365	333	18	12	105	85
75.31	241	136	105	251	127	124	5	15	30	12
21.6	148	73	75	*	*	*	3	*	8	*
183.69	429	216	213	356	186	171	15	45	63	50
24.98	102	54	48	118	56	62	7	20	20	3
176.05	426	237	189	439	229	210	14	21	109	22
28.45	208	116	92	270	150	120	7	15	30	13
39.6	310	181	129	396	226	170	8	19	32	38
163.74	530	290	240	576	315	261	7	19	68	64
25.09	89	50	39	100	58	42	1	4	16	12
12.22	49	29	20	62	37	25	4	*	4	2
16.29	86	51	35	81	41	40	1	2	5	2
253.92	598	331	267	707	369	338	9	15	51	42
93.94	245	134	111	311	157	154	2	6	25	22
20.2	42	22	20	74	44	30	1	5	7	18
40.79	202	114	88	177	93	84	8	7	34	16
102.54	272	145	127	302	170	132	12	16	7	*
353.64	1210	645	565	1111	594	517	6	*	1	*

表4　宇和島藩領の人口と牛馬数(宝永3年〈1706〉・宝暦7年〈1757〉)

地組	村名	内拚検地高	田面積①	畑面積①	田面積②	畑面積②	田面積③
御庄組	正木村	462.83	329.2	73.61	328.64	72.32	363.25
	板尾村	516.38	586.99	133.47	601.08	132.11	612.48
	広見村	174.83	211.03	34.78	230.25	34	332.72
	小山村	139.33	169.95	33.27	175.39	32.52	178.75
	中之川村	298.33	231.22	40.6	240.68	39.94	247.29
	満倉村	210	144.69	26.1	146.49	25.27	150.44
	上大道村	35	69.13	19.62	71.03	19.48	73.31
	城辺村	1450.16	964.2	202.5	973.36	199.39	1037.78
	緑村	660.71	406.01	149.81	442.01	118.86	540.93
	長月村	597.66	469.04	63.99	474.2	61.81	482.69
	和口村	213.5	216.15	30.18	215.8	29.65	222.91
	平城村	849.16	651.37	357.35	672.06	353.63	736.13
	長洲村	223.66	151.47	28.87	152.33	27.92	154.74
	摺木村	308.5	306.86	48.62	311.11	47.76	315.19
	柏村	160.5	123.71	70.47	129.45	76.35	136.38
	僧都村	86.33	144.73	18	144.61	17.09	168.02
	外海浦	186.13	206.9	179.05	211.11	221.48	202.12
	内海浦	140.98	115.53	154.07	115.53	153.67	110.27
	平山浦	76.98	87.42	38.11	87.09	37.83	84.83
	成川坊城村	9.2	7.69	11.43	7.69	11.4	6.54
	須之川村	36.98	38.98	15.7	38.98	15.68	51.28
	深泥浦	25.69	23.83	8.56	23.83	8.53	39.34
津島組	高田村	1037.83	677.61	289.2	689.2	231.3	736.77
	岩松村	303.5	209.08	81.46	208.86	76.69	219.16
	芳原村	108.33	175.59	25.59	183.03	25.04	269.92
	下畑地村	545.16	469.5	196.06	475.15	194.86	508.84
	上槇村	156.33	1204.93	28.53	153.69	28.02	164.12
	上畑地村	744.5	584.96	171.87	588.64	169.34	583.54
	槇川村	218.33	168.78	32.28	173.58	32.41	202.57
	御内村	216	181.56	48.89	182.96	48.64	260.07
	山財村	529.83	333.06	200.24	332.48	199.2	410.46
	颪部村	123.33	95.43	35.35	96.68	34.97	108.88
	大道村	41.16	39.48	12.52	39.48	12.22	43.63
	御代川村	41.16	21.57	16.91	25.6	16.56	25.87
	秀松村	874.33	671.78	277.35	655.31	285.17	689.07
	岩淵村	311.16	255.2	123.31	262.44	117.94	299.95
	芋路谷村	33.33	18.68	28.7	22.93	26.48	30.99
	野井村	156.5	117.06	44.93	118.92	43.96	129.12
	近家村	192.72	220.59	106.46	217.96	105.88	287.24
	下灘浦	272.59	140.38	354.71	146.17	345.13	139.93

187.59	702	379	323	683	361	322	13	32	125	92
75.35	364	206	158	353	194	159	6	20	76	33
69.55	313	160	153	317	171	146	19	29	38	36
94.72	299	156	143	350	188	162	19	20	21	25
146.61	326	166	160	404	224	180	43	29	6	9
164.83	569	284	285	631	307	324	22	36	9	10
77.07	232	124	108	236	127	109	6	17	23	14
81.59	197	103	94	201	105	96	4	10	8	*
159.01	315	167	148	288	150	138	22	25	24	20
123.52	273	144	129	314	181	133	52	48	16	13
468.85	311	162	149	476	260	216	7	23	10	52
539	842	440	402	848	465	383	30	47	41	23
228.87	730	403	327	841	445	396	14	1	*	*
142.33	247	134	113	314	157	157	7	10	*	*
282.01	343	195	148	478	254	224	2	4	1	*
693.26	879	469	410	1062	562	500	*	*	*	*
*	714	380	334	764	400	364	1	3	*	*
160.07	432	228	204	358	194	164	4	*	*	*
153.3	280	157	123	330	183	147	10	8	2	1
560.77	537	287	250	516	271	245	6	5	*	*
112.78	82	47	35	112	65	47	5	8	9	13
44.72	164	93	71	207	113	94	7	8	18	30
219.68	430	235	195	582	313	269	30	31	50	70
25.24	147	76	71	169	96	73	9	10	12	*
25.31	122	73	49	127	79	48	7	8	13	12
144.82	307	158	149	328	179	149	11	18	19	32
52.06	179	98	81	212	113	99	17	11	22	24
171.31	469	157	112	533	294	239	20	30	31	41
29.17	88	46	42	100	58	42	3	4	4	12
84.81	286	158	128	282	155	128	7	13	16	28
26.59	72	37	35	63	31	32	2	6	3	8
147.54	518	294	224	586	349	337	21	25	38	40
90.39	189	95	94	238	132	106	9	17	17	23
220.63	398	209	189	549	293	256	12	27	20	38
54.72	127	68	59	*	*	*	7	*	13	*
217.23	495	274	221	400	224	176	20	32	35	41
424.06	429	227	202	547	317	230	18	27	34	36
234.05	107	56	51	135	72	63	4	*	13	8
189.72	334	188	146	339	195	144	3	15	19	18
356.85	561	309	252	534	291	243	32	29	50	53
266.21	419	239	180	406	223	183	25	17	44	37
298.86	397	205	192	458	244	214	14	15	28	51
415.76	437	227	210	431	233	198	15	27	24	41

御城下組	祝森村	1195.33	841.04	201.1	841.77	199.18	858.71
	稗田村	669	467	85.19	466.41	80.57	488.83
	寄松村	471.66	400.61	74.65	399.96	66.23	425.72
	宮下村	499	481.62	92.71	473.27	87.96	492.49
	川内村	548.33	519.67	118.13	519.16	118.47	537.04
	毛山村	608.66	387.46	186.64	384.92	176.85	429.72
	下村	323.5	243.61	90.41	242.01	86.13	248.98
	須賀浦	224.82	167.31	90.33	158.9	73.6	231.07
	中間村	452.33	331.16	148.94	331.71	141.27	338.97
	柿原村	444.16	339.1	122.31	338.4	122.31	357.36
	光満村	378.33	203.29	474.57	203.54	473.81	210.97
	高串村	1001.66	703.41	552.85	702.18	550.26	723.01
	九島浦	20.83	6.59	60.73	5.62	(?)2.56	40.64
	東三浦	225.54	208.51	144.96	210.07	145.01	212.57
	西三浦	242.22	179.94	280.91	181.67	279.66	179.76
	上波浦	184.04	23.26	644.34	23	643.42	8.93
	戸島浦	119.8	6.24	340.17	6.13	339.36	6.16
	日振浦	78.46	6.2	160.95	*	*	*
	大浦	261.13	221.28	154.07	207.73	153.24	239.8
	奥浦	383.37	156.96	560.31	156.51	559.93	155.67
河原淵組	牛之川村	76.66	69.66	113.1	71.88	112.78	76.01
	北川村	150.83	123.58	47.8	126.76	47.32	31.41
	奈良村	584	455.61	230.87	462.23	229.81	489.97
	中之川村	189.83	181.01	28.13	181.41	27.68	188.51
	芝村	155.33	150.45	27.54	150.27	26.54	46.56
	近永村	396.83	297.9	154.54	297.53	153.82	320.02
	永野市村	419.83	310.43	65.45	316.23	61.99	334.38
	次郎丸村	859.66	796.78	192.89	798.15	190.98	818.99
	中之河村	149.5	95.87	32.09	95.87	31.87	98.79
	松丸村	267.33	163.85	86.23	162.63	86.91	164.05
	岩熊村	63.83	71.49	27.65	75.11	27.51	76.53
	樫谷村	640.16	480.32	158.64	492.32	156.22	507.52
	上家地村	134.5	118.85	97.09	145.11	96.62	171.7
	延野々村	651	442.57	237.3	447.5	235.11	480.1
	小西野々村	186.33	109.81	54.54	110.27	54.03	111.07
	広見村	496.45	243.68	218.08	242.86	215.45	246.11
	下大野村	520.16	214.38	428.43	219.59	427.52	231.11
	中尾坂村	101.16	48.58	236.31	48.8	236.17	51.43
	大宿村	391	275.18	94.72	278.02	193.71	289.97
	松森村	764.83	374.51	366.07	374.31	364.77	398.18
	清水村	664.16	363	269.63	361.9	268	365.21
	畔屋村	531.83	311.03	303.34	310.97	301.32	314.21
	西野々村	569.33	275.62	424.42	277.48	423.35	288.84

303.88	597	350	247	656	369	287	25	30	41	42
225.81	219	125	94	257	147	110	5	6	15	*
96.59	213	116	97	251	137	129	7	6	9	14
254.38	328	184	144	331	190	141	11	21	15	18
341.19	361	196	165	395	205	190	13	14	33	25
184.9	367	213	154	482	266	216	8	26	13	36
323.45	418	233	185	486	269	217	14	29	17	53
*	146	78	68	196	108	88	4	9	5	11
129.52	149	77	72	236	136	100	4	13	4	10
249.58	120	67	53	166	91	75	3	8	4	12
1106.81	529	289	240	767	417	350	9	25	10	32
2663.03	1079	632	547	1445	799	646	35	49	81	156
880.4	607	346	261	748	408	340	15	32	30	55
1582.44	643	328	315	810	427	383	19	27	33	51
1056.87	519	274	145	530	276	254	13	26	20	25
4092.05	1514	794	720	1676	892	784	71	62	93	108
2381.54	1177	618	559	1306	704	602	24	32	62	81
710.81	308	178	130	374	208	166	3	*	20	7
275.95	189	96	90	235	128	107	6	5	9	10
253.74	202	113	89	281	153	128	6	4	8	12
179	156	83	73	195	103	92	7	3	18	10
320.87	289	153	136	377	212	165	7	11	35	26
392.81	402	211	191	449	246	203	14	11	47	11
470.16	307	180	127	434	248	186	5	13	15	30
178.22	200	108	92	195	117	78	9	8	26	9
396.78	512	282	130	483	259	224	8	13	20	58
688.07	1096	578	518	1184	647	537	39	35	91	82
177.41	160	83	77	128	72	56	8	9	24	17
213.87	147	84	63	122	63	59	5	6	18	9
308.47	242	130	112	280	157	123	12	9	25	15
429.8	534	293	241	540	296	244	20	48	45	77
987.74	656	350	306	576	332	244	48	31	88	26
524.7	458	247	211	386	211	175	30	33	31	22
447.34	377	212	165	365	209	155	15	39	24	42
172.05	260	139	121	178	84	94	17	19	20	17
104.23	126	67	59	84	53	31	4	8	6	9
38.86	68	31	37	58	32	26	2	5	6	5
164.16	199	114	85	208	113	95	9	12	12	19
684.37	481	165	216	446	244	202	11	20	16	25
72.75	99	51	48	118	67	51	3	3	4	5
544.78	730	385	345	786	417	369	24	15	47	20
316.44	307	167	140	209	104	105	17	16	36	15

山奥組	魚成村	586	348.46	306.57	347.62	304.65	351.22
	長谷村	215.83	126.31	223.52	126.13	223.12	*
	今田村	280.46	156.61	114.51	175.24	97.43	176.14
	田野々村	232	211.15	258.45	212.21	257.93	215.53
	男川内村	281.66	172.97	333.57	173.41	342.79	175.04
	下相村	327.16	230.53	188.87	231.09	188.12	234.88
	土居村	480.83	255.34	325.68	259.49	323.75	259.81
	古市村	98.33	68.35	89.05	68.74	88.89	72.47
	伏越村	233.4	92.21	130.72	93.1	130.35	97.84
	中津川村	87.16	50.74	249.9	52.35	249.78	53.05
	川津南村	450.16	268.7	1105.18	270.72	1106.84	282.19
	窪野村	1008.66	576.48	2686.23	586.9	2683.22	609.38
	嘉喜尾村	440.66	245.59	889.17	250.82	888.57	263.53
	遊子谷村	447.5	183.42	1599.24	187.89	1598.78	203.69
	野井川村	359	302.97	1073.25	310.29	1072.7	332.16
	惣川村	1401.66	377.5	4116.32	382.36	4114.99	424.11
	横林村	704.16	229.96	2362.55	235.52	2359.3	246.23
	坂石村	179.5	79.72	714.65	83.09	714.14	87.45
野村組	栗木村	97.66	58.77	300.06	60.43	299.87	64.85
	西村	113.66	76.36	256.78	77.36	256.45	80.25
	鎌田村	86.33	60.63	182.3	63.6	181.96	67.2
	蔵良村	227.16	154.3	325.38	155.34	326.17	161.26
	中通川村	347.83	259.44	402.58	261.59	401.5	271.07
	釜川村	231.66	153.79	472.88	154.82	472.44	157.3
	前石村	204.5	161.77	182.78	167.05	181.8	171.2
	阿下村	471	364.65	392.39	367.51	393.75	372.27
	野村	1015.5	626.84	723.54	644.18	715.05	778.41
	片川村	159	108.16	182.26	107.88	181.91	112.38
	次ケ川村	140.83	61.27	271.2	61.27	270.97	68.64
	平野村	236.33	157.42	321.81	157.91	321.41	170.89
	高瀬村	465	309.99	465.01	319.48	462.62	358.23
	伊与地川村	712.66	309.52	1036.82	311.3	1035.27	360.84
	蔵村	773.33	258.71	530.94	258.42	528.22	267.07
	白髯村	626.66	222.79	459.47	225.14	458.44	237
	鳥鹿野村	301.33	128.96	180.76	129.05	180.02	138.31
	林乗村	160	72.06	106.97	72.51	106.69	76.02
	広田村	604	23.64	41.5	24.13	41.36	27.28
	長谷村	206.66	81.11	175.58	87.1	171.73	105.4
	四郎谷村	726.66	313.97	701.89	314.88	698.94	331.62
	河西村	69.33	56.52	76.66	56.58	76.21	60.38
山田組	明間村	806.66	339.06	525.51	344.77	524.29	400.13
	下川村	340	182.18	326.22	190.3	325.07	205.95

254.31	574	292	282	646	336	310	38	34	38	21
200.07	454	242	212	468	261	212	39	43	45	38
232.31	630	345	285	556	312	244	4	5	45	30
142.46	161	90	71	164	89	75	10	9	17	18
179.84	411	218	193	426	238	188	26	19	38	31
24.54	63	33	30	70	40	30	6	5	8	2
111.12	207	118	89	171	89	82	7	9	20	12
93.98	167	90	77	200	105	95	13	13	20	15
95.89	451	235	216	445	254	191	27	26	46	32
344.36	1091	571	520	1065	581	484	6	13	90	69
241.33	301	157	144	332	183	144	38	32	*	*
263.56	516	281	235	479	257	222	5	*	52	37
194.02	610	323	287	591	315	276	10	33	50	35
120.56	223	118	105	200	112	88	4	10	24	19
501.54	616	331	285	524	289	235	45	42	59	27
*	251	140	111	224	122	102	19	20	29	10
254.75	462	247	215	438	235	203	19	25	59	20
686.37	784	414	370	779	432	347	68	*	100	55
128.88	224	110	114	187	105	82	19	16	23	11
89.41	179	95	84	166	85	81	14	11	21	7
164.49	374	192	182	298	117	131	17	29	37	19
60.3	185	101	84	172	93	79	5	4	22	11
143.58	348	192	157	378	202	176	8	13	38	20
176.65	227	126	101	230	131	99	14	21	21	14
110.46	186	101	85	200	120	80	17	13	21	8
182.1	345	182	163	302	165	137	21	19	38	8
218.3	360	200	160	251	138	113	45	20	43	15
53.25	118	70	48	117	70	47	14	7	10	5
74.25	166	86	80	99	57	42	10	9	15	6
42.99	91	48	43	72	39	33	10	6	12	5
67.35	221	118	103	191	101	90	20	22	17	9
169.67	264	136	128	262	169	103	23	27	26	24
186.4	452	236	216	353	181	172	37	27	28	13
122.97	273	148	125	229	122	107	15	*	12	10
166.37	160	86	74	140	77	63	21	15	17	9
226.17	162	88	74	201	106	95	20	21	18	13
368.77	327	168	159	318	175	143	25	28	23	13
1096.15	881	493	388	874	479	395	15	57	60	46
1141.07	1066	569	497	1205	649	556	83	94	78	62
439.26	463	244	219	458	263	195	44	57	56	22
190.38	144	74	70	119	63	56	10	15	14	7
155.44	98	53	45	99	54	45	10	11	6	9

	皆田村	586.66	404.3	270.61	413.06	267.43	436.1
	伊賀上村	916.66	542.1	221.9	570.9	218	587.33
	松葉町	584	135.25	251.73	150.88	244.19	168.02
	鬼窪村	306.66	114.7	146.71	117.83	146.77	123.05
	久枝村	646.66	532.8	233.23	534.31	232.05	583.41
	神領村	128	82.8	34.84	85.37	33.76	94.88
	野田村	353.33	276.61	117.27	290.93	116.25	296.11
	小野田村	366.66	315.68	107.11	323.25	106.45	339.67
	長永村	986.66	970.32	107.83	970.35	105.36	982
	山田村	2146.66	1944.37	383.59	10916.55	373.9	1941.21
	津布理村	446.66	199.49	230.66	204.93	229.07	221.91
	郷内村	1128.33	788.76	234.8	783.79	231.14	799.35
	岩木村	1390	1143.37	204.92	1139.63	200.27	1146.52
	小原村	360	318.68	132.32	324.43	125.19	329.09
多田組	伊延村	1038.33	562.54	514.28	559.95	511.71	569.56
	岡山村	503.33	385.52	135.89	384.79	135.02	375.88
	河内村	643.33	461.98	275.42	456.72	261.02	462.85
	東多田村	1310	749.76	713.35	754.27	702.26	775.8
	大江村	333.33	207.49	162.8	236.51	139.1	250.61
	加茂村	280	211.6	117.09	212.25	116.48	239.79
	真土村	740	531.22	174.69	533.67	173.49	542.89
	杢所村	300	258.52	65.24	259.89	64.5	264.61
	清沢村	810	656.5	158.82	661.51	155.1	675.87
	下松葉村	300	177.63	203.99	193.87	189.65	211.01
	上松葉村	333.33	246.71	125.1	253.34	116.36	259.95
	坂戸村	493.33	400.25	210.61	408.76	209.71	438.46
	多野中村	553.33	396.95	223.99	405.77	223.01	414.47
	伊崎村	166.66	120.79	57.4	122.11	57.15	128.88
	平野村	186.66	135.98	75.85	139.22	75.64	142.38
	窪村	190	131.46	45.07	139.5	44.58	143.61
	常定寺村	320	241.11	72.62	244.97	70.28	250.95
	新城村	326.66	234.4	140.16	240.43	139.49	265.802
	明石村	533.33	379.55	221.58	415.84	199.85	437.89
	伊南坊村	256.66	199.75	140.87	211.98	131.4	234.97
矢野組	大平村	92.5	74.2	168.91	75.88	168.44	84.75
	津羽井村	107.16	47.18	227.3	47.18	227.09	48.11
	高野地村	257.66	115.08	375.08	111.27	376.77	119.28
	野田村	818.5	680.72	1106.63	679.54	1104.78	681.76
	平地村	969.16	662.39	1179.08	664.08	1176.84	698.09
	川ノ内村	315.8	191.97	455.69	192.34	454.38	207.6
	古藪村	125.16	72.26	191.93	72.26	190.78	72.76
	田波村	83.5	49.82	157.36	49.82	157.19	51.67

799.83	491	259	232	549	294	255	30	59	30	23
440.87	224	122	102	301	170	131	22	36	19	6
380.97	251	128	123	231	133	98	19	17	23	14
934.4	424	222	202	370	215	155	43	41	58	33
861.55	490	244	146	446	234	212	55	42	58	31
428.97	258	145	113	259	150	99	16	27	9	10
199.04	195	110	85	213	109	104	14	*	13	7
220.12	291	165	126	424	226	198	55	58	*	*
521.96	370	194	176	398	216	182	29	20	34	18
449.21	267	135	132	258	135	123	25	17	20	18
258.49	436	223	213	423	222	201	21	23	35	19
284.67	156	78	78	203	110	93	13	11	26	7
226.1	182	99	83	195	110	85	6	7	5	3
255.28	211	117	94	247	140	107	25	10	28	6
138.32	179	97	82	192	102	90	11	15	20	4
463.64	528	283	245	713	376	337	9	3	2	*
225.91	662	339	323	700	381	327	6	30	26	11
65.22	40	22	18	30	16	14	*	*	*	*
58.2	403	218	185	392	211	181	13	*	35	31
208.21	326	173	153	394	212	182	6	8	19	3
305.97	214	107	107	326	178	148	8	*	12	1
308.45	369	188	181	451	243	208	26	45	6	*
524.01	701	378	323	950	526	424	39	21	3	*
202.48	269	133	136	245	132	113	5	3	*	*
1149.65	495	258	237	699	363	336	41	21	51	47
4677.19	2178	1110	1063	2744	1497	1247	180	290	87	204
749.2	555	287	368	777	422	355	37	69	55	95
1335.65	1025	549	476	1326	735	591	64	146	86	205
222.66	143	76	67	191	98	93	22	4	16	10
267.31	157	84	73	194	108	86	21	18	10	24
313.2	142	71	71	210	114	96	10	22	6	32
891.51	1528	834	694	1920	1061	859	33	8	48	1
2585.79	1986	1098	888	2619	1352	1267	193	158	132	125
607.95	485	247	238	674	361	313	51	*	46	55
433.29	297	161	136	566	312	254	85	78	20	42
2574.21	1613	833	780	2264	1143	1121	142	153	96	106
2914.05	2229	1145	1084	2620	1324	1296	220	321	117	111
481.07	680	355	325	699	378	321	87	51	41	30

	下郷村	288.66	203.96	808.82	204.29	808.15	216.75
	上郷村	152.5	77.54	445.52	77.54	445.33	80.5
	国木村	172.83	81.23	385.43	81	384.51	83.98
	中津川村	363	216.96	959.53	216.62	953.48	240.44
	若山村	506.66	305.31	878.2	305.17	876.35	318.87
	釜倉村	180	115.07	437.33	114.88	436.8	122.33
	影平村	116.16	109.42	200.63	111.65	200.19	115.25
	蔵貫村	163.33	105.47	226.17	122.85	225.71	135.51
	布喜川村	304.84	158.76	527.01	160.47	526.39	169.55
	河舞村	156.83	43.79	462.29	43.79	462.04	59.51
	五反田村	225	118.71	321.09	157.14	282.69	181.46
	八代村	181.5	128.41	287.57	131.01	287.04	131.32
	南茅村	123.33	90.16	233.18	90.17	232.92	97.79
	松尾村	138	159.52	262.23	160.92	262	166.98
	北茅村	134.33	113.29	152.37	114.48	151.94	127.18
	向灘浦	145.15	23.13	464.18	24.22	463.85	24.86
	八幡浜浦	315.48	142.1	229.66	140.04	227.07	141.19
	栗野之浦	31.07	27.19	66.4	28.62	66.32	29.82
	矢野町	395.7	237.95	76.87	237.39	76.19	254.03
	舌間浦	113.37	38.71	209.43	38.61	209.19	39.6
	合田浦	76.91	19.53	306.15	19.47	305.97	19.47
	馬目網代浦	152.09	88.9	304.01	88.76	303.45	89.42
	穴井浦	151.75	49.87	525.01	49.75	524.01	49.71
	加室浦	75.86	56.29	147.13	64.43	202.61	64.79
保内組	須川村	422.83	187.81	1141.94	188.26	1140.16	190.16
	日土村	1735.16	893.12	4727.7	896.12	4703.41	918.02
	喜木村	518.5	334.9	771.88	331.93	772.55	355.79
	宮内村	884.66	620.41	1351.06	617.1	1346.16	630.73
	両家村	112.5	49.59	224.38	49.59	224.04	51.01
	枇杷谷村	152.5	97.77	270.2	98.01	269.1	100.01
	鼓尾村	98	44.01	314.52	44.01	314.39	44.98
	川石浦	322.95	64.15	895.26	68.08	894.25	75.17
	伊方浦	775.77	299.29	2594.3	300.61	2591.68	303.7
	九町浦	350.73	148.95	615.85	147.93	614.54	151.21
	二見浦	171.54	58.26	435.42	58.15	435.15	59.27
	三机浦	512.03	210.82	2641.9	197.2	2540.72	197.28
	三崎浦	755.46	295.16	2816.53	301.78	2920.55	307.88
	磯崎浦	591.2	268.65	484.32	267.82	482.6	269.71

注１：『大成郡録』より作成。
　２：田を持たない浦は除外している。面積は反・少数２位以下を切り捨て。＊印は記載がない。
　３：①は内拚検地(寛文12年)時、②は宝永３年時、③は宝暦７年時である。

第二章　鬮持制度と「本百姓」の成立

前章で「第七巻」農書が、文面通り受け取り難いことを示した。本章では『清良記』を通してみた、宇和島・吉田藩の藩政と、導入された鬮持制度によって「本百姓」が成立する過程を追う。

一　「一両具足」と「一簾」

「第七巻」第七章「一両具足附田畠夫積の事」の冒頭には、「一、此頃田地一町と言は、近代一両具足と言侍壱人分の領地也」(1)と記され、その後は、前章で論じた労役の記述が続く。

小野武夫氏は、土佐藩山内家の中枢にいた野中兼山の言を引いて、土佐の一両具足とは「一種の屯田兵にして少許の土地を有し自ら耕して家計を営み、又自ら飼へる馬を有す。平常一の勤仕なく且つ儀式的なる社交の拘束を受けず日夜武を講じ、筋骨を鍛錬す。而して其出耕の際には甲一領と鞋と糧とを槍に縛して之を隴上に植て、(2)一旦事あれば直ちに之を執て軍陣に赴く、其動作の機敏なること斯の如く、気象又極めて精悍成り(3)」と記している。

小野氏の表現は、いささか詩文のようである。また、野中兼山が風変りな彼らを弁護する視線と、長宗我部氏の後に入封した進駐軍の山内家が、中世の延長線上にあった土佐郷士を奇異なものととらえる視線も含まれているようである。

一両具足は、土佐でもどれだけの領地を持った者かは明瞭にならない。長宗我部元親の事績を中心とした軍記物である『長元物語』には、「他家ニテハ馬廻分程ノ侍也」[4]としている。永禄一一年（一五六八）までは、伊予・土佐の境目勢力は『清良記』の記す状態ではなく、土佐中村の一条氏の傘下、あるいは影響下と見る方が自然なので、『長元物語』の「他家」にはこの境目勢力が含まれているのかもしれない。伊予でも戦国期の史料には「具足前何領《（両）》」として登場して、「具足前一両」は六六石に相当し[5]、「一廉の者」と扱われていた。

『清良記』の合戦場面に登場する「騎」には、古くは馬乗りの「主」と、「旗持」という主と離れない騎乗の者と郎党が付属したが、戦国時代には、主自ら旗指物を背負って旗持を省き、郎党・下人を従えるようになる。『長元物語』の記述を勘案すれば、この当主と郎党・下人を養うには少なくとも六六石は必要なのである。したがって戦国時代の侍としての「一廉の者」と、『清良記』の「田地一町」を持つ農民としての「一廉の者」とは、三〜六対一の生産高の相違があることになろう。

第七章には「一廉」「田地一町・田畑一町二反五畝」の営農単位に対するこだわりも見える。

「第一の軍法を知り給わぬを以ってなり。されば右の田地一町は此の夫積り半分、或いは三ケ二を以つも形斗には調うべし、然しそれは専一の取るべき実少くして御貢備へ難し[6]」と、一廉の営農単位の三分の二〜半減化に対して、徴税と軍備を整える立場で反対している。つまり、「形斗には調う」という表現からみれば、『清良記』の「一廉の者」は旧来の一両具足ではなく、新たな制度での百姓の経営規模を論じていよう。

「一町二反五畝」の規模は、古代中国の殷・周の「田制」とされる「井田《せいでん》の法」の、「農夫耕して得る処ハ、一夫に付き百畝（我朝の凡そ壱町二反六畝余）の田にして、上農夫は九人を養ふべし[7]」に由来するもので、我が国でも古くから定着・肯定されていた一つの基準である[8]。

第Ⅰ部で現存する改編された『清良記』が、改編者の元代官・土居与兵衛の没年である延宝七年（一六七九）までに成立したとしたが、与兵衛の現役中は、徳川幕府が文治化する中で、「士農工商」の「農・百姓」の、あるべき姿を模索する時期と重なる。

大島真理夫氏によれば、「百姓《ひゃくせい》」の中から武士・公家・僧侶・神官・一部職人・非人などは近世以前に、「職業と役が一致する形で編成された職分的身分が成立する」としている。職分的身分の確定しなかった者が、「行政領域的に村方と町方に区分され、近世の百姓と町人という領域的身分が成立する」とする。また『本佐録』から、百姓の支配原理を「百姓支配の根本は、所有地を確定し、再生産必要額を見積もらせて、残余を年貢として収納する」こととし、統治者の資格については「統治者に対して百姓の再生産の保障をすることを義務として果す」、「果たされない場合には統治者は支配者の正当性を失う、という政権崩壊への理論ものべられていることも重要である」と、指摘している。(9)

中世から軍夫・夫役（賦役・役儀）を負担する者は、「一人前」の百姓として扱われていた。

たとえば藤木久志氏は、「村内でも古くから特定の家格をもつ百姓（草分け・年寄りの家筋・公事屋など）の家に限られ、これが、標準的な家という意味で「一軒前」とよばれ、その他の小百姓と厳密に区別された」と、している。(10)伊予でも、前政権の豊臣氏の時代には「居屋敷」、前章第二節で引用した松山藩の例では（史料5）「石居」と、軍夫を負担する家が登録されている。(11)

しかしながら、時代の変遷で、これらの者がその規模を維持できる保証はない。

寛永一四年（一六三七）の島原の乱以後には、実際に軍夫を動員せねばならない事態も乱の反省から稀となったが、軍政を建前とした幕藩体制では、領民から安定的に年貢を徴収し、賦役を動員する支配体制を正当化するために、統治者の資格の範囲で、年貢と役の負担者としての百姓の身分と、太閤検地で出来なかった営農規模の策定を模索することになる。

この幕府の統治イデオロギーを裏づける役目を、多くは儒者が担当している。その「長」であった林羅山は、百姓の規模について、「陣法」と題して、次のように述べている。

本朝先《キ》レ是《ヨリ》雖レ有《リト》二陣法一而到《テ》二于吉備公《ニ》一蓋詳《ナリ》矣夫陣法者《ハ》権《ス》二輿乎黄帝風后《ニ》一始《テ》画《シ》二井田《テ》一寓《ス》二兵於農《ヲ》一其《ノ》法《ニ》兵家謂《フ》二之《ヲ》握奇《ト》一及《テ》二太公《カ》之治《ルニ》レ斎《ヲラ》専《ム》脩《メ》二井田之法《ヲ》一有《レハ》レ事則以《テヲ》レ之為《ス》二軍法《ト》一故《ニ》以《テ》二井田《ヲ》一為《スルハ》二軍法《トレ》一是周官《ノ》之遺法也《ナリ》。(12)

陣法は中国古代の伝説上の黄帝・風后から生まれ、周の文王の父の代に、「井」型に区画した農地を有事に備えた軍法の基本として採用した。わが国では、遣唐使を務め、恵美押勝の乱を平定した吉備真備が採用したとしている。

この律令の時代に採用されたモデルを踏襲して、「夫地方《ぢかた》と云て、外に求むべき道なく、相因り相養ふの本、聖人利用厚生の道にして、仁政を行ひ、井田《せいでん》を以て地方の始源とす(13)」と、「井田法」の説く理想の耕地面積を持ったものを、「本百姓」として推奨する。幕府あるいは林羅山の考えが広まって、一部の藩でも再編・本百姓体制の導入が行われ、(14)吉田藩では鬮持制度として実施に向けて動く。

『清良記』の「一廉」や「形斗には調う」という表現は、軍事政権の一翼を担う藩として、安定した徴税体制と、軍役に備えた動員体制を、井田法に求めて模索して行くさまを表している。

「大将の国法、軍法を出さるる（見出す）には、古代の記録を引被用（きもちいひて遊ばされ）、又は匠道師（師道）を置いて（いて）学ばる(15)」とした過程をもって、井田法の説く本百姓を模して鬮持制度での「一廉」の「本百姓」の創設に行き着く。つまり、『清良記』は年貢・軍役負担の中核を受け持つ、近世の「本百姓」が生まれる過程を描いている。

制度下での村の階層は、「庄屋」「村役」「本百姓」、本百姓の半分の耕地しか持たない「半百姓」、前章第一節でみた史料1の迫目村にはいなかったがさらに半分の耕地しか持たないごく零細の「四半百姓」、さらに役務の一部が免除された「もうと・無縁」がその下に置かれ、百姓の身分制度と規模を確立する。

第Ⅰ部第二章第四節で『清良記』本文を引用したように、「上農」は、屋敷を山際に据えて、親譲りの下人を抱え、下人を含めた家人一〇人と、三廉以上の耕地を持つ「庄屋」のことである。これは、「中世以来の家父長的経営を維持する・させようとする手作地主」[16]であり、自らを「一廉の者」と呼び戦国時代の一両具足に比定した、本百姓三軒分以上の規模を持つ者のことで、下人には、濃い血縁の差配人・補佐人が含まれている。庄屋は、鬮持制度では三廉分以上の田畑と庄屋給田を与えられ、家族・下人と、鬮持百姓から徴収される労役とで経営し、特権として鬮持百姓に課される役が免除されている。

『呂氏春秋・士容論』[17]に書かれた「上農」は、営農に秀でた者をいっているが、『清良記』では庄屋のことを指している。無論、村の指導者でもある庄屋は、営農にも優れた上農でないと勤まらない。

『清良記』の一両具足は、話の「枕」にすぎず、幕藩体制下の編者が、軍法のもとに、自らの規模と立場から、戦国時代の侍・一廉の者と対比した意識で書いているといえよう。

二　吉田藩の鬮持制度

第Ⅰ部第四章第三・四節でも触れた「鬮持制度」をみる。

割地・地割・ならし・門分などとも呼ばれるこの制度は、『地方凡例録』によれば、古代中国の殷・周の井田の法に遡る「水損均分」の制度だとされている。[18] わが国では、大化の改新の割地や斑田がある。[19]

この制度について古島敏雄氏は、近世に入り、大河の流域の新田などに見られるとしている。[20] 開発の余地がなくなり、洪水の恐れがある地域でも営農が試みられる。洪水から免れれば、投入した経費に見合うので、一種の組合としてこの制度を導入する村落が形成されたという。また、牧野信之助氏によれば、近世の鬮持は太閤検地をきっかけとして起こり、太閤検地が未完成のまま江戸幕府体制となり、「妥協的過程として、再検地―内検地―割地（持分転換）の順に展開する」とされる。(21)

青野春水氏は、自然条件だけではなく、太閤検地以来の村全体にかかる税負担「村請」と、「かずき・かつぎ・余内・与内・与荷・冠」と呼ばれる高額貢租を担うための農民の工夫が、「村型割地」を生み、全藩の要請で起こる「藩型割地」、あるいは中間の「藩村型割地」が見られるとしている。(22)

残念ながら吉田藩の鬮持史料は少ない。ただ、本藩の宇和島藩の史料『不鳴条』に、リアルタイムではないが、この制度が実施される経過と、内容の断片が記録されているのでまずはこれを参考とする。

　寛文六午年前代未聞の洪水、御領中田畑ハ不レ及申百姓の居屋敷迄悉大破流失之地夥数出来、百姓共必至と取続難レ成、依レ之当然種々御介抱を以、五六ケ年の間田地開作等被ニ仰付一莫大の損失故、中々不レ及ニ元地一、殊更上田ハ下田ニ成り、百姓持分の田地至極不陸ニ成、諸民不安難儀之所難レ被ニ捨置一依レ右上体思召之趣有、其段下方へ重々聞合等被ニ仰付一候所、百姓共致ニ心得一候ニ付、寛文十戌冬より同十二年迄三ケ年之間、冬春の内検地被ニ仰付一候、是を内抃検地と申事。(23)

寛文六年（一六六六）の前代未聞の大洪水により、田畑・屋敷の被害が大きかった。田畑や家屋敷を失った百姓に、藩が色々と扶助を行ったが実効が上がらず、(24)整備に努めた田畑の品位がまったく変わったところもあり、納税に不公平が出た。このありさまに、藩が鬮持制度を提案したところ、百姓が受け入れ、寛文一一～一二年（一六七一～二）に、内抃《うちならし》検地を行った。

　一、検地人ハ地組之庄屋六人、并竿持之者二人召連候、勤之内御扶持方被レ下之、右の外上より証人不レ被ニ仰付一也、畢竟押て不レ被ニ仰付一事故也、畝引案内之者ハ、其所の庄屋役人頭百姓出る、検地不合点の品ハ、幾度も改直し有體ニ仕る様被二仰付一候事。

一、石盛の儀ハ、検地人より不レ及二差図一、其所庄屋役人頭百姓相談の上、土地相応に勝手次第盛付候之様被二仰付一候也、仔細ハ持来候田地依二多少一本百姓半百姓と各名付、尤餘計所持の者ハ本百姓何人前と相定、検地以後田畠上中下取合、一鬮仮反割の畝数を極、鬮取を以て主て付被二仰付一筈ニ候得バ、石盛の依怙可レ到様無レ之、尤右之通ニ候得バ、石盛の儀ハ土地相応より下げ申ニ可レ有レ之候得共、於二一村一高下不陸さへ無之候得バ、惣体の儀ハ以二免相一被二仰付一故如レ此。

但此時盛付の米大豆分米分大豆と云ふ也。

一、右の節検地人相伺候ハ、新田幷切畑と申年々作付不二相成一荒地同様の地有レ之候、是ハ雑穀類一作仕付候てハ、又々五三年も荒置、見合を以作付仕る事ニ御座候、然共是等の処一向ニ竿目を除置候時ハ、隠田畑の様ニ可二相見一候、又石盛仕候て御年貢ニ相成候故、御百姓迷惑可レ仕旨相伺候由、此儀至極吟味入レ念弥右の通於レ無二相違一者、竿目の畝数計り帳面ニ記、石盛相除候様被二仰付一候事。

但検地辻高帳之内有レ之無石畝の分是也。

右の通三ケ年ニ検地相済、田畑鬮取を以百姓相定り、牒面御郡所ニ差出候事。

一、小役小物成幷千石夫銀、其外一切之上納物右鬮数ニ割付相納候事。[25]

検地人には、「地組」と呼ばれる複数の村組の庄屋がなり、「竿持」を使って田畑の面積を測る。その期間の扶持は、藩が支給し、藩は証人も出さない。証人を出せば、押し付けたようになり、トラブルのもとになるからだとしている。藩はあくまでも、「案」を百姓に提示し、百姓の合意のもとで自主的に行うものだとしている。

検地の案内人は、その村の庄屋と村役があたり、検地に不審があれば納得するまで何度も行う。石盛は、村の百姓と庄屋で協議して、土地相応に勝手に盛り付けてよい。その後で鬮持制度を導入して、従来の持分の多少により、本百姓、半百姓と分ける。田畑の品位を組み合わせて「鬮分」を作り、鬮取を行って本百姓・半百姓として独立させる。したがって、石盛に不公平さえなければよい。また、個々の田畑の石盛が低くても、総石盛が村高と同じであればよい。その理由は、年貢は免率で指示するので、個々の石盛が低くても支障が起こらないからである。

この検地の高を、田は「分米」、畑は「分大豆」と呼ぶ。「新田」、ならびに「切畑」と呼ばれる数年に一度植える耕地は、検地帳に載せないと、隠し田畑のようなので、帳面に付けるが、「無石」とする。従来、「本高」を京桝に換算した「京桝高」を基準としていた「小役」「小物成」、浦に掛かる水夫役の「千石夫」は、今後この検地高に基づいて割り付ける。

一、村中畝数高を其村の内百姓高ニ割、本百姓一人前田いか程と平等ニ割申候、地割ハ本役無役の無ニ差別ニ村中の百姓高割申候、本百姓壹人一人前の当りを以、夫々ニ割付申候、尤干田深田土地善悪組合申候。

右の通御座候故、一村人数田畑多少ニ寄、田畑当り員数相違有之候。[26]

村の耕地面積を、本百姓一人前に与える面積（鬮分・廉）で、平等に割付け（地割）る。地割は、従来の「役百姓」「無役百姓」をご破算にして、高割に移行し、本百姓一人分（一廉）で一人前役を割付ける。地割には、乾田や深田、土地の善悪を組み合わせて公平に行う。

鬮持の儀ハ、先年内扴検地之節、村中の田畑之善悪ニ応じ、分米大豆迚出来石の位を盛付、譬五十鬮と極候村ハ、其村の田畑有切之畝数を善悪組合、五十廉ニ分け、百姓ども出会候而鬮取りニ仕候故、本百姓一人前を壹鬮と申唱候、依て半鬮又四半鬮と申候、右一鬮の法を以て田畑配分仕、主付之者数増候へ共、都合仕る時ハ本百姓五十人分不易之鬮高御座候、（後略）[27]

鬮持とは、田畑を内扴検地に基づいて石盛し、乾田・湿田や土地の善悪を組み合わせて、一鬮分を作る制度である。その村の、村高・耕地面積と軒数を勘案して総鬮高を決め、五〇廉とすれば、五〇等分した一鬮分を作る。さらに半鬮、四半鬮を作り、一鬮分の「本百姓」、半分の「半百姓」、四分の一の「四半百姓」に鬮引で分配する。したがって、直接納税する百姓が従前より増えるが、役儀は、一鬮分の本百姓五〇人分（五〇廉）として、「不易」となる。

それまで役負担していた者や、耕地面積を多く持っていた者が本百姓になる。年貢は、村ごとに下札として免率を決めれば、鬮分が公平なので、自動的に各戸に割り当てられる。以上が、鬮持制度の根幹である。

つづいて庄屋・村役の処遇をみる。

一、庄屋無役何人前と有レ之義ハ、其村の京升高ニ応じ御定有レ之事、本百姓へ割付候田畑を無役人数ニ応じ作り申候。四色小物成九色小役千石夫、其外諸役御免ニて御座候。

一、組頭無役地右同断、組頭一人ニ無役半人前づゝ御免、然共前々庄屋勤来候村を外村へ附村ニ被二仰付一、其所の庄屋を與頭ニ被二仰付一候所ニハ、右半人無役の外ニ本高之内壹人半前作り申候。

一、横目ハ畑二畝づゝ居屋敷ニ被レ下候事。

一、庄屋給田ハ、京升高千石ニ付田一反宛の積被レ下候事。

一、庄屋へ百姓中より夫遣之事、本百姓一人前より男二人女一人都合三人づゝ差出申候。[28]

「庄屋無役地何人前」については、次のように規定されている。

一、京升高二百九十石迄　本百姓　三人前
一、同三百石より四百九十石迄　同　四人前
一、同五百石より六百九十石迄　同　五人前
一、同七百石より八百九十石迄　同　六人前

一、同九百石より千九十石迄　同　七人前
一、同一千百石より千二百九十石迄　同　八人前
一、同千三百石より千四百九十石迄　同　九人前
（以下略）[29]

一、寛文十一亥八月、御言付の内前後略す。
京升高千石ニ付田地一反充庄屋へ被レ下候也、其意趣ハ今度御浦里地抔諸庄屋出会竿入、村中の田地高下なく平等、庄屋作り目高ニ応じ百姓幾人前と相定り候故、前ニ作り来り候田地の内、或ハ村中へ出し或ハ下人を百姓ニ仕付、役義等相勤候て如レ此の條地抔地下人鬮いたし、作付の年より右田地の年貢米引方、御代官御算用ニ相立候様被ニ申渡一べし、尤右之通故地下百姓の役義等かろく成申筈也、且又年来庄屋手前へ百姓手前より、横成米出し来分、自今以後可レ為ニ無用一候、依レ之今度百姓共より少々合力米の儀、郡方より定を以可レ被ニ申付一也、其外庄屋年中地下の男女雇遣申夫数の定、前々より雖レ有レ之弥改可レ被ニ申付一也。
右ニ付里分ハ本百姓より一人付米三升づゝ、浦分ハ一人ニ付大豆三升づゝ出候様、御郡処より申付也。[30]

庄屋が旧来持っていた持高分は、いったん村に出し、村高（京桝高）に応じて、諸役免除の特権が付いた本百姓三人前以上の「無役地」が与えられる。その他に、「庄屋給田」として、村高一〇〇〇石につき無税・無役の田一反が与えられる。また、庄屋には、下人を独立させた結果労力が不足するため、本百姓一人前当たり、男二人女一人合計三人の割合で労働が提供される。

組頭には、諸役免除の特権が付いた、半廉の無役地が支給され、庄屋が不在となって組頭に庄屋代理が命じられた時には、一・五廉を付与される。横目には、居屋敷に畑二畝が支給される。

百姓の頭数が増えた分、百姓の戸別の役儀は軽くなるはずである。今まで百姓が庄屋に払っていた、「横成米《よこなりまい》」(31)は廃止する。代わって里には本百姓より「米三升」、浦では「大豆三升」の「合力米」を負担させる。庄屋は集められた合力米の中から盲人の扶助料を負担する。(32)

庄屋への労役提供(庄屋役と呼ばれる)は、寛文一一年八月より男女各二人と増徴され、「食出立《くいいでたち》」が「双方勝手」と改められている。食出立とは、食事が百姓の自弁だったことだが、双方勝手となって、庄屋が用意するようになる。(33) また、半百姓は男女各一人、四半百姓は一人の労役が割り当てられる。(34)

宇和島藩では、あくまでも、藩が鬮持制度の案を提示して、村・浦が自主的に行ったとしているので、記録も意図されたように断片的である。吉田藩でも鬮持制度が行われているが、その研究は、本藩・宇和島藩研究の片手間に触れられる場合が多く、吉田藩史料が少ないこともあり、一般的な本藩・支藩の関係から類推されて、いずれも本藩の制度を模倣したとされる。(35) しかしながら、第Ⅰ部第四章第二節で述べたように、本・支藩関係は特異なものである。

吉田藩の史料である『郡鑑』に寛文六年七月の洪水被害村などで、「検地」が行われたことが記録されている。

「寛文六年七月三日四日洪水ニ付年々指引御村の覚」

音地村　右は延宝弐寅年極月御検地之上如此　但奉行人中川半兵衛　片岡十郎兵衛

吉野村　右は寛文九酉年分但元免ニ受申ニ付御検地入り不申候

蕨生村　但申ノ冬酉春洪水村へ御検地入如此　御検地奉行金原九兵衛　桜田八兵衛　久徳左五兵衛　鈴村弥兵衛此外下役人

高野子村　但寛文八年申霜月吉日より高野子村御竿初　御検地奉行金原九兵衛　桜田八兵衛　久徳左五兵衛　鈴村弥兵衛此外下役人

右の四か村のうち寛文八年霜月に高野子村で検地が行われ、これが「竿初め」とされる。残る三か村のほかにも翌年にかけて奥野川村・上河原淵村・小倉村・小松村・窪村・延川村・川上村・上大野村・父野川村・下鑰山《しもかぎやま》村・日向谷村・上鑰山村で、検地が行われたことを記録している(36)。

戸鴈《とがり》村・是房《これふさ》村・土居中村の三か村は、寛文六年七月の洪水の被害地域ではなく、検地の記録はない。しかし『郡鑑』を詳細に見ると、石高に変化がある。小物成の「御村より納」という「茶」の記録には、次のように記されている。

「本高弐斤ノ内三拾目ハ寛文拾年戌ノ年より引ル、是ハ是房村百姓屋敷上リ畑田ニ成如此」

「本高四斤百目ノ内百七拾八匁八分四厘ハ寛文拾年戌三月より引ル、是ハ戸鴈村百姓屋敷上リ畑田ニ成故如此」

「本高六斤ノ内三斤ハ寛文拾年戌ノ年より引ル、是ハ土居中村百姓屋敷上リ畑田ニ成如此」

また、戸鴈村の真綿・新漆・漆実の記録には、「寛文九年とり引ル右同断」とある(37)。

「御小物成帳御支配之写」には、是房村・戸鴈村・土居中村に、「右之御村へ下役人被遣、右五色ノ木掘崩、畠ニ成候を見届戻り、御了簡之上引ル(38)」とある。

さらに「三万石御領三高田畑御物成並免替リニ上下ノ覚」には、次のように記されている。

戸鴈村　此内寛文八申年より畑田増ス
是房村　此内寛文八申年より畑田増ス
土居中村　此内寛文八申年ニ御百姓屋敷代いたし其役田ニ成ル(39)

この三か村で、個々の百姓の意思で、寛文八年に屋敷の建設がたまたま集中したとは考えられない。これは鬮持制度導入によって、堀立家に住んでいた小百姓や下人・小作人が鬮持百姓に取り立てられ、居住と農作業のために、「制度として」新たに屋敷を建設したと理解される。[40]

すなわち吉田藩では、宇和島藩に先駆けて、寛文八年（一六六八）から検地が行われ、また、検地を行わなかった戸鴈村・是房村・土居中村でも「割地」が行われ、鬮持制度が導入されたと考えられる。第II部第一章第一節で言及した迫目村の「牒」（史料1）の寛文六年二月が、吉田藩での鬮持制度導入の初出文書となり、同八年の年貢に反映された戸鴈村・是房村・土居中村では前年の七年に、洪水の被害を受けた村では八・九年に施行されたことになろう。

寛文六年の洪水被害村では、その秋に「内検地」が行われたとされている。この内検地は牧野信之助氏などの研究に述べられるものとは異なり、「検見」と呼ばれる作毛の査定をして、定免で示された収税額を修正したものであると推定される。

内検地・検地が、戸鴈村・是房村・土居中村のように記録されなかったり、吉野村や沖野々村・岩谷村のように「元免」で請けて検地が行われなかった例もみられ、さらに音地村のように延宝二年（一六七四）に個別的に遅れて検地が行われているのは、検地の手間を省き、出来るだけ早期に鬮持制度を実施することを目的としているのではないだろうか。

『郡鑑』では、検地の行われた村には、正保四年（一六四七）に行われた検地の[41]「御竿高」とは別に、今度行われた御竿高と、それに基づいた新たな京桝高が[42]掲げられ、元免で請けた村や、洪水の被害がなかった村は、旧来と変わらない。この京桝高は、村によって御竿高との差異がまちまちで、何を基準としているのかわからず、吉田藩では、その後も小物成・諸役を従来通の京桝高で負担させている。

宇和島藩では、内拚検地を従来より三寸短い「六尺竿」で行ったとされ[43]、小物成・諸役も、新たな検地高で納めることに変更されている。吉田藩でも検地が竿を縮めて行われたとすれば、他の村浦と不均衡を生じる。検地を行わなかった村の高を、竿を縮めた出目を折り込んだ新たな換算京桝高で表示して、それに課税せねばならないはずだが、そのような事を行った形跡がない。したがって、竿は従来の六尺三寸を使ったとも推測される。後述するが、吉田藩と宇和島藩では制度に数々の相違がみられ、形態としては吉田藩の方が、古態を示しているように思える。

本節の冒頭に記したが、古島敏雄氏の紹介された洪水被害を分担するための鬮持制度は、逆の渇水を含めて鬮持を生む背景を持っていることにもなる。たとえば第II部第一章第一節で引用した迫目村について、高橋庄次郎氏が解説の中で三間川の北方の氾濫多発地域の「沖」での洪水と本村での渇水を指摘していたように、青野春水氏が分類した「村型割地」が古くから行われていて、これを「藩村型割地」に進めた可能性もある。

渡辺順平氏は今治藩の鬮持制度を見出したが、氏は四国の諸藩が制度導入実施にいたる共通の条件は、直前に藩地を分封していることだとしている。(44) 分家を立て藩地が減少するために、藩財政の再構築の必要から、国制度が村浦よりの収税を細密化・安定化する手段とされたのである。

一方、分家された方にも同じ要求が起こる。本藩の財産と行政組織を分与されて分家は発足する。分家が一〇〇〇石単位の小禄であれば、原則として在府となって参勤の必要がない。しかし、吉田藩の場合は三万石という大名で、新たな陣屋と陣屋町の土地造成と建設、江戸屋敷の維持、幕府からの賦役と参勤交代、他藩との交際と新たな出費が起こる。分与された財産はたちまち食い尽くして、財政は逼迫し、鬮持制度を実施しようとする要件は本藩と同様に起こってくる。したがって、細密化・安定化、あるいは支配体制の再整備は、本・支藩を問わず、藩主と藩上層部の積極性の高下により先行されることになろう。

吉田藩全藩地において、鬮持体制が完成した時期については確認できない。三か村で百姓屋敷新築の集中がみられ、藩は制度を利用して『清良記』編者の土居家の権力・財力削減を行い、新たに百姓の身分分化をしていること、宇和島藩では藩から証人を出さなかったが吉田藩では検地奉行を派遣していることなどから、青野氏の類型した「藩村型割地」ではなく、「藩型割地」だと認定することが妥当である。

冒頭で引用した『不鳴条』の「寛文六午御領内前代未聞の洪水」も、他の記録では「七月三日、今夜大風雨、破損在之」[45]、「七月三日大風雨、田畑損所多有之」[46]と簡単に記録され、同年一一月の米の公定相場は、二六匁と寛文四年の三〇匁より下がっている。[47]

宇和島藩の鬮持制度は、吉田藩の制度を模倣し、洪水を口実に実施したもので、従来の吉田藩が本藩を模倣したとされる説は否定されよう。

三　鬮持制度と労役

鬮持制度下の「庄屋役」を、寺尾宏二氏が考証している。寺尾氏の考察では、吉田藩では宇和島藩と異なった労役徴収権が庄屋に付与されており、代表的なものが「野役」「牛役」と呼ばれる。

寺尾氏は「野役」について、「免田（無役地・庄屋給田）に相当するものを、耕作する労働力の賦課の特権を付与されたものが野役である」と定義している。この夫役は、庄屋が「支配地全村民に課し得た夫役と云ひ得よう」として、春夏秋冬いずれの時期にでも徴収できたとしている。野役の労働力が過剰となった、あるいは負担となって勤められない場合は、一人につき米一升あるいは銀で庄屋に納付する。また、時代が下がるに従って、奉仕義務は減員や、食事の提供と変更され、病人などは状況によって減免される。別に「田植役」と氏が仮に名付けた、田植えの時のみに限定された野役があって、庄屋と相対で徴収されていたが、寛政年間（一七八九～一八〇一）以降に、男女一人宛てになっていることも、指摘している。[48]

黒正巌氏は、寛政年間に発生した一揆の考証の中で、「一庄屋野役之事（宇和島三人　吉田八人）」と、括弧内

に吉田藩の田植役を含めた、庄屋野役を掲げている。(49)
寺尾氏は「牛役」について、庄屋は田畑・無役地が広く、多くの牛を必要とするため、牛を持つ者が牛の労力を差出すことで、これは庄屋から野役のように強制されず、庄屋の牛も村民の必要に応じては貸し出され、「是ハ御決定役共難申候」「庄屋と相対の事」(50)としている。百姓間の牛の貸借は、相対で報酬が決められたが、庄屋には無償で貸し出さねばならない程度の規定だった、と推測している。氏は「合力米」について、宇和島藩で行われた「三升米」が、吉田藩では「一升五合米」で、半百姓は七合五勺、四半百姓が三合七勺五才だった(51)、とも指摘している。

高木計氏は、庄屋屋敷の役宅としての公的な部分だけでなく、私的な部分の屋根の葺き替え・造作・障子の張り替え・畳表替えなどにも村民が動員されたとする。この動員は、享和の頃（一八〇一～一八〇四）から一部夫食が支給されるようになり、享保年間（一七一六～一七三六）と寛政年間に、私的な部分の禁止などが、段階的に明文化されたことを明らかにしている。その他にも、庄屋が公用で出張するさいの、食事・薪・草鞋も村民の負担であり、庄屋の慶弔にも村民が奉仕をする。これらの動員と、新規入村者の庄屋への「目見」のありさまなどより、「藩権力によって与えられた合法的な特権の外に注目されることは、私的生活面にみられる庄屋対農民の支配隷属関係である」としている。(52)

第II部第一章第一節で検討した「第七巻」の記述と、耕作面積と人口牛馬を含めた労働力との矛盾は、下人を独立させるにさいして「中世的な庄屋給」(53)の一部である労役徴収を維持しようとする庄屋の主張にほかならず、『清良記』の「労役」に関する記述は、そのまま鵜呑みにはできない。

そこで、寺尾宏二氏が「中世的な庄屋給」と表現した庄屋の労役徴収権が、どのように生まれ、続いてきたかを検討する。

土居清良は第二九巻で、小早川氏の被官となった。豊臣政権下では原則的に、武士は土地と切り離され、土地を所有できなくなった。したがって、武士は政権の動員に備えて移動できる者に限られる。小早川氏が、九州へ国替えされた時点で、九州へつき随うか、隠棲あるいは帰農するか、土地を離れて他に仕官の口をみつけることになったはずである。

同巻第五章の家老土居左兵衛の上意討ちや、同第六章での清良の長男・重清の自殺は、土居家の去就をめぐる対立を表していよう。九州移転派である重清と左兵衛が敗れ、清良は結果として、隠棲の道を選んだことになる。重清は小早川家の嗣子として養子になったと書かれているが、実態としては人質を兼ねて出仕しているに過ぎず、清良が移転を拒否したことにより、立場を失い自殺した。

第三〇巻第五章で語られる戸田勝隆の入封では、「前方の侍をめでて似合いの領分を下し民を撫育の政あらば、いささかの凶事もあるまじきものを」と、清良たち土豪を、豊臣政権の基本に従い起用しなかった。さらに、「前年の田畑の主どもをありのまま書き付け上げよとのことなれば、古には威勢をあるところを知らしめんとて、残りなく書き上ぐれば、その帳をもって年貢をはかりける」と、豊臣政権の制度、近世の体制を伊予に持ち込み、「書上・指出（書面上の検地）」が行われて、一層の混乱が起きたことを記している。この部分は講談である。つまり、小早川氏の支配の始めに書上・指出がされ、その後に当地で小早川検地・浅野検地と呼ばれるものが行われており、戸田氏はそれを引き継いだだけである。

「太閤検地」は、武力を背景に全土を把握し、そこに石盛を行って高率の年貢・役負担を課して、開墾過程・荘園制度・寄進・譲渡などがもたらした諸権利関係・寄生関係を生んでいた部分（得分）を政権に仕える領主に収納させ、結果として土地寄生者を排除した。また、石高に対しての軍役、夫役の人数割り（動員掌握）を簡便にする。伊予では小早川検地のさいに、土豪が小早川家の知行人として存在を認められ、土豪の取り分を温存するために長い竿が使われた。しかし、小早川氏の転封によって戸田氏に代ると、水軍などの特殊技能者や占領地・征服地として治めるために必要な者以外は知行を認められず、原則として排除の対象にしかならなかった。戸田勝隆は、文禄の役に家中・軍夫を総動員し、入封当時抱えなかった旧土豪も一部抱えて出兵させる。戸田氏は苛酷な動員を行って農漁村を荒廃させる。土豪の取り分を含めた竿を短かいものに補正する暇もなく勝隆も陣没し、その後に藤堂氏・冨田氏と短期間で支配が変わることになる。冨田氏は佐田岬の付け根に運河を掘ろうとした暗君で、些細な事件を理由に廃絶され、急遽支配経験がある藤堂氏が代官して伊達氏に引き継がれる。

この混乱期の苛酷な年貢徴収を行うため、「村請・庄屋請」に応えられる、旧土豪出身者が多く庄屋・村役に任用されることになる。三好昌文氏が、旧支配地を離れて任用されていると指摘したのは[54]、土豪たちがいったん土地寄生者・旧支配者として排除され、時間を経て身分を代えて任用された結果を表している。支配者の度重なる変更は極端な「村請」依存体質を生み、知行制を採用していても短期間で給人《きゅうにん》が変わり、給人の恣意が入る余地は小さい。庄屋村役の旧来からの慣習を温存させたことで、旧土豪は侍としての特権は剝奪されたが[55]、村役人として小早川検地でも温存された旧来の特権意識を持ち込み、村民に君臨した[56]。一方、庄屋村役の任免・移動権を持つ藩は、これらの庄屋村役を藩役人に跪かせ、権威を一層高めるために利用していた。

伊達家の宇和島入封の場合は、元和元年（一六一五）に「五十七騎」の極めて少人数規模で支配が始まっている[57]。入部当初は知行制を採っているが、北国出身者の多い給人が、風土の異なる給地で、新たな制度を実施する事は困難であり正保検地のさいに、知行制は廃止される[58]。明暦三年（一六五七）の吉田藩分藩当初には、知行制を採ったかのような記録がある[59]。しかし、長谷川成一氏が、「一ヶ村に平均三名ないし四名の給人が給地を持つ場合が普通であり、必然的に、彼らが恣意的な支配権を自己の給地に持ち得ることはなかった[60]」と、指摘するように、形骸的でしかない。

宇和島・吉田藩では、庄屋を頂点とする村支配が行われた。この庄屋の持つ労役の徴収権、牛の無償提供、庄屋屋敷の保全・慶弔のさいの労働提供などは、寺尾氏・高木氏などの考察や、『清良記』の労役記述の検証から、中世末期の支配層・兵農未分離の領主や村役が、隷属農民に持っていた、労役の質・量が、近世になっても変わらなかったことを示しているのではないだろうか。

伊予は有力な国規模での大名をもち得ずに、戦国時代が終わる。このために、郡規模以下の有力者の相克や、他国からの侵攻を再々受ける。中野・河野氏や、深田・竹林院（西園寺）氏のように、敵に降る場合もあるが、一条氏や長宗我部氏の代官に、占領地として支配されるのは、さまざまな不利益を蒙る。したがって、居付きの武将が城を守り領民を保護する、あるいは領民も共に戦う道を選ぶ。この過程でさまざまな労役が生み出されていったと考えられる。そして土居清良の存在意義は、領民を保護することにあり、領民の保護を貫徹した記憶があったからこそ、後に清良が神として祀られることに村民から異議が出る余地はなく、「清良神社」が創建されることになったのである。

「天下統一」とされる豊臣政権下での戸田氏の入封により、土豪・小領主が排除された結果、中央政権と国郡単位の領主の強権を、直接村単位で請けることになる。際限のみえない賦役や参勤交代を強いられる藩への軍役・国役、給人への公役、灌漑水路の保全や村社への奉仕などの村役、そして庄屋への労役と、近世の体制の中で中世の亡霊のようなものが残り、重複した過大な労役に悩まされる事態になったのではないだろうか。

戦国乱世と呼ばれる時代が終焉したが、逆に当地では大きな混乱を招き、農民にとって運命共同体、あるいは身近な保護者の喪失は、村請としてではあっても強権が直接的に農民に押しかかり、再生産はおろか食料の確保も出来難く、死の影におびえることになる。

近藤孝純氏は、多田組坂戸《さかど》村での悲惨な例を紹介している。

伊達遠江守秀宗公御拝地代々御知行也。然ニ元和年中不作重リ、給人此処エ来テ、無量寿山寺領不残取上、剰エ男女七十余人豊後之地エ売渡ス。是ニ恐テ里人悉ク逝去、漸々門百姓九人止ル

右の農民売却の例のほか、秀宗が江戸出府に臨んで老職に与えた書中に、「一、給人衆百姓悪しく召仕、知行荒所不成様可申仕事」と、家中に牽制の文書を出さなければならなかったことを示している。(61)

岡光男氏は太閤検地の影響について、在地の小領主（名主）を排除して、彼らに対する作合（小作料）を否定し、直接耕作者である百姓の土地保有と小農経営について検証して、小規模耕地しか持たない小農の不安定さを、凶作にあえば餓死あるいは「走り百姓」になる他はない、と表現している。(62)

走り・欠け落ちした百姓の土地は、村請として年貢を負担するため、青野氏の指摘した「村型地割」として、「くじ引き」で耕作を割振ることになるか、放棄者の年貢を負担できる者に耕地が無償に近い形で集積されていくことになる。

「村請・庄屋請」による庄屋の恣意や財力からも、庄屋に富が蓄積される。しかし、百姓の零細化が進行して富の集積が頭打ちとなり、第Ⅲ部第二章第五節で触れるが近世前期の大きな経済変動の中で、走り・欠け落ち者を吸収する地域の消長も起こる。藩から走り・欠け落ち者が出ることへの責任を負わされた庄屋には、発生を防ぐための負担が重くなる。(63)寛永一九年（一六四二）以降に、幕府は農政に関する法令を多数出して基本を確立する。(64)諸大名に発令した大枠と、幕府郡代・代官領に向けた細目とが、幕府の意向として集大成されて諸藩に受け留められたものが、いわゆる『慶安御触書』となり、一方、幕閣要人の思考が本多佐渡守に託されて、本章第一節で言及した『本佐録』となったようである。農政に比重を移したいわゆる文治化の中で、『本佐録』で指摘された統治者の資格・正当性は藩主にも求められ、一知行人の行った領民売却という荒っぽい所業は、藩の取り潰しの口実ともなりえる。そこで藩・庄屋・百姓の、あるいは村の構成戸の均衡を回復する、「ならし」である鬮

持制度導入によって、解決の道を見出すことになる。

御年貢を（まづ）取兼られは（取り立てざれば）、何迚借米は済へき（済ますべきや）、夫は私得世（徳政）ニ而候。借（貸）者なくは餓に及なん其時（及ばん時は）、主人より見給（貢）給わす（給ざれば）其者は死（す）へし。[65]……

「徳政・ならし」以外に免れる手段がないことを述べるのは、『清良記』の実質的な舞台が、戦国時代ではなく、改編者・土居与兵衛が、現役だった近世前期であることを物語っている。

吉田藩は藩の体制と財政を立て直し、在郷の権威を抑えて藩の意向が村に大きく働くようにするために鬮持制度を導入したが、現実の村の状況では一般の百姓に当事者能力は少なく、藩の意向と庄屋が対峙することになった。そして、庄屋が既得権益を正当化するための記述が、「第七巻」の一つの主題となる。

第八章の「暇謂立之事」にも登場するさまざまな村の秩序を維持するため、家ごとの個人的な用件をこなす「暇」の必要性を記し、第七章で田畑耕作・養蚕・薪炭の手間などを中心とする男八一一人役を述べる中で、基本となる田畑耕作の基準を耕し難い「古堅田」に求め、稲作の耕作方法には一般の百姓が行い得ないものを主張する。実際の耕作面積と労働人口とが矛盾するのは、庄屋に与えられた数廉の「庄屋の田畑一廉分」を営農するのに不足がない、あるいは鬮持百姓（村人）に対して従前から持っていた特権的な労役徴収権の維持をはかろう[66]とする、庄屋の立場で書かれたからだといえる。

『清良記』「第七巻」に引用されている、『耕作事記』の『耕作問答』『土地弁談』にも、この趣意は書かれている。ここでは、主題からそれるため省略するが、この書は吉田藩の鬮持制度導入の基礎資料として庄屋側で編まれ、藩に提出されたものと考えられる。現存する『耕作事記』には、支配者を「皮肉った」表現が大量に含まれており、単なる「地方書」の類ではない。それを「第七巻」に転載すると、さらに「あざけり」が追加されている。制度検討・実施にさいしての郡方役人の無知と、庄屋側の不満が皮肉な表現を追録させた写本と考えられる。寛文六~八年より吉田藩で鬮持制度が行われたとする直接的な記録はない。『郡鑑』の記す検地と屋敷の新設は、耕地の再配分である「割地」が行われたことを示すだけである、との見方もできるが、『清良記』は、耕地の再配分だけにとどまらず、鬮持制度が導入されたことを庄屋の視点で示している。

「第七巻」第一二章の「をも牛を八里斗参れは、片牛は拾里も其上もありき申せ共、其法を立置くへき為に、男牛仕ふ者を賞して、武家の物頭の如く仕候[67]」という、先導役の頭牛と添役の片牛とを必要とする、実際には行われていない多頭引きの犂耕になぞらえた理解に苦しむ文章も、牛役の徴収範囲決定を巡る文章だとすれば、意味が通る。

(1)『全集』一〇九頁。
(2)長澤規矩也編『新漢和中辞典』(三省堂、一九六七年)「ロウジョウ。耕地の中の小高い丘(十八史略)」五八三頁。
(3)小野武夫『農民経済史研究』(巌松堂、一九二四年)三七四~三七五頁。
(4)『長元物語』(『続群書類従』第二三輯上、続群書類従刊成会、一九五八年)一九頁。
(5)伊藤義一「天正二年笹ヶ峠の戦いについての疑問」(『伊予史談』二〇〇号、一九七〇年)五頁。
(6)『全集』一二八頁、『松浦本』一〇〇頁。
(7)大石慎新三郎校訂『地方凡例録』上巻(近藤出版、一九六九年)一二三頁。上野・高崎藩士大石久敬により、寛政年間(一七八九~一八〇一年)に書かれた。
(8)藤田元春「割地考」(『尺度綜考』刀江書院、一九二九年。臨川書店、一九七六年復刊)。
(9)大島真理夫「『士農工商』論ノート」(『経済史研究』二号、一九九八年)一二一~一二三頁。
(10)藤木久志『村と領主の戦国世界』(東京大学出版会、一九九七年)三二〇頁。

(11) 近藤考純「南予における天正慶長検地帳について」(『近世宇和地方の諸問題』宇和町教育委員会、一九八九年)。
(12) 林羅山「陣法」(『林羅山文集』京都史蹟会編纂、一九三〇年)七四〇~七四一頁。
(13) 前掲注(7)『地方凡例録』五頁。
(14) 寛文年間の実施例としては、黒正巌「舊岡山藩の井田法」(『経済論叢』一四巻五号、一九二一年)同「舊岡山藩社倉法」(『経済論叢』一六巻二号、一九二三年)に、岡山藩の新田で寛文一一年(一六七一年)に施行例が示されている。黒正氏は「井田法」は九区画の耕地を八軒で営農し、中央の区画分を税とすることだと、熊沢蕃山の論を引いて説明している。
(15)『全集』九六頁、『松浦本』九四頁。
(16) 徳永光俊「近世農業生産力の確立をめぐって」(岡光夫・三好正喜編『近世の日本農業』農山漁村文化協会、一九八一年)五〇頁。
(17) 楠山春樹編『呂氏春秋』下(明治書院、一九九八年)。
(18) 前掲注(7)『地方凡例録』上巻、一四頁・一二三頁。
(19) 前掲注(8)藤田「割地考」。
(20) 古島敏雄「近世日本農業の構造」(『古島敏雄著作集』第三巻、東京大学出版会、一九七四年)八九~九二頁。
(21) 牧野信之助「割地問題の一帰結」(『史林』二四巻二号、一九三九年)一二頁。黒正巌「日本農史研究」(『黒正巌著作集』第七巻、思文閣出版、二〇〇二年)では、「大化の改新」→「国一揆」→「太閤検地」→「鬮持制度」→「地租改正」→「農地改革」を、一つの流れとして捉えている。
(22) 青野春水『日本近世割地制史の研究』(雄山閣、一九八二年)第一章・第二章・第六章。
(23) 小野武夫編『不鳴条』(『日本農民史料聚粋』第一一巻、酒井書店・育英堂事業部、一九七〇年)二五〇頁。『郡鑑』(吉田郷土史研究会編『伊予吉田郷土史料集』第四輯、吉田町教育委員会、一九八二年)に「寛文六年午七月三日四日洪水」で吉田藩では御物成二五〇八石余を「引捨」で計上している(一五四頁)。例年の約一七・五%の減収になる。なお、『不鳴条』の刊本引用部分で、「富信」とある筆写者・西園寺源透氏の注釈を省略している。
(24)『弌墅截』上巻(近代史文庫宇和島研究会編『宇和島藩庁伊達家史料』第二巻、一九七七年)河原淵組延野

（々）村の項に、足軽一〇〇人を派遣して延べ八五〇〇人で井溝の修復、延べ二五〇〇人で大井手関の修復、足軽七〇人を派遣して延べ五八〇〇人で石関を復旧したことを記録している（二二四頁）。吉田藩領での動員記録は見られないが、本藩同様に藩の事業として実施され、時期を問わない大量動員を、「暇」記述として非難している可能性がある。また逆に吉田藩では本藩と違い、多数の足軽などを派遣せず、農民の動員だけの復旧指示を行った可能性もある。

(25) 前掲注(23)『不鳴条』二五一頁。
(26) 前掲注(23)『不鳴条』三〇九頁。
(27) 前掲注(23)『不鳴条』二五六頁。
(28) 前掲注(23)『不鳴条』三〇九頁。
(29) 前掲注(23)『不鳴条』三〇八頁。
(30) 前掲注(23)『不鳴条』三二五〜三二六頁。
(31) 前掲注(23)『不鳴条』四三二頁。「横成米」は村高一〇〇石につき一石を庄屋が取っていた。
(32) 前掲注(23)『不鳴条』三二六〜三二七頁。
(33) 前掲注(23)『不鳴条』三三六頁。
(34) 前掲注(23)『不鳴条』二六四頁。
(35) 寺尾宏二「伊予吉田藩の野役・牛役」（『日本賦税史研究』光書房、一九四三年）。大野正之助「宇和島吉田両藩に於ける鬮持制度についての一考察」（『日本歴史』九八号、一九五六年）。青野春水「吉田藩地方役人に関する一考察」（『伊予史談』一五七号、一九六〇年）。高木計「吉田藩村役人の特権的地位について」（『伊予史談』一五九号一九六〇年）などがある。本藩を主題としたものでは、小野武男「旧宇和島藩の鬮持制度」（『農民経済史研究』松嚴堂、一九二四年）。同「宇和島庄屋と無役地事件」（『日本村落史研究』穂高書店、一九四八年）。青野春水「宇和島藩の割地制と村落」（『瀬戸内海地域の史的展開』福武書店、一九七八年）。同「宇和島藩における割地制」（『日本近世割地制度史の研究』雄山閣出版、一九八二年）。賀川英夫「宇和島藩財政経済の発展」（『高松高商論集』二号、一九三八年）。同「宇和島藩の財政と殖産興業」（『日本特殊産業の展相』ダイヤモンド社、一九四三年）。岩

付表　三間三村の屋敷地石盛変化　(石)

村	明暦３年物成(a)	免補正(b)	寛文８年物成(c)	(c)−(a)−(b)
戸雁村	191.7	5.179	211.713	20.013−5.179＝14.834
是房村	169.1	3.698	176.624	8.524−3.698＝ 4.826
土居中村	250.8	8.134	259.934	9.135−8.134＝ 1.0
				20.66

注：免補正は明暦３年より寛文８年の免替り合計。

井忠熊「宇和島藩鬮持制度をめぐる農民の様相について」（『日本史研究』八号、一九四九年）。同「宇和島藩における近世経済の展開過程」（『日本史研究』一〇号、一九四九年）。曾根総雄「宇和島藩鬮持制度施行についての試論」（『東海史学』五号、一九六八年）などがある。

(36) 前掲注(23)『郡鑑』一二三〜一二八頁（第Ⅰ部第四章第四節参照）。

(37) 前掲注(23)『郡鑑』一七六〜一七七頁。

(38) 前掲注(23)『郡鑑』一六九頁。

(39) 前掲注(23)『郡鑑』一一〇〜一一三頁。

(40)「明暦三酉ノ年より亥ノ年迄三ケ年之間御免」により単純試算する（付表参照）。屋敷代は上畑〇・九石で二一・九六反に相当する。平野部の庄屋クラスの屋敷で六〜八畝、山間部では四〜六畝である。仮に一軒四畝とすれば、三か村で約五七軒となる。

(41) 前掲注(23)『郡鑑』一七頁。『不鳴条』二五〇頁。

(42) 前掲注(23)『郡鑑』四六頁。寛永八年（一六三一）に、旧来の納枡を使った「本高」を京枡に換算した高とされている。村によっては整合しない。

(43) 前掲注(23)『不鳴条』「然共表立私検地と申事ハ不相成事の由、彼是ニて内抔と申與、是より六尺竿ニ成也、此度八十嶋治右衛門頭取相勤のよし。竿寸の事、往古ハ一間六尺五寸の由、正保年中岡谷兵衛門検地の節六尺三寸ニ成よし、又寛文年中より六尺竿ニ成也」二五〇頁。

(44) 渡辺順平「今治藩の地割制度と其の伝来関係」（『経済史研究』一一巻二号、一九三四年）。

(45)『記録書抜』（近代史文庫宇和島研究会編『宇和島藩庁伊達家史料』第七巻、一九八一年）一五頁。

(46)『伊達家御歴代記』（前掲注45『宇和島藩庁伊達家史料』第七巻）一八六頁。

(47) 前掲注(45)『記録書抜』一四頁・一五頁。

(48)　前掲注(35)寺尾「伊予吉田藩の野役・牛役」一四六～一四八頁。須田武男編『松野町誌』（松野町、一九七四年）所収の宇和島藩領富岡村「庄屋文書」には、文政一二年（一八二九年）の記録で「先年より門々男女弐人役田植役として田地仕成植付迄出役可致定ニ候」とされている（一〇四八～一〇五一頁）。
(49)　黒正巌「吉田藩老安藤儀太夫の死」（『経済史研究』一号、一九二九年）三一頁。
(50)　前掲注(35)寺尾「伊予吉田藩の野役・牛役」一四八～一四九頁。
(51)　前掲注(35)寺尾「伊予吉田藩の野役・牛役」一四九～一五〇頁。
(52)　高木計「吉田藩村役人の特権的地位について」（『伊予史談』一五九号、一九六〇年）一八～三四頁。
(53)　前掲注(35)寺尾「伊予吉田藩の野役・牛役」一六二頁。
(54)　三好昌文「宇和島藩における庄屋役の出自と系譜」（『松山大学論集』五巻二号、一九九三年）。
(55)　前掲注(35)曾根「宇和島藩鬮持制度についての試論」五五～五六頁。
(56)　黒正巌『百姓一揆の研究』続編（思文閣、一九七一年復刊、初版一九五九年）によれば、百姓一揆の多発地となる伊予の場合、「庄屋又は村役人の非違又は圧制に対する反感より来れるもの頗る多きは注目すべき事項であって、村役人の地位及び百姓との関係の特異性によるものと思われる」（一〇四頁）と、指摘している。
(57)　森退堂筆記・南伊予古文書の会編『藤蔓延年譜』（同書刊行会、一九九三年）。与力は「騎」に計上されていない。
(58)　前掲注(46)『伊達家御歴代記』「正保二年」一八五頁。
(59)　前掲注(23)『郡鑑』一〇五～一〇九頁。
(60)　長谷川成一「支藩家臣団の成立をめぐる一考察――伊予吉田藩の研究――」（『日本歴史』三二七号、一九七五年）。
(61)　近藤孝純「天正検地とその前後の事情について（二）」（『伊予史談』一五七号、一九六〇年）七～八頁。
(62)　岡光夫「小農世界の成立」（古島敏雄編『農書の時代』農山漁村文化協会、一九八〇年）。
(63)　前掲注(23)『郡鑑』「百姓水呑等ニ至迄、欠落或身売妻子等を売捨、作人之家一軒成共絶失候ハ、庄屋組頭可為越落事」一五頁。
(64)　横田冬彦『天下泰平』（日本の歴史一六、講談社、二〇〇二年）一七六頁。

(65)『全集』一三頁。『松浦本』六七～六八頁。句点を付替えている。

(66)抱えていた下人の開放に替わっての措置を主張している可能性も含めて。持高百姓がそのまま本百姓・半百姓にスライドする可能性もあり、新たな労役の創設とは考え難い。

(67)『全集』一六九頁、『松浦本』一〇九頁。

第三章　近世前期の営農と『清良記』の位置づけ

本章では『清良記』を通して、南伊予の営農規模の本流となる「本百姓」が、どのような経営で、どれだけの収穫量を得ていたかを、明らかにしたい。また、導入されていた年貢・小物成などの銀納制度の影響と、鬮持制度で生まれた村の階層による経営差をも示したい。さらに、それらの制度下における『清良記』の改編者・土居与兵衛や近世農民の自然観・農業観と、近世前期農書としての『清良記』を位置づけ、解釈のまとめとしたい。農書としての解釈には、田そのもの、栽培の技、それらを術《す》べる「農術」、社会経済が関わることになるが、これらを逐次解説すれば解釈が断続状態になるため、第Ⅲ部で述べることにする。

一　「本百姓一廉」の経営と収穫量

「第七巻」に書かれた労役は、徳永光俊氏の「見通し付け」と記述の検証から、「庄屋」の田畑一廉分に必要なもので、一般の営農を表していないことが明らかである。

そこで本節では、近世前期における一廉の本百姓や、それ以下の百姓が実態としてはどのような手順で、どのような労力をかけていたか、「第七巻」をはじめとした諸史料の記述を手掛かりに求めてみる。

（一）　女子の労役

稲作の手順と労力は、史料6（史料は第一章参照、以下同じ）を検証する中でみてきたが（第一章第三節）、女子の労役記述に疑問が残る。「第七巻」第七章によれば、女性の労役は、早乙女（田植え）、草取、扱き、籾摺、麦扱き、五畝の「さえん場」の世話、春秋の帷布・正月の着物の木綿織り、二度の食餌の世話とさまざまにあり、[1]「独り狂言をするごとく働かさればならず」[2]として、二〇〇人役を掲げている。しかし、家族構成からみても、日々の炊飯や育児と、家事に忙殺されることが想定され、直接の農作業に二〇〇人役分を振り向けられるのか、疑問に思える。また、問答の事で「早乙女」を一反五畝としているが、常識的にみて少し大きな数字なので、[3]再検討が必要である。

そこで史料1の庄屋・弥右衛門の家（原番42）を使って、女子の労役を検討する。

吉田藩の行った鬮持制度下での庄屋の耕地は、通説では三廉分の無役田・畑と、[4]庄屋給田として村高に比例した田を与えられた、とされている。通説に従えば、弥右衛門は三町と〇・五〇二反の田が割り当てられていることになる。[5]当主夫婦を、村の行政者・監督者として除くと、成人女子（一〇～一五歳はいない）七人、二五二〇人役を保有し、手間をならしてみれば必要数をはるかに上回り、女子は一二・六廉分の労力を持っていることになる。

ちなみに極繁忙期の田植えで、労力を検討してみよう。『清良記』には田の種類を麦田・早田・中田・晩田と分けられる箇所と、麦田・古堅田・水田・山田と分けられ箇所があるので、どちらにも登場する麦田九反余をとりあげて（庄屋給田を比例配分して加え）試算する。

一日一反五畝を植えるとすれば六人役（9÷1.5＝6）となり、麦田以外の残る田（30＋0.502－9≒21.5）を三回・三日で仕付けることとすれば（21.5÷1.5÷3≒4.8）、四日間であれば自家労働で十分賄えることになって、

「田植役」を課徴する必要がなくなる。

しかし、田植えの手間は、田の状態と植える株数によって変わってくる。『農業家訓記』には七寸強間隔とされて、歩（坪）当たり約五〇〜六〇株が見込まれている。『不鳴条』には、「上田」では五寸間隔で一一九株、「中田」には一四四株、「下田」には一二〇株を植えていたとしている。[6] 両書を比較すれば約二・四倍となる。史料6と史料7の「苗とり」と「田植」の役を比較すると、史料7では男女共で「苗取田植共六人」であるが、史料6では男のみで代かき・苗とり・苗寄・ゑぶりならし・水加減と、田植前後の全作業に二人役を計上している。したがって「苗取田植」に限れば半分の一人役とみることが出来よう。史料7の六人から史料6の実質である一人を差し引けば五人役となり、(6−1=5)、反当り五人役、すなわち、女子は一人で「二畝」植えることになる。[7] 早乙女を二畝として、庄屋の田三〇・五〇二反を延べ一〇日間で植えると仮定すれば、一日に一五人余が必要となる。したがって自家労力の七人では賄えず、毎日八人余の「田植役」を徴収する必要が生まれる。

以上は弥右衛門に与えられた田を三廉として試算したが、史料1をよく見ると、制度導入当初から無役地が三廉だったとするには、疑問が生じる。というのは、村の田が三七町六反四畝一三歩・畑が一二町五反九畝とされ、単純に田一町＝一廉とすれば三七廉余、畑が一廉＝二反五畝とすれば五〇・三六廉となり、あえて半百姓を創設しなくても、耕地は村民にゆきわたる。

これに対して、『三間町誌』所収の明治五年（一八七二）の迫目村の記録では、

田、三十六町四反七畝七歩

畑、九町五反二畝二十五歩

御物成　二百八十石六斗五升八合六勺

内米　二百五十六石九升二合三勺

（中略）

家数、六十四軒　内役宅一軒　頭百姓四軒

山伏三軒　本百姓四十三軒

無縁十六軒

（中略）

百姓廉三十三廉五分　但一廉に付き一町割

尤文化十四年丑年御改御下札帳前

内一廉　組頭二人分の役地

二合五勺　小頭四人役地

五合　惣作中地

二合五勺　土居中村池床(8)

とあり、こちらは三三・五廉に対して本百姓が四三軒あり、『不鳴条』などの説明と比較すると、本百姓の軒数が多すぎる。

弥右衛門は、第一章第一節で引用した『不鳴条』の「庄屋無役地何人前」の規定によって、迫目村の京桝高五二〇石余（史料2）を適用されて「本百姓　五人前」の無役地（五廉）を与えられ、史料1（表1）の家番④と、家番②あるいは③の組頭も「組頭無役地右同断、組頭一人ニ無役半人前づゝ御免」という規定により、一廉の役務をともなう田畑と、無役の半廉分が与えられていたのではないだろうか。

史料1の廉を前記のように計算すれば、村の田は三三廉となり明治五年の記録とほぼ整合し、「半百姓」を作らねばならない理由が明瞭となる。つまり、庄屋の耕地についての通説は否定される。(9)弥右衛門の田は五〇・五〇二反となり、前記同様に試算すれば、毎日一八人余の「田植役」を徴収することになる。

ここまでは、「第七巻」には「一廉をモデル」とした労役の書出しが、矛盾を含みながら掲げられていることを検証した。次に「本百姓一廉」が、実際にはどのような作業と労力配分で経営され、どれだけの収穫をあげていたかを推考する。

（2）男子の労役

はじめに大正二年（一九一三）の伊予郡南伊予村の労役集計に関する史料を紹介しておこう。同村は「水田ハ殆ト二毛作ニシテ高低多キガタメ排水佳良ナルモノ多シ、サレバ一部分ニ於ケル谷間ノ耕地、山麓ノ湿田ノ外ハ、縣下ニ於ケル最多収穫ノ栽培法ヲ行ヒ得ベキ地域[10]」とされている。『清良記』の舞台である三間とは隔った愛媛県北部で、時代も大きく後になる上、水田耕起の採用、稲の疎植化、除草に中井太一郎が発明した「太一車」を採用[11]、害虫駆除作業や刈入れ後の調製作業の変化など、条件が異なっている部分もあるが参考までに表1としてまとめた。

それでは、主に史料6を材料に考察を進めよう。史料6によれば「古堅田」の土質は、耕盤作りを必要としない（第Ⅲ部第一章第五節参照）。早期湛水で田を「ほぐし」、乾いたところに生えた雑草を枯らす。ただし、稀に少しの施肥を行うための攪拌作業が必要となる。その後に、早乙女の手指を守り、浮き稲の発生を防ぐため、馬耙・水鍬で古稲株と雑草根を処理して作土をほぐす作業が必要である。すなわち後掲表2のⓐⓑⓔⓕⓖの作業では、二・七五人役（11×1/4=2.75）と見込める。

ⓒⓓは「苗代」作業なので、第一章第三節で指摘したように過大なので三分の一に直すと、約一・六七人役（5×1/3=1.6666）になる。

表1－1　稲作一反当り労力(伊予郡南伊予村、1913年)

荒起し　二毛作田 一毛作田	牛耕1日1反乃至3反平均2反歩 人耕1日6畝歩
整地荒肥料入	整地・土質・肥料の種類と量にて差異あり。普通1人役
畦作代播	地形・土質にて差異あり。8分役より1人2分役。平均1人役
苗取田植	土質・苗の生育にて差異あり。通常1反乃至3反。平均2反 田植は熟練者1反。普通8畝
除　草	1日1反歩。但し手取
内	熊手打3回。1日1人1反歩 太一車2回。旧式のもの1日1反、新式のもの1日2反乃至3反 八反摺6回。1日1人1反半乃至2反
除草総労力	4人乃至8人役とする(集落により変る)
害虫駆除	本田移植時の捕蛾捕卵は1日1人5反内外 本田螟虫被害茎切取は被害の程度に依るが7月中旬に行う時1日1人1反内外。7月下旬8月上旬では4畝以内 注油駆除では1日1人4反～6反。平均5反
害虫総労力	程度にもよるが、6人役とする
稲　刈	1日1人7畝乃至1反歩
稲　扱	1日1人3畝
籾　摺	竹歯の旧来の臼にて男3人女2人にて1日1人5俵
雑　用	1反歩に対し5人役
縄俵製造	1日1人2俵
合計平均	1反歩に対し25人役

表1－2　麦作一反当り労力(伊予郡南伊予村、1913年)

荒起し	田 畑	牛耕1反乃至3反平均2反歩 人耕1日5畝
整地より播種迄	田 畑	1日1人4畝 1日1人4畝
中耕及除草	第1回 第2回 第3回	1日1人5畝 1日1人5畝 1日1人1反
麦　刈		1日1人2反
麦　扱		1日1人1反
調　製		1反歩に対し4人役
雑　用		1反歩に対し3人役
合　計		1反歩に対し17人役

注：ともに『愛媛県伊予郡南伊予村農村農業調査報告書』より。

ⓙ「草取」は、同地域の麦田について『不鳴条』（史料7・表9）が一〇人としているが、これを男女五人ずつとみれば、麦田と古堅田の相違はあるが史料6と一致する。

ⓞ「年貢調べ」の人数五人役には、「津出」と、収穫後の調製作業の「摺」も含まれていると想定されるが、実際には収穫量によって左右される。「津出」は、『郡鑑』に「年貢は九月十月霜月の間に皆済するといへり、とりわき中稲にて御物成大かた上納する」[12]とあるように、吉田陣屋・松丸の御蔵へ搬入される。

ここで一廉分が運ぶ年貢を概算してみよう。史料2の御物成二二九・四石を田数三七六・四四三三反で除すと、反当たり〇・六〇九四石余となる。よって一廉では六・〇九四石余と、ロス米約〇・五石を加えて六・五九四石余を運ぶことになる。一石を一五〇キログラムとすれば、約九八九キログラムになる。史料1（第一章表1）の馬を飼っている家番⑤～㉙番までを、本百姓と仮定すると、成年男子は一家に平均一・九六人、女子が一・四人となる。馬が一五〇キログラム、男女合わせて三人がそれぞれ六〇キログラムを背負い運んでも、一軒の本百姓が一度に運べる量は三三〇キログラムとなる。

一廉では一〇倍の五〇人役なので、本百姓四～五軒程度が一グループを作って、馬と男手によって陣屋まで終日かかって輪番で搬入していたと推測される。津出の労役を差し引いた二一人役（5－(989÷330)≒2）が、摺・選別・俵詰・計量などに相当する労役と考えられる。

年貢の納入時期には、過密で過重な労働になる。計算上は雇用の必要はないが、余裕もない。

「草取」「水管理」「年貢調べ」をそのままにして集計すると、古堅田一反の労役は二一・四二人役となる。表2として集計した。

「麦田」については、麦が刈られた跡にⓖを行い、ⓕで湛水されることになる。したがって、ⓐⓑⓔを除き、苗代を三分の一の一・六七人役と修正して、その後の作業は古堅田とほぼ同じなので、そのまま加算すれば二

表2　古堅田稲作の労役(男子)　(単位・人役)

『清良記』の記述			実際の労役		
作業		労役	作業	労役	備考
ⓐかん農		3	苗代	1.67	(ⓒ+ⓓ)×1/3
ⓑ中鍬(鋤)		2	本田の整備	2.75	(ⓐ+ⓑ+ⓛ+ⓕ+ⓖ)×1/4
ⓒこやし運び		1	田植え	2	ⓗ+ⓘ
ⓓ苗代調べ		4			
ⓔ後鋤		1			
ⓕ欲田(あらかき)		1			
ⓖ中代		4			
ⓗ代かき、苗取り		1			
ⓘ苗寄せ、えぶりさし		1			
ⓙ草取(1回目)	2	5	草取	5	ⓙ
(2回目)	2				
(3回目)	1				
ⓚ水加減		1	水加減	1	ⓚ
ⓛ稲刈		2	稲刈	2	ⓛ
ⓜ稲取り		1	稲取り	1	ⓜ
ⓝ米籾俵		1	米籾俵	1	ⓝ
ⓞ年貢調べ、津出人夫		5	年貢調べ、津出人夫	5	ⓞ
合計		33		21.42	

注：「『清良記』の記述」は、本書第II部第一章の史料6および表8を参照。

三・六五人役となる。

「水田《みずた》」は常時湛水田なので、ⓐⓑⓔⓕⓖの作業は不要となる。ⓗⓘに、古稲株を踏み込み、水鍬やえぶりでならす作業として、一人役分を加算する。ミズタでは苗代が作りにくいので、他の田で行われるのが一般的だが、古堅田で修正した一・六七人役は変わらない。草取は、雑草の生え方が乾田の六分の一～一〇分の一程度で、[13] 田植え前の除草は、古稲株を踏み込んで整地する作業に含まれる。後の三回にそれぞれ〇・五人役を見込めばよく、一・五人役と修正される。集計すれば、水田には一六・一七人役が見込まれる。

「山田」は地形的にミズタとみなせ、水田分に勾配を含めた運搬と、多発する鳥獣害の防止の手間として五人を加え、二一・一七人役が見込まれよう。

次に、第一章第三節の史料9でみた裏作の「麦」を検討する。大正期の南伊予村では調製を含めて男女一七人役としている（表1-2）。これを参考として史料9の労役を個別にみれば、稲刈り跡の耕起は三人と妥当である。その後の麦蒔や整地は鍬を使って八人と計上されているが、大正時代には「ころばし」と呼ばれる播種転圧器を使い、二・五人と省力されている。鍬で畝立て条痕を作り、種を蒔き、覆土を被せる作業に必要なのは多く見積もっても五人程度で、除草と肥料掛け六人、刈りを一人とすれば、一六人と見込めよう。

「畑」については、作付体系が再現できても実際の作業は多様なものなので比較できない。よって「第七巻」の九〇人役という記述をそのまま採用する。

「養蚕」は第一章第四節で触れたように記述が曖昧で、すでに衰退していたと推測される。しかし、三間の中でも地域によっては、兼業をせざるを得ない半百姓や四半百姓が、稼ぎが悪くなっても行っていた可能性が残り、標準を本百姓に置き換えて見立てたものとして、二〇人役のままにする。

「柴」は、燃料と照明の必要量が書き出されている。説明文中に炭は出てこない。

『午年日記帳』には、家人一〇人に一〇二・五人役を計上しているので、これを基準とする。『清良記』には、照明には「拾三人役は明し松を取りて年中の燈とし」とある。この数字を検討する材料は得られないが、「御巡見様御道筋御案内」の時に、「松明持参ニ而夜番役之もの迎へ参候」などと、断片的ながら「松明」の使用が出てくるので、これをそのまま『午年日記帳』の一〇二・五人役から差し引いて、残りの八九・五人役分を検討する。

『清良記』には家人が一〇人として述べられるが、史料1では平均四人に過ぎない。また、これは牛馬の数とも関係してくる。牛馬は半年を草飼い（放牧）に頼り切るとしても、残りの半年間は豆・糠・雑穀・干し藁などを大釜で煮て飼料を作り、手入れのための湯も大量に必要となる。仮に人六：牛馬四としてみれば、五七・二八人役（89.5×0.6×4/10＋89.5×0.4＝57.28）となる。牛が〇・五疋の家が多く、牛馬を四分の三に修正すれば四八・三人役（89.5×0.6×4/10＋89.5×0.4×3/4＝48.3）で、照明の一三人を加えて六一・三人役となろう。

「井手川除《かよけ》」は、導水に苦労をしており、作為の入る余地がないようなので、二〇人役のままとする。

「茶」は、小物成に「本茶壱斤ニ付　代銀三匁」とあり、さらに「壱斤半茶　壱斤ニ付代銀弐匁壱分」から「七斤茶　壱斤ニ付代銀五分」と固形茶のように一〇段階に品質を細かに区分している。[17]ちなみに、秀村選三氏が紹介した薩摩藩の例では、茶焙《ちゃあぶ》りには特定の被官が毎年従事して、短期日で焙りを行っているが、[18]品質の記述がない。「第七巻」では「茶あふり[19]」には細かな品質と成形の規定があるため、これに従って茶摘・除草などを含めて一〇人役を計上する。

「農具の手入」については、一二人役とされている。鍛冶炭・鍛冶の手伝い・蓑笠や莚の製作・農具の柄などの製作・鳴子や蔓科作物の栽培に欠かせない添え木や竹棚の製作などを含めれば、妥当な数字ではないだろうか。

「牛馬」は、牛馬各一疋をモデルとして一二〇人役を掲げている。実態として寛文牛疫発生前にもかかわらず充足されておらず、馬一、牛〇・五として修正するのが妥当である。なお、『午年日記帳』では牛の飼料とするため、三月中旬から九月中旬までほぼ雨天以外は毎日草刈をして、延べ約八五人を宛てている。[20]そのほかに「馬屋こゑ出」を月に一度程度に計上している。総計では舎蓄期間が六か月で、牛一疋だけで九〇人役以上宛てている。ここでは刈草を運搬する馬がいない。三間では村の立地からみて舎蓄期間が短く、その上にほぼ馬を飼っており、草刈の労働数が少なかったと想定されるので、牛馬合わせて一二〇人役のままにする。ただ実際は、飼育数から四分の三とみるべきで、牛馬には九〇人役が宛てられよう。

「緑肥」については、史料7に「刈草五十荷　七人役」とある。これを基に計算すれば、「第七巻」の四〇人役では約二八六荷の膨大な量（約一八五三三キログラム）が集められていたことになる。緑肥は麦田以外の田にほとんど施さなかったことから、妥当だと考えられる。

表3　実際の一廉の労役(男子)

	反当り	面積(反)	計(人役)
稲作　古堅田	21.42	3	64.26
麦跡田	23.65	3	70.95
水　田	16.17	3	48.51
山　田	21.12	1	21.12
(小　計)	82.36	10	204.84
麦裏作	16	3	48
畑　作		2.5	90
養　蚕			20
柴			63.1
井手川除			20
茶			10
農具　莚			3
蓑			2
農具柄			3
鍛治炭手伝い			4
(小　計)			12
牛馬飼育			90
緑肥			40
家修理			20
合　計		12.5	617.94

「家の修理」には、二〇人役が計上されている。屋根の葺き替えなどは、村あるいは親族単位で輪番に共同して行われることになる。風雨による破損などの営繕の大部分は自から行うため、妥当な数字ではないだろうか。

以上を集計すれば、男子は六一七・九四人役となる（表3参照）。

（3）　繁忙期の労役

女子の労役の全体をあきらかにすることは困難なので、田植と稲扱きだけを検証してみる。

早乙女を二畝とすれば、一廉では五〇人役が必要となる。

田植え時期は早・中・晩稲と分かれる。作付比率は、『式墅截』に迫目村付近のものがあるので、これを参考とする（表4参照）[21]。

早稲では、作付比率が一・三%程度なので、家人だけでこなせる。

中稲の作付比率は二二・三%で二・二三反には一一・一五人役が必要。植付期間が最大限一〇日とすれば、家人の一三・八五人役でこなせることになる。

表4　成妙郷・黒土郷・板島郷・来村郷における麦田・早中晩稲作付け状況

	村	麦田率1 1647年	麦田率2 1672年	早田率 1672年	中田率 1672年	晩田率 1672年
成妙郷	牛野川	36.2	47.4	1.7	29.6	68.5
	北　川	24.7	21.8	1.6	28.8	70.4
	奈　良	20.4	23.5	1	29.3	69.7
	奈良中川	38.4	32	1.2	8.9	90
	芝	23.8	20.6	1.4	22.4	76.2
	近　永	33.8	21.1	0.7	27.8	71.6
	永野市	31.2	18.4	1.6	9.6	88.7
	平　均%	29.8	26.4	1.3	22.2	76.4
黒土郷	次郎丸	23.4	21.7	1.3	5.7	93.1
	中之川	50.2	38.6	1	7.3	91.6
	松　丸	59.8	52.5	3.2	51	44.3
	岩熊新田	0	75.5	1.4	67.1	32.2
	樫　谷	30.7	34.6	1.7	10	87.5
	上家地	14.5	28.6	1.3	22	76.7
	延　野	22.3	33.2	1.4	28.9	69.1
	平　均%	28.7	40.7	1.6	27.4	70.6
板島郷	毛　山	47.9	51.1	0.3	45.4	54.2
	中　間	38.9	49.2	0.3	40.8	57.8
	下	39.3	48.4	2.1	36.9	60.3
	柿　原	68.1	80.8	1.4	59.9	37.9
	光　満	27.8	26.1	1	12.3	86.6
	高　串	26.5	28.6	1.6	25.6	72.5
	平　均%	41.0	48.0	1.1	36.8	61.6
来村郷	川　内	18.5	59.3	0.2	21.9	77.6
	宮　下	17.7	25.1	0.8	34.3	62.9
	稗　田	32.3	51.6	0.2	32.3	63.4
	寄　松	24.9	51.4	0.2	30.7	68.6
	祝之森	27.7	39.9	1.2	24.3	67.3
	平　均%	24.2	45.5	0.5	28.7	68.0

出典：徳永光俊「清良記・解題（1）」『全集』256・263頁を改編した。
『弌墅截』より補う。
注1：早・中・晩田の面積が概数で示されているため100にならない。
2：岩熊新田は慶安元年(1648)に成立。

晩田の作付比率は七六・四％で七・六四反には三八・二人役が必要となり、延べ一〇日間とすれば、家人のみでは二四・三五人役が不足する。

次に田植えの時の男子は、史料6のⓗⓘの作業には前日から行えるものもあり、「其外品々手伝いに入」としている。よって、集計の都合上、史料6では田植えを行っていないことにはなっているが、実際には家人一・九六人の三分一程度、〇・六五人が田植えを行っていると推定される。一〇日間では六・五人役となり、これを差引いた約一七・九四人役の雇用が必要となる。

「稲扱き」は、「三斗六升」とされている。反当たり米の収穫量を仮に一・七五石として試算すると、早稲では〇・二二七石の収穫となり、家人で賄える。

中稲は作付率から二・二二反で三・八八五石の収穫が見こまれ、一〇・七九一人が必要となる。田植え期間と同様に仮に一〇日間とすれば、一三・八四六人役の家人で賄える。

晩稲は作付率から七・六四反で一三・三七石の収穫が見こまれ、三七・一四人役が必要となる。中稲同様に一〇日間とすれば、一四人役の家人では、二三・一四人役が不足する。

稲扱きには、大量の人手が必要とされたようで、後に効率のよい鉄製の櫛歯で扱く、「千歯扱き」が登場したさいに俗称で「後家倒し」と呼ばれたように、寡婦の貴重な仕事になっていた。第Ⅱ部第一章第三節で「稲干」をしていなかったと述べたが、刈取られて直ちに田頭で扱かれなかった分がⓜの「是も馬用ゆ、人ニ而は調わす」にも含まれて、屋敷に運ばれて繰り延べで家人が一〇日間で扱くとしても、二三・一四人役は雇用に頼ることになる。

雇用を費用でみれば、「田植え」に一七・九四人役、「稲扱き」に二三・一四人役、合計四一・〇八人役が必要で、日当を「野役」と同様に一升とすれば[22]、一廉分の田にかかる女性の雇用費は年間四・一〇八斗、反にすれば四・一〇八升となる。

（4）　一廉の収穫量

「本百姓一廉」の収穫量を推計したい。

史料6の「壱人役、米籾俵。但し十二斗あむ積り」という記述より推計すると、前章第三節で述べたように、納升俵では一・六六四石、京升俵では二・〇八石となる。後述するが（第Ⅲ部第一章）「古堅田」は「中田」なので、石盛は一・三石とされている。

『郡鑑』には、「中田下田を上田におとらぬ様ニこやすれハ壱反に弐石三石の米ハ有と云」[23]という、漠然とした収穫量が書かれている。また、第Ⅰ部第二章第三節・第三章第二節で参考とした『身自鏡』の作者・玉木土佐守吉保が、伊予の「小早川検地」と呼ばれる作業に従事し、「上田一段に米は三石出来る也」[24]と記録している。ところで『郡鑑』には、「三万石御領三高田畑御物成並免替リニ上下ケ之覚」という、吉田藩創立より天和二年（一六八二）にいたる、村高と田畑面積・免の記録がある。[25]

第一章で迫目村のものを抜粋したので（史料2）、その明暦三年（一六五七）の数字を使い試算してみる。御竿高は領地の正確な掌握を目指したものなので、正保四年（一六四七）の耕地の実面積を示していると考えられる。そこで御竿高を基準として収穫量を推計したい。

御竿高六七〇・四石の数字は、田畑の石盛が大部分と想定され、そこから徴収される年貢・御物成が二五六・九石である。その内訳は、米が二二九・四石、大豆が二七・五石である。

米の二二九・四石を田の面積（田数）三七六・四四三三反で除すと、田の「壱反〇・六〇九三八七九」が得られ、大豆二七・五石を畑数一二五・九反で除すと、「壱反〇・二一八四二七」が得られる。

御竿高の六七〇・四石に対する御物成が二五六・九石なので、「高石」は「〇・三八三二〇四」（256.9÷670.4＝0.383204）となる。御竿高に注記された高石は「〇・三九〇九二五」で、「〇・〇〇七七二一」の差がある。この差は、田畑以外の溜池や水路を含めた除地と呼ばれる調整分の石盛と考えられ、御竿高に差を乗じれば五・一七六一五八四石となる。

御竿高から五・一七六一五八四石を差し引けば、田畑のみの御竿高「六六五・二二三八五石」が得られる。田の石盛は、一・五七七九六五六石（665.22385×229.4÷256.9÷376.4433＝1.5779656）となる。御物成二五六・九石は、村の田畑の実質的な御竿高六六五・二二三八五石に対して「〇・三八六一八五七」に相当する。米大豆比から得た米の石盛五九三・七四一五五石に対する御物成二二九・四石でみれば、「〇・三八六三三六〇八」となる。畑には屋敷の石盛が含まれているので実際の石盛はわからない。

『地方凡例録』によれば、総収穫量から「種代五分欠米《かんまい》五分、年に損毛一割を積もりて」控除されたものが、石盛とされている。また享保一一年（一七二六）の「新田検地条目」を引いて、「其土地相応の石盛相極るべきこと」に変更されたとしている。欠米は、江戸への回米の目減り分だとしており、控除割合が二〇％となる。[26] 実際の控除史料は管見では見当たらない。

『縣治要略』によれば、幕末期の幕府代官手附を勤めた安藤博が、「検見」を行う心積もりに、「手帳」というものを作ったという。手帳は前年の租米を基準として籾量を調べ、「坪刈」に備えるものである。

前年租米百六拾弐石三斗四升九合
この籾六百（四拾）九石三斗九升六合
一毛附反別弐拾壱町八反四畝廿三歩
付出籾百弐拾石四斗四升弐合五勺
差引
籾五百弐拾八石九斗五升三合五勺
当八合七才（〇）三

前年租米へ四（五公五民のこと、籾五合摺即ち籾米折半ことを、合せたるもの）を乗じ、この籾を得、うち付出し籾を控除し、残数を実として、毛付反別の坪に直したるものを以て除し、壱坪八合七才余となる。即

ち八合七才余の刈出しあれば、本年の租米は、前年同一たるを参照するにあり。(27)

これによると、控除率は一八・五六四％（120.4425÷649.396×100＝18.564）と見込んでいることになる。この数字が享保以後の幕府領の実勢のようである。実勢に応じて何が変わったのか詳細は不明であるが、同書の「種籾拝借」の項に「籾は六升より七升迄」(28)とあって、それまでの「種代五分」は明らかに引き下げられている。

なお、安藤博が任じられた手附とは、手代と同じく代官によって任用され、幕府領で検見などの実務を執った。手代は民間から見出されて代官の任期中のみ抱えられ、少しでも不都合や領民から怨嗟の声が出ると「付札」とされて、再任用されない。手附は小身の御家人から任用され、同じく「付札」になれば再任されない。安藤博も再任されなければ役料収入の道が断たれるため、(29)右の史料の記述は中庸を得たものだと考えられる。

享保以前の幕府領の控除率は二〇％を見込んでいたが、これは江戸回米を前提としている。一方藩領は蔵納めなので、その控除率は欠米の五％を除いた一五％とみるか、あるいはこれを仮に二％程度と見込んで、一七％の控除率だともできよう。

控除率を一五％とすれば、収穫量は一・八五六四三〇一石（1.5779656÷（1－0.15）＝1.8564301）、一七％とすれば一・九〇一一六三三石（1.5779656÷（1－0.17）＝1.9011633）となる。ちなみに、収穫量を右の『縣治要略』から導き出された一八・五六四％とすれば、一・九三七三四二六石（1.5779656÷（1－0.1855）＝1.9373426）となる。『郡鑑』や『身自鏡』の収穫量は、妥当性があることになろう。

宇和島藩では吉田藩分藩後に、表高を一〇万石に回復することが悲願となる。

表高を戻すには、少なくとも一〇万石に二～三〇〇〇石の余裕を打ち出さなくてはならず、内拚検地で求める高を打ち出すが、幕府の認めるところにはならなかった。藩の知恵者が、定免で収納実績のある御物成を「四公六民」で逆算すると、一〇〇、四〇二石一斗二升となるのでこれで改めて請願したところ、元禄九年（一六六六九）にこの高が認められ、一〇万石の高直に成功する。[30]これは、当時の幕府の公式な租税比が「四公六民」であったことを示している。

『郡鑑』の御物成高も、四公六民の範囲である「〇・三八六一八五七」あるいは「〇・三八六三六〇八」となっており、それに溜池や水路・「乗・口」と呼ばれるロス米[31]・「石の胡麻」と呼ばれる米に付随して納めるもの[32]を含めて、名目上・計算上の「四公六民」を演出して田高・畑高はわからないように書かれている。太閤検地の高からみれば七公三民に近くみえる。

『清良記』の改編版が成立した頃の迫目村（明暦三年〈一六五七〉）では、石盛一・五七七九六五六石が設定され、田の実り（玄米）は、一・八五六四三〇一石～一・九〇一一六三三石の収穫量をあげていた。[33]検地竿が六尺三寸なので、一般の六尺竿に換算すれば、一・六八三八三六六石～一・七二四四一一一石となる。一町の田を経営する本百姓は約一八～一九石の米の収穫を得ていたことになる。これに畑分を加えればおおよそ二〇石を一廉としていたことになる。収穫の目安として、吉田藩の村を別表として掲げる（表5）が、山間部には次節で述べるように経営レベルの劣る者も多く含まれてくる。

二　村の階層別経営と銀納制

（一）　銀遣い・米遣い

幕藩体制の安定化によって、村で作られる軍需物資（軍馬用の藁・糠、防水材の柿渋、軍陣用の蕨縄・庭筵・板・竹など）を押さえて供給させる必要は希薄になっていった。これらの軍需物資の供出は、代銀で納められるようになる。

宇和島藩の『弌墅截』には、畑の年貢である「分大豆《ぶんだいず》」が銀納制に移行する寛文年間に、村が銀をどのように

表５　吉田藩領米収穫量目安(明暦３年・1657)

村名	御竿高	御物成	御物成米	田の面積	反当り物成	石盛	収穫目安１	収穫目安２
能寿寺	310.666	146.871	130.998	197.533	0.663170204	1.657925511	1.950500601	1.997500616
曾　根	772.161	361.796	321.848	449.37	0.716220486	1.790551216	2.106530843	2.157290622
成　家	332.493	116.412	107.115	208.92	0.512708214	1.281770534	1.507965334	1.544301848
大藤村	560.739	216.665	180.865	343.206	0.526986708	1.317466769	1.549960905	1.587309361
則	774.544	377.704	319.8	426.866	0.749181242	1.872953105	2.203474241	2.256570006
黒井地	795.046	360.345	313.345	455.6166	0.687738331	1.719345827	2.022759797	2.071500997
戸　雁	441.488	211.713	186.729	262.8566	0.710383532	1.775958831	2.08936333	2.139709435
宮の下	764.435	394.175	360.175	450.46	0.799571549	1.998928873	2.351681027	2.408348039
末　盛	315.238	133.3	120	216.28	0.554836323	1.387090808	1.631871539	1.671193745
小沢川	554.615	250.66	231.66	327.2666	0.707863253	1.769658132	2.081950743	2.132118231
川野内	293.723	117.932	93.6	165.5166	0.565502191	1.413755478	1.663241739	1.703319853
田　川	328.527	163.56	137.86	202.7366	0.67999562	1.69998905	1.999987117	2.048179578
波　岡	482.559	231.438	204.638	279.4933	0.732174975	1.830437438	2.153455809	2.205346311
中野中村	222.815	124.125	104.425	121.59	0.858828851	2.147072128	2.525967209	2.586833889
元　宗	444.298	229.822	215.222	265.6	0.810323795	2.025809488	2.38330528	2.440734323
金　銅	277.632	141.067	119.767	159.4766	0.75100046	1.877501151	2.208824883	2.262049579
古藤田	222.98	85.014	72.514	137.9233	0.525755982	1.314389954	1.546341123	1.583602355
大　内	430.216	170.587	156.587	259.4933	0.603433692	1.508584229	1.774804976	1.817571361
兼　近	385.527	142.351	122.351	218.8466	0.559071971	1.397679927	1.644329326	1.68395172
沢　松	487.308	192.044	171.944	270.99	0.634503118	1.586257795	1.866185642	1.91115397
清　延	510.047	200.225	182.725	272.5933	0.670320951	1.675802377	1.971532208	2.019039008
国　遠	632.07	277.701	247.701	347.0633	0.71370554	1.78426385	2.099133942	2.149715482
成　藤	374.423	148.025	131.725	198.0066	0.665255603	1.663139006	1.956634125	2.003781936
中　間	348.564	132.7	127.8	188.85	0.676727562	1.691818904	1.990375181	2.038336029
黒　川	296.891	118.713	106.213	170.94	0.621346671	1.553366678	1.82749021	1.871526119
是　房	351.356	177.624	161.209	232.4	0.693670396	1.73417599	2.040207047	2.089368662
務　田	676.782	231.805	221.805	464.6766	0.477331977	1.193329942	1.403917579	1.437746918
迫　目	670.4	256.9	229.4	376.4433	0.609387921	1.523469803	1.792317415	1.835505786

土居中	619.28	259.934	238.884	330.24	0.723364826	1.808412064	2.127543605	2.178809716
石　原	400.925	166.197	151.497	244.8133	0.618826673	1.547066683	1.820078451	1.863935763
土居垣内	169.715	76.33	68.33	106.5566	0.641255445	1.603138614	1.886045428	1.931492306
瀬　波	915.517	443.223	397.05	520.1	0.763410883	1.908527206	2.245326125	2.299430369
是　延	429.483	172.93	162.03	254.31	0.637135779	1.592839448	1.873928762	1.919083672
吉　波	623.907	275.582	248.601	371.15	0.669812744	1.67453186	1.970037483	2.017508266
内深田	743.879	266.589	235.289	421.7533	0.557883009	1.394707522	1.640832379	1.680370509
出　目	761.737	297.137	256.637	494.5966	0.518881448	1.29720362	1.526121906	1.562895928
目　黒	825.632	282.62	252.02	461.2866	0.546341472	1.36585368	1.606886682	1.645606843
音　地	608.008	257.68	224.68	315.68	0.711733401	1.779333502	2.093333532	2.143775304
吉　野	703.627	260.324	222.924	375.2366	0.594089169	1.485222923	1.747321086	1.789425209
沖野々	796.96	304.547	257.063	332.87	0.772262445	1.930656112	2.271360132	2.326091701
岩　谷	187.889	81.593	78.493	119.8033	0.655182286	1.637955716	1.927006724	1.973440621
蕨　生	771.85	259.187	224.687	428.25	0.524663164	1.31165791	1.543126953	1.580310735
奥野川	427.71	155.922	140.922	217.5566	0.647748678	1.619371695	1.90514317	1.951050234
上河原渕	376.441	184.58	162.78	195.4	0.833060389	2.082650972	2.450177615	2.509218039
小　倉	659.314	321.099	271.899	299.0566	0.909189097	2.272972742	2.674085578	2.738521375
小　松	867.606	437.993	382.18	427.5166	0.893953592	2.234883979	2.629275269	2.6926313
窪	155.209	82.333	66.033	82.2866	0.802475737	2.006189343	2.360222757	2.417095594
延　川	747.043	422.883	366.983	373.4333	0.982727036	2.45681759	2.890373635	2.960021192
川　上	1,081.209	478.593	401.893	392.0833	1.025019428	2.562548571	3.014763024	3.087407916
上大野	302.297	154.386	126.2	143.2733	0.880834042	2.202085106	2.59068836	2.653114585
父野川	791.9	376.987	252.387	394.601	0.639600508	1.59900127	1.881177964	1.926507554
下鑰山	249.269	124.639	111.746	128.82	0.867458469	2.168646173	2.551348439	2.612826714
日向谷	417.758	135.746	105.146	134.0033	0.784652318	1.961630796	2.307800936	2.363410597
上鑰山	809.618	398.761	340.654	382.8566	0.889769172	2.22442293	2.616968153	2.680027627
高野子	1,119.129	483.114	384.514	508.5766	0.756059166	1.890147915	2.223703429	2.277286644
合計・平均	29,620.455	12,872.183	11,211.543	16,127.1243	0.696807045	1.742017613	2.049432486	2.098816402

出典：『郡鑑』より。
注１：石盛は御物成米を「四公六民」で単純計算している。
　２：「収穫目安１」は控除率15%、「収穫目安２」は17%としている。

調達するかが記録されている。それによれば、「畑并山かせきを以納所之積也」（来村郷川内村）、「外のかせきを以大豆御年貢納所之積也」（来村郷宮下村・稗田村・祝之森村、成妙郷奈良中之川村・成妙村、黒土郷次郎丸村）、「不相応の畑故年々外のかせきを以、少々銀納ニ仕之由」（成妙郷近永村）、「不足分は紙かせきを以年貢納所之積也」（黒土郷広見村、西野々村・清水村）、「大豆畑不足分は泉貨紙漉出しを以大豆御物成納所之積」（黒土郷大宿村）、「茶楮紙かせきを以大豆御物成納所之積也」（周智郷中津川村）などとしている。

宇和島藩では、「積荷五分一・五分一銀」と呼ばれる銀納制度が、寛永二〇年（一六四三）から実施されている。(34)これは浦での諸魚の運上と、船を使うことにかかる礼銭である。

浦は船という漁撈と流通の手段を持っていて、水産物を加工して商う。山稼ぎを営んだ山間村と同様に、米作が少なくて「米遣い」が少なく、銀・銭貨の流通が早く多い。

村でも年貢の大豆を「他の稼ぎ」で銀納するだけでなく、小物成の一部も寛文六年（一六二九）に銀納に変更する状態にあった。(35)

太閤検地帳にみられるように、村人の大部分が零細規模の耕地しか持たなかったことは、百姓が農業のみを「生業」としていなかったことを示していよう。つまり「百姓《ひゃくせい》」のなかには、労働力を雑多な「業《なりわい》」に振り向け、余力で自家消費用の農作物（これにも年貢や役が付随してくるが）を作っている者が多数含まれている。今日的な表現をすれば兼業経営・農家、あるいは片手間経営・農家となる。(36)伝統的に兼業・片手間農家が村の構成に占める割合が高く、農林水産業から派生した主業・副業にともない、もともと物々交換や米の遣取りだけでなく銀銭が使われる状態にあった。その結果として、銀納制度が生まれてきたともいえよう。一方、米麦を基本作物として、その比重が高い本百姓体制ではむしろ銀納制度が生まれ難い。

岩橋勝氏は、南伊予の貨幣流通状態を調べて、「近世初期から一般の領民が銭貨を使用したわけではなく、中期まではその使用頻度はきわめて稀で、貨幣が必要な場合、多くは米が交換手段として用いられた」と、指摘している。[37]

この貨幣流通状況は、南伊予では鬮持制度が生んだ、年貢と食米と若干の余裕米を持つ本百姓が、村の中枢を占めたことに関わってこよう。第Ⅲ部第二章第五節で述べるが、国内の経済規模が縮小する中で、全国規模の流通体制が整うにつれて地域差が拡大し、経済活動は藩内での自給補完体制をもっぱらとするが、これにもっとも適応するものが本百姓である。鬮持制度下の南伊予は、特異な位置を占める特産品を育てて幕府の貨幣増鋳を採り込むことができず、豊臣政権の米遣いがそのまま色濃く残り、銭の流通がみられない状態だったといえるのではないだろうか。その中で藩は、村・浦の乏しい銀を、銀納制度としてさらに吸い上げようと努めている。

年貢の米納と一部銀納制度のもとでは、米価の変動が、さまざまな現象を生む。南伊予・西国を中心とした米価・銀相場を表6にまとめた。[38]

米価の高騰を受けて、寛永年間以後は米作偏重となり、下落傾向の続いた時期には米以外の作物の偏重現象が現れる。その過渡期には、石高制の持つ本質的な欠点である、米価高にともなって上昇した銀・銭建て労賃が高止まりした結果として、「米価安・諸色高直」と呼ばれる期間が生じた。銀納制度が導入されたために、村・百姓は年貢で生産物の二分一強を物納することにはなるが、特に大豆・小物成の納税時期には、[39]否応なく変動する相場を実感させられ、銀遣い・米遣いとたえず揺り動かされる。

さらに宇和島・吉田藩での「麦田」「早田」「中田」「晩田」の指定や、[40]吉田藩の「赤米」の栽培禁止（第Ⅲ部第二章第二節参照）など、米に偏重した藩の恣意が比重を増す。米価の高騰は、米遣いの比重が大きい南伊予では、[41]漁業を中心とする浦、山稼ぎを中心とする山間の村の体力を減退させていく。

表6　金一両と米一石の銀相場

和暦	西暦	金1両銀相場	米1石銀価	備　考	出　典
天正4	1576		13.2匁		多
5	1577		9.83匁		多
慶長4	1599		11.0～14匁		多
元和3	1617		17～19匁		多
寛永4	1627		75匁		記
5	1628		75～76.25匁	売買・御蔵上	歴
6	1629		62.5～67.6匁	売買・御蔵売置直段	歴・不
8	1631		63.75～70.0匁	卯月御家中より御蔵へ売・10月直段	記
9	1632		62.5匁	札相立ル、稲イタミ人民多死	記・歴・年
10	1633		62.5～67.5匁	米直段・おつし米	記
16	1639		32～35匁	西国より近江迄牛皆死	年
19	1642		54～80匁	正保2年まで飢饉人多死ス	年
承応元	1652			坂東・上方百十日大旱	万
明暦元	1655		38～40匁	炎天稲皆無	年
2	1656		40～42匁	米価下がる	万
寛文6	1666		26匁	霜月御家中米売買	記
8	1668		26～28匁	10月当米売買直段	記
9	1669		25匁	10月札相立ル	記
10	1670		25～27匁	10月27匁には「おろし」	記
延宝元	1673	56匁	55～56匁		記
2	1674		26.5～30匁	正月銀納米直段・在々売値、12月世間不作	記・年
3	1675		90～116匁	世間ききん人多死ス	年
4	1676		57～60匁	今年飢饉、人多く死ス	記
5	1677			播磨飢饉	累
8	1680		62.5匁	公儀御買上	記
天和元	1681		80～83匁	近来天災打続不作	記・年
2	1682		40～56.25匁	御物成銀納、米直段下付	年・記
3	1683			豊年	記
貞享元	1684		40匁	亥年寛文11相定候へ共、米下直故減少	記
元禄2	1689			日本国中いもち大部付世中悪	年
4	1691		41～53.3匁	稲にうんか、稲ほ出成不申候	年
6	1693	60匁	52～60匁	在々銀納米	記・農
7	1694	60匁	65～69.3匁		農
9	1696			播磨春飢饉	累
10	1697	60匁	85～90匁	播磨春飢饉	農
12	1699		80匁		年
13	1700	53匁	56.7匁		農
14	1701		80～93匁	旱魃	記
15	1702	62.5匁	100～110匁	他国も米直段高直	記・農
宝永元	1704		45～50匁	近来天災内続不作	記
2	1705	58匁	41匁	他処米買入候者、籠舎之処遠島申附	記
3	1706	59.5～80匁	45～50匁		農
4	1707			播磨旱害	累
5	1708	70匁	70～80匁		農
6	1709	62.5匁	60～70匁		農
7	1710	62.2匁	67～86匁		農
正徳2	1712			播磨大洪水	累
4	1714		100.9～201.8匁	米高値付町方及困窮	記

注：『不』＝『不鳴条』、『歴』＝『伊達家御歴代記』、『記』＝『記録書抜』、『農』＝『日本農書全集』付録6　肥後米、『多』＝『多聞院日記』（大和）、『年』＝『元禄・享保年代記』（播磨）、『万』『万之覚』（武蔵）、『累』＝『累年覚書集要』（播磨）

った。

（2）　村の階層別経営

次に鬮持制度が導入されて、一部銀納制を採った状態での村の階層別経営をみる。

太閤検地で果たしえなかった百姓の規模と階層化が、軍役制度の基本を担うための鬮持制度の導入で明瞭となった。

一廉の耕地を持つ本百姓の「一廉経営」は、米と麦田の麦に重点を置くことにより、安定的な経営が行われ、石高制・米偏重を望む幕藩に求められた「百姓」の姿でもある。

史料1の個々の家をみれば、与えられた耕地面積に対して家人数が少なく、短期間に集中的に不足する部分は、雇用労働力に頼った経営だったとわかる。また、後述するが（第Ⅲ部第一章第五節）本百姓には制度として「食米」が保障されている面もあって、継続だけを目指す経営、季節に応じた最小限の手を添える、いわゆる「自然農法」の最も忠実な実行者となる。

一方「庄屋」は下人を抱え、徴収される豊富な労働力を背景に、[42] 商品栽培を積極的に取り入れた「上農経営」を展開する。

「米」は、その収量が多く、基準通貨となるほど他の作物に対する優位性を占め、与えられた面積の広さもあって庄屋の経営の基礎となる。稲作には史料6で説明された精農的で緻密な「農術」で取り組み、石盛を大きく上回る収穫量を得る。

「庄屋」は時期を問わずに徴収できる労力を背景に、手間を惜しまない商品作物栽培を、次に栽培する作物に備えた施肥をしながら、「さらさら」と「手回しよく」進め、稲作と商品作物栽培を「近世に成長した「農術」」で、積極的に行う「上農経営」をする。

農書『清良記』の時代には、江戸時代初頭からみれば、米は銀に対して二・五〜三倍に高騰しており、大土地保有者の庄屋は、その過程で「米通貨」の生産者として、恩恵を最大限受けている。また、第Ⅲ部第二章第四節で触れるが、商品作物が高値で捌ける時代があり、商品作物が米相場とは別建てで銀・銭に替えられ、米相場の変動を補完するものとして捉えられていたと考えられる。経済の規模は収縮しているが、市場に参加出来る・参加しなければ生活が出来ない百姓は参加する。本百姓はそれほど敏感でないにしても、庄屋層には市場経済が十分に意識され、それに対応できなければ没落のほかはない。(43)

第一四巻下第一〇章に、「領内宝の事」として、清良領内の大商人の徳や金利のことが書かれている。庄屋の一部は、村の支配・監督だけでなく、変動する米・銀相場や、大豆一対米一とされる藩の年貢固定と市場の差を利用した商品取引や、金融などを手広く行っていたと想定される。『伊達家御歴代記』元禄五年(一六九二)の条に、「麦作三十年来之出来方ニて、常々より一倍ニも出来、不出来処ニても二割三割平年より出来す」(44)と記録されている。この記録は麦の豊作だけでなく、藩で「麦田」と掌握された田以外の「古堅田」でも、多労を惜しまず高畝を立てて麦作を行い、作付面積の拡大化が行われていたことを示す記録である。したがって、麦が百姓の食料だけでなく、大豆同様に主要な商品作物となり、人糞尿肥料を運べなかった地域で、宇和島・吉田藩の特産品である「干鰯」(45)などの金肥料が使われた、後年の状態を示していよう。藩が頻発する災害のために、田制を破るのを黙認せざるを得なくなり、(46)それに加えて百姓が常に生産性・経済性・換金性を重視・追求する極めて勤勉な姿勢を持っていたことを示している。

商品作物は気候にも左右されて当たり外れが多く、手がける百姓は市場経済にさらされる。米も、半ば以上年貢として物納されるが、三廉以上の田を持つ庄屋では、食米・種籾と貸付分・米遣い分として保留した残余を、藩の恣意が働くとしても基本的には市場原理の中で多く換金することになる。そのため豊作になれば米やその他の作物が、銀・銭に対して下落して、銀・銭収入が伸びない。

「第七巻」第一二章「清良宗案問答の事」では、「進物・贈賄」について延々と記述している。庄屋は一般の百姓とは交際範囲が大きく異なり、「分大豆」や雑税の銀納に必要な銀を整える必要もあって、銀・銭を持ち使う必要がある。したがって、米・麦を含めた商品作物を積極的に手がけ、豊富な労力を投下してより多くの実りを得ようとする上農経営を行う必然がある。経済規模の縮小で、上農経営に占める商品作物の比重は小さくなるが、少なくとも米相場を補完するためや、再び高額で捌ける状態に戻る事態に備え、作付体系を維持しようとしていたと想定される。

平野部の「半百姓」は、本百姓の一廉経営に比べて面積が半減するため、雇用費を節減して、手間が掛けられる部分に緻密な「農術」を集中する「半廉経営」を行う。一廉分の少ない山間村の本百姓も、同様の経営となり、上農経営と同様に商品作物栽培の積極的な担い手ともなろう。

「四半百姓」規模は（山間村の半百姓・四半百姓を含めて）、他の稼ぎとの兼ね合いで、他の稼ぎが忙しく収入が多ければ粗放な、「第七巻」で「野良（楽）者」と揶揄される、何事も一気呵成に済まそうとする「野良者経営」となり易い。他の稼ぎが少なければ、食べるために小規模な田を「田畑輪換・まわし」させる「四半廉経営」を行う。いずれにしても、「さらさら」と表現された余裕が持てない「片手間農家・兼業農家」の姿を示す。

本章第一節で田植えの労力を検証したが、当時は密植が行われていた。株数は地力と関係し、肥えたところでは旺盛な分訣《ぶんけつ》により収穫が得られ、瘠せたところでは、分訣が少ないために密植して収量を得ようとする。密植の田植えは労働力が多く必要とされ、その上に百姓には「田植役」としての出役が義務づけられている。親族や結《ゆい》の相互援助で融通を利かせても、人手不足は免れない。『式野截』には種籾量をすべての村で、「田壱反ニ一斗充米ニ〆五升」と、定率で記されている。一廉分の苗代一〇歩に一斗の種籾は多く(47)、ある種の「免(48)」ともみなされているのだが、一部分で直播《じかまき》されていた可能性を示しているのではないだろうか。

「松山藩代官執務要鑑」に、「一、植附前初春之比、春田へ水を溜、水あかを附させ置候得ば、少々永日照有之候ても、麦田計に引候故、不植田多は無之候事。縦令山田天水掛之処は麦反之田方七八升、又一斗二升の処有之候事」(49)とある。春先に湛水《たんすい》を怠って「不植田」となった田は、そのまま放置されるはずがない。後半の「縦令山田天水掛之処」以下の部分が、水不足になる田の稲収穫量「七八升、又一斗二升」だとすれば、果たして田植えの労力を投下し得るのか疑問である。麦の実りに気をとられることを戒めたこの文章から、早期湛水が出来ずやむなく「直播」を行い、湛水・除草が十分に行えない状態での種籾量のことを略記しているようにもうかがえる。

直播するには、ほぐされた表土に種籾を播き、薄く覆土を掛けて水を張る。水田《みずた》ではこのさいに減水せねばならず、灌漑設備が完備していたとしても、降水量が不足しやすい当地では行い難い。乾田では水が張られていない時に播き、覆土をしてその後にわずかに水が張られると良く発芽する。この態様に近いのが古堅田・麦田である。古堅田では古稲株の間に水鍬のような小さな鍬などで浅い条痕を付け、麦田では畝を崩して条痕を付け、そこに種籾を播いて散水すれば覆土もできる。

籠瀬良明氏は湿田地帯の武州中丸村で、近世の直播例を見出している。村の主作物である洪積台地上の畑作繁忙期と田植えが重複するために行われるのであるが、(50)南伊予では家人構成と庄屋の労役徴収による労力不足や四半百姓の他の稼ぎとの兼ね合いの中での田植え期の労力不足のためであり、要件としては同じである。

「第七巻」第五章の「早稲の事」には、「早稲、中稲、晩田を先くり追りに作り出されは、男女皆閙敷唯一度に重り、手廻し宜からす。さらは此早稲は、戦場の足軽に似て、将基の歩兵の如し。百姓の為而已にもあらす、公義、諸士、百家の為也」(51)と、大仰に「手廻し」が強調されている。現実には藩に晩稲偏重を強要されて、労力の不足が生じ、すべてで田植えを行い難いとの所見も含まれているのではないだろうか。他の稼ぎに忙殺された四半百姓などが、必ずしも望まない直播を、畑化した乾田で行っていたのではないだろうか。四半百姓には「米」も貴重であるが、彼らは日々の稼ぎに追い付くための営農を行わざるを得ない。山稼ぎ・紙すき・日雇などで補い、「勤勉」する以外に生きていく道はなく、水と他の稼ぎとの狭間で直播にいたる可能性が大きい。

第五章には、「五月のしろに植んよりは、四月の荒に植るにはしかし」[52]と、五月に代かきをして田植えをするより、四月にそのまま放置された田に植える方がよいという諺が書かれている。これは読み替えれば、人を雇える財力もなく、他の稼ぎとの兼ね合いで、水持ちを良くするための代かき作業をも手抜きせざるを得ない、四半百姓の状況を映していよう。伊予では、一筆と扱われる田もさらに小区画に区切られていている。これらの小区画の数枚分の田で、直播が行われていたと想定される。

近世の中期以前の『村明細帳』では、反当たりの種籾量は「一斗〜一斗五升」とされ、後期には「一・五升〜六升」と、減少傾向にある。しかし、後期でも相変わらず一斗を越える村が、同じ支配者域・時期に、混在して書き出されている。[53]明細帳は、支配者の求める雛形があり、それにならってすべての村で「種おろし・田植え・三回か四回の草刈」が書かれ、すべての田が田植え方式で行われているようになっている。だが実際には寵瀬氏が武州中丸村で確認した直播が（乾田ではないが）、南伊予だけでなく全国の種籾量の多い田・村では存続していたと考えられる。

『伊達家御歴代記』によれば、宇和島藩では甲斐出身の岡谷右衛門という地方巧者に依頼して、正保検地を行わせ、知行を改めて倉米支給とするなど藩政を改善する。[54]これは米の収量確保と、田を毛見（検見）する側の利便からの「田制」（第Ⅲ部第一章第五節参照）によって、「麦田」「早田」「中田」「晩田」と規定する。ただし、後に述べるが（第Ⅲ部第二章第四節）池田輝政の検地奉行のように、田の品位とは別に、裏作品目と作毛の品位をも細かく調べ、営農の実態を掌握し尽くして、高い石盛を打ち出すことはしていない。高い石盛は、高い年貢・

搾取の厳しさを表しているが、他方では、田制を踏み越えようとした、百姓の才覚を高く評価していることにもなる。宇和島藩でも、肥料の供給が潤沢な城下周辺などの地域は、このような高い石盛に耐えられる。しかし地域別に百姓の才覚に応じた、田畑輪換（まわし）を行える柔軟な政策をとらず、不文律の田制に忠実で藩に都合のよい米偏重・晩稲偏重の営農を制度として押し付けたことで、部分的に行われていた田畑輪換の段階から後退させたと考えられる。結果として、庄屋と太閤検地帳にみられるような多数の零細百姓を、制度として圧迫している。

先に引用した『清良記』の早稲についての記述は、藩の都合で三間盆地の水事情を無視して、[55]あるいは零細百姓の端境期の飢渇のうれいから、事実上の「早稲制限」を行うことに異議を申し立てているともうかがえる。つまりここでは、戦国時代に行われた営農サイクルを多肥で補強して「まわし」を復活させたい庄屋や、食べるために「まわし」を行わなければならない四半百姓が、「まわし」をするために労力の集中を避け、水を十分に確保したい立場から早稲の効用を強調しているのではないだろうか。

田中耕司氏は、『清良記』に書れた「早稲→蕎麦・小柾・小菜→早麦」サイクルや、畑作の二毛作を分析し、多数の作物名や品種名があげられているにもかかわらず、それらの前後の作付関係記述が少ない矛盾を指摘している。[56]多数の作物・品種に比べ、具体的な「作りまわし」の記述は少なく、文面のままでは氏の指摘のように、他の近世農書に比べて内容は貧弱で、「作付集積」と呼べるものではない。これは、三間盆地という城下から下肥を運べない地理的な要因や、技術的なものだけではなく、市場の縮小と、田制・鬮持制度が関わっている説明にもなろう。

太閤検地以後の旧土豪・名主百姓は、鬮持制度導入以前に土地を集約して上農経営を行い、その他の多くの百姓は、小面積の農地しか持たず、不安定な四半廉経営を行う者が多い。藩はそれを改めるため、「田畑均分・ならし」である鬮持制度の導入を図り、村の中核となる本百姓を創設した。ここに一廉経営が生まれる・生む必要が出てくるが、他方では従前からいた営農の困難な、四半廉規模百姓の身分固定制度が創設される。四半百姓に与えられた少ない農地では、年貢を負担した残余で経費を賄い、家族を養うことは計算上できない。そのために『清良記』は、中世以来零細農民が行っていた自給的な作付・近世に経済規模拡大の中で庄屋が取り込んで商品作物として行っていた作付を、これらの四半百姓の「生存」に関わる最低限の作付として、書き出したのではないだろうか。

『清良記』の改編者・土居与兵衛は、「公・無私な」村落の指導者・統率者としての立場・牧民官として、これらの四半廉の百姓が生計を維持するため、早稲の制限令を含めた藩の田制に触法するサイクルを、『本佐録』の述べる統治者の資格を問う立場で説き立てたのではないだろうか。そして、四半百姓が「早稲→蕎麦・小柜・小菜→早麦」という作付体系を行うことを認めるように主張したと考えられる。

軍陣の基本として創設された本百姓によって営まれる「一廉経営」が、南伊予農業の本流となり、近世に成長した「農術」は、休眠期に入ったようにみえる。一部の麦田・古堅田での直播と、食べるための作物を含めた「まわし」と、他の稼ぎ含めた「四半廉経営」が、南伊予では傍流となる。

（3）商品作物

藩史料や『清良記』に、何を商品作物として、どの程度作られていたのかの記述はない。

「第七巻」第二章・第三章の作物品種の多さは、上農経営に占めていた商品作物の比重を再び向上させるために収集した品種の書出しのようにもみえ、改編時に収録されたものだと想定させる。商品作物として何を主として栽培していたかわからないが、第七章の労役の書出しでは次のように触れている。

内壱反は廿五人役ニ而、一年に二度の作を調へる。但念を入へくには三拾人役、四拾人役かゝるへけれ共、是は麦、大豆、小豆、大角豆抔を仕付てさらさらと作る、大概を積りて如此なり。次の壱反は五十人役分。但し此畑は万の小作、品々を仕付けるにより、少しも油断しては損失多し。(『全集』一一三頁、『松浦本』九七頁)

一、弐十人役、蚕を飼夫役。此外に入といへトモ、蚕多けれは其綿ニ而する事なり、是はなくても叶わさる分を積りての事。(『全集』一一六頁、『松浦本』九八頁)

一、拾人役は茶のあふ《(お)》り。薪炭其外にも入といへトモ、間々にする事なれは書不入。但し其外に茶取は多けれ共、多けれは代替て銭を取る故、夫は日雇ニ而もする也。是はせて叶わさる分如斯。(『全集』一一八頁、『松浦本』九八頁)

大豆は軍馬飼料として扱われ、畑高として米一石＝大豆一石の定めで、本高(村高)に算入されている。蚕は真綿として徴税される。蚕の餌となる桑は、後の記録だが『大成郡録』に宝永三年(一七〇六)の宇和島藩領では一一、二四〇本あったが、宝暦七年(一七五七)には二五一六本に激減している。一廉の労役には、養蚕には二〇人役の書出しがあり、必ず派生するさなぎや糞は肥料として貴重なものであるが、記されていない。肥料に触れていないのは、地域的な偏りがあったためか、単なる書き漏らしなのかわからない。『大成郡録』が示す桑の減少は、『清良記』に記されている製糸されない真綿が市場を失っていく過程なのかもしれない。また、桑は本と数えられているところから、樹間には大豆などの間作が行われていたと推測される。

茶は小物成の対象で、山間部の村を中心に激増している。同じく『大成郡録』によれば、宝永三年の宇和島藩領では茶九一六一本と記録され、宝暦七年には二二、〇一一本と激増しており、しかも注釈には「但川原淵組山奥組野村組茶数多有之ニ付除之」と、集計をあきらめ、銀納換算で約六三五匁の増収が記録されている。第二節で触れた『弌墅截』の大豆銀納や、雇用してこなせばよいとした表現から栽培は盛んで、山間部の主要商品作物となっている。

藩の税制からみれば「公役」「九色小役」「十色小役」として課税されるのは、薪・鍛冶炭・起炭・蕨縄・庭筵・畳蒋《いぐさ》・勝藁・糠、村方にのみ課徴される柿渋である。「小物成」としては、楮・麻苧・真綿・茶（本茶と斤量であらわされる茶）・漆（新漆、漆実、本漆）、それに特定の村に課徴される板役・竹役がある。そのほかに「石《こく》ノゴマ」と呼ばれる胡麻がある。

納税義務のある麻苧・楮・畳蒋などの労力にはまったく触れず、真綿・茶のみが書かれている。また、板・薪・鍛冶炭の中では、薪は炊事用として一二〇役を、鍛冶炭は農具の修理に必要なものとして触れており、収税とはまったく関わりないとの書き方である。もちろん十色小役・小物成の中には、過去には軍需品として物納されていたが、不要となって藩の権利・習慣から銀納とされ、実際には栽培しなくなった物も含まれていよう。また、小物成作物の労役記述を省略したのは、過大にした米の労役などに小物成の労力を書き連ねれば、村の労働人口から過大性が明瞭となるため、省略したとも想定される。

肥料には油粕が登場するが、原料の菜種は、「十月に可植物の事」に入っているが、「取食・種子取」には登場せず、搾油の記述もない。類似の品種として、菘《あおな》・青苛《あおからしな》などが記載され、青苛には「実見事なれは、葉味ひあしく」と述べてこの類は「上畑吉」とされている。また、幕府からたびたび禁令が出ている「たばこ」(57)も記されていない。この他の商品作物としては、わずかに胡麻と木綿に「上方の種子を田舎に植えて」(58)と、言及される程度で、特定の作物を見出せない。ただし、特定の作物が見出せないので行われていなかったとは一概にみなせない。売価が安い作物であっても、数種類の作物を「作りまわし」、それに掛かる労働力・肥料・運搬・農具代などのコストとの差・利益が見込めれば、多様な品種が栽培されよう。第一五巻第一章には、土佐勢との長陣にさいして、「(元亀二年〈一五七一〉九月)十四日はうどんを打たせ[59]」敵方への陣中見舞を贈ったとの記述がある。畑作の基幹作物は大豆と小麦だったと推測され、また、分大豆銀納制施行時の銀の調達法に記されたように、茶・製紙・製紙原料への傾斜は明瞭である。

三　『清良記』改編者の農業観

民俗学では、古来より「山の神・田の神」をはじめ自然界のすべての物に神が宿るとして崇め祀り、その恵みによって農業が成り立っていたと説明される。

「第七巻」第一章には、「又米を菩薩と申事、種子の時は文殊菩薩。苗の時は地蔵菩薩。稲の時は観世音菩薩(虚空菩薩。穂になる時普賢菩薩。食の時は観世音菩薩)也。されば多門天皇(大王)の城は吐戸羅摩那城(吐羅可明城)迚毎日白米の降る都ニ而殊に田多し、田の神と申奉るは是也[60]」とあり、「田の神」は、仏法の多聞天だとしている。

また第Ⅰ部第二章第四節で引用したが、上農の資格として神祇《じんぎ》を祭ることをあげていたように、「天つ神」「国つ神」を共に祀るとする、大仰な表現が登場している。

土居清良を神として祀ることが、原本『清良記』編纂の目的の一つだったこと、三間三島神社の元神官・土居水也の原著で、幕府の神祇官代・吉田家へ申請した経緯と、水也と近い関係で上農であった土居与兵衛が改編していることが汲み取れよう。与兵衛は、清良を神として祀るために吉田神社に出入りして身につけたと考えられる唯一神道(吉田神道)の反本地垂迹説のような神仏観で、稲作を説明しているのではないだろうか。当時の庶民は神仏混交ではあるが、神祇という誇大な認識、あるいは反本地垂迹という認識は少なく、編纂者の吉田神道との関係が表れていよう。

『清良記』の検証には、田の神・山の神、清良神社・宗案神社、自然崇拝と個人崇拝、恵みと恐れ・祟り、祀る人と祀られる人、人を祀るのを利用する人、などのありさまをもみる必要がある。

柳田国男氏は、「人を祀るものと信じられる場合には、以前は特に幾つかの条件があった。即ち年老いて自然の終りを遂げた人は、先ず第一に之にあづからなかった。遺念余執というものが、死後に於いてもなほ想像せられ」るのが、条件だと述べている。(61)

「遺念余執」は、菅原道真の天神様・天満宮が代表となる。近世でみれば、織田信長は非業の死を遂げるが、人々に遺念余執を感じさせずに、仏式で葬祭された。豊臣秀吉は連綿とした遺念余執を文書に残して、神に祀られている。吉田神道の吉田家はこれに関わり、『兼見卿記』を残した吉田兼見とその弟梵舜が、豊臣秀吉・徳川家康を神として祀った。(62)

遺念余執を想像させない自然の終わりを遂げた人が、古代は別として、近世においてはじめて祀られたのが加藤清正・徳川家康で、それに続くのが土居清良だということになる。

会津藩保科家のように、神道で葬り祀る家や、親藩大名の祖や、後年に藩論を統一するために藩祖を祀る場合はあるが、中央に知られた人物以外で、神祇の許可を経た公認の場合は珍しく、管見だが土居清良の「清良神社」が幕政の最初で最後のようである。

人を神として祀る弊害を知っていた者が幕府の中枢にいたのか、寛文三年（一六六三）に新寺社の創建を寺社奉行にうかがうように制限している。(63)それ以後は、寺の創建はみられるが神社は少ない。各地に「義民」を祀る神社があるが、公認の神として祀られるのは明治以後のことであり、幕府の崩壊をもって、「人」を大乱発で神に祀るようになったのである。

古来人を祀る場合、「遺念余執」を感じさせる人を祀るのが主流であったが、明治以後は遺念余執とは関係なく人を各地に祀るようになり、「宗案神社」もその一つとなる。徳川政権への反動もあってか、豊臣政権の有力武将や、楠木正成を祀る湊川神社をはじめ、各地で人を神として祀り、他方では自然神・日本古来の神を理解せず、あるいは曲解して、「人を神に祀り神を利用する」ことに邁進するようになった。「宗案神社」も、愚かなことに他人の墓所を奪って祀られる。先人たちの「遺念余執」を尊重・継承するために、「人を神に祀る弊害」を再考することが課題となろう。

「第七巻」第九章では四季相応の朓《ちょう》（祭祀・行事）を、風流を行う必要を語るための枕として登場させている。

わが国の水田稲作では、「上田《じょうでん》」の無施肥・不耕起、すなわち「自然循環維持型」によるものが起源からの姿で、長く理想だとされていた。この農法は、田に流れ込む水によって大きく影響を受ける。背後の豊かな森・山の草木と腐葉土層に育まれた水は、山のミネラルと流路中の微生物・微小動物などを田に運び、豊饒をもたらす。柳田国男氏が田の神について、「山の神が田植えとともに山から下りて田の神となる」としている。[64] 農民は自然の循環を感受して崇め祀る。古くから、水そのものの源としての畏敬だけでなく、水を育み豊饒をもたらしてくれる装置としての森・山に畏敬の念を抱かせ、田植えとともに祀られ、収穫が終わった時点で、感謝と共に来年の実りを願う行事となる。

『郡鑑』の「田畑の土地を山にて見わけ様の事」[65]で、単に田の土壌だけでなく、水源を生み出す背後の山の土質と「木草」を含めて述べるのもこのためで、『清良記』第七巻、『耕作事記』でも触れることは必然といえる。

徳永光俊氏は、河内国中塚紋右衛門の『農事日記』の解説で、「野見廻り・山見廻り」が、「作りまわし」「手まわし」の基本であると指摘している。これは、弘化年間（一八四四〜一八四八）の日記で、『清良記』が成立した時代より農具も肥料も格段に進化しているが、当主や家族が神仏の行事に関わる記事が多数見られ、彼らの生活が「天の恵み」〈カ＝ミ〉への願いと感謝に貫かれていたことがわかる[66]。

徳永氏は、ある年の見回りの回数を一月四回、二月なし、三月二回、四月一回、五月二回、閏五月一二回、六月一七回、七月一一回、八月二回、九・一〇・一一月各一回、一二月なし、と計数している。見回りの多い月は、田植・草取り・水かえ・綿の間引き施肥・末切・あご取・収穫と、極繁忙期に集中しているという。

右の集計には突然の大雨で岸が崩れ、「皆々行野見舞《のんまえ》」といった被害状況の確認とその処置も含まれている。人々は見回りによって薪柴や刈敷など「山野の草木」の状態確認や水量の予測だけでなく、水の濁りなどから、水に含まれた「恵み」を計り知ろうと努めていたのではないだろうか。これらは「農術」が蓄積され、天然の素材を「在来」以外からも取り寄せてフルに活用し、大市場近郊の情報も豊富に入手でき、有利な商品作物を取込める状態で、細密に「手まわし」よく進められてはじめて成り立つ事象なのである。しかし、近世の農民たちは自分たちが持つ高い水準の農術を誇ることもなく、神仏の加護にすがり、感謝の念を基底にした生活を営んでいた。「野見廻り・山見廻り」も水の恵みを計ろうとしただけでなく、恵みの多からんことを祈る巡礼にも似た気持ちを込めたことだろう。『農事日記』の「見舞」という言葉は、その気持ちを端的に表わしていよう。たとえ「外来」の金肥料を採用して成育した農術を持っていても、山の神・田の神の本質と、畑と田が結合しており、自然の恵み・自然の脅威の比重が、いかに大きかったかを示していよう。

「第七巻」第一一章では、前半に四季それぞれの農民の楽しみを、「嵯峨、吉野の山桜、今幾日ありてかと友を思ひ、雨を乞（恋）うらん歌人の長閑き心にも劣るへきかと。種子を蒔て見渡せは、夏の夜の霜かと人の詠めたる月の白砂に異ならん。小田を耕し水をたたえへて返り見れば、江南野水にもいとまして天よりもミとり（緑）なり」と例えている。

さらに「青がちなる田作に望み、夏の日くらしを聞つ、夕影をまちて、萩の上風そよそよとして、あなたこなたへなひきそふたる稲葉の露の玉を貫きひとしきかたを詠めやりて立涼たる心は、卯月、皐月の若楓、木の下闇の詠めにもいと増りて、尚三公にもかへましければ、作を荒す虫、実を奪ふ獣、下人子供に夫々に下知して取らせたれは、雲の上人をもとの公達、嵯峨野々原の鷹狩、伏見深草の朝鷹狩にもまさり、加茂川、桂川、岩間の鮎の鵜飼火の（後略）」と、美文で季節のうつろいを記し、身分差を越えて農民にも、雅な楽しみがあるとしている。

そして、なかでも秋の年貢を納めて、理想の君主・清宗の賛辞・激励を受けるのが、最大の楽しみだとして、清宗治世下での「ゆとりを持った営農」を称え、それに対比して、「斯程隙いとまなきもの程としろしめながら（後略）」と、本編の最大の主題に結びつけている。[67]抗議・告発・怨嗟の文章と対比させるために、ことさらに雅意を含ませてはいるが、書かれた農業観は、自然の恵みを享受した百姓の、「日々の楽しみ、つつがなさ」を表現していよう。

また、同第八章では、「祭礼・折節句・盆祭・彼岸」と、折節の重要なことを並べ、暇を奪い、また前もって計画を知らせない支配者を、無学・無知とされる百姓より劣ると表現して、抗議に結びつけている。

第一一章では、さらに「田夫にも三徳なければならす。先時節を考へ、万作相応の土を見知、兼て水旱の年を考へ、予め其構へある所は智也。下人牛馬を養ひ、諸作を育て、夫々相応の糞をして、水旱風損を繕ひ、作に障る虫、獣を退け、痛損するを直すは仁心なければならす。農夫風雨を嫌わす、寒暑に痛さるは、勇なければはならす」[68]と、自然のもたらす脅威にも、対応する農民の姿を重ねて描いている。

農業とは、田畑の土質を知り、その年の気候を推し量り、時節相応にその時々の手入れを、風雨寒暑を問わずに行うものだとしており、そこには農術を誇ることもなく、ただ自然のうつろい、古代からの「山の神・田の神」にゆだねた農業を基本として、「たゆみのない手入れ・介添え」により、豊かな実りを得るという態度が現れている。これが近世前期の農法の極致ではないだろうか。

これらの記述は、改編者の持つ抗議・告発・怨嗟の気持や、元代官・庄屋としての立場を除いて読めば、長年村で生活を営んでいる者の、素直な感想ではないだろうか。

ところで、支配者層・武士階級の必須教養は、忠孝・耕・勤勉を美徳とする、「農本」を至上視した「儒学」あるいは「漢学」である。第Ⅲ部で述べるが、四書五経など儒学の教科書は、華北の黄土地帯に成立した古代中国に起源を持つ。これらの諸書は古代中国で牧畜・狩猟・採集とアワ・キビ・麻実などを主作物とした「耕」をともなう畑作を念頭におき、統治地域の拡大の中で「農本主義」が強化される過程を背景として成立している。日本では律令の時代に諸制度を導入したが、畑作を中心とした農業社会に成立した漢字と書籍を、農業体験を持たない人々が学び伝えた結果、支配階級では漢字の字面に引きずられ、水田稲作の実情を無視した農業観が出来上がった。

古代中国の支配者が用いた農業暦は、「発《ハジマリ》」からはじまる。地力に乏しい黄土土壌で、キビ・アワなどを植えるため春に畑を耕起することで、発《ハジマリ》は発・耕《オコス》す意味を含んでいる。古代中国を規範とする律令の時代から、支配階級に日中社会の相違は問題にされず、「春勧農の発《ハジマリ》」が宗教的なものとなって継承される。しかし、たとえば日本の稲作で「田を打つ」とは、水田に田の神を迎える「木迎儀礼」や、占有権・用益権を表示する串・杭を打って田の局面を一新させることに由来しており(69)、必ずしも「耕す」ことではない。耕すことが出来ない実態があるにもかかわらず、漢字の字面が優先され、実際の農術を身につけていない、農術を知ろうともしない者が支配する。

これに対し、自分たちが行っている農業の実態と、儒学の教養にギャップがあることを知り尽くしている庄屋層は、美徳とされる「耕起・多肥育・精勤的な手入れ」を過剰に強調して支配者に説明し、このギャップを利用して、労役徴収権を勝ち取っていた。『清良記』において、これらの美徳が労役との関わりの中で強調されるのもそのためである。

豊富な労働力を確保した庄屋は、一般の百姓が行い得ない緻密で精農的な農術で営農して、これを「規範」とすることによって百姓を指導し、労役徴収権を維持していくことになる。

土居与兵衛は、過剰とも思える労役徴収権を勝ち取っている庄屋側の者であるが、同時に、戦国時代を生き抜いた「土居清良」の気概を引き継ぎ、仁心と勇をもって、村と村人を支配者から守ろうとしていることも、『清良記』「第七巻」には、十分に表現されている。

四　『清良記』の位置づけ

現存する『清良記』は、土居与兵衛が延宝七年（一六七九）までに編纂したもので、農書の分類では「近世前期農書」とされる。近世前期に成立した農書は少なく、『農業全書』『百姓伝記』が著名である。この三つの農書の差異を検討して、『清良記』の位置づけを試みたい。

『農業全書』(70)は、宮崎安貞が元禄九年（一六九六）に書上げ、貝原楽軒《らくけん》(71)の補冊を受けて、公刊されている。

宮崎安貞は、儒学者として筑前黒田家に仕えるも志を得ず、周船寺・女原で帰農したようである。儒者としての学識の上に、開墾を含む農業体験を積み、先進地域の上方の商品作物事情を加味し、それを中国農書の『農政全書』に書き重ねたものが『農業全書』であるといえよう。

宮崎安貞の視点は、商品作物栽培を積極的に行う上方の農法を参考として、農民が保有する限られた農地で単位面積当たり、いかに効率よく実りを上げて、「飢寒のうれへをまぬかれ」、「身を労し心を苦しめて勤めいとなむ」ことを避けるかに、帰結されている。(72)上方で栽培される多様な品種を参考に、商品性に優れた作物を採用する一方、「田畑輪換」によって地力を維持しながら、無駄な労力をかけずに行うという農術を提唱している。冒頭には次のようにある。

田畠は年々にかへ地をやすめて作るをよしとす。しかれども地の余計なくてかゆる事ならざるは、うえ物をかへて作るべし。所により水田を一二年も畠となし作れば、土の気転じてさかんになり、草生ぜず虫気もなく実のり一倍もある物なり。凡此田を畠になしたる地は物よく生長するものなり。されば土にあひて価高き畠物をうへて厚利を得べし。さて畠物にて土気よはりたる時、又本の水田となし稲をつくれば、是又一二年も土地転じて大利をうるものなり。(73)

田を畑にして一、二年間畑作を行い、後に再び田に戻すことを繰り返すもので、朝鮮王朝の使節である宋希璟の観察した室町時代の都市近郊営農を、(74)発展させたものである。

幕法・藩法（不文律）の田制では、田と畑が区分けされ、それぞれに石盛がされているが、租税のことはそのままに、実際の営農ではこれを覆すことを勧めている。したがって、安貞は中国の『農政全書』の権威をもとに、藩の公知を得るため、儒者家系で元・浦奉行の貝原楽軒に補冊をなかば強要して取り込み、さらに藩外に出版配布するため、御三家水戸徳川家の推薦文を掲げることにより、田制の「規矩」を超越しようとした。

『農業全書』は、田制からみれば革命的なもので、内容の豊富さもあって「農書の教科書」となり、これに触発されて多数の農書が編まれた。(75)

『百姓伝記』は天和年間（一六八一〜一六八四）に、三河国矢作川流域で成立したとされ、(76)国土整備論から営農論までと、範囲が広い特異な農書である。

四季・人道・地勢・屋敷・道具・便所・治水と書き起こし、稲作・麦作・雑穀・蔬菜・水草・救荒食・日常道具と書き綴られている。

三河を舞台としているが、近世初期に各地で行われた代表的な治水工事にも触れている。土木事業のうちでは、築城や城下町の整備の例が多い時代であるが、治水工事の記述に限定されているのも特徴である。農具として述べられているなかには、明らかに農民が日常に使う道具以外の土木具が、砥石の性能や鍛冶の詳細な技法まで含めて述べられていて、特異性を際立たせている。『清良記』では農具全般を、武士の武具と対比させて述べているが、『百姓伝記』では、同様の対比が個々に鮮明で、道具の原料、製造過程にまで触れた凝った記述となっている。

稲作については、「古農の伝に云」「老農の伝に云」「農甫の云」「古農の云」「伝に云」「農甫のいわく」「農夫の云」「老農の云」「伝云」「功農の云」「農圃のいわく」「農圃の伝云」「古農の秘伝云」と、箇条の頭には必ず記されており、実際に稲作をしていた者が、このように書くのか疑問である。

また、第III部第一章で詳述するが「田スキ」「耕盤」の意味を理解しておらず、「田を耕す」「鍬耕」で押し通しており、「水」を蓄えたい農民の姿とは程遠い。土質で鍬の手応えが異なるさまを述べているが、本質的に農民は耕作する地域が限られるものであり、多様な土質を耕す体験が得られることは少ない。

編者は未詳であるが、土木工事にたずさわる下級武士である「黒鍬衆」を勤めたものが帰農して、新たな屋敷を構え、田畑を開墾した体験が根源となっている。黒鍬衆としての各地の現場従事体験が、土木具、全国の石材の品質・性質を語らしているようである。[77]岡光夫氏が、三河湾に注ぐ豊川河口の沖積地の新田開発で「黒鍬の者」が入植していることを指摘していることから、[78]黒鍬衆から転じて海辺近くの新田に入植した人物が、過去の体験と知識と、「営農の理想」を「老農」の意見に求めて、集大成をしたのではないだろうか。

屋敷やその周りの植樹、畑作については実体験に基いた記述がされており、一方多収穫を目論んだ水田稲作については思ったほどの成果が上がらなかったため、参考にするため見聞を広げ、その箇条をまとめたものだと考えられる。タイトルの「伝記」も、「古農・老農の伝」を記録したことに由来していよう。

水田二毛作に否定的なのも、[79]大唐米に価値を見出しているのも、[80]新田で稲作を行って当初は収穫を得たが、二毛作を行って収穫が極端に落ち、大唐米の作付けで収穫量を確保した実体験を記しているのではないだろうか。文面からは刈敷の調達条件が悪く、腐植も蓄えられておらず、二毛作の採用は無謀で、当初の多収穫を目指した営農から、安定した収穫を目指す営農に転換しようとしている。

また『百姓伝記』には、早・中・晩稲の性質を述べるなかで、早・中稲の食味のよさと腹持ちの悪さ、晩稲の食味の悪さと腹持ちのよさが書かれている。

> 田夫の喰ふにわせ・中田米さいき也。味ひよけれとも腹のへる事はやし。食に焼にふゑるなく損米あり。晩田の米ハ味ひよからねともにゑふとりあり。たとハバ、わせ米・中田米壱斗を四拾人の食事に用るに不足して、わせ米を秤にかけて見るにかろし。晩田の米壱斗を食に焼、四拾一二人もやしなひ、しかも腹ミちてよし。[81]

集団への供食を例にして書いており、これは農民とは思えない表現である。ここまで、詳細な観察をしながら、商品価値の劣る大唐米への評価が高く、バランスの取れない記述になるのも、著者の前身を顕しているのであろう。

『清良記』と『農業全書』は、米の食味や早稲・中稲・晩稲の米としての特性に触れることはない。『農業全書』の著者・宮崎安貞は、儒学の教養で育った「侍」として食味に触れることを忌避したのか、あるいは「飢寒のうれへ」「身を労し心を苦しめて勤めいとなむ」ことを避けることを主題としているので、食味に触れることがなかったのかもしれない。『清良記』は、早稲の手廻しのよさのみが強調され、戦国時代には避けられない籠城に備えた保存性や、戦うための腹持ちにも触れていない。この点からも「軍記物」としてそのまま受入れるのは適当ではない。

『百姓伝記』は土木具を含めた道具の機能や畑作・稲作について詳細に記録され、近世前期の高い教養を備えた先進性に富んだ新田百姓の苦悩を示すなど、貴重なものである。また、岡氏が指摘するように、寛文六年に幕府より出された「山川掟」を、具体的に反映した「土木技術書」でもある。[82] しかし、書かれている営農は、当時の新田入植者と、個々の老農が個別断片的に行っていたものであり、老農の「伝」を総集すれば「理想の営農」になるとしたもので、三河の平均的な営農が、この水準で行われていたとはいえない。

これに対し『農業全書』は、『清良記』の成立から一七年間しか経過していないが、書かれた農術には大きな格差があり、近世前期から未来への方向づけをしている。

同じ近世前期農書という区分に入れられているが、『清良記』は近世の検地ごとに注目される「田制」に阻まれて、「田畑輪換」にはいたらず、畑作物が田へ部分的に進出する農術の段階に押しとどめられている。約七〇年間に三度の検地（書換え・訂正を含めて）が行われれば、百姓には相当な痛手となる。検地は高を打ち出すための面積の計測だけでなく、小作の否定・徳政をともなうことがあり、幕府領では忌避されており、宇和島藩で「内抔」と呼び変えているのもそのためである。

『清良記』では、近世初頭の商品作物の栽培が盛んだった時代の名残が、庄屋の行う「上農経営」として集約され、「第七巻」には稲作に必要な労役が書かれる。また、「第七巻」を当時の史料と比較した結果、本百姓の行う「一廉経営」が浮かび上がってきた。したがって、『清良記』は、「近世に成長した「農術」」の大部分を「上農経営」として描き、田畑輪換は「四半廉営農」・「早稲」の記述のなかにみられる。また、諸史料との比較からは「一廉経営」で行われる「中世に生まれた「農術」の祖形・基礎」が浮かび上がり、「中世に生まれた「農術」

と、「近世に成長した「農術」」の集大成であると、位置づけられよう。第Ｉ部第四章第四節で触れたように、奥村彧氏が指摘した鬮持制度導入の背景には、粗放な農業が行われていることが条件であるとしているが、[83]本章第一節で検証したように、収穫量は決して低いレベルのものではない。

中世後期から近世初頭の急激な社会変動にともない、急速な展開をみた農術は、『百姓伝記』では老農が個別に持っていたものを聞き集めた理想の稲作営農であり、『清良記』では庄屋が行う「上農経営」である。地域的な相違はあるが相似している。

両書とも、経済規模の縮小の中で村を立て直すための規範を、過去に「上農」が行っていた「近世に成長した農術」に求めているが、近世前期の平野部では、実態としては「一廉経営」で行われる「中世に生まれた「農術」の祖形・基礎」に基づく営農が主流となっており、両書の記述を当時の平均的な営農だとして、そのまま引用することは避けなければならない。

『清良記』は、本来「農書」として編まれたものではないことを述べたが、体系性に欠け、灌漑や農具のことに触れるところが少ない。一方『百姓伝記』は土木や開墾・灌漑や、農具・土木具についての記述が詳しい。つまり『清良記』『百姓伝記』を読み合せることによって、近世前期の最先端の農術と、上農・老農、村落指導者、新田百姓などを含めた当時の百姓を知ることが出来るといえよう。

また、『清良記』『農書全集』『百姓伝記』からは、近世前期の経済規模収縮が一巡する中で、村と農業を立て直す、あるいは新たに作り出そうとする、先人の苦悩と志が読み取れる。

（1）『全集』一一七頁、『松浦本』九八頁。なお、食餌の世話は『松浦本』には三度とある。
（2）『全集』一一七頁、『松浦本』九八頁。

(3) 『農業家訓記』（江藤彰彦翻刻現代語訳注記解題『日本農書全集』第六二巻、農山漁村文化協会、一九九八年）では、苗間を「七寸程」（三五二頁）として、並の者は「廿刈程」（三五四頁）植えるとしている。一〇〇刈はおよそ二反に相当するので（三三三頁）、一日に四畝植えることになる。

(4) 小野武夫「宇和島藩庄屋と無役地事件」（『日本村落史考』穂高書房、一九四八年）、大野正之助（一九五六年）など。

(5) 『三間町誌』（三間町誌編纂委員会、三間町、一九九四年）に、迫目村・文化一四年（一八一七）の改めとして「一廉に付一町割」（四〇七頁）とあり、「第七巻」の記述と一致しているため、これを適用した。

(6) 小野武夫編『不鳴条』（『日本農民史料聚粋』第一一巻、酒井書店・育英堂事業部、一九七〇年）三〇一頁。

(7) 「松山藩郡用記」（『愛媛県農業史』上巻、愛媛県農会、一九四四年）に、「壱歩之内稲株数、山分は凡そ百二三十、里分は大方五六十より八九十株也」とある（三五六頁）。この史料の成立年代は未詳だが、江戸時代前期のものと推測される。『百姓伝記』（岡光夫校注執筆『日本農書全集』第一七巻、一九七九年）には、「上々の土地壱歩に八十かぶ、中の土地に百かぶ、下の土地に百拾が《ママ》ぶ・百二十かぶ・三十かぶ、薄田程稲かぶおほく、苗多く植るなり」としている（一四頁）。

(8) 前掲注(5)『三間町誌』四〇六〜四〇七頁。

(9) 青野春水「吉田藩地方役人に関する一考察」（『伊予史談』一五七号、一九六〇年）は、天保二年（一八三一）清延村の「三高帳」、天保七年（一八三六）国遠村の「三高帳」から一律三廉、元禄三年（一六九〇）の沖村では前掲注(6)『不鳴条』のように支給されているとしている（二五〜二九頁）。筆者は「未進」の棄損や庄屋の罷免を利用して、元禄年間以後に一律三廉に変更されたと、推測する。

(10) 『愛媛県伊予郡南伊予村農村農業調査報告書』（南伊予村農会、一九一五年）一頁・三〇〜三二頁。現在の愛媛県松山市南部。

(11) 大島佐知子「地域からとらえる明治農法の担い手——中井太一郎の足跡をたどって——」関西農業史研究会第二五〇回例会報告、二〇〇二年一二月一四日、於同志社大学）。明治二一年（一八八八）に鳥取県久米郡農談会で「田打ち車」を使用しており、明治二五年（一八九二）「太一車」の特許を得ている。

(12)『郡鑑』(吉田郷土史研究会編『伊予吉田郷土史料集』第四輯、吉田町教育委員会、一九八二年)九頁。
(13)勝部眞人『明治農政と技術革新』(吉川弘文館、二〇〇二年)では、幕末明治初期において、乾田を主とする広島県で三～四回、水田を主とする秋田県では「ほとんど二～三回」の除草としている(六九・一〇九頁)。なお同書では明治政府の進める乾田化に耕作者が抵抗するが、その理由の一つに多労となることをあげている。岩澤信夫『不耕起でよみがえる』(創森社、二〇〇三年)には、現代の常時湛水実施例では「必要であれば拾草・手除草」と記しており、軽微な作業とみなしている(二一五頁)。
(14)第II部第一章注(44)参照。
(15)『全集』一一六頁、『松浦本』九八頁。
(16)高木計「吉田藩村役人の特権的地位について」(『伊予史談』一五九号、一九六〇年)二八頁。出典は、明治四年(一八七一)に是房村民事懸毛利源内が、藩庁に提出した控綴「是房村々内諸事控」(高木の付した仮称)である。
(17)前掲注(12)『郡鑑』一六九～一七〇頁。
(18)秀村選三「守屋家の農業経営」(『幕末期薩摩藩の農業と社会』創文社、二〇〇四年)。
(19)『松浦本』には「茶あおり」となっている(九八頁)。
(20)『午年日記帳』(徳永光俊翻刻、現代語訳注記解題『日本農書全集』第四三巻、農山漁村文化協会、一九九七年)。「草引」「草取」「岸刈」は除いて集計している。馬を飼わないこと、里山・河川敷が豊富な三間と村の立地の相違で、数字が大きくなると考えられる。
(21)迫目村は、「成妙郷」内の西に位置する。なお、この作付率からみれば、「津出」で引用した前掲注(12)『郡鑑』の「中稲」で納めるとする記述とは矛盾する。
(22)寺尾宏二『日本賦税史研究』(光書房、一九四三年)。「然據子細ニ而野役不仕候者有之候時者、野役壱升ツヽ、米無之時ハ其時之直段を以、代銀ニ而可遣事」(一三九頁)。
(23)前掲注(12)『郡鑑』一二頁。
(24)『身自鏡』(米原正義校注『戦国史料叢書七　中国史料集』人物往来社、一九六六年)四九六頁。
(25)前掲注(12)『郡鑑』一一〇～一五〇頁。中には、「寛文六年七月三日四日洪水ニ付年々差引御村覚」「慶安の始まり立間尻浦新開発」の副題が付けられている箇所がある。免は定免制を採用しており（三年定免、後に五年）、明暦の創藩から貞享年間まで記録されている。

(26) 大石慎三郎校訂『地方凡例録』上巻（近藤出版、一九六九年）六八頁。

(27)『縣治要略』（青蛙房、一九六五年）二二六頁。（ ）内は検算の上脱漏を記入した。

(28) 前掲注(27)『縣治要略』二七一頁。

(29) 旧事諮問会編・進士慶幹校注『旧事諮問録』下（岩波書店、一九八六年）六〇～一一三頁。

(30) 前掲注(6)『不鳴条』二二三～二三一頁。

(31) 前掲注(12)『郡鑑』によれば、「乗」「口」は御物成米一石につきそれぞれ四升である。さらに、「口の乗」と呼ばれるものが御物成米一石につき一合六夕、「こほれ」と呼ばれるものが御物成米一石につき四合が付加される（合計八升五合六夕）規定である（一八頁）。

(32) 前掲注(6)『不鳴条』によれば、御物成一石につき里方（村）三合、浦方五合が付加される規定である（三三六頁）。

(33) 表5は、近似値（下方値）となる。近世後期の収穫量については、『加古川市史』本編第二巻（加古川市、一九九四年）に、加古郡中野村（現加古川市平岡町中野。溜池営農地である）の、寛政一一年（一七九九）から明治四年（一八七一）の七二年間のうち六〇年間の坪刈記録が収録されている。米の反当たり平均値は二・〇〇二八石となる（四三四～四三六頁）。清水隆久「高位収量を記す稲作手控帳――石川郡里方農民の秘蔵記録「永代諸事控帳」――」（『石川郷土史学会々誌』三八号、二〇〇五年）に、明和七年（一七七〇）から天保一一年（一八四〇）の収穫量、中・晩稲比、肥料など詳細な分析がある。

(34) 前掲注(12)『郡鑑』二三九～二四四頁。

(35) 前掲注(12)『郡鑑』一九一～一九三頁。

(36) 彼らがそのような規模の小さな営農を望んでいたかは別の問題で、これを単に「小農」と総括するのは疑問である。

(37) 岩橋勝「近世後期の南伊予における貨幣流通」（『伊予史談』三三一号、二〇〇三年）。

(38)「金一両と米一石（肥後米）の銀相場」（『日本農書全集』付録六）に、前掲注(6)『不鳴条』、『伊達家御歴代記』（近代史文庫宇和島研究会編『宇和島藩庁伊達家史料』第七巻、一九八一年）、『記録書抜』（同上書）のほか、『万之覚』（大野瑞男校注『榎本弥左衛門覚書』平凡社東洋文庫、二〇〇一年。阿波の塩を扱う武州川越の商人の記録）、『元禄・享保年代記』（『神戸市文献史料』第一巻、神戸市教育委員会、一九七八年。摂津の記録）、辻善之助編『多聞院日記』（三教書院、一九三九年。大和での記録）、中沢弁次郎『日本米価変動史』（柏書房、一九六五年）、三木郷土史会編『累年覚書集要』（一九九四年。播磨明石藩大庄屋の記録）を加え表6とした。寛永八年に宇和島藩で京枡の使用が始まり、それ以前の藩の記録は納枡である。

(39)前掲注(12)『郡鑑』に、「茶六月切」「真綿麻苧八月切」「漆九月切」「紙十月から翌年三月迄」とされ、引延（遅延）は三分の利が加算される（一七一頁）。

(40)前掲注(6)『不鳴条』に「早田帳故法之通」とあり（三八五頁）、『弌墅截』上巻・下巻（近代史文庫宇和島研究会編『宇和島藩庁伊達家史料』第二・第三巻、一九七七年）には正保検地より「麦田」「早田」「中田」「晩田」が画然と規定される。

(41)前掲注(37)岩橋論文。

(42)「弐度を一度、三度を弐度にして二鍬可打をは一鍬におこし、扨又永き日早日より晩迄鍬打をするのは殊の外大儀ニ而、草臥けれは下人共、皆そこそこの仕るに付て、作法定め申と見へて候」（『全集』一六八頁、『松浦本』一〇九頁）というのも、庄屋の抱える譜代下人のことではなく、百姓から徴収される労働の質をいっている。

(43)羽藤明敏解読編集『御領中御庄屋歴代記』（二〇〇三年）には、「身上不如意ニ付」「大借ニ付」という理由で免職された庄屋が、「能寿寺村」「迫目村」「石原村」「吉波村」など、多く記録されている。

(44)前掲注(38)『伊達家御歴代記』二三八頁。

(45)宇和島藩・吉田藩は代表的な金肥料「干鰯」が特産品である。前掲注(12)『郡鑑』には「寛文八年」の公定価格が記されている（二四四頁）。

諸魚御直段付之事

一、銀五匁　　搔鰯八百入壱石之直段　　黒漬鰯うるめ鰯も同直段

一、同五匁五分　地干鰯八桶入一俵ノ直段　但桶ハ御定壱斗五升入
一、同四匁　　指干鰯八桶入壱俵ノ直段　但桶ハ右同

(46) 前掲注(6)『不鳴条』に明和九年(一七七二)の文書であるが「近年早田見分之畝数見分ニ餘計差出候村々有之候、畢意旱魃打続候ニ付、堀上麦ニ仕成早田を専仕付候ニ付、格別早田相増候段ハ一段之義、随分出精可致事ニ候(後略)」(三三九頁)とある。旱魃により早田の届出制を緩めた結果、早田が増えたため再び規制に回るとある。
(47) 前掲注(7)『百姓伝記』(岡光夫・守田志郎校訂解題『日本農書全集』第一七巻、農山漁村文化協会、一九九七年)に、「田壱反の種籾を、何程多く苗代に用る共、壱斗四五升にハ過じ。上中下の籾種を積るに、田壱反に付て六升ならしに苗をふせてハ、不足することなし」とある(一二三頁)。
(48) 「免」は、本来課税控除の「免除」からきているが、近世では課税率を表現する事が多い。ここでは免除の意味である。
(49) 「松山藩代官執務要鑑」(前掲注7『愛媛県農業史』上巻、三五四〜三五五頁)。
(50) 籠瀬良明「谷地田型低湿地」(『低湿地』古今書院、一九七二年・一九七三年第二版)。
(51) 『全集』四九頁、『松浦本』七九頁。
(52) 『全集』五一頁、『松浦本』八〇頁。
(53) 前掲注(27)『縣治要略』に、幕府領では収穫量の二割と定めた量を享保年間まで機械的に減じていたとされ(一八五頁)、一種の「免」とみなされており、実数ではない。享保年間以後の幕府領の「村明細帳」に書かれた播種量は実態に近づく傾向がある。青山孝慈・青山京子編『相模国村明細帳集成』第一巻(岩田書院、二〇〇一年)。文政四年(一八二一)「三浦郡三戸村」一斗八升、「同桜山村」一斗二升(一二七頁)。青山孝慈・青山京子編『相模国村明細帳集成』第二巻(岩田書院、二〇〇一年)。慶応四年(一八六八)「三浦郡東浦賀村」平均二斗(三〇二頁)。
(54) 前掲注(38)『伊達家御歴代記』一八五頁。
(55) 有薗正一郎『近世農書の地理学的研究』(古今書院、一九八六年)には、溜池を水源とする稲作では中・晩稲に偏重できないと指摘している(一九二〜一九三頁)。
(56) 田中耕司「近世農書にあらわれた作物の前後関係と作付集積」(岡光夫・三好正喜編『近世の日本農業』農山漁

村文化協会、一九八一年）一三五～一三六頁。
(57) 前掲注(38)『記録書抜』寛文八年二月「たばこ本畑江作候儀、弥御停止之事」（一五頁）。第二章「四季作物種子取事」に戦国時代に定着した「たばこ」が含まれていないのは、この規定により省かれたのではないだろうか。「第七巻」を軍記物とすれば書かれないのは不自然で、編纂時期を延宝七年と考える傍証となろう。
(58) 『全集』六六～六七頁、『松浦本』八五頁。
(59) 『松浦本』二〇五頁。
(60) 『全集』八頁、『松浦本』六六頁。この部分は、石川松太郎校注『庭訓往来』（平凡社東洋文庫、一九六三年）に紹介されている、『庭訓往来抄』（編者不明、寛永八年〈一六三一〉の農業起源の文章（六二～六四頁）から、転用されていると推測される。
(61) 柳田国男「人を神に祀る風習」（『定本柳田國男集』第一〇巻、筑摩書房、一九六九年）四七五頁。
(62) 平重道「近世の神道思想」（『近世神道論・前期国学』日本思想大体系三九、岩波書店、一九七二年）五一九頁。
(63) 宮地直一『神道史序説』（理想社、一九五七年）三八七頁。
(64) 柳田国男「田の神の祭り方」（『定本柳田国男集』第一三巻、筑摩書房、一九六九年）。
(65) 前掲注(12)『郡鑑』一一～一二頁。第Ⅲ部第一章第五節（史料14）参照。
(66) 徳永光俊『日本農法の天道』（農山漁村文化協会、二〇〇〇年）一三六～一四〇頁。
(67) 『全集』一三九～一四三頁、『松浦本』一〇二～一〇三頁。
(68) 『全集』一三九頁、『松浦本』一〇二頁。
(69) 「打つ」は水を打つ、蕎麦を打つなどの使用法と同じで、『御百姓用家務日記』（翻刻注記解題丸山幸太郎『日本農書全集』第四三巻、農山漁村文化協会、一九九七年）に、沼田の場合「田打ち」、その他の田には「田すき」と使い分けられている（一〇八頁）。大島佐知子「中井太一郎の技術普及（一）」（『鳥取地域史研究』一〇号、二〇〇八年）によれば、中井太一郎が発明した除草機「太一車」も、当初は「田打ち車」と唱えられたという（三二頁）。この除草機を使うことにより、草の生えた田が「一新」されるさまを表していよう。
(70) 宮崎安貞著・土屋喬雄校訂『農業全書』（岩波書店、一九三六年。以下、岩波版と略す）。宮崎安貞『農業全書』

（山田龍雄・小山正栄・野島至・武藤軍一郎・吉田鷹治・井浦徳・水本忠武・深尾清造・井上忠・西山武一校注執筆解題『日本農書全集』第一二・一三巻、農山漁村文化協会、一九七八年）。吉田寛一「『農書全書』の自然観・農民観、科学性」（『日本農書全集』第一二巻月報、一九七八年）などによる。

(71) 岡田武彦「安東省庵・貝原益軒」（菰田治・岡田武彦著編『叢書日本の思想家』九、明徳出版、一九八五年）。楽軒は貝原益軒の兄。

(72) 前掲注(70)『農業全書』（岩波版）二二頁。

(73) 前掲注(70)『農業全書』（岩波版、四八頁。『全集』上、一四八頁）に「上農夫の手立なり」として、実際に行える者は少ないとしているが、これを書く事に意義がある。

(74) 第Ⅲ部第二章第三節参照。

(75) 徳永光俊『日本農法の水脈——作りまわしと作りならし——』（農山漁村文化協会、一九九六年）一五〜一七頁。『農業全書』は明治時代にも版が重ねられるが、旧藩が墨守していた田制が撤廃され、耕す農具の入手が容易になり、これらの地域でようやく本書を参考とした営農が始まる。

(76) 『百姓伝記』（岡光夫・守田志郎校訂解題『日本農書全集』第一六・一七巻、農山漁村文化協会、一九七九年）。古島敏雄編『百姓伝記』上下（岩波文庫、二〇〇一年）。吉永昭「近世の西三河について——『百姓伝記』を生んだ土地柄——」（『日本農書全集』第一六巻月報、一九七九年）などによる。

(77) 『百姓伝記』（『日本農書全集』第一六巻）一〇七〜一一〇頁。

(78) 『百姓伝記』（『日本農書全集』第一七巻）三六〇〜三六二頁。

(79) 『百姓伝記』（同右書）八四〜八六頁。

(80) 『百姓伝記』（同右書）一五二頁（第Ⅲ部第二章参照）。

(81) 『百姓伝記』（同右書）三一七頁。

(82) 岡光夫「解題」（『百姓伝記』同右書）。

(83) 奥村彧「舊尾張藩における割地制度(二)」（『経済論叢』一四巻二号、一九二二年）六八頁。

第Ⅲ部

「農業史」再見

第一章 「水田稲作」の再見

第II部で近世前期に成立した農書『清良記』の解釈を行った。舞台となった近世前期の農業を再現するためには、それ以前の姿をみる必要がある。しかしながら、今日示されている中世農業の姿は余りにも曖昧である。

第III部では農書『清良記』を解釈する中で、必然的に農業の始まりから近世前期を概観することになる。その要点を第一章で「水田稲作」を中心に、第二章では「農術」の発生と展開について述べる。

一 稲作の揺籃

農業の起源からみれば、自然の摂理の中で自生した植物を、人為をもって栽培しよう、管理しようとして農業が始まるが、人為が及ぼす範囲は小さく、大地と天の織り成す自然の力に大きく依存している。C・O・サウアーは、人類が農業を発明する段階を、次のように述べている。

農業は、食糧の不足がますますはなはだしくなり、そしてその不足がますます長期にわたるようになったために起こったのではない。飢饉におびえながら生活している人びとは、はかばかしくもゆかず、またひまのかかる実験的方法を試みるだけの手段も時間も持っていない。

人類にもっと役に立つように人為淘汰によってなされた植物の改良は、常時欠乏に悩んでいるのではなくて、快適に余暇をもって生活を営むことのできた人びとによってのみ行われたものである。必要が発明の母であるといわれているのは、だいたい間違っている。欠乏に苦しみ、みじめな生活をしている社会には、決して発明は起こらない。というのは彼らは反省、実験、討論の余暇を持たないからである(1)。また、土地と植物と人間の関係でみれば、吉良竜夫氏は農耕起源を語る中で、「人間が近くへ来たら排泄物が肥料になりますから、それだけでも実が大きくなる(2)」と、生物としての人間が、土地や植物に及ぼす影響の一端を述べている。

狩猟採集に依存していた人はやがて定住し、人口がその土地の持つ可養範囲を上回れば一部が新たな定住地を求めて移住する。定住地周辺の土地が肥え、そこに余暇として有用植物を利用する段階が生まれる。必要とされる食物や衣類原料・薬用植物が生えていた周辺の草木を除いて、取り入れの時期の目印にする、あるいは収穫しやすい環境に移植して成長を見守り、収穫する「技」が生まれる。

農業観として「技」の段階を位置づければ、『中庸』の「天地が万物を生じ育てる」(「可以賛天地之化育(3)」)の、「化育」と呼ばれるのが適当なようである。

「化育」の期間は長く、その中で、「反省、実験、討論」を踏まえて、天地の恵みを最大限享受させ、植物の本来持っている能力を引き出す工夫、人の「巧み・工《たくみ》・技・試行」が、素朴なものであっても行われる。

人の巧み(工)は、土地の整備改良と、栽培作物の選抜にも向けられ、受粉、花芽の間引き、素朴ながら品種の交配なども実行されていたと想定される。また、移植によらない「種」からの栽培が増え、半栽培から本格的な園芸的栽培となって、作付面積も増えていく。畑では播種のための軽度の耕起がなされ、栽培に邪魔な植物が取り除かれ、それが肥(灰肥・刈敷)として使われるようになる。人糞尿も、植物生態学の吉良竜夫氏のいう、人間が近くに来れば土地が肥えるとの指摘のとおり、「化育」には、大切なものだったと想定される。

稲作の歴史では、直播から田植え方式に進化したと想定されていた。藤原宏氏は、イネの発芽条件と雑草との生育差、現代の中国長江でのイネ科の「マコモ」が越年株から発芽したものを株分け移植栽培されているありさまを観察して、イネ作の始原も「マコモ」と同じように越年株から発芽したものを株分け移植・田植えされたのではないかとしている。(4)

田中耕司氏は、サウアーが湿地でのタロウイモの移植を農業の起源としていることから、移植栽培を「個体の農法」と捉え、同じ湿地性のイネを「稲の一つひとつを栽培単位と見たてた」移植方式が起源とし、「一つの株を診断しながら、その結果にもとづいた適切な栽培方法を水田全体に施していくことが稲作の基本である」としている。氏はサウアーのとりあげている地理学的な見地、栽培作物種による収穫の捉え方と、農業に随伴する家養動物と家畜の相違などを、農学的見地から検討し、稲作の栽培起源は田植え方式であると結論づけている。(5)

水田は適当に湛水できる土壌と安定した水源を持つ必要があり、本格的な土木手段を持ちにくい時代では、水田を整備することは極めて難しい。したがって、イネが伝わって来て、速やかに一面が水田化され、そこで毎年田植えが行われている光景を描くことはできない。

わが国最古の稲作遺跡とされる菜畑遺跡（佐賀県唐津市）では、水田跡から夥しい雑草種が出土している。(6) 今日の水田稲作から見れば、雑草種の多さは異常なもので、開田時に田植えされ（同遺跡は田の面積が後の苗代のように狭く、直播の可能性を否定できない）、翌年以降は多年草稲の生育にまかせた（越年株）穂摘収穫を行っていたと考えられる。米は御供物や薬種・嗜好品といった程度の需要だったようである。

しかし、栄養・食味・収穫量・保存性・調理法などの点から次第に歓迎され、谷の出口や自然堤防付近、湿地や沼沢地の周辺の活用が始まる。人々の「米を食べたい、育てたい」要求は次第に大きくなり、粗末な開墾具を用いて利用できる湿地・沼沢地に接する部分が利用され尽くすと、傾斜を持ったままの畑や、水平でも灌漑が出来ない畑で直播されたと推定される。

田を開く努力が続き、そこでは藤原氏の指摘する越年株から発芽したもの（一般には「ひこばえ」と呼ばれる）が移植される場合と、苗代田植え方式が並存したのではないだろうか。資力・才覚を持った有力者が主導して、次第に「農本主義」に傾きながら、政権が統一されていく。この期間は数世紀に及ぶ長いものである。

しかしながら、多くの人には、田は望んでも持てない状況が長く続き、「農民」とは有力者の一族や、これに隷属した人たちなど限られた者に過ぎず、「農業」という「生業」者は、今日想像されているより少なかった。

『大日本租税志』には、「元慶四（八八〇）年三月十六日」の紀年が書かれた山城の班田使の解を紹介して、「凡ソ百姓ノ体タル、只水田ヲ貪テ陸田ヲ屑《イサギヨ》シトセス、而シテ多ク墝埆《ギヨウカク》ノ陸田ヲ増シ、均シク要望ノ水田ヲ賜フ」(7)とある。

後述するように、百姓《ひやくせい》の農具保持事情から陸田(8)は耕し難く、右の「屑《イサギヨ》シトセス（ほねおることをしない）」とは、粗末な農具とごくわずかな肥料を用いて懸命に陸稲や種々の畑作物を栽培し、結果として荒地にしてしまうことを示しており、この時代でも畑を永続することは難かしい。

寺沢薫氏は、奈良時代の出土稲束の形状に着目して、当時の『正税帳』、平安時代の『延喜式』『令義解』の租税数量を、出土升を使って再計算した。その結果、奈良・平安前期の多年草としての稲の穂摘み収穫による反当たり収穫量が、「上田」九斗五升八合（約一二〇キログラム）、「中田」七斗六升六合（約九六キログラム）、「下田」五斗七升五合（約七二キログラム）、「下下田」二斗八升七合（約三六キログラム）と、再現している。(9)

稲作は藤原・田中両氏によれば、移植・田植えが起源とされたが、寺沢氏は多年草稲の栽培が行われていたとしており、その違和感は次のように考えると解消する。

伝来当初には、熟練者によって苗代発芽と田植え穂摘みがされるが、狩猟・採集の比重が大きければ翌年には田植えをせず、多年草の稲（越年株）の成長にまかせた収穫を行う。雑草に妨げられて収穫量が極端に落ちれば、数枚ある田の一、二枚を鋤返して除草し、そこに鋤返さなかった田の「ひこばえ」を株分け移植するか、苗代田植えが行われていた。狩猟・採集の比重が小さければ毎年あるいは隔年に移植・田植えされて、収穫量を確保したと考えてよいのではないだろうか。

栽培が普及するに従って、田の灌漑設備を維持して田植えを毎年繰り返し行える農具と技能・労力を持たない庶民層（百姓）も稲作をするようになる。平安中期までの多くの庶民は、直接田に直播することも田植えも出来ず、多年草の稲の生長にまかせて穂摘み収穫する粗放な栽培をして、結果として徴税の基準に、多年草の稲を穂摘み収穫する方式が据えられる。(10)

奈良・平安中期頃までの庶民は、田畑の実りだけに頼る生活はできない。弥生遺跡から出土する植物質食料は多様で、採集の成果をも含む、どんぐり・くるみ・くり・とちなどの堅果類が米をしのぎ、さらに麦・あわ・稗・陸稲・まめ・もも・うり・しそ・あずき・大豆・緑豆など多様な畑作物で構成され(11)、この他に遺跡には残らない「いも」も多く食べられていたと推測される。あわ・稗は栽培期間が短く、低温にも強い優位性を持っており、近代にいたるまで、夜間低温となる山間村や寒冷地で、主役の座を保っていた。

自然が豊かに残り、湿田の形成と狩猟や採集が容易で、とくに後者の収獲が多かったと考えられることから、弥生のみならず奈良・平安前期の庶民生活は、狩猟・採集と、栽培期間が短くて低温にも強い畑作物に比重を置いたものとなり、水田稲作に依存する割合は今日の史学で想定されているものより低いものだったと思われる。国家は収税にあたり、穀類の中でも収納・運搬・保管や、完全食品として調理に手間のかからない米に大きな比重を置くことになるが、狩猟・採集や畑作で食料の大部分を調達しないと、人口の維持はできない。

二　開墾と土木具

水田稲作の歴史を遡って見れば、昭和四三・四年（一九六八・九）に発掘調査された、岡山市津島の「津島遺跡」は、わが国初期の水田遺構が時代幅を持って出土した例である。工楽善通氏によれば、その遺構は次のようであった。

旭川右岸に点々と連なる自然堤防上の一つに立地している。まず、弥生Ⅰ期段階では、竪穴住居と倉庫がある微高地をとりまいて低湿地があり、水田はこの微高地の縁辺から低湿地にかけて数メートルの範囲で帯状に広がっている。その全体範囲は約三〇〇平方メートルとなり、この中を畦畔で細かく仕切ることはしてないらしい。水田の土壌は黒灰色の粘土層で、その端部に杭を打ち込んだ所がある。花粉分析の結果、土壌中のイネの花粉の含有頻度から、水田と認めるに到った。弥生時代のⅠ期からⅡ期にかけては湿田経営であり、微高地周辺の低湿地が徐々に埋まるにしたがい、Ⅳ期からⅤ期では半乾田経営へと移行し、さらにその後の古墳時代や条里水田に至る乾田経営へと、同一箇所で水田開発の拡大過程を追うことができる初例となった。(12)

自然堤防の傾斜地周辺に、低湿地までの間を帯状に田にしたのが初期の湿田で、その後に開墾が進み低湿地が水田化されて半乾田になった。さらに時代が進むに随って、その外周が開墾されて乾田となった、としている。

町田哲氏は、条里田遺構をとどめる近世の和泉国黒鳥村（現・和泉市）を調べている。

条里のラインが残っている平地では槇尾川よりの取水により、一筆ごとが碁盤目にあわせた大きな区画で、地目も上田、中田が大半である。他方信太山丘陵の傾斜地の耕地は丘陵地の谷をせきとめた池々に「天水山走之水」を集めた用水によっている区画では、地目も中田・下田や畑の多い地域となり耕地一筆毎が小さく、

日照りのときにはこの区画から水不足が起こる。(13)
町田氏は、明治二年(一八六九)に作成された村絵図を、天保八年(一八三七)の名寄帳などと照合して、一筆ごとの田畑の品位と用水の関係を明らかにし、条里制度の時代から近世末期までの、丘陵を背後に控えた平野部での開墾を概観している。(14) 現在も村の南部である条里区画は農地として健在である。

(一) 田と「鍬」

弥生期～律令時代の遺跡で出土する農具の多くは木製で、これを用いても掘起こせない、耕せない、使用に耐えないと考えられる。

樋上昇氏はこれらの出土農具を分類し(図1―1)、「農耕具」として使用した可能性は二割に満たず、八割以上が「土木具」であると指摘している。(15) 樋上氏の指摘は、単に現在の農具の形状をしているから「農具」と判断することへの異議と、水田稲作に農具があまり要求されず、これらの出土農具は水路を保全し、水田を掻きならす・掻き削り畦を塗るために利用されたものではないか、という提言でもあろう。つまり、木製や石製の掘棒で地表を掻き削り、崩した土を「木製農具」とされたもので集めて移動させ、田を造っていたのではないだろうか。

筒泉堯氏・堀尾尚志氏が、古代からの鉄製農具普及の数量的な把握を試みている。古代からの鉄の生産量、農具に廻った鉄の量、口分田の面積、農業人口に基づき、鉄製鍬の普及について「一口当り労働者数は二一人から三五人」(16)、「鍬一口当り耕地面積が三～四町であった」(17)として、「耕すことの出来ない農業」を提示した。

当時の鉄製鍬は、木製の鍬の刃先に「袋爪」という鉄をかぶせる「風呂鍬」(図1―2)で、高価な鉄の使用量を少なくするための形状である。この形状では、鉄の刃先と木部の風呂が嵌め合わされているため、衝撃を与えれば接合部の木部の磨耗や、鉄の刃先の変形を起こしやすく、地表を耕す・掘り崩すという強い衝撃を与える

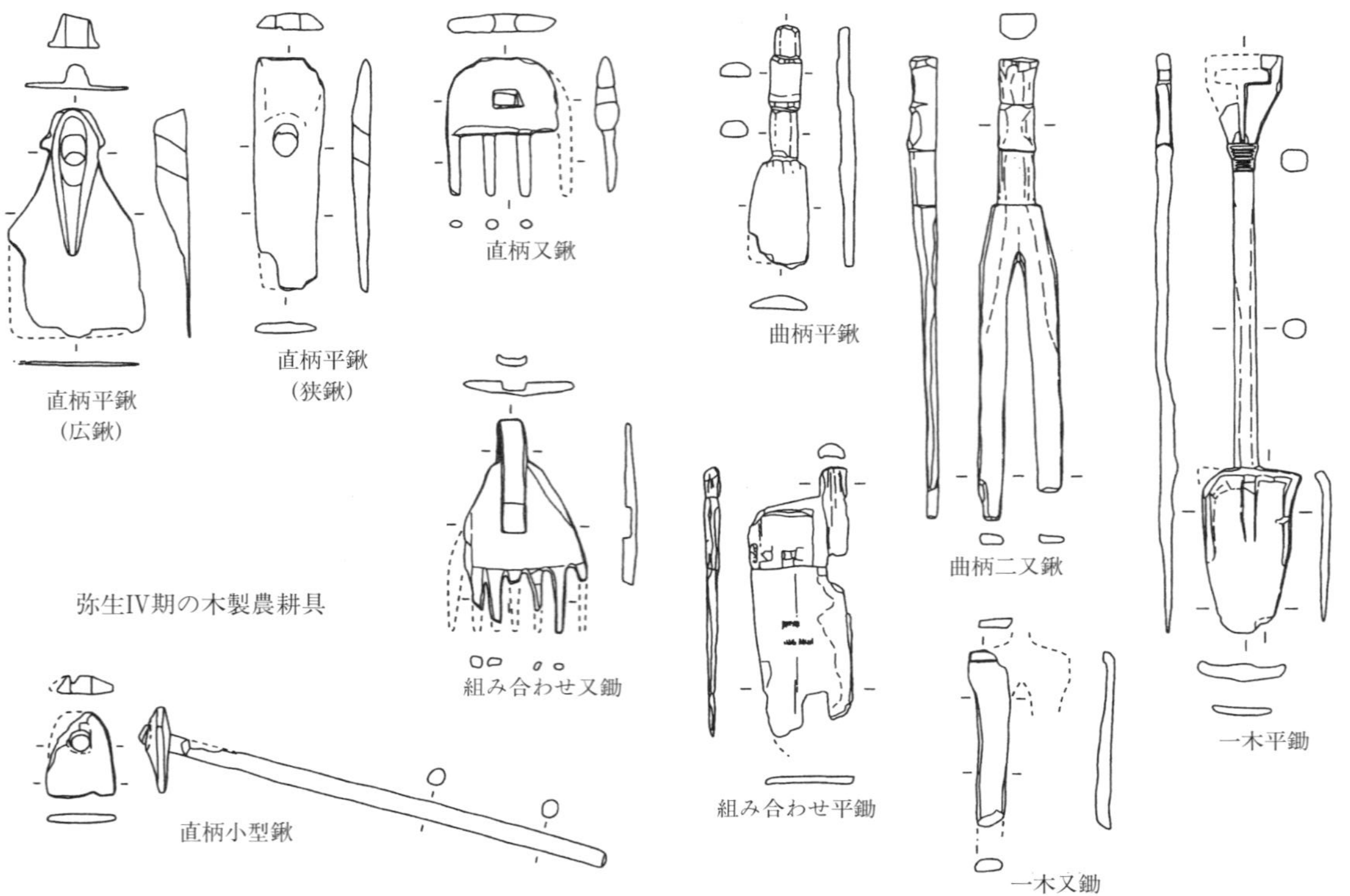

図１－１　古墳時代の出土鍬（樋上昇「「木製農具」ははたして「農耕具」なのか」『考古学研究』47巻３号、2000年より）

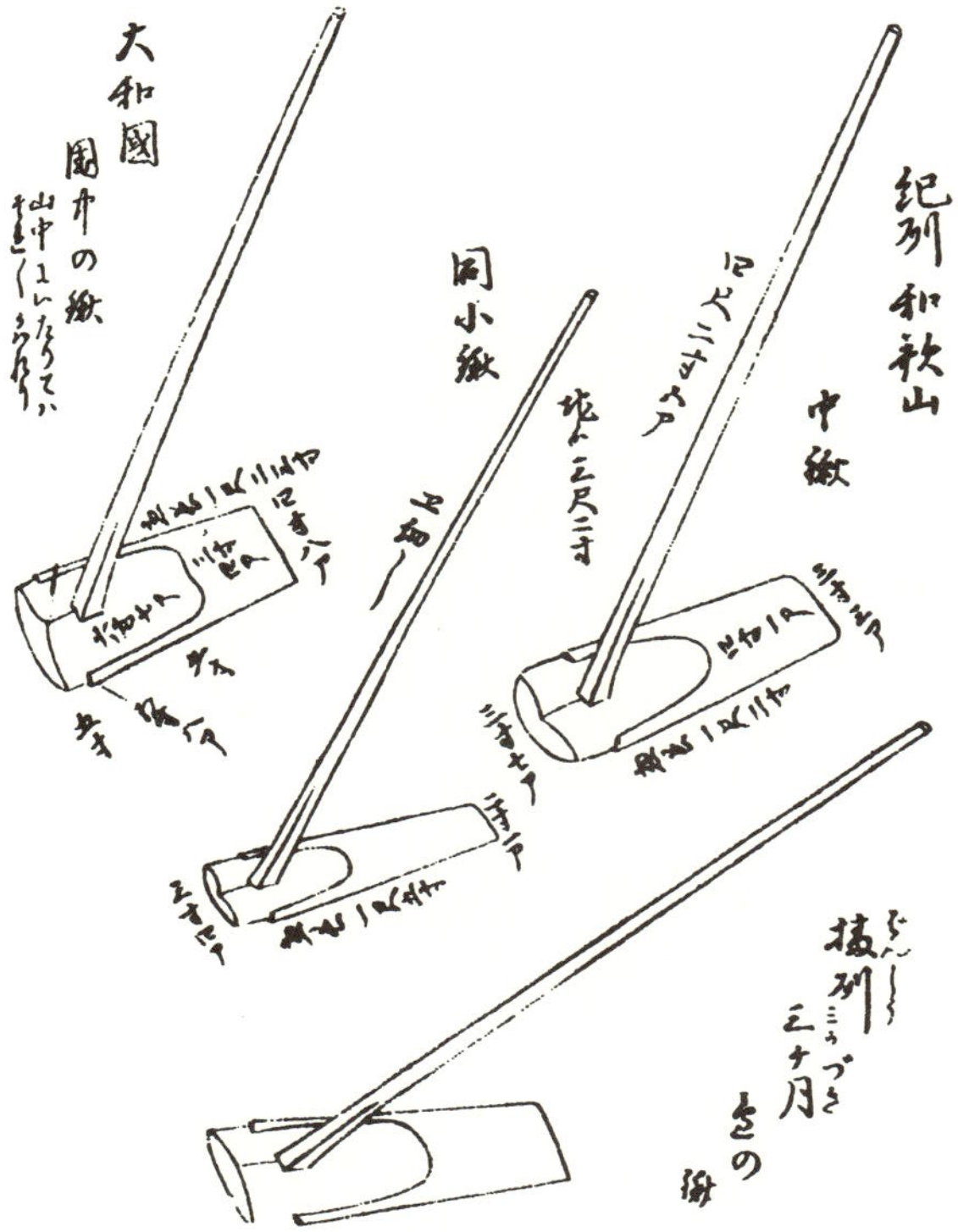

図１—２ 風呂鍬(『農具便利論』より)

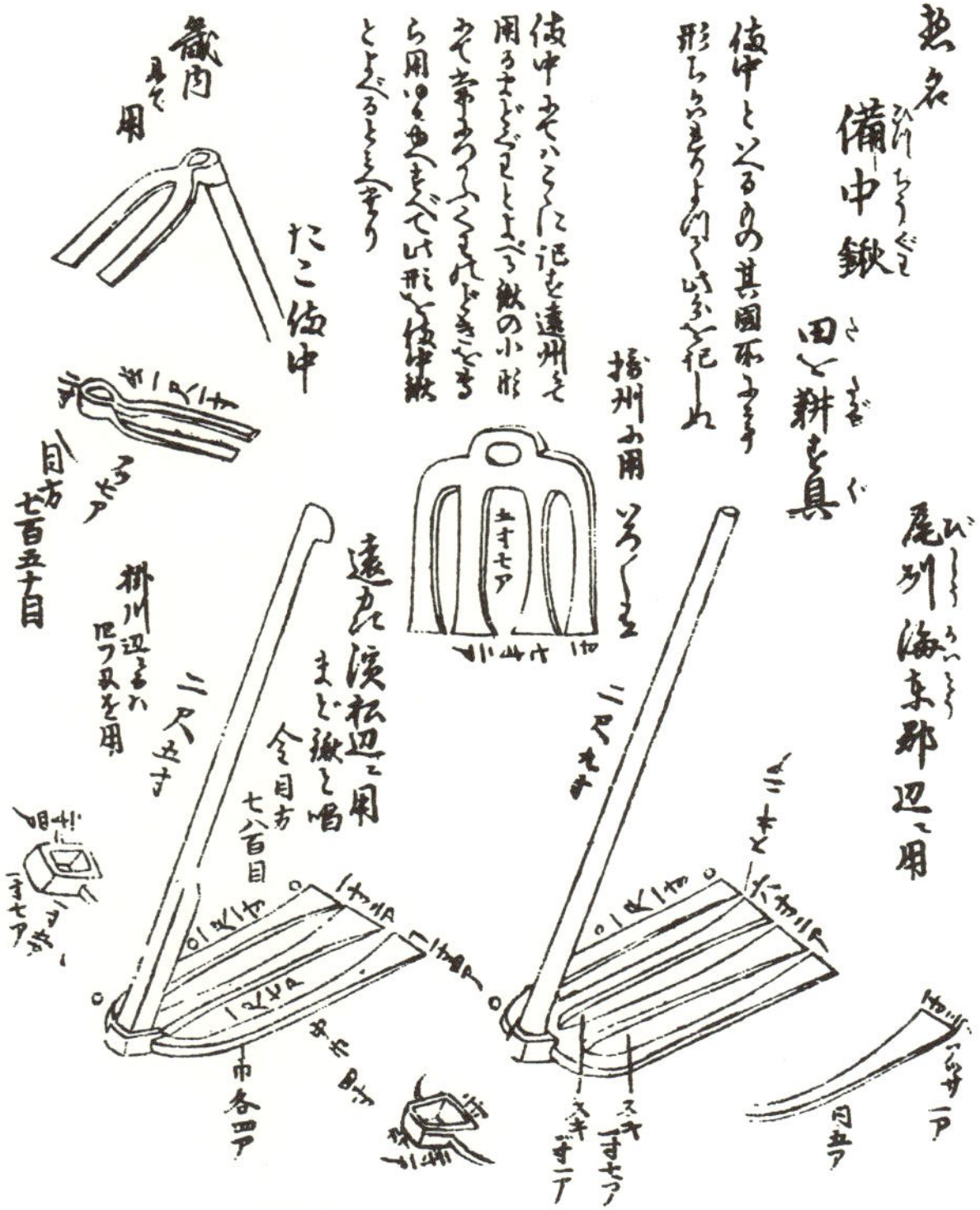

図１—３ 備中鍬(『農具便利論』より)

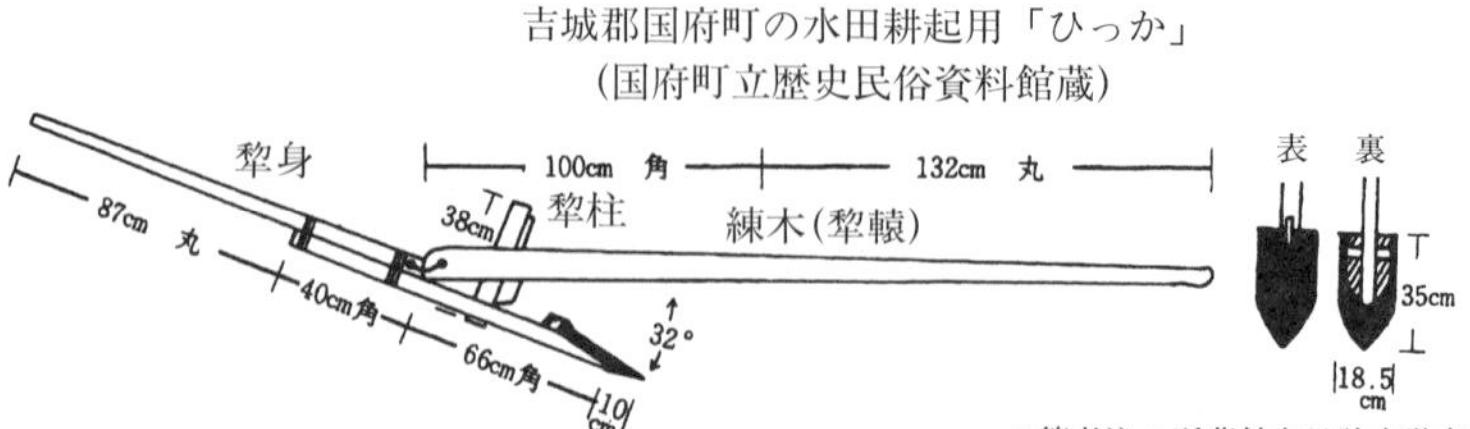

吉城郡国府町の水田耕起用「ひっか」
(国府町立歴史民俗資料館蔵)

＊筆者注：所蔵館名は論文発表当時

図1―4　ひっか(有薗正一郎『在来農耕の地域研究』古今書院、1997年より。初出は同氏「岐阜県東部の人力犂に関する研究」『愛知大学綜合郷土研究所紀要』33号、1988年)

行為を繰返すことを意図・想定した構造ではない。したがって、少量の土の移動とならし用具、あるいは砕かれた土をすくい集める程度しか役には立たない。農具としては、石・礫を含まない団粒組織がよく形成された畑で、畦立やならしあるいは草根を削る、田への水路に溜まる砂泥をすくい出す、畔を塗る、水口の土砂をならすなど、刃先に衝撃を与えない作業に使われることになる。

中世後期にいたるまで農具への鉄の使用は、成人した農民が各自一丁ずつの鎌を腰に差す程度から[18]、筒泉氏・堀尾氏が検証した「二～四反」[19]、つまり各農家に鉄鍬が一丁行き渡るかどうかで、多分に木鍬に依存していた状況だったと捉えなければならない。農耕起用の打鍬・備中鍬（図1―3）の出現は、岡光夫氏が「史料として一番古いのは寛延元年（一七四八）[20]」だとしている。徳永光俊氏は、文化五年（一八〇八）に農業先進地域とされる大和で篤農家が試用し、改良を加え、それから普及するありさまを見出している。[21]

慶応元年（一八六五）飛騨古川で成立した『農具揃《のうぐせん》』には、生活用具・農具が三五〇余種類書かれている。乾田の耕起用に「ひっか」と呼ばれる人力犂（図1―4）が登場するが、鍬は「とんが（利鍬）」という木の根を掘る道具と、「丸鍬」、すき起こした土塊を砕く「切り鍬」「代すき鍬」が顔を出すに過ぎない。[22]

日本における開墾・開発を考える場合、古代中国の華北での例や、儒学や詩文などの「鍬を振るう・鍬を入れる」という表現を適用するべきではない。漢字の「金」偏から、農具・工具などをイメージするのも軽率である。仁徳天皇の詠んだとされる、「つぎねふ　山城女の　木鍬《こくは》持ち　打ちし大根《おおね》　根白の　白腕《しろただむき》　枕《ま》かずけばこそ　知らずとも言はめ」(23)では、木鍬と断られているが、その後の歌に詠まれる場合は木鍬も単に鍬とされてしまうようである。

耕起用の打鍬・備中鍬を除き、鍬は本来せいぜい膝から腰までしか振り上げるものではない。芝居や農民一揆の場面や、一部の「農耕絵図」は農業を知らない人によく見せるように振り上げて描かれることが多いため誤解を生んでいる。また、鍬は必ずしも農具ではなく、農具として使われる機会より土木用具として必要とされる場合が多いことも付言しておきたい。

(2)「犂」と開墾

犂は、古代中国では乾田（畑）でのアワ・キビなどを主要作物とした農業経営で農具となっていた(24)。一方、わが国では初期には開墾具だった可能性が大きい。

当時の開墾は、水平が得られ易い湿地の腐植（草根などの未分解なもの）を含んだ土や、雑木草が作り出した表土の地力を、田として利用することが主である。表土を剝がれた地層では、雑草も生えない。田とするために盛り土が必要な場合でも、表土を剝がして他所に寄せておいて盛り土を行い、その上に表土を戻して田とする。

地力の高い表土には雑木草が繁茂して、これらの根が互いにからみあっており、これを剝がす作業は困難をともなう。生い茂った草木は燃やして処理できるが、根の処理に多くの労力を費やす。小規模開墾では、大鎌や斧で小区画に縦横に切り込みを入れて横方向に張った根を切り、根層の下部に掘棒を入れて梃子の原理で引き剝がす。条里田のように規模が大きくなれば、さらなる効率が求められて「犂」が用いられる。

群生した根の処理に最も威力を発揮するのが犂である。犂の先端を根層の下に差込み、犂先の刃と刃の角度で切断剝離させて、乾燥を待って焼却する。犂には、水平な刃と垂直な刃が組み合わせられたものが必要で、一枚

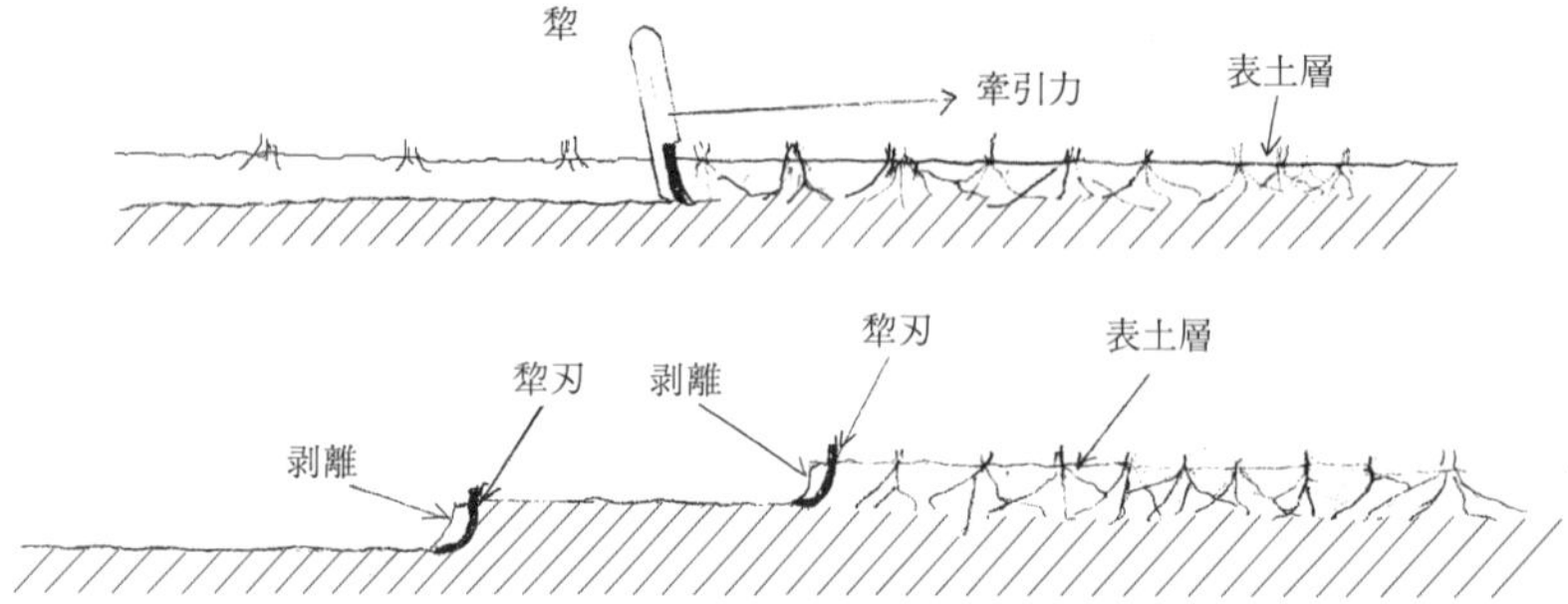

図２―１　犂による開墾模式

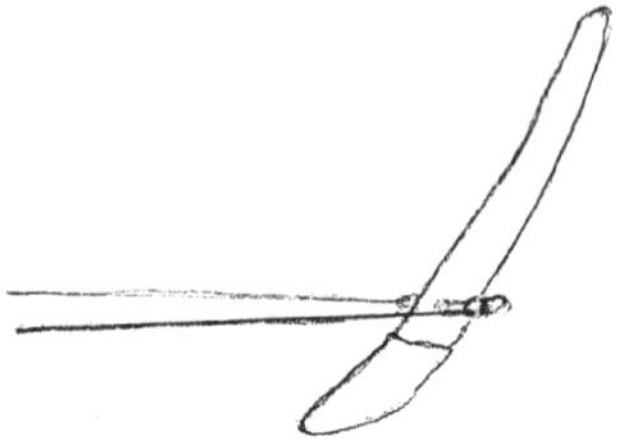

図２―２　無床犂（鉏）（推定）

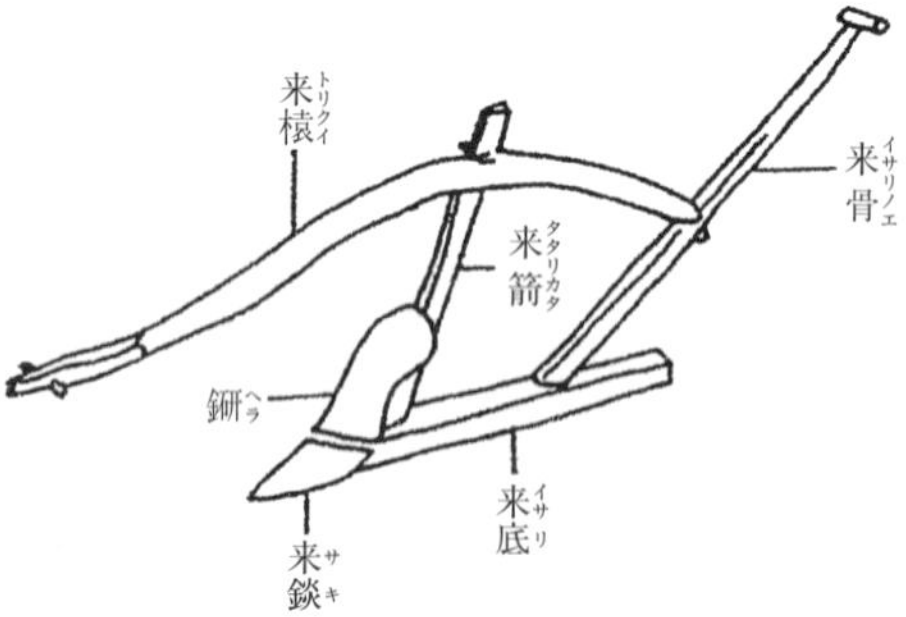

図２―３　長床犂（木下忠氏による『倭名類聚抄』の犂の各部位の名称復元）
（木下忠・網野善彦・神野善治編『生産技術と物質文化』吉川弘文館、1993年より転載）

でL型あるいはJ型になっていてもよく、これを畜力あるいは人力で引き、根層を切断していく（図２―１）。

表土を切り崩し、さらにその下部を掘り下げる場合も同様にこれを繰返し、切り崩した土を鍬で集め、モッコなどで運び、田の水平を作る。犂の形態からみれば、無床犂（図２―２）は草木竹根や小石・礫を掘り出し、有床犂（図２―３）は田面の水平化や、水路の緩傾斜の整地に適しているのだが、史料では見出せない。

鉄の使用量を鍬と犂で比較すれば、鍬数丁分で犂先はでき、能力を比較すれば犂は牛や複数の人力の使用もあるが、容易に深く広い面積を起こせる。犂は鍬と異なって、すべらせて剪断によって土壌を切開くので、犂刃への衝撃は背後の木部で受け止める構造となり、消耗・破損の程度は鍬に比べてはるかに小さくなる。開墾には刃先に切れ味が要求されることから、鍛造品が用いられたと推測される。雄略天皇に「嬢子の　い隠る岡を　金鉏《かなすき》も　五百箇もがも　鉏き撥(は)ぬるもの」という歌がある。(25) 好みの女の子が隠れてしまった岡を金鉏の五〇〇箇もあれば、掘り崩して探せるのだが、というもので、「金鉏」といっているのは木鍬ではなく金属鍬の農具だと解釈されているが、「鉏き撥ぬる」は犂崩すことで、土木具とする方が相応しい。

天平勝宝七年～天平宝字元年（七五五～七）の「東大寺越前国桑原庄」の田券には開墾の様子が記録されている。開墾にともなう建築物の移築・修理には人員が記録されているが、開田の人員と牛は記録されず、わずかな土木具と、炊事・給食用具などが次のように書かれている。

合野地玖拾陸町弐段壱百拾陸歩
見開　卌弐町　主大伴宿椰爾開九町　今開加廿三町『去年開』
未開　六拾四町弐段壱百壱拾六歩

に始まり、引用では省略しているが天平勝宝六～七年の間に二三町を、翌年には一〇町、翌々年は一〇町を開いたが九町七段が荒れ、さらに翌年は四町九段を開いたと記されている。

〔史料11〕

（前略）
釜一口受二斗五升　直卅束
鋅《ヲフノ》二柄　直十束柄別五束
手　鋅《テフヲノ・テヲフノ》　二柄　直四束柄別二束

鎌《カマ》二柄　直四束柄別二束
鈖二柄　直四束柄別二束
鍬《スキ・クワ》廿柄　直六十束柄別三束
鉏《スキ》十柄　直卅束柄別三束
席《ムシロ》十枚　直卅束枚別三束
折薦《オリコモ》十枚　直廿束枚別二束
簀《ス》十枚　直十束枚別一束
明櫃《アカヒツ》十合　直十束合別一束
折櫃《オリビツ》十合　直五束合別二合
水乎氣十口　直五束束別二口
田笥一百合　直十束束別十合
木佐良一百口　直十束束別十口
槽一口　直五束
宇須一要　直五束
箕一舌　直二束
𤬪《サラケ》四口二口各受三石二口各受二石五斗　直一百卅束二口各卅束東口卅束
缶《モタイ》廿口　直卅束口別二束
田坏二百口　直十束束別廿口(26)

書き出された諸道具類は、それぞれが今日の何に相当するのか明瞭にはし難いが、(27)釜の大きさや食器類の数からは、一〇〇人程度が徴用され開発に従事していたと推測され、多分に人海戦術的な開墾が想定される。「飼葉桶」だと想定される槽が一個なので、牛は一頭しかいないことになる。牛は貴重な財物なので省略されることは考えられず、「鉏」が雄略天皇の岡を掘り崩せるとした犂とすれば、牛が使われずに鉏を人力で曳いたことになろう。斧で掘棒を削り、その掘棒で木根を掻き起こし、掻き出した土石を鍬で集め、モッコに移して低地に運び、田面を整地する作業が想定される。(28)(29)

弥生時代から律令時代にかけての「水田土壌の変化に伴う、耕作様式の推移をつかむことができた」とされている岡山県津島遺跡の変遷は、稲を作り難い田を開墾せざるを得なかった事例ではないだろうか。小さな（不安定な）水源近くに開かれた、「常時湛水の上品位田」が初期の田で、徐々に低湿地が田とされて、水量が不足して「半乾田の中品位田」になり、さらに拡大した条里田では乾田となり「下品位田」になる過程を示していよう。強力な権力者の出現や人口の増加から、強引に水源に見合わない開墾が行われ、当時の人々に望まれない乾田となってしまったと解釈できるのではないだろうか。

田を作るには、水を湛めるために、「耕盤・堅盤・すき床」などと呼ばれる保水層を、稲根の下に作り・整える必要がある。しかしながら、開墾する場所や、手近に粘土などの耕盤材料がなければ、「ざる田」と呼ばれる水持ちの悪い田になり、水が不足して亀裂が入れば絶望的な状況になる。攪拌作業を繰返し行いながら、長い年月をかけて粒子の細かい比重の大きいシルトが田の底に沈み、粘土化するのを待つか、近くの湿地などから泥土を運び耕盤を作らなければならない。粘土質を多く含んだ土壌や、地下水位が高いところでは常時湛水ができれば用水中の鉄・マンガンなどが沈積して、耕盤が自然に形成されて問題にもならない。考古学や稲作史の中で「乾田化した・された」と簡単に言い切られているのは大きな問題を含んでいる。(30)

耕地の拡大を求める中で、山田も古くから開墾される。『萬葉集』では伝承歌に、

あしひきの　山田を作り　山高み　下樋を走せ　下問いに　我が問う妹を　下泣きに　我が泣く妻を　今夜こそは　安く肌触れ(31)

と詠まれており、山田には「下樋」と呼ばれる粘土で溝を作り柴枝を伏せ再び粘土で覆う、あるいは石組みの「伏樋」を用いて導水している。導水の手間や擁護土手（土披《どは》と呼ばれる）を造る手間が掛かっても、耕盤が自然にできる土質を持つ山際に小区画な田が棚田として開墾される。(32)大規模な扇状地・沖積平野などの開発は土質・利水から湛水上の制約を大きく受け、本節冒頭の黒鳥村のように耕地は丘陵地帯に向かわざるを得ず、不安定な水源の安定を願って谷に溜池を造り、小さな区画の田を造っていった。

『倭名類聚鈔』には、「犂」が「墾田器也」とされている。(33)犂は水路の掘削、田畑の開墾に主として用いられる土木用具で、同書が編纂された承平年間（九三一〜九三八）に、(34)今日の農具観・農業観とは異なって主用途がまだ開墾具として捉えられていたこと、あるいは「かたあらし」化した乾田の耕起作業が、開墾作業の延長上に捉えられていたことを示している。(35)

室町時代の中・末期から進んだとされる沖積平野の開発は、鉄器の普及によるとされるが、必ずしも鉄製土木具・農具を必要としない。沖積平野をつくる地層は、上流より流れ落ちた泥・土砂・砂礫・粘土の堆積である。これらの開墾は、掘棒・いも棒・金梃子のようなもので掘り崩し、手先で石を除かねばならない。礫層は開墾後十数年経過しても、雨が降ると地表近くに石が浮き上がり、「石が生える」と形容され、開墾に「鍬を振るう」行為は、鍬先の損耗が激しくてできるものではない。土砂層や泥層・粘土層の開発には鉄製農具を用いる必然性はない。鉄製の農具の能率が良いのはいうまでもないが、木製の農具でも十分に対応できる。「東大寺越前桑原庄」（史料11）の開墾（これも沖積平野の開墾である）と基本的には変わらず、掘棒が鉄に代わり、牛と犂が活躍した点が異なると想定される。

戦国時代には兵器用の鉄需要が増大し、鉄の生産性の向上があっても、莫大な兵器需要と軍陣を構えるための「黒鍬」と呼ばれる土木用具に向かい、農具への鉄の供給は抑制される。[36] 南伊予では『清良記』に書かれるように、一か村に一城の割合といえるほどに城が築かれる。これらの城跡の発掘や地名（古字）の調査研究では、必ず兵器廠としての「鍛冶屋敷」跡が確認される。[37] 兵器の補充がなければ戦えない。鎌倉時代までは荘園に抱えられていた鍛冶は、室町時代に商品の特化・特産地化が進むと不在となっていたが、再び身近に戻ってきたと思われる。それにともない農具の補修や製作の便も良くなったであろう。

このように古代から右肩上がりで直線的に、農具に鉄の使用が増加したわけではなく、本格的に農民に鉄製農具が供給されるのは、江戸時代に入って軍需用・大名の築城と城下町の整備など、盛んな鉄需要が一巡した後の、寛永頃（一六二四〜一六四四）以降に求めるべきである。この時期に用水路の開削が岩盤の掘削をともなって多数行われるのも、築城・土木工事・鉱山採掘で発達した鉄製工具と土木技術が活用され、鉄を消耗する工事が可能となった結果と捉えられる。ただし、農具では、依然として「刃物・軸・連結環」などに使用が限定されて近代にいたる。

（3）『清良記』の農具の記述

「第七巻」第七章の「三（四）人役は、鍛冶炭伐、鍛冶の手間に入。年中農具をする故、なくては叶わざるものなり」[38]という記述は、兵農分離以後に村で兵器の需要がなくなり、新しく作られた国郡の城下や町に移り住んだ鍛冶と、農具と狩猟用鉄砲の製作と補修を専門にする回村の鍛冶がいたことを示している。自家の農具を補修してもらうために使う炭作りと、相槌を勤めるのが四人役で済むことになる。[39]

同巻において鋤・鍬は、岡部鬼之助が企画した田踊りの記述の中で、「一番に健やかなる若者三十四（余）人新しきさらと鋤をかたげ出て小田かえす揃鋤と云う事を程拍子よく渡し」[40]（第九章）と登場する。また野良者の解説に「鋳脇差、指違《（ちびたる鍬）》さつくるわれんを追打（うさび刀、ちび鍬をおいに打ち）」[41]（第一〇章）、「弐度を一度、三度を弐度にして、二鍬打つ可きをは一鍬におこし」[42]（第一二章）と、農具として書かれている。前者は、田を「スク」（「耕す」ではない）ありさまを、後者は耐衝撃性に劣る風呂鍬を無理使いする庄屋役に駆り出された場合の労働の質について述べている。

第九巻の第三章には、鉄砲鍛冶を招いて発射火薬「一両半」の大鉄砲を作る場面があり、「くわ三百挺集めて」[43]と、鍬先が鉄材料として登場する。ただし、大鉄砲はその後に述べられる数多くの合戦で使われる場面がないので、田踊りと共に空想・講談なのだろう。

岡光夫氏は近世の鉄製品の生産と流通を調べ、新潟県は鍬生産が全国第一位、鎌が第二位であるのに、「石高十五石を有する農家が鍬一挺しか有していない例がみられる」と、指摘している。[44] この地方では、鉄製鍬は多く必要とされず、普及もしていない。明治時代に入り、「老農」と呼ばれる篤農家が各地で啓蒙活動を行うが、このさいにも鉄地金を含めた鉄製農具の調達には老農たちの工夫がみられる。[45] 大正時代の農学の教科書にも全鉄刃の鍬は「金鍬」と特に分記されている。[46]

松永靖夫氏によれば、越後小千谷地方には第二次大戦後まで鍛冶屋によるレンタル鍬の制度が残っていたという。[47] 製鉄が盛んとなって、鉄の量と価格が農民にも手を出せる状態となると、地形の複雑なこの地域では誂《あつら》え農具の需要が村鍛冶を生み、このような制度となったのだろう。長く存続したのは、鍛冶を村に留めるための、相互扶助制度の名残ともみられるが、鉄製農具の普及が今日の歴史家の想定している水準をはるかに下回っていたことの証左となろう。

三　水田稲作と耕起

『倭名類聚鈔』に、「犂」が「墾田器也」とされており、「農具」ではなかったことを紹介した。天平一九年（七四七）の記録「法隆寺伽藍縁起並流記資材帳」には、犂は出てこないが引かせる「牛」のことが記されている。すなわち、伽藍・仏像・祭具・家人・奴婢など共に、

合馬参匹　二匹鹿毛牡　歳各十二
　　　　　一匹栗毛牡　歳十一

合牛玖頭　一頭黒毛歳十二　一頭斑毛歳七　一頭黒斑歳十
　　　　　一頭腹斑毛歳九　一頭大斑毛歳九　一頭黒毛歳八
　　　　　一頭黒毛歳七　一頭斑毛歳五
　　　　　一頭黒毛歳五

とあり、水田は「参百九十六町参段弐百壱拾壱歩参尺六寸」を持っている。(48) その他にも田を持っているが、それぞれに「庄倉」と呼ばれる管理所を持っているので、右の三九六町余の水田は、法隆寺付近の水田、あるいは大和の中で本寺が直接管理している水田と推定される。

これらの田がどのように営農されていたか詳細は不明だが、「田堵」と呼ばれる規模の大きな農民に任されたり、庄倉・本寺に備えられた犂・牛・鍬などの農具を農民が毎日借り出して作業に従事したと想定されている。しかし、記録された牛九頭は余りにも少なく、水田での犂耕が行われていたとは考えられず、『倭名類聚鈔』の表現が的確であったことを示していよう。

元慶四年（八八〇）の山城の班田使の解に、「凡ソ百姓ノ体タル、只水田ヲ貪テ陸田ヲ屑《イサギヨ》シトセス、而シテ多

ク墝埆《ギョウカク》ノ陸田ヲ増シ、均シク要望ノ水田ヲ賜フ」とあった。この解説には、「畿内ハ地狭ク人口多シ。二段ニ満ルコト得サルヘシ(49)」とされて、「地狭」のため班田が二段未満だったのを、改めて造田あるいは販籍を変えた水田を、追加して賜わったと解釈されている。

しかしながら前節で述べたように、百姓の農具保持事情から陸田は耕し難く、「只水田ヲ貪テ陸田ヲ屑《イサギヨ》シトセス」は、実態を知らない役人の無計画さを塗り隠す表現でしかない。百姓が耕せない陸田を支給しても、痩せ地となってしまうので、改めて「農具の必要の少ない水田《みずた》」を等しく追加支給せねばならなかった、と理解しなければならない。

康平年間（一〇五八～一〇六五）に成立した『新猿楽記』に、「出羽ノ権ノ介、田中豊益《たなかとよます》ナリ。偏ニ耕農ヲ業ト為シテ、更ニ他ノ計ナシ。数町ノ戸主《へぬし》、大名ノ田堵《たど》ナリ。兼テ水旱ノ年ヲ相シテ、鋤鍬ヲ調へ、暗《そら》ニ腴《こ》エ迫《やせ》タル地ヲ度ツテ、馬耙、犂《からすき》ヲ繕フ(50)」と、田堵という階層のことを述べている。

豊益は「水旱之年ヲ相シテ」と、順年ではない水不足に備えて鋤鍬を整え、旱による肥沃度不足の恐れに対応するために、馬耙《まぐわ》・犂を繕ったと理解すれば、順年ではこれらの農具が必要とされず肥沃度が問題にされなかった。そして田堵といわれる階層以下の百姓は鋤鍬・馬耙・犂を持ち得なかったことを示している。言い換えれば、農具を持ち得なかった当時の零細農民が行っていた稲作では、旱にあえば粘土を含んだ土壌は収縮を起こして亀裂が入り、それが稲根を切って越年株が枯死する。田植えをしようとしても作土層を柔らかくすることができず田植えが出来ない、亀裂が入った耕盤を作り直して水を溜めることもできず、仮に亀裂を人が踏み塞いで(51)何とか整えるにしてもそれには面積的な限度がある。したがって、ひとたび旱害が起これば大きな障害が生まれて、「かたあらし」にしてしまうのではないだろうか。

これらの史料は、水田《すいでん》は「常時湛水」されていて、犂・馬耙などが必要とされておらず、水田稲作には「耕起」が必ずしもともなっていないことを示している。つまり、「不耕起」で稲作を行うのが主流であり、飯沼二郎氏はこれを「常湛法」と名付けている。(52)

古墳時代には豪族による開墾が主流となっていた。豪族は労力と農具を豊富に持ち、田植え穂刈方式が行われ、鉄の刈鎌が登場すると、(53)田植え株刈(根刈・高刈)方式へと展開していく。田植え株刈方式では、除草と地力向上システムが働いて収穫量が飛躍的に増え、ますます財力を大きくして巨大な墳墓を築く富の源泉となる。

奈良時代になると政権は民の直接支配を目指し、公地公民・班田という「ならし」を行う。財力と労力を持たない班田民は、毎年の田植えができず、寺沢薫氏の指摘した雑草交じりの水田で稲の多年草としての生長による穂摘み収穫を行うか、せいぜい、ひこばえの生えた越年株を移植・補植するほかはなく、国家はそれに見合った租税基準を定めるよりなくなる。古代豪族の多くは荘園領主となり、そこでは毎年の田植え株刈方式が継承され、荘園での実際の稲作を主導する者が、『新猿楽記』の田中豊益のような田堵である。(54)

「公」主導で公地公民を維持するためにも開墾が行われ、乾田の比重が増えると、稲の多年草生長では極端に収穫量が落ち、狩猟・採集に依存する比率が低下することもあって、庶民も田堵の行っていた田植え方式に移行しなければならなくなる。(55)さらに、田の面積が求められるに従い、「耕盤」の作り・整え難い場所も開墾されるようになる。

先述の「東大寺越前国桑原荘」の開墾も、沖積平野に長大な樋を作って開墾を始め、開墾当初は順調に開田が進むが、次第に行き詰まり、担当した者が逃げ出した後始末の文章の一部が、史料11である。永続した営農を行うためにきちんと耕盤を作っていたのでは当初の開発目標にいたらず、現地責任者が逃亡したとうかがえる。田の形にすることが出来たが、九町七反が二年後に荒れたとされるのも、一つには耕盤ができなかったからではないだろうか。

正倉院の御物に「子日手辛犂《ねのひのてからすき》」という、人力用の犂がある（図3―1）。これは刃の形状が「ひっか」[56]と同様の、水平な刃を備えており、密生した草木の根を切断するには根底のみを切断し、横方向に張った根は柄を上下動させて無理やり引きちぎるほかないため、開墾具にはならない。田固有の土壌（真土や砂土、火山灰地など）の耕盤を、毎年人為的に作り・整えるのが主目的の農具である。

透水性の高い真土や砂土などの耕盤を形成するには、犂刃が水平に取り付けられた農具が必要である（図3―2）。この刃が水平に動いて、刃先に土壌を上下方向に切り裂く剪断力が働き、刃の上方の土は起こし砕かれて膨軟化される。刃先の下方には圧力が連続的に掛かり、わずかに圧縮されて土の密度を高くする。刃先によって作られた膨軟化層と平坦な土壌の「層差」が、不透水層を形成する。つまり、層差部分の表面積を最小にして、僅かな鉄・マンガン・有機物などの沈積による薄膜を作り、これによって浸透を抑える。このためには水平方向の刃が必須となり、かつ層差を田全体に連続的に作る「田をスク・田スキ」作業が必須となる（図3―3）。

さらに、田スキ後に注水し、犂で膨軟化した部分をさらに砕いて鉄・マンガン・有機物の沈積を促進する「代かき」を行い、えぶり・鍬などで膨軟層の表面を平坦にすることによって、そこに流水に含まれる微生物・微小動物群を定着させて不透水層を設ける[57]（図4）。微生物・微小動物群は、ゲル状の生物膜を膨軟層、さらには層差部に作り、浸透性を妨げて湛水性の向上に大きく寄与する。

「代かき」のさい、「床」と呼ばれる犂床を持った犂は安定を確保すると共に、湛水された土壌に犂床を滑らすことによって、泥壁塗りの要領で空隙を塞ぎ、無床のものよりさらに平坦性を得る（層差を明瞭にする）ことによって格段の効果をもたらす[58]。

耕起鍬では、表土層に対して垂直方向に刃先が打ち込まれ、かつ刃先に触れなかった土もこぜ起こすため、密度差が大きくかつ平坦な層を作れず、明瞭な層差ができない（図5）。

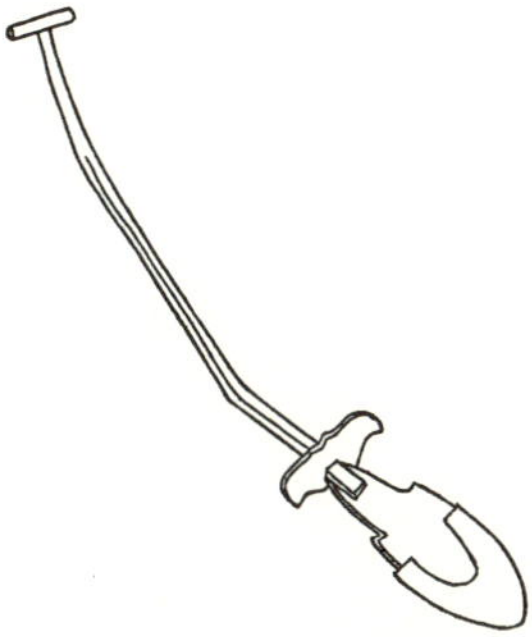

図３－１　子日手辛犂
(『考古界』 1篇3号、沼田頼輔氏論文より)

図３－２　鳥取県倉吉地方の長床犂
(倉吉博物館所蔵)

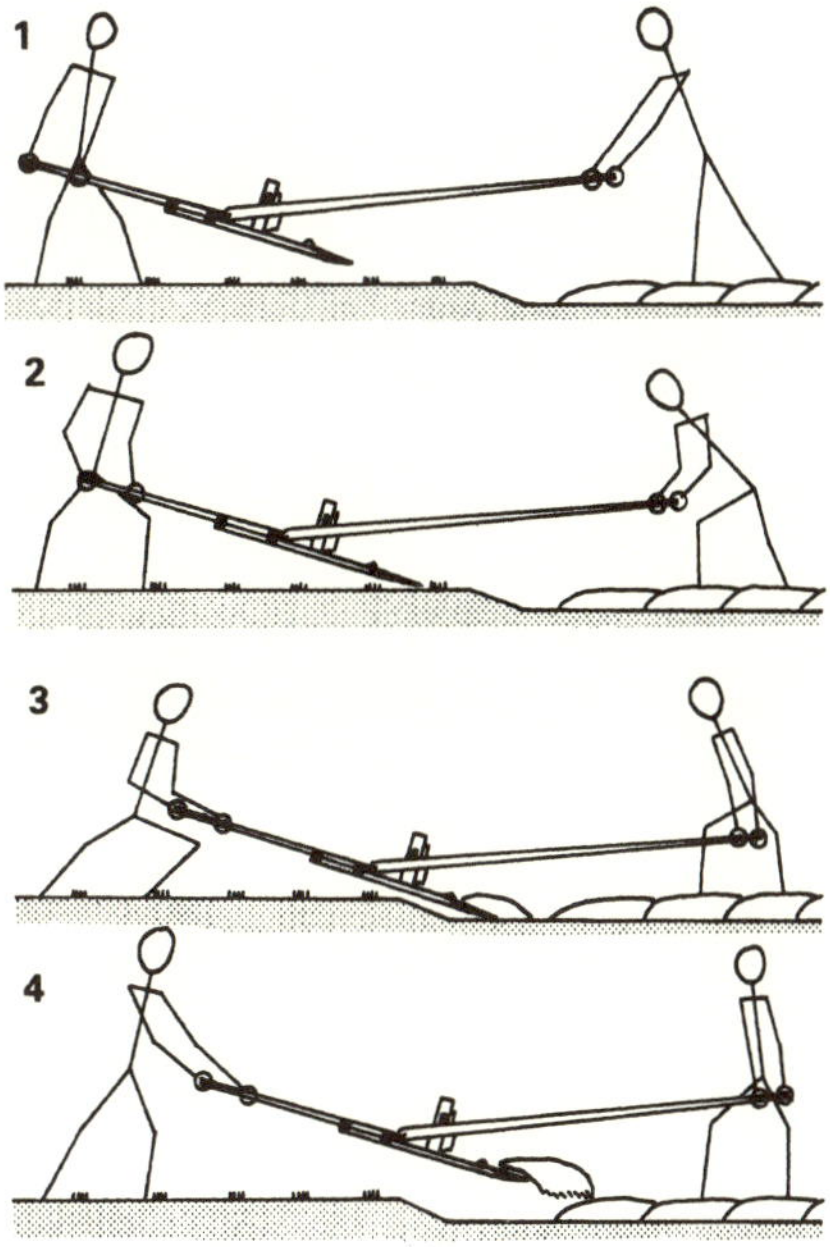

1　人力犂を持って備える。

2　刃先を上にさしこむ。

3　刃先に土をのせて掬いとる。

4　人力犂を持ち上げると土がこぼれる。

犂身を持つ人の両手の動き

練木を持つ人の両手の動き

図３－３　ひっか作動図(有薗正一郎『在来農耕の地域研究』より)

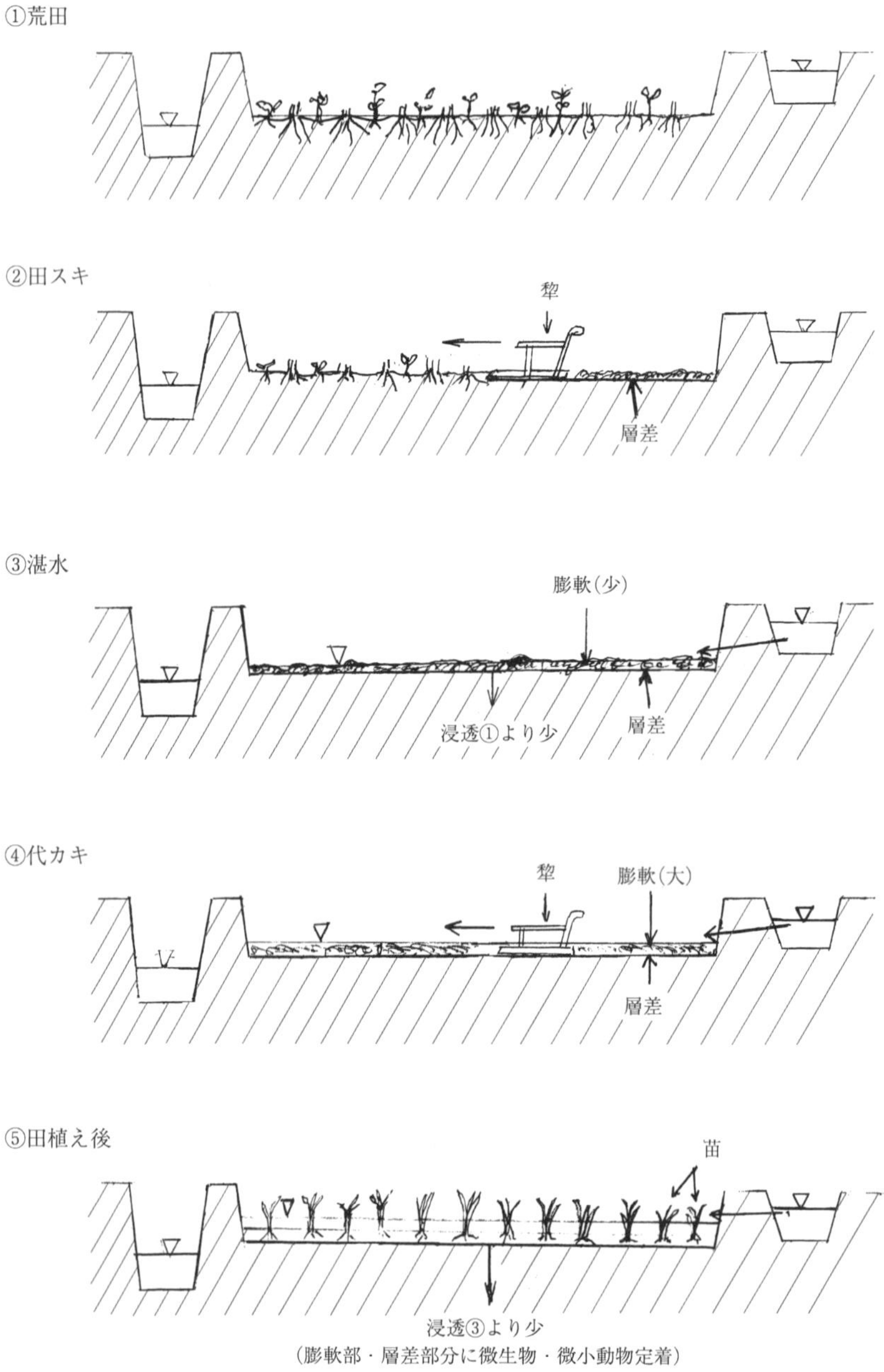

図4　田スキ・代カキ模式図

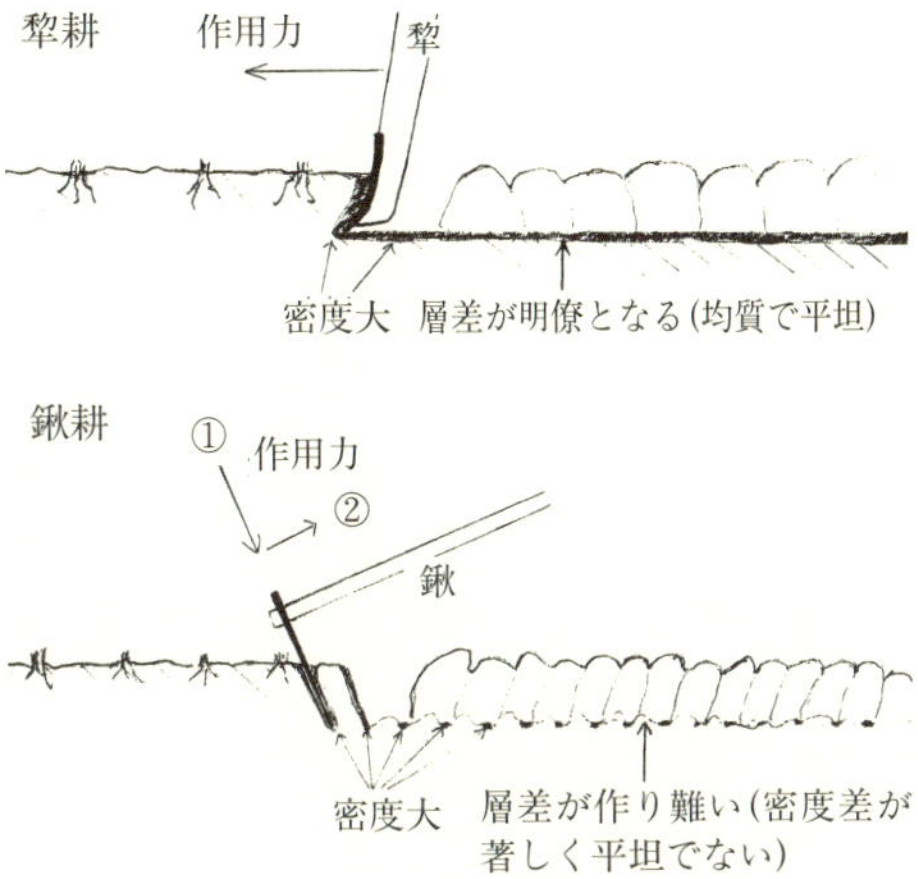

図５　犂と鍬の相違模式図

手辛犂が中国からもたらされると、政権の中央では「田スキ」の普及によって湛水性が向上して、開墾範囲が広まると期待され、各地で開墾に取りかかるが、開墾現場ではこれを使って耕盤を毎年作るまでにはなかなか普及しなかった。この現象が「かたあらし」を大量に生む。政権の中央でも、実際の効用が伝承されず、単に農具の形状と所作のみが伝えられ、農耕行事・豊作を願う神事として形骸化してしまったのではないだろうか。

田堵は開発土木具の犂を農具として利用し、稲の根層の下に毎年新たな耕盤を作り・整える田スキ技術を体得した階層である。満足な農具を持たない零細な百姓は、水田に不向きな真土や砂土でない田でも、旱にあえば表土を膨軟化できず田植えをしにくくなり、その結果「かたあらし」としてしまうが、田堵は田植えギリギリの降雨でもそれを利用して、農具で効率よく膨軟化を行えた。田堵は旱にあっても安定した多くの収穫を上げるだけでなく、真土や砂土、火山灰土壌などの旧来水田化できなかった所をも開墾して、収穫を上げる能力を持っている。したがって、荘園領主にとって田堵は、営農を任せれば旱で「かたあらし」化させることもなく、水田化できなかった土壌を田ともしてくれる重宝な存在で、彼らに開墾・営農を請け負わせる。また、受領《ずりょう》は租税を請け負わせる対象とする。『新猿楽記』は、この階層が成長するありさまを的確に観察していることになる。[59]

耕盤を作り・整えるための犂には、開墾具とは異なって刃先の切れより耐久力が求められ、耐摩耗性に優れた鋳鉄製が向いている。そのため農耕具としては鋳鉄製が主流となる。ちなみに、湛水中で犂を使うと、水が潤滑作用を持つので刃先の損耗が少ない。

明治末から大正初期の中国で農業調査を行ったドイツの農業技術者W・ワグナーは、九類型の犂が使われていると報告している。水田地帯で使われる反土板を備えない犂について（水平刃のみの犂・図3―2と同類型）、「ドイツの耕具と比較してはなはだ欠点の多いものである。この犂は少し傾けて置くときのみに土壌の翻転を許すものである」と、「翻転」しにくいことを欠点として掲げている。同時に、「稲作においては完全な翻転よりもむしろ土壌をよく膨軟にすることのほうが問題であるから」、この形状で目的は達している、としている。(60) 水田用の犂は畑作とは異なって、「翻転・耕す」必要がなく、耕盤を作り・整えることと土壌を膨軟にすることが目的で、翻転させてしまえば、翻転そのものの除草・風化粘土化効果、肥料のすき込み作用、好気性微生物の活成作用は期待できるものの、翻転した土壌を切り鍬・馬耙などで細かくならす労力の掛かる作業が必要となってくる。

近世の松山藩代官史料に次のようなものがある。

〔史料12〕

一、春田には冬春水を溜させ不申候故、植付之時永々日旱致候時、春田と麦田と両方へ引水致候故、必水不足致可申、其上麦刈取候後、直鋤返不申候時は、引水難成、無余儀降雨海え落候事、剰池之普請出来候ても、改方済不申候故、池之普請有之候処は、池之水溜不申候事、是わざとの旱損に可有之事。

一、少々麦田をいたわり、五月雨を宛に致、池水を溜不申時は、若其年五月雨降不申候得ば、池之水溜不申候に付、少々の麦地をいたわり候て、一村一同の大事に及候。植附難成候得ば、御上の御損米多有之候。中には御助米等相願候様成行候事。先年風早郡和田之池水見分に罷越候節、右體の儀有之候故、池之春水を溜候事、御代官見分致候節ケ様の類有之候事。

一、麦田植附前耕返し不申、荒田と申て麦刈取の跡地を捨置申候得共、降雨を海え落し不植田出来可致候。

一、麦田植付前耕返し相済候得ば、降雨海え不流植付早速相済候。
一、春田、冬春之水を溜させ水垢を附候様、仕置候得ば、植附之節少々水を引候得ば、相済候事、水済不置候ては、引水余計無之候ては難相調候事。
一、植附前田拵致候時「暇骨」と申てあぜを深く掘、能煉上、亦「白むくち」と申、幾遍もすき返候得ば、一日一夜持候水も二日二夜も持候事。
一、又水を引遣候時は、井溝に井関を上げ、順に量を引遣候時は、一村一同に引水甲乙無之、百姓安座候事。
一、植附前初春之比、春田へ水を溜、水あかを附させ置候得ば、少々永日照有之候ても、麦田計に引候故、不植田多は無之候事。縦令山田天水掛之処は麦反之田方七八升、又一斗二升の処有之候事。
一、植付後草手仕候はゞ、直に畑の手入致、六七日過候得ば、一番草に取懸可申筈の事、忽せに致置候得ば農人草に追れ可申候。百姓草を追候様致候得ば上作可致候事。(61)

「春田」とは一毛作田のことである。この記述は二毛作田の麦田と春田が混在している状況での水利を監督する立場でなされている。「少々麦田をいたわり」とは、麦根が湿潤を嫌うので、周辺の一毛作田にも「冬春水を溜させ不申」とあるように、導水をしなかったことを指している。春田に水を溜めて「水あか」(微生物・微小動物群)を蓄積させておけば水持ちも良いのだがそれを行わず、麦田でも麦を刈った後も「荒」のままにしておき、一毛作田と同時に引水するために水不足が起こると、注意を喚起している。また、「白むくち」(代むくち・代かき)と呼ばれる土壌の膨軟化で、いっそう「水あか」と呼ばれた微生物・微小動物群の付着条件の向上をめざすことを勧めている。(62)

古くから利用されていた「常時湛水田」では、不耕起で作土層を掻きならし、常時湛水ができない田も早期湛水で作土層を軟化させ、水鍬で掻き削り早乙女の指先保護と浮き苗を防止するのが基本である。しかし、史料12

にみられるように、近世においても、本来毎年耕盤を作り・整えなくてはならない真土・砂土や火山灰地などの水持ちの悪い田でも、実態としては入念な耕盤作りが行い難かったこと、田スキとむくちあるいは代かきが同時に行われて、「水あか」の沈積と、水の補給を頼りとした、粗放・粗雑な稲作が行われていたことを示していよう。

『清良記』の舞台南伊予には、「第七巻」第四章「上中下三段並び九段、付十八段の事」で「音土《おんど》」と表現された透水性が高い火山灰土壌から、村の名が付いたと思われる「音地村」と呼ばれる集落がある。

この村の古い検地帳はみられないが、明治九年（一八七六）の『段別畝順帳』(62)によれば、透水性の大きさに対処するために、村を貫流する告森川の水源が広く豊富であることを頼りとして、田の区画を徹底して小面積化することによって水田化されている。三七町六反二七歩の田、二八町八畝九歩の畑が記録され、田には三反九畝の「水抜田」が含まれている。一筆で計上される最大の田は二反八畝九歩だが、二三一枚に区切られ、一枚の田が極狭に区切られた棚田となっている。

同様に土壌から村名が付いたと考えられる肱川《ひじかわ》上流の宇和川流域の「真土村」（第Ⅱ部第一章第二節史料4）について、慶長一四年（一六〇九）の「検地帳」を見ると、「田畑合弐拾町四反四畝弐拾歩」で一筆が一反以上の書出しが多い(63)。しかし、明治初期の『公図』によると、宇和川の自然堤防上周辺の微低地と村北の山沿いで構成される村の筆数は、二五〇四区画に細分化されており(64)、時代を経て細分化されたとは思えない。

平野部に位置するこの村の水利は、豊富な水量の宇和川から、村の北方約一キロに取水口を持つ井溝（名本井手）を掘って、自然堤防上に導水するようになっている。井溝の取水口は隣村の大江村にあるが、村の開発年代は真土村が先とされ、近世初期には水利権を真土村が主体的に保持していたとされている。同じ水源に頼る大江村とたびたび水論が起こり、そのうち元禄一四年（一七〇一）の「指上申口上書之事」では、「就中此壱両年者水必至と不参候。何とてケ様ニ水不参候やと考見申所ニ、大江両川原ニ大分之新田畑仕出候。川原之田と申ハ壱反ニても壱町之水すい申ものニ御座候」と真土村側が申し立てている。大江村が宇和川の両岸に新田を増しただけでなく、それが「ざる田」で一〇倍も掛け流す必要があるので、これが原因だと指摘している。(65)

音地村や真土村では土壌条件に適応するために、耕地を細分化して大きな浸透量にみあう掛け流し状態で湛水することに努めている。また、真土村の牛数をみれば、宝永三年（一七〇六）に一七疋、宝暦七年（一七五七）に二九疋、寛政七年（一七九五）には五三疋（隣接の田苗《たなえ》村・杢所《もくしよ》村を含む）と増えて、飼料の刈草が不足して二山越した遠方からも調達している。牛の増加は「麦田」を約一二町から新たに約一八町増やしたさいに、犂耕による耕盤作りと麦畝作りに牛がもっぱら活用されたことを物語っていよう。

『正徳六年（一七一六）摂津国潮江村諸色書下帳』には、

からすきノさき壱丁ニ付銀弐匁刃五分仕候、さき壱丁ニて田地三反つゝすき申候。まくわ壱丁代銀弐十八匁程仕候、是ハ拾年も十五年も遣申候。又くわ壱丁調申候之は代銀十五六匁程仕候、是ハ壱年ニ弐度つゝさきかけ申候。さき代壱年壱丁に付五匁つゝニて毎年さきかけ申候。かま壱丁銀壱匁五分程つゝ仕候。人ニより三枚、五枚、八枚程も毎年調申候。

とされ、以下竜骨車・稲こき・こえたんご、と農具とその価が続く。(66)

一般に諸色書下帳や村明細帳は、百姓に都合よく書かれるものだが、摂津国潮江村では「からすきのさき」は田地三反を耕す耐久力しかなく、「くわさき」は年に二度「かけなおし」せねばならない。したがって「耕起」や「深耕」は経費の掛かるもので、水田に必須の作業ではない。

四　水田と肥料

「厠」の研究者・李家正文氏によれば、「稲」の伝来と同時にわが国に人糞尿の肥料としての利用技術が渡来したという。

古代中国の「殷（商）代に糞肥を使っていたことがわかって来た。農耕地への排泄物を還元すること、自然へ戻しふたたび作物を人が食べるこの法則は輪廻（りんね）である。やがて、日本への伝来し、川していた糞尿は溜められて戦前まで使われていた」[67]と概観している。さらに、胡厚宣氏が一九五五年に発表した殷代農作施肥説を引用して「「𡰪」は甲骨文の糞の字だから、人糞肥料は殷代に使っていた」[68]と補足している。

白川静氏は、殷・周の社会について、耕地が条里的に整ったもので、籍田や屯倉の制度が採用され[69]、王室・王族によって大規模な農業を行っていたとしている。[70]さらに、「農耕儀礼は季節的に行われ、最初の耕作から収穫までそれぞれの段階において、あるいは農具を潔修してその汚穢を去り、水害を避け、降水を求め、虫害を祓い、耕田糞田し、廩を省し、収穫して登嘗するなどの礼が行われた」[71]とし、周代の糞肥使用を確認している。

『中国科学技術史』には、「ある甲骨研究によれば、商代のひとびとは地力を回復させるため、土地を休ませるほか、土地に糞尿肥料を施し、人糞や家畜糞を貯えて厩肥（うまごえ。家畜の糞尿と敷藁。土などを混ぜた肥料）を作ったという」[72]とある。ただし、「ある甲骨研究」の出典は明示されていない。周代の記述には、糞肥料の使用や灌漑工事がすでにあり、鉄製農具の大量使用、大規模な運河を含めた水路開削、多毛作の記述もあらわれる。[73]

原宗子氏は、古代国家の成立地域である華北での農業と統治体制を、国土の基本となる「黄土」と呼ばれる土壌の特性などから説明している。[74]氏は、華北地域では牧畜と狩猟が主体であったが、後に「農本主義」「農本商末」が導入され、黄土乾田でのアワ・キビなどの栽培を主として一部の湿地帯で水稲稲作が行われる体系が構築されたこと、中国古代の国家は狩猟民系国家で糞の使用に忌避がなかったこと、人糞は家畜の豚の飼料として使われる体系が出来上がっていたことなどを掲げている。

また、原氏によれば、中国の国家交代は、前政権を担う民族が辺境に追いやられることを繰り返しており、殷を構成していた民族も雲南や華南に散らばり、固有の民族習慣と、その地方の技術を取り込んだ馴化した生活を行っていたとのことである。

殷・周・春秋戦国時代を含めて、華南など移住先で稲作を取り込み馴化したものや、越の人々が行っていたものが日本列島に伝わり、大きな影響を与えていたと考えた方が良さそうである。鍬・犂・耕・田についての中国古代華北の漢字表現と、わが国での実態との乖離はここに由来していよう。農耕に関する漢字は、華北の畑作と牧畜を背景としており、水田稲作を主として牧畜の体系を発達させてこなかったわが国の状況とは根本的に異なることを認識する必要がある。そのために農耕に関しては漢字から得るところが少ない。

わが国での糞肥の使用起源を考察すると、古代の環濠集落跡の発掘調査が参考となる。環濠が糞便を含む生活水の排出路とされていたという(75)。つまり、環濠周辺の低地が農地として使われていることもあって、糞便の使用には忌避を持たず、水田稲作伝来以前から使われていたことも想定できよう。冒頭で紹介した吉良竜夫氏の説明にもあてはまっている。

古島敏雄氏は、『播磨風土記』にみえる、鹿の血溜まりに落ちた稲粒の成長が早かったのでこれを植えたとの佐用の伝承を紹介し、「獣屍が肥料として認識されたことを意味する」と、指摘している(76)。

『清良記』の肥料に関する記述には、水田稲作での用例が希薄で、わずかに苗代に「身肥」が使われていた。これは、『播磨風土記』に書かれた苗代発芽と共通したもので、神話の世界で、穀物種の起源が屍や糞にあると説かれるのも、この様を描いているようである。

ところで、「身肥」の人糞尿を、単独で発酵・熟成させる場合は、運搬に困難を極める。石村真一氏によれば、「籠桶《たがおけ》」が登場するのは、一四世紀初頭であるという。(77)籠桶以前には、運搬の手段から人家の周辺のみに利用が限定され、苗代は管理と手間からも「前田」に限定される。

古代から近世中期頃までの稲は、茎丈が高く、発芽から苗の段階と田植え直後、出穂の時期に窒素が要求されるが、気温の高い地域では、人糞尿などの投入は「徒長」を招き不稔・倒臥して収穫が出来なくなる。したがって田植え後の気温が上がらない地域や、砂地・真土・火山灰地などで犂を使って耕盤を作り・整えても、依然として透水・浸透が高く、肥料分の流出が大きい地域以外では、人糞尿などの使用はできない。三間地方では、「昭和一〇年頃の段階でも水田には下肥・油粕はまったく施していない」(78)とされ、『清良記』の段階から、大きな変革がなかったことになる。地域での差異が大きいといえよう。

佐藤照男氏は、現代に試行されている常時湛水田を観察している。それによれば、稲藁、稲の切り株・根穴の果たす生態系への影響は大きく、これを中心とした微生物などによる自然の肥料形成が行われ、現在の品種では、乾田より減肥料・多収穫が可能だとしている。(79)

岩田進午氏は、このような常時湛水田には、「天敵が生息することにより、害虫固体群に対するかなり強い抵抗が存在する」こと、「害虫の繁殖率が低い」こと、「生物群集は害虫でも益虫でもない「ただの虫」に優先されており、多様性が高い」ことを検証し、これらの多様な動物がもたらす肥料形成と防疫力が、今日の我々の認識以上に大きいことを説明している。(80)

有薗正一郎氏は、三河地方の近世農書である『農業時の栞』と、『百姓伝記』の冬季湛水の記述を検討し、「田に水を張っておくことが稲の収量を増す方法である点では一致している」(81)と指摘している。佐藤氏・岩田氏の指摘する、生態系を調える意味での「湛水」が、結果として稲の増収に結びついていることになる。また、白川實氏は、岐阜県高須輪中の低湿田地帯では、乾田化できなかった明治以前は収量には恵まれなかったが、「殆どの農家は無肥料栽培であった」と指摘し(82)、無施肥でも持続可能な稲作が行われていたとしている。

これらの所見を併せ見れば、史料12の早期湛水の「水あか」が注目される。

水あかと呼ばれたものは、前節で述べた不透水層を形成する微生物群と微小動物群だけではない。流水の中には「ラン藻」と呼ばれる微生物がいる。ラン藻は従来藻類に区分されていたが最近では微生物として扱われ、地球に酸素をもたらしたものだとされる。これが稲の生育に不可欠な働きをしている。

田中耕司氏が稲の生育メカニズムを「灌漑水や土壌中の有機物中の窒素、そしてラン藻や光合成細菌、イネの根圏にすむ従属栄養細菌などの土壌微生物によって直接に同化（生物的窒素固定）された窒素」が水田に供給され、「有機体の窒素は細菌の働きによって分解され、アンモニア態（NH_4^+）あるいは硝酸態（NO_3^-）などの無機態窒素となって、イネに吸収される」(83)と説明しているように、微生物や細菌などの複雑な働きを、体験的に感知・利用することにより、持続的な稲作をしていたのである。

「冬春水」を蓄えて、流水に含まれた空気中の窒素を固定するラン藻を蓄える。肥料を投入しなかった田で、田植え後の水面を観察すれば緑色の微細な浮遊物が大量にある。この中にはラン藻も含まれ、一定の濃度になればそれ以上増殖せず、水温が上昇すれば死滅沈殿して消えてしまい、湛水の透明度が上がり、以後は水草のみで占められるように田の表情が一変することもある。

水田稲作は耕起の必要がない「常時湛水田」が基本で、自然の営みである流入する水に含まれるミネラル・微生物・微小動物の補給を受け、多年性の穂刈で持ち出されなかった稲藁と、細菌・微生物・微小動物・ミミズ・蛙・昆虫・魚・鳥などが営む食物連鎖が肥料になっていた。

田植え株刈方式では、田植えをするためにまぐわ・踏耕・鍬で古稲を処理して、えぶりでならして植えられるので稲藁が除かれるが、秋には刈られた中空の茎を通して好気性の微生物の活動が湛水された表土層の中にも十分に働く(84)。春には未分解の古稲株が踏み込まれて腐植として土中に蓄えられ、これが緩やかな分解をすることによって、田の肥沃基盤となる。湛水性を維持する微生物群には、ラン藻の生み出した窒素を捕食するものもあり、古稲株踏み込み・田植え・除草の作業は、微生物群の作った膜を一時的に破壊することによって水底に酸素を供給し、窒素を毛根に送り込む作用もともなっている。

この地力を維持する働きと収穫は均衡し、流水による連作障害物質の排除作用もあって「自然循環維持型」となって、稲作の連作が続けられたのである。

五　田の品位・田制

『清良記』には、田の区分が「古堅田」「麦田」「水田」「山田」と、「麦田」「早田」「中田」「晩田」との二とおりに、表現を変えて書かれている。近世の検地帳には、「上々田(85)」「上田」「中田」「下田」「下々田」と区分されるのが一般的で、なぜ検地帳の区分で書かれないのか、確認する必要がある。

たとえば宇和島藩の記録『弌墅截』は、田を次のように区分している。板島郷之内毛山村を例示する。

〔史料13〕

一此所柄中　一地面　田方上　畑方中ノ上

右ニ廉之善悪内扴之時庄屋中見分也

一水掛吉

（水源明細・水路明細略）

一麦田拾九町八反余　一早田壱反余　一中田拾七町六反余　一晩田弐拾壱町余
一大豆畑弐町壱反弐畝　朱但あて畑大分有之故大豆畑不足
一麦田ニ弥六　穂かくし　一本　一こかし田ニ小法師　白稲　太稲
一水田ニきぬかい　けば　石堂　一水冷田ニきんはり　ちこ
一大豆畑ニ夏大豆　小白　青地
一種籾三拾八石七斗　田壱反ニ一斗充米ニ〆五升[86]

ここでは、村単位で品位が区別され、個々の田は『清良記』と同じ区分で、検地帳形式の集計ではない。ここからは、宇和島藩が正保四年（一六四七）に行った正保検地、寛文の内捡検地、吉田藩の鬮持検地では、どのように田を区分していたかはうかがえない。

広く知られる地方書の『地方凡例録』には、田の品位は中国古代国家の殷の井田法に遡るとしているが、品位規定はあいまいなまま、検地竿、縄の使い方、坪刈の方法など末葉の技ばかり多く書き残している。[87]

そこで、田の品位区分の起源を、明治政府の行った地租改正に、租税・田制の有識者として参画した、横山由清氏の『食貨誌略』で遡る。

律令の時代に「土地の肥瘠水利の便不に随ひ、田品を分かちて上・中・下・下々の四等とす。（聖武紀・桓武紀・清和紀・類聚国史・類聚三代格・田令集解）公田を売與して賃租せしむるに、其の獲稲上田は五百束、中田は四百束、下田は三百束、下々田は百五十束と定め、獲稲の五分の一を地子として輸さしむ。是其の等差を立てたる所以なり。（主税式）口分田の類は此の田品に由らず、郷土の寛狭地質の肥瘠を考へて、一戸内の人に或は上田を授け、或は中田を授け、或は下田下々田を授けて平均を得しめ、而して其の租は上田の所収を輸さしめしなり。（田令義解・同集解[88]）」と、登場する。

「公田」の賃租、つまり小作料は「土地の肥瘠水利の便不」によって収穫量を四段階として、その五分の一を地子として取り立てる。口分田などはこの品位によらず、邑の「寛狭地質の肥瘠」によっているとしている。中央の政権からこの規定が発令され、地方ではこれに従って実行しているのだが、具体的な「上・中・下・下々」の区分を明示した文書は見つかっていない。

横山氏は「本邦太古以来陸田水田の名称あれば（神代紀）必ず其の経界・水利・収穫・輸租の方法ありしなるべしといへども、其の徴とすべきものあらざれば、今これを知るに由なし」[89]として、上古農政から耕地の大分類である、「陸田」「水田」の区分の「徴《しるし》」を見つけることができないと述べている。その後の租税・田制・農業の研究においても、品位区分がどのような具体例によっていたか、明瞭にされていない。[90]

管見では田の品位規定を示す文書は見出せないものの、近世には従来から唱えられている、収穫量・坪刈決定説を否定するような事例はみられる。

慶長六年（一六〇一）彦根藩の「諸給方御仕置之事」第二条には、「一、諸務之儀如御定たるへし、其外私ニ有間敷事、但田地上中下の見ちかへ（違）、同かくし候田地なとの様子これあって申分候ハヽ、於奉行所被及沙汰、理非によって可有所務事」[91]とある。彦根藩成立直後の文書だが、「見違へ」との表現は、坪刈や収穫量のみによる品位区分でないことを想定させる。

（一）『郡鑑』にみえる田の品位

『郡鑑』に、田の品位規定について次のような記述がある。

〔史料14〕

検地の時石盛九段の覚　但棹ハ六尺三寸と云

一麦田壱反ニ付壱石七斗代　是ヲ食米と云
但麦田者干田なり。故麦を蒔なり。麦を蒔時糞を能いたさゝれは稲悪し。中稲を植る田ニて是を上々と云。
一上田壱反ニ付壱石五斗代
　上田ハ水常に有りて作場近シ。前田なり。麦田の辺ハ上田と見へし。九十六色の稲、何も相応と云。
一中田壱反ニ付壱石三斗代
　中田ハ見様に考有。上田に紛るなり。冬ハ寒水をしかけ、春ハ正月中旬より、山岸の糞土ヲ入、屋敷廻りのはきためをいれハ、上田分の稲吉と云。
一下田壱反ニ付壱石壱斗代
一下々田壱反ニ付九斗代
　田畑の土地を山にて見わけ様の事
一木草能生、岩多くして山のけわしきふもとの田畑者真土なり。山の頭上に黒され有ハ、むらさき真土といふ。〔上々の土なり。〕
一木草多く有て、長したる木なくして、山高からす。石もなくて頭上のはけさるハ音地なりと云。〔中の土。〕
一木草有ても短かく、瘠て山高からす。峰々はけて、白ざれ斗成ルふもとハぎろと云。〔下の土なり。〕
右三つの山々より出ル川筋川辺の田畑何も其山の土なると知る。
右五段九十六色の稲それ〳〵の田に相応の種子を能知り麦田上田ハ麦も吉稲も善。地瘠さる様に心掛へし。
中田下田を上田におとらぬ様ニこやすれハ、壱反に弐石三石の米ハ有と云。下々田ハ中田に成様に糞を入ルへし。何こへにても当座ハきかぬ物なれは、作をせんと思わん田畑にハ糞により十日廿日卅日前ゟこへを入ルへし。田ハ苗を植て十日の間、水を廻スを専一とす。はんけの前後に必大雨ふり大水出る物なれハ、はんけゟ前に苗能付くろみ候様に考植へし。乍去常にふけ田者其年のけいきを見合、はんけ過て植るも吉と云。平生かくのことく心掛、農具を調、屋敷廻りにこへを沢山に持、作徳を取、公役無恙調、未進等をせさる農人ハ、武士にては大剛のつわものなり。庄屋代官の目利あるへし。麦田ハ中田に、中田ハ下々田にしるす農人ハ食物の根を立(断)大徒ものなり。是者改へし。庄屋常ニ油断有間敷なり。庄屋の風俗程に其村も好と見へたり。只、作の道一心不乱に可考。

　マナンデ思ハザレハアヤウシ、思テ学バザレハ闇ト云事有。

一山上田壱反に付一石三斗代
一山中田壱反に付一石壱斗代
一山下田壱反に付九斗代
一山下々田壱反に付七斗代
　合九段ト云

右四段作場遠近。程遠きとて見まわされはやくにた丶す。さい〳〵見るは糞と成、此内に上田中田の出来め程有物也と云。少のへきにも山田に有と云。然に、よりまめやかなる農人ハ山田を好、ふしやうものハ里廻りをこのむ。乍去、里辺者人手間の徳あり。

（以下、屋敷と畑の石盛が続く。省略）

右の石盛を算用して分米と云。則検地の時棹高也。御物成免ハ其村の姿に応し、御年貢御盛付被成ル。其村の姿とハ、先、村すかた日吉所に立山有て、材木薪竹家茅有、男女のかせき能仕リ、其上小役・小物成等も少掛、近郷近けれハ村送も手間をとらす、万事ニ勝手能村を上々と云。然共、所繁昌に付おごり付ク物なれハ、是をいましむ。

検地之時農帳書様
ほのきヲ付ルあさ名共云
一麦田立棹何十何間何尺　横棹何十何間何尺　何反何畝何拾何歩
或上田中田下田下々田其外田畑共如斯尤右之分米又畑
者分大豆盛付則是其時棹高也
何右衛門
右帳面に記シ置泊々ニ算用スル
棹打秘密時下り竿ハ作人の徳
棹打時横竿をちゝめ候ハ作人の徳(92)

「麦田」を最高の石盛（斗代）として「上々」に認定し、二毛作をする乾田で、麦を蒔くときに施肥をするのは、表作の「中稲」に効果がある、としている(93)。

「上田」とは常時湛水田で、作場（耕地）(94)と屋敷が近い「前田」であり、麦田の周辺に位置して、すべての品種（『清良記』と同じ九六種類）に適合する田であるとしている。施肥についてはまったく書かれていない。

「中田」は、上田と見紛う恐れがあるという。上田との違いは、秋口に水が落とされて乾田となり、「寒水」を張られて再び湛水される田である点としている。水を落とす理由や乾田化を目指す意図は読み取れず、単に秋口には水不足で湛水が出来ず、寒水の時期に湛水を再びはじめる状況が表されていよう。肥料については、正月中旬に「山岸の糞土・屋敷廻りのはきだめ」を施し、これによって上田に劣らない収穫をあげる田であるという。常時湛水田の上田では施肥の必要がないが、一時的にでも乾田となる中田は地力不足を起こしやすく、「糞土」や「芥」を施して、稲の栽培に備え、肥料の助けを得て収量を上げると説明されることになろう。

「下田」には解説がない。中田や下田でも「上田におとらぬ様ニこやすれハ」、石盛の一石一斗以上の二、三石の収穫が可能だとする。

「下々田」も解説されない。土地を肥やして「中田」になるようにするべきとしており、中田のように上田と紛れる可能性は指摘されない。

「山田」は、家との遠近で品位が変わるとしている。「さい〳〵見るは糞と成」は、見回るつどの糞便を溜める、あるいは見回るつどに除草などを行いその行為が田を肥やすとの表現のようである。肥料・収穫などの運搬が困難で、往復の勾配を含めた手間や、日損・鳥獣害を考慮して石盛を定めていると推定される(95)。水は「しかけ」「廻す」ものとされ、肥料は「入れる」「こやす」と表現されるが、第三節で指摘したように「耕す」という語は出てこない。

「但棹八六尺三寸と云」より、宇和島藩が正保四年に行った岡谷検地とも呼ばれる「御棹《（竿）》高」を打ち出した正保検地の記録、あるいは吉田藩で寛文八～九年に行った検地時の検地役人の手引書・心得をもとに、編者の主張を挿入したものと考えられる。斗代は「本高」で使われていた納桝表示をそのまま使用しているようである。田の品位を具体的に述べた数少ない史料なので、妥当性を検討してみる。

（2）　摂津・東尻池村

寛政一一年（一七九九）の『摂州八部郡東尻池村明細帳』には、次のように記録されている。

摂津国八部郡
　東尻池村

一高七百六石壱斗五升五合
　此反別七拾七町五反九畝四歩
　内

一六百六拾壱石七斗三升四合
　此反別六拾弐町七反九畝廿弐歩
是ハ百四拾年以前萬治三子年青山大膳亮様御検地
六尺三寸竿ニ而御奉行ハ山田与五左衛門守屋十兵
衛大内孫兵衛御三人ニ而尓今御帳用申候
　此訳
　　　　　　　　　石盛壱石弐斗五升
上田五畝九歩　　　　　　　　　溝成り
此高六斗六升弐合
　　　　　　　石盛壱石
中田弐町弐反壱畝拾五歩　大池床井戸敷
此高廿弐石壱斗五升
　　　　　　　石盛八斗
下田弐反四畝廿歩半　　取池井戸溝成り
此高壱石九斗七升四合
（後略）(96)

同史料は、残りの五八〇石余りを上田・中田・下田・下々田、畑高と引き続いて書き綴っているが、ここには水利条件が省かれている。水源については別項目で水源ごとに一括した田の面積を示すにとどまっている。

正徳元年（一七一一）の同村の『村明細帳』には、

一、高六百五拾十九石七斗五升

内

一、弐拾六石三斗壱升弐合　但池床溝成井戸床ニ御引被下候(97)

とあり、「但池床溝成井戸床」とされた部分は寛政の明細帳の引用部とほぼ対応する。

「上田」には「溝成り」とあり、水源流がそのまま田に流入するありさまがわかる。「中田」は「大池床井戸敷」とあるので大池・床井戸の比較的豊富な水源によっていること、「下田」は「取池井戸溝成り」と、汲取り池井戸により配水される状況がわかる。これが除地として書かれたとしても、「溝成り」にあてられた面積の石盛がすべて「上田」に、「大池床井戸敷」にあてられた田は「中田」にされているのはなぜか。これは、それぞれの田の利水と同じで、その石盛に組入れられることが理にかない、人々を納得させるものだったからと考えられる。

すなわち、万治三年（一六六〇）の摂津尼崎藩による検地のさいには、史料14の『郡鑑』と同じような田の水利条件により品位を区分したことになる。一方、この地域の土質は「沖積低地であり、潮流によって形成される砂洲部とその背後にできる背後低湿地とがあり後者の地域では粘土層の堆積がみられる(98)」とされ、土質は直接的に田の品位には関わっていないことになろう。

（3）播磨・大門村

年代の古い二毛作地帯に手掛かりを求めると、文禄四年（一五九五）『播磨国(片)竹島庄長福寺村検地帳(99)』に痕跡がある。現在の兵庫県たつの市揖保川町大門で、長福寺旧境内と門前で一村が成り立っていた。享保年間に将軍吉宗の子・長福君誕生にはばかり、長福寺は宝積寺と改め、村名も村の中心にあった長福寺の仁王門にちなみ大

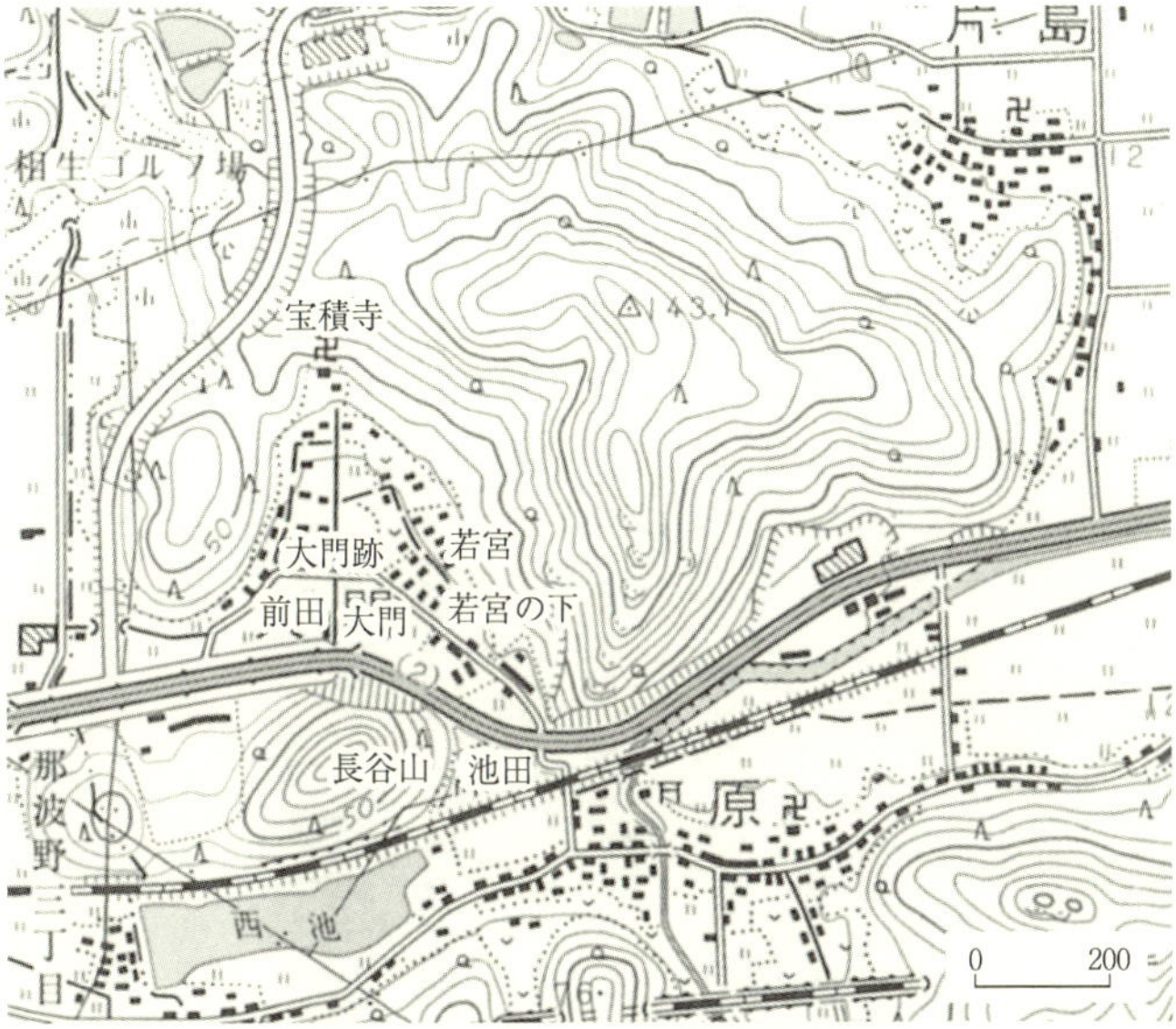

図６　兵庫県たつの市揖保川町大門
(国土地理院発行の25,000分の１地形図『網干』を基に作成)

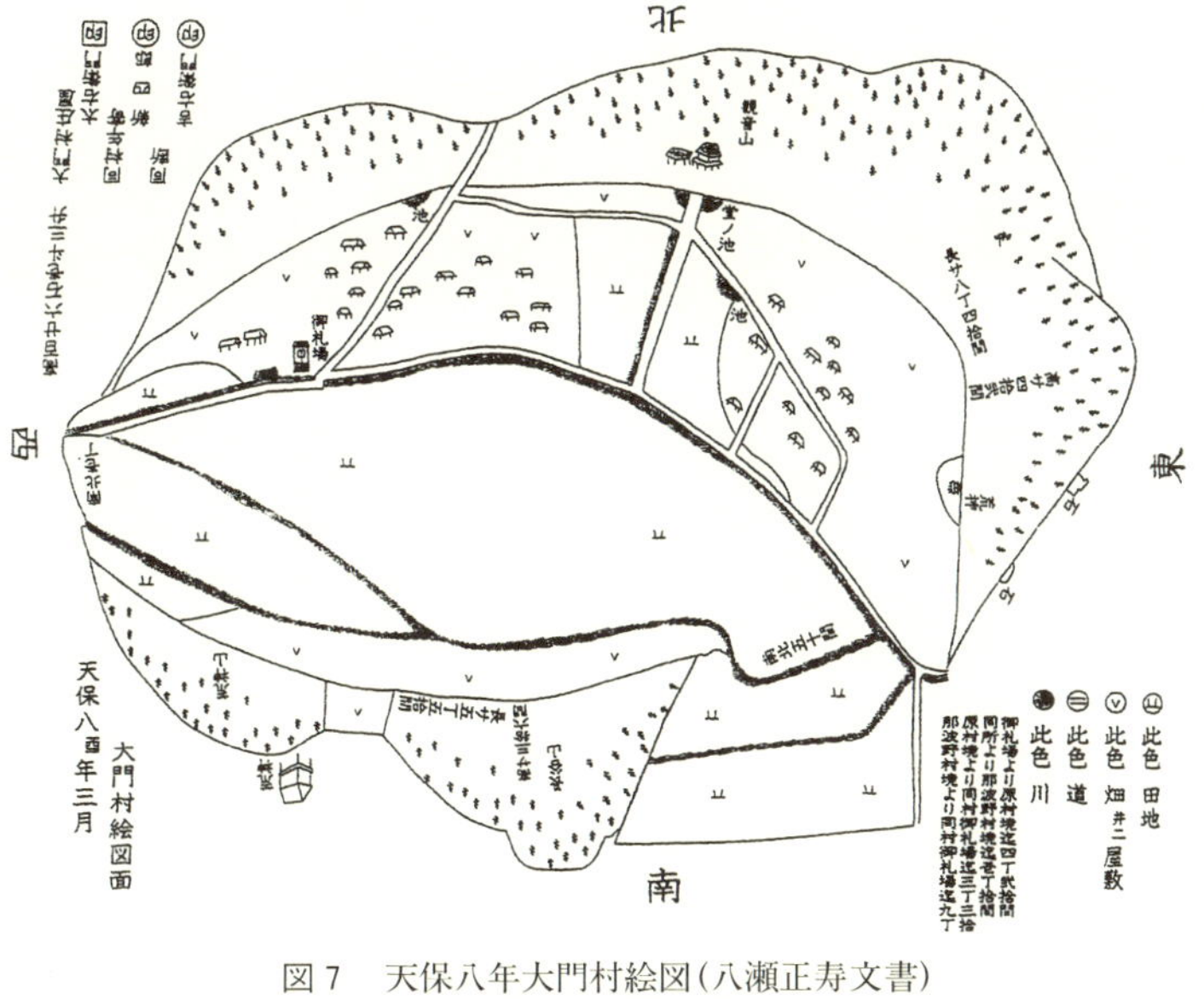

図７　天保八年大門村絵図(八瀬正寿文書)
(『揖保川町史』第三巻史料編)

門村と改称する。[100]

『大門字限図』[101]により「前田」「池田」「若宮」の字、「大門」は仁王門の跡が確認されるためその付近、「若宮の下」は「若宮」の西南付近と推測される。村の水源は、本村部分は村を取り巻く三方の峰と南の独立峰（長谷山）よりの細流と小さな溜池によっている。東南部の池田は、本村部分からの水と、西国街道（山陽道）を隔てた南の山からの細流と長谷山を水源とする「西池」によっている（図6・7）。

上田がある前田・大門・若宮の下はいずれもロウトにたとえれば縁の下辺に、池田は移口に相当して水が集まり一定量を越えれば排水される瀬戸内海気候では特に有利な地形条件である。筆者の聞取りでは、西池の周辺の池田は大門村だけでなく、東隣の原村、西隣の那波野村にもまたがり、この地域では昭和三〇年代はじめまで常時湛水された湿田で、田船に刈り取った稲を載せて収穫していたという。[102]

(4) 陸奥・安原村

延宝八年（一六八〇）の『陸奥国田村守山庄安原村検地帳』[103]には、阿武隈川中流域（現、福島県郡山市安原）の、一毛作地帯での田畑の品位と字が記録されている。

『地籍図』により、「宮ノ前」「前」「向舘」「ガラメ木」「金クソ」「大谷地」「下川原」「古屋敷」「南川原」「谷津」が確認される。[104]安原久悦氏のご教示によれば、宮ノ前と前の接する東の丘陵裾に「六角堂跡」があり「六角ノ下」はその下に該当し、「どぶ田」は阿武隈川が蛇行する部分の強湿地で現在の河道に、「ぼうず田」は向舘の丘陵南に位置した（図8）。

三渡神社前の平地で東の丘陵の水が集まる宮ノ下にのみ上田があり、谷津の谷筋の出口の「前（まい田）」にのみ中田がある。六角ノ下・古屋敷・宮ノ後・金クソの丘陵の谷筋と下川原・どぶ田の湿地に下田が、丘陵の宮

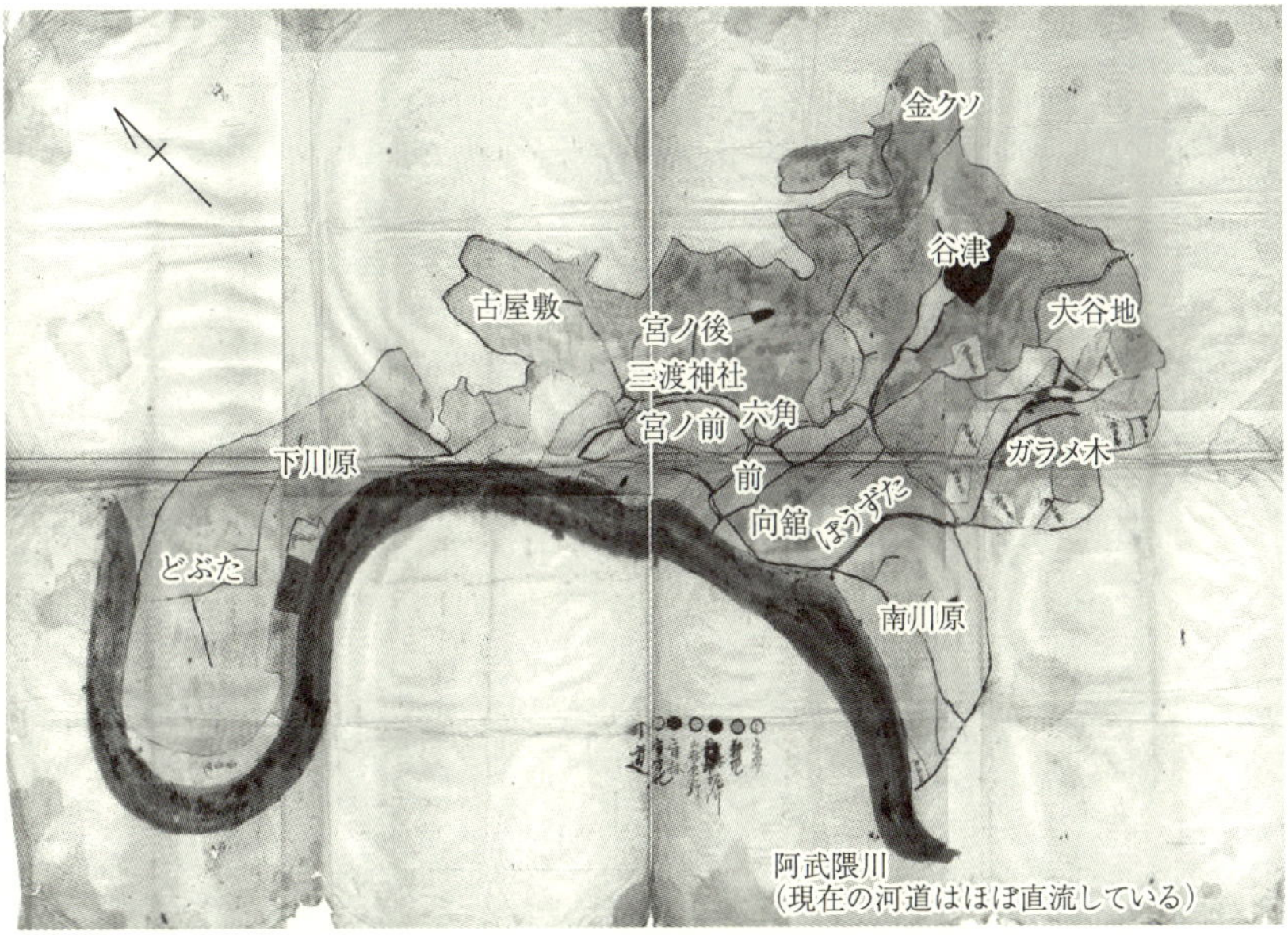

図８　田村守山庄安原村絵図（安原久悦氏所蔵）
（明治15〜20年の『地籍図』下書き。『地籍図』には省略されている水路も描かれている）

ノ後・大谷地・ガラメ木に下々田が位置する。

村の水源は丘陵部の溜池と湧水・天水によっており、地質は粘土質を多く含んでいるが、丘陵地帯の大谷地・宮ノ後・向舘・ガラメ木・金クソは、石英と雲母片を含み、隣村は地質から下白岩村と呼ばれていた。現在は、阿武隈川の位置が付け替えられているが、その他に地形的な変更はされておらず、田の品位が利水によって区別されたことを示している。[105]

（5）　武蔵・中丸村

天正一九年（一五九一）の『武州足立郡南部中丸村御縄打水帳』[106]からは、洪積台地の傾斜地とそれをとりまく湿地における田の品位が読み取れる。

洪積台地上は畑で、台地裾の斜面が湿地と接した部分の湿地側に帯状に連なる字[107]に「上田」が集中し、台地裾と谷の中央、谷の奥から口に向かって、田の品位が下がっている。

籠瀬良明氏は、昭和四五年（一九七〇）頃の宅

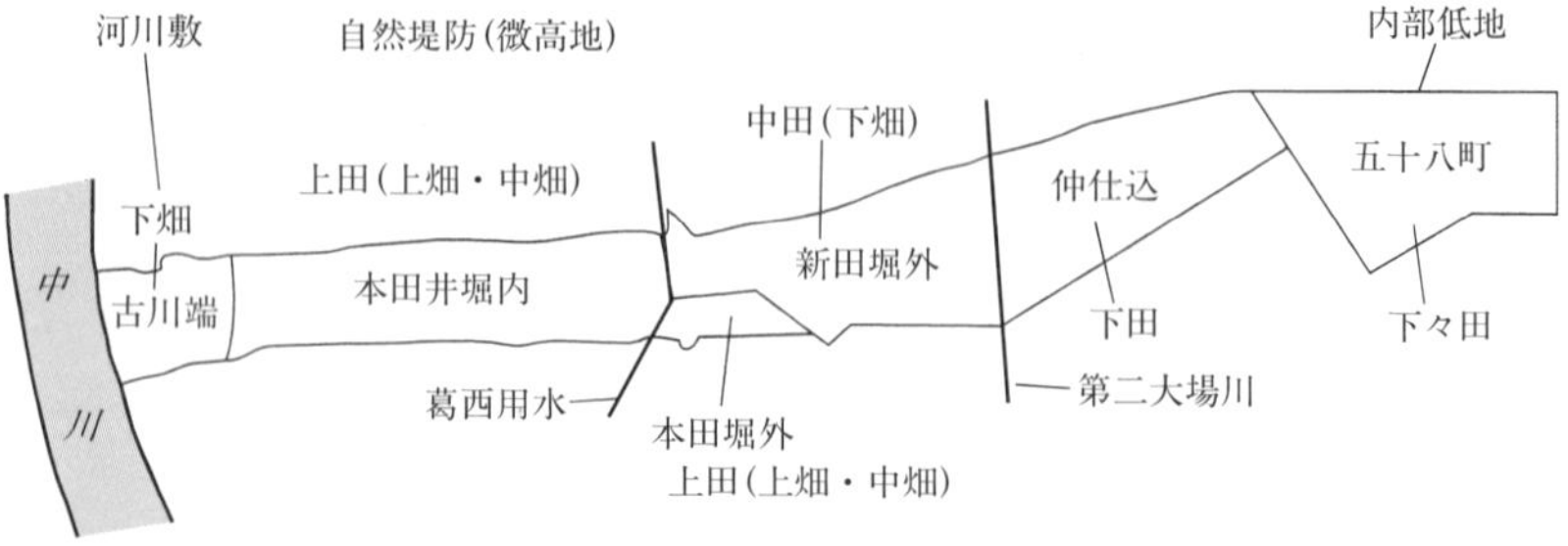

図９　武蔵国葛飾郡上彦名村字略図と田畑品位(元禄10年)
(中野達哉『近世の検地と地域社会』吉川弘文館、2005年を基に作成)

地化以前の状況を克明に記録している。それによれば、乏しい天水を受けるため上田の一角に堤のない池が掘られ、池は深さ二メートルくらいで湿地層（泥炭層）の地下水位より深く、天水と湿地帯の地下水を利用する構造になっている。また、同氏は上田に相当すると考えられる田では、古稲株を踏み込んだ後に、ならし道具で条痕を付け、条痕に直播される農法が行われていたことを確認している。この時には除草剤の普及があり、省力化するために直播が試みられていたが、それとは異なり、台地上の畑の繁忙期に、田植えの労力を省力化するために行われていた伝統的な農法であるとしている。また、下位品位田には、除草・刈取りのための通路として丸太が沈められていたこと、緑肥の踏み込みのための「かんじき」などが使われていたことを指摘している。[108]

（６）武蔵・上彦名村

中野達哉氏は元禄一〇年（一六九七）の検地帳をもとに、武蔵国利根川支流の中川に沿った諸村（現、埼玉県三郷市）の、地理的条件と石盛の関係を考証している。

特徴として、「川縁の低地は、耕地生産力が低い評価を受けるが、それに続く自然堤防を中心とした微高地が、最も高い耕地生産力をもち、東方の内陸部に向かうにつれ、生産力が低下することが確認でき、耕地の開発は、川沿いの自然堤防を基点として、地味の悪い内陸にむけて進めていったことが推測される」[109]と、江戸時代に開発が進んだ沖積平野での開発事例を検証している。

その一村である上彦名村（図9）では、中川の河縁「古川端」と、自然堤防微高地「本田井堀内」はもともと天水によっていた。承応三年（一六五四）の利根川の付け替えと、「葛西用水（二郷半用水）」の開削によって開発が進むと[110]、本田井堀内では用水の水位が下がったとき「水車差出汲水」で取水するようになった。[111]内陸の低湿地である「本田堀外」と、新田堀外を隔てた第二大場川東岸の「仲仕込」は沼田で、最低地の「五十八町」は人が入っての作業が困難で田船を使っていた。

（7）　品位の総括

湿田地帯の中丸村、上彦名村の例では、用水の取水と悪水（排水）の関係が田の品位を決め、水田水位や作業難易度、人が入れるか・足を入れてどこまで潜るかが大きく関わり、土質の関わる余地は少ない。他の諸村をみても、いずれも水利条件が決定的な要因で、「上田」は稲の栽培に最適な湛水量を通年保つ「常時湛水が可能な位置」に限られ、これが田制の基準となる。その他の品位は、東尻池村・大門村・安原村のように水量の不足勝ち、あるいは安原村・中丸村・上彦名村のように強湿田が「下田」となり、その中間に「中田」が位置する。「下々田」は極端な水不足、あるいは人が入って作業が困難なほどの湿田である。「上々田」は原則として裏作に麦を植える二毛作田であるが、一毛作地帯の東北諸藩では、作徳の多い田を「上々田」としているところがみられる。[112]

古代の田制に遡れば、第二節冒頭で触れた津島遺跡の品位付けで誤まりがなく、町田哲氏が調べた黒鳥村もこれに相当している。

（8）「古堅田」と品位

乾田・半乾田は、『新猿楽記』に書かれたように、耕さなければならない場合があり「堅田《かしだ・かただ》」と呼ばれる。堅田は、耕盤作りを行わなくても水持ちの良い粘土質を多く含んだ田で、古くから利用されていた。時代が田の面積の拡大を求めるようになると水利条件に恵まれず半乾田にもならない乾田が増えた。これらの田は、「不堪公田」「荒田」と表現されるように、作付が出来ずに、「かたあらし」化しやすくなる。

さらに、音土（火山灰地）や真土、砂礫地などの水持ちの悪い場所でも田とせねばならなくなると、第三節でみたように犂や鋤を使うことで耕盤を作り、湛水性を高める技術が導入されて、「新たな堅田」が出現するようになる。これ以前の様式の田が「本田」と呼ばれることもある。したがって、この新たな浸透性の高い乾田・堅田は、旱のとき以外に行う必要のなかった、犂・鋤を用いた「田スキ」という作業を必要とし、「根取《ねどり》」（労力・経費）が従来の水田と比べて大きく、田スキを必ずしもともなわない古い堅田と区別する必要があった。このため、古くからの半乾田・乾田は「古堅」あるいは「古堅田」と呼ばれ、区別される。

『清良記』の古堅田の説明に、「水田にもなく、堅くて冬は乾きたる田なり」（第七巻第七章）とされるのは、水《みず》田《た》との対比で、秋冬には水が補充できずに失われていき、表土が硬化していく様を表している。これらの田は、秋から冬にかけて水不足のため湛水できないが、大規模な灌漑施設を持たなかった時代には、一滴の水も無駄にしないように、とあえて乾かされることもなく、湿潤状態にされていた。この状態は、微生物などによる肥料の形成力と農具の保持状況とも関わる。つまり、古堅田は天候によって乾燥すると自然循環サイクルによる肥料形成作用が落ちる「自然循環断続型」と呼べる類型になる。

低湿地・扇状地研究者の籠瀬良明氏は、「古代人にとって適湿だった低湿地は過湿地の評価を受けるように変る。排出だけでなく、高い灌漑技術を、その社会の生産のしくみのうちで身につけた後の人々は、いわゆる乾田を、水田適地、つまり適湿地と考えるようになる。田植から一定の期間まで土が湿り、かつ軟らかいことを必要とする湿田植物、稲に冬の間に堅くなってしまわない土地が必要だったのは、耕起の用具が幼稚だった時代だけのことである」[113]と、概観している。しかし、第二節で述べたように、農耕具の保有状態が貧しい時代が、籠瀬氏を始め、従来研究者が想定していたものより長かったのである。

広島県の『賀茂郡竹原東ノ村田畠諸作仕付帳』には、「尤、干田・くこし田抔御座候所ハ、度々すき干申候得共、当村ニ者一切無御座候」と、「すき干」の必要な「干田・くこし田」は同村にはないとしている。[114]「こかし」「くこし」と訛りが異なっているが、共に安定して水田《みずた》にはなりえない田のことで、すき干と呼ばれる技は、腐植を空気にさらし、酸化分解を促進させることによって地力の向上を図る技術で、第Ⅱ部第一章第三節の史料6ⓐⓑの作業のことである。秋口から初冬にかけて湛水ができなくなるため、自然の持つ微生物の窒素固定化や食物連鎖による地力維持サイクルが中断される。それを補うためにすき干が行われ、腐植の蓄えが少なくなれば施肥も必要となってくる。この作業には無床犂や、備中鍬で対応できる。南伊予では、すき干して日に焦がすから、「焦がし田→こかしだ」と現在解釈されるが、それは農具が豊富になってからの後に古い農法の記憶が失われ、そのように理解されたものであろう。

『清良記』は、乾くと耕し難い古堅田に労役の基準を置いていたが、それはつまり藩役人にも受け入れられやすい品位的に中間を示していたのであり、『郡鑑』に述べる「中田」に相当することになる。史料6に書かれた作業手順は、第Ⅱ部で検討したように、戸別の労働力と農具の保有状況からみて一般の人々は行い得ない。牛の保持状況からみれば、古堅田のすき干や、麦田の耕盤を作る、「牛耕・犂耕」をすべての田で行っていたわけではないことが、史料12に現れており、寛文牛疫のさいの年貢引き下げ率の低さに反映されることになる（第Ⅱ部第一章第二節参照）。『清良記』に書かれた、古堅田の耕作手順と労力のかけ方は、「耕作態様の理想」を見込んだものであり、豊富な労力を確保した者しか出来ない。

『郡鑑』（史料14）は上田について、麦田の付近に位置して、しかも前田であるとしていたが、逆にみれば麦田は水利条件から、上田にはならない中田の灌漑を調えて、麦田にされたことを意味している。労力の掛かる麦田をできるだけ家の周辺に置こうとして、「疑路」と分類される粘土質の田は麦の根腐を起こしやすくて麦田には最適ではないが、前田であるためにあえて排水に留意されながら本来の古堅田も麦田にされたことをも示している。

『弌野截』には、田別の栽培品種が記録されている(115)（史料13）。

田の区分は、常時湛水田の水田・水冷田と、乾田の麦田、意図せずに乾田となり易い「こかし田」である。これは湛水状態だけをとらえた検地の「則」では区別できない部分を、栽培される品種によって掌握するためのものだと考えられる。『郡鑑』（史料14）に、中田に山岸の糞土などを施せば「上田分の稲吉と云」、あるいは「中田下田を上田におとらぬ様ニこやすれハ、壱反に弐石三石の米ハ有と云」と書かれていたように、収穫量だけでは田の品位区分が出来ない。したがって、それぞれの田ごとに必要な「根取」が異なることと、田の品位基準である湛水状態にあっても収穫の少ない湧水田を別記して、田の種別に応じた品種が書かれるのであろう。

近世の検地帳には、一筆ごとの田品位が書かれているが、この基本は「太閤検地」である。

豊臣政権の初期には、『清良記』第三〇巻に書かれるように「書上・指出」で(116)、『多聞院日記』などに虚偽なき誓約がなされて提出されたとうかがえるが(117)、政権側あるいは領主・農民がどのような田の品位規準を用いたか具体例は見出されていない。また、このさいに一筆ごとの過去数年分の記録が備わっていたとするには無理があり、書上・指出あるいは検地に応ずる農民や小領主にも、政権側と共通した田畑の品位認識がないと行えない。

籠瀬良明氏が見出した『武州足立郡南部之内中丸村御縄打水帳』は、徳川家康が三河から江戸へ入城した翌年である天正一九年（一五九二）一一月二三〜二七日に検地を行ったと記録している。[118] 収穫期ではないので、坪刈などの収穫量のみで品位と石盛が決まるとする説を否定している。[119]

その後、金肥料と農具の調達状況が改善して、上方などの先進地で「田畑輪換・作りまわし」が多用され、田畑の品位規定が半ば空文化する。『郡鑑』が編纂された貞享年間、あるいは寛文検地のさいには、兵農分離後の時間の経過とともに、武士階級に田制の定義認識が失われてしまっていて、再確認される必要があった。

貞享三年（一六八六）の幕府検地条例に、「田畑の位付ハ率子上中下ニ三等トスレトモ、地ノ善キ所ハ上々ニ一等トシ、悪キ所ハ下々ノ一等ヲ立テ、上々、上、中、下、下々ノ五等ト為スヘシ。上々、下々無キ所ハ旧ニ従フヘシ。但位付ハ百姓ニ誓詞ヲ命シ、色付ヲ為サシメテ定ムヘシ」と、布告されている。[120]

この布告は、支配者にとって太閤検地の「在々所々において、右置目通り百姓召寄せ、あまねく合点仕様ニ申聞かすべき事」[121]から大きく後退しており、百姓の申し立てを受け入れるよりなかったことを記している。

宇和島藩・吉田藩では、正保検地で麦田・早田・中田・晩田とさらに区分され、収穫量の多い晩田を確保する、あるいは早田が不作なので早田に限り検見を願う、という支配者にとって都合のよい掌握をされる。[122] 鬮持制度以後は、廉で免を割り付けるため、検地帳の品位は他領に比べれば軽いものとなる。

近世の検地帳の上田・中田・下田・下々田の区分は、村請としての年貢・小物成・小役の分担割合を決め、村役の負担や家格などの自治的な部分で重要視されるが、『勧農和訓抄』では「上田」を「じょうた」と訓じており、[123] 農民にとっては作徳の多い田の意味で使われるように変化し、「じょうでん」は税制上の区分でのみに使われるようになっていく。

宮本常一氏が、「油を売る」という言葉を例にして、日常生活での言葉が記録されずに死語となる様を記している。[124] 田の品位も、中世・近世の人々には記録するまでもないことだったと考えられる。

(1)C・O・サウアー著、竹内常行・斎藤晃吉訳『農業の起原』(古今書院、一九六〇年・一九八一年改版)五〇頁。
(2)吉良竜夫「照葉樹林帯の農耕文化」(上山春平編『照葉樹林文化――日本文化の深層――』中央公論社、一九六九年)九〇頁。
(3)山下龍二『大学・中庸』(『全訳漢文大系』第三巻、集英社、一九八〇年)二六三~二六四頁。原意は、聖人が王位にあって、「天地の化育」を助けることで、王位の資格を述べているという。
(4)藤原宏『稲作の起源を探る』(岩波書店、一九九八年)一五九~一六〇頁。
(5)田中耕司「根菜農耕と稲作――「個体」の農法の視点から――」(吉田集而・堀田満・印東道編『イモとヒト』平凡社、二〇〇三年)。
(6)笠原安夫「菜畑遺跡の埋蔵種子分析・同定研究」(『菜畑――佐賀県唐津市における初期水田稲作の調査――』唐津市、一九八二年)。
(7)朝陽会編『大日本租税志』前編(一九二六年。思文閣出版、一九七一年復刻)「元慶四年(八八〇)三月十六日類聚国史・三代実録」六九頁。
(8)田は単なる区画・あるいは耕地で、水陸が対比されている。つまり、水田《みずた》は湛水される(できる)区画、陸田《くがた》は湛水でない区画で園地や宅地なども含む。陸田を班田したのは山城と阿波だけで、一般には畑を固定化出来なかった状況を示している。
(9)寺沢薫『王権の誕生』(日本歴史第二巻、講談社、二〇〇〇年)七〇~七二頁。
(10)『万葉集』『古今和歌集』『後撰和歌集』などの古歌には、「田植え・直播き」「穂摘み・株刈り」が混在する。
(11)前掲注(9)寺沢書、七五~七九頁。
(12)工楽善通『水田の考古学』(UP考古学選書一二、東京大学出版局、一九九一年)一〇~一一頁。
(13)町田哲『近世和泉の地域社会構造』(山川出版社、二〇〇四年)四三~四四頁。同『近世黒鳥村の地域社会構造』(和泉市紀要第四集、和泉市教育委員会、一九九九年)。
(14)前掲注(13)町田『近世黒鳥村の地域社会構造』表一五・一六・一八。
(15)樋上昇「木製農耕具ははたして「農耕具」なのか」(『考古学研究』四七巻三号、二〇〇〇年)。

(16) 筒泉堯・堀尾尚志「古代農業の数量的把握――鉄・鉄製農具を中心として――」(『技術と文明』二七冊一四号、二〇〇四年)八頁。
(17) 前掲注(16)筒泉・堀尾論文、一〇頁。
(18) 網野善彦『中世再考』(講談社、二〇〇〇年)七八頁。黒田日出男「中世農業技術の様相」(『講座日本技術の社会史』第一巻、日本評論社、一九八三年)に「中世の家」と農具所有の実例が掲げられている。
(19) 前掲注(16)筒泉・堀尾論文。「すなわちほぼ一人に一口という状況になった」とされる(一〇頁)。
(20) 岡光夫『近世農業の展開』(ミネルヴァ書房、一九九一年)一三頁。
(21) 徳永光俊「解題(2)」『山本家百姓一切有近道』(『日本農書全集』第二八巻、農山漁村文化協会、一九八二年)三〇六～三〇七頁。同『日本農法史研究――畑と田の再結合のために――』(農山漁村文化協会、一九九七年)一三〇～一三二頁。
(22) 『農具揃』(丸山幸太郎翻刻現代語訳解題『日本農書全集』第二四巻、農山漁村文化協会、一九八一年)一八～一三五頁。「からすき」と馬耕具が載せられているが、他国で用いているとしている。
(23) 土橋寛・小西甚一校注『古代歌謡』(『日本古典文学大系』三、岩波書店、一九五七年)七五頁。
(24) 岡村秀典「農耕のはじまりから国家成立へ」(鶴間和幸編『四大文明〔中国〕』日本放送出版協会、二〇〇〇年)一三一頁。
(25) 前掲注(22)『古代歌謡』九八頁。
(26) 竹内理三編『寧楽遺文』中巻(東京堂出版、一九六二年、一九八一年訂正六版)「東大寺越前国桑原庄巻二田地雑地　天平勝宝八年」、「同巻第三」六九〇～六九九頁。ルビは与謝野寛編『延喜式』(『日本古典全集』第一巻、日本古典全集刊行会、一九二七年)「神祇一」より。「𨫼」については「内膳司」に「汲運水料」とある。
(27) 諸橋轍次編『大漢和辞典』第一一巻(大修館書店、一九五九年)では、「鍬」を「すき・くわ」としている(五九六頁)。前掲注(26)の『延喜式』にもスキ・クワが混在している。兜の前立ての「くわ型」・昆虫の「クワ型虫」の形状が本来の「くわ」で、徳永光俊・高光敏・高橋甲四郎編『写真でみる朝鮮半島の農法と農民』(未来社、二〇〇二年)三六頁の、「タビ」「ペンジュレ」がくわの原型である。

(28)石村真一『桶・樽Ⅰ』(ものと人間の文化史、八二―一、法政大学出版局、一九九七年)に、槽は「刳り物が前提である」とされ、丸太を刳り深めた容器を図示されている(二二頁)。「つるべ」なのかもしれない。
(29)前掲注(27)『大漢和辞典』第一一巻に、「すき・くは。立つて田草を刈るに用ひる道具」。「[一切経音義十二]鉏、犂也」とある(五一四頁)。
(30)田淵敏雄『世界の水田と日本の水田』(山崎農業研究所・農山漁村文化協会、一九九九年)の、湛水・浸透の記述を参考としている。
(31)前掲注(23)『古代歌謡』八四頁。
(32)中峰広『日本の棚田』(古今書院、一九九九年)の、棚田(山田)の開墾についての記述を参考にしている。
(33)『倭名類聚鈔』「十五―廿巻」(正宗敦夫編纂『日本古典全集』日本古典全集刊行会、一九三二年)八丁(裏)。
(34)「和名類聚抄」『国史大辞典』第一四巻(吉川弘文館、一九九三年)九三五頁。
(35)戸田芳実『日本領主制成立史の研究』(岩波書店、一九六七年)「かたあらし」は、地力不足のため植付けが見送られた休耕田とされる(五六~五七頁)。
(36)岡光夫「農具と競合する軍需産業」(前掲注20『近世農業の展開』)。「黒鍬」「黒船」の「黒」は軍事を示す。第二一巻第三章に登場した「播磨上月城」を巡る一連の抗争で、秀吉軍は城の大手の地形に手を焼き、「土木戦」を行う(『佐用軍記』『続群書類従』第二一巻下、続群書類従刊行会、一九五七年)。以後、城攻戦で水攻め・干殺しといった大規模な土木戦が活発となる。
(37)青野春水「戦国期伊予における軍政と知行制」(『日本中世史論集』吉川弘文館、一九七二年)三〇四頁。高橋庄次郎編著『古字名考』(三間町、一九七五年)二頁など。
(38)『全集』一一八頁。『松浦本』九八頁。
(39)古島敏雄『日本農学史第一巻』(『古島敏雄著作集』第五巻、東京大学出版会、一九七五年)一六二頁。近藤孝純「清良記の作者と成立年代について」(『社会経済史学』二三巻一号、一九七五年)などで、鍛冶の態様を巡り、中世・近世と論議された。
(40)『全集』一二五頁。『松浦本』九九頁。

(41)『全集』一三五頁。『松浦本』一〇二頁。

(42)『全集』一六八頁。『松浦本』一〇九頁。

(43)『松浦本』一二九頁。『長元物語』などにも登場しない。

(44)前掲注(20)岡書、一五頁。

(45)西村卓「『老農時代』の技術と思想」(ミネルヴァ書房、一九九七年)一二三頁、二七二~二七七頁。

(46)原澄次『現代農具教科書』(成美社、一九二五年)三五頁。

(47)松永靖夫「〝やせかまど〟と周辺地方史」(「近畿農書を読む会二〇〇四年度例会報告」於・新潟県小千谷市、二〇〇四年五月八日)。

(48)前掲注(26)『寧楽遺文』中巻、三六二頁。

(49)前掲注(7)『大日本租税志』前編、七〇頁。

(50)川口久雄校注『新猿楽記』(平凡社、一九八三年)。飯沼二郎・堀尾尚志『農具』(ものと人間の文化史、法政大学出版局、一九七六年)は、「腰《こ》エ迫《やせ》タル地」を「腰迫《ゆはく》ノ地」と読む(六八頁)。同様の表現としては、石川松太郎校注『庭訓往来』(平凡社、一九七三年)「三月状往」に「計二腴迫《ユウハク》一之地ヲ」とある(五六頁)。

(51)前掲注(4)藤原書、七〇~七五頁。

(52)飯沼二郎『風土と歴史』(岩波書店、一九七〇年)一〇二~一〇三頁。同「イネの常湛法」(『飯沼二郎著作集』第二巻、日本歴史研究、未来社、一九九四年)八二頁。

(53)寺沢薫「収穫と貯蔵」(石野博信・岩崎卓也・河上邦秀・白石太一郎編『古墳時代の研究』雄山閣出版、一九九一年)には、「古墳時代後期の集落遺跡出土数に比べると奈良時代に約二倍に、そして平安時代に中頃まではさらにその三倍に達し」、「根刈りが穂刈りをさらに凌駕しはじめている」と指摘している。さらに関東地方での普及が顕著である、ともしている(五八~五九頁)。前掲注(4)藤原書には、古墳時代に鉄鎌が登場し、穂摘みと株刈によるプラントオパール量の変化から、古墳時代後期から奈良・平安時代に変換が起こったとしている(六九頁)。

(54)戸田芳美「中世の封建領主制」(『岩波講座日本歴史』第六巻中世二、岩波書店、一九六三年)に、社会階層としての田堵を詳述している。

(55) 安藤広太郎「日本稲作の起源と発達」(稲作史研究会盛永俊太郎編『稲の日本史』上、筑摩書房、一九六九年)は、「『万葉集』には除草の歌がない」とし、初出は鎌倉時代の正治二年(一二〇〇)としている。

(56) 有薗正一郎『在来農耕の地域研究』(古今書院、一九九七年)第三章・第四章に、「花崗岩類を土壌母材にする比較的水はけのよい」乾田で使われていた、人力犂「ひっか」の分布と使用方法を復元している。「ひっか」が表土層を水平に反復移動することにより、膨軟化と同時に耕盤を形成することを再現している。

(57) 現代の浄水場において、緩速濾過方式と呼ばれる砂層を使った方式は、別名を生物濾過方式とも呼ばれ、微生物・微小動物の働きによっている。濾過槽は、透水性を維持するため、表面の砂を定期的に削り取り、一定期間経過すれば、砂全体を入れ替える。緩速濾過については、中本信忠『生でおいしい水道水』(築地書館、二〇〇二年)に詳しい。生物膜は湛水性を高める効用があるが、風波により剥離して、苗を引き倒す場合もある。

(58) 嵐嘉一『犂耕の発達史――近代農法の端緒――』(農山漁村文化協会、一九七七年)に、「犂耕時における床締めの問題も当然犂床の有無が重大な関係をもったもので、とくに用水施設の不十分な者の水田では床締めのためぜひ有床であることが必要であった」として、九州地方の近代の持立犂と呼ばれる無床犂の普及状態の地域差異を考察している(三六~三七頁)。無床犂では、よほど習熟しないと層差を作れない。

(59) 前掲注(54)戸田論文に、社会階層としての田堵を詳述している。

(60) 清水浩「和犂の形成過程と役割」(大日本農会編『日本の鎌・鍬・犂』(財)農政調査委員会、一九七九年)六八六~六八九頁。出典はウィルヘルム・ワグナー著・高山洋吉訳『中国農書』(『東亜研究叢書』第八巻、生活社、一九四〇年。刀江書院、一九七二年復刻)上巻二九~三二頁。ワグナーは一九一一年に中国青島の中徳高等学校農業講師となり、第一次世界大戦によって日本軍の俘虜となる。本書の大半は滞日中にまとめられた。

(61) 「松山領代官執務要鑑」(『愛媛県農業史』上巻、愛媛県農会、一九四三年)三五四~三五五頁。成立年代不詳。文面より江戸時代前期のものと推測される。「暇骨」と申てあぜを深く掘、能煉上」は現在の「畦塗り」という作業である。耕盤を介しての浸透量より畦の浸透量が多い。これは風波で比重の大きいシルトが沈降するためと、嫌気性微生物が畦の水面付近に定着し難いためだと考えられる。

(62) 『伊予八藩土地関係資料』(愛媛県立図書館所蔵)。虫損が著しく、村の一枚当たりの平均耕地面積が求められないが、記載例を掲げる。

耕地番号二七字岩ノ下	九畝		三枚
二八	九畝一八歩		二枚
三〇	六畝九歩		二枚
三一	一反二〇歩		三枚
三二	一反一五歩	内四歩水抜	四枚
三三	九畝六歩	内九歩水抜	四枚
四四	六畝二八歩	内五歩水抜	八枚
四七	六畝一八歩	内二歩水抜	一六枚
四八	八畝二一歩	内八歩水抜	一八枚
一二七字五反田	六畝四歩	内三歩水抜	三三枚
一九五小黒川	三畝七歩		四二枚

(63)『慶長拾四年与州宇和郡之内真土村検地帳』（愛媛県立図書館複製、原田貢氏所蔵文書）。

(64)『東宇和郡田苗真土村縮図』『東宇和郡中川村大字真土耕地整理区確定図』（大洲法務局所蔵）。近藤孝純「南予地方の一農村の成立事情と水論について」（『伊予史談』二八二号、一九九一年）によれば、正保四年（一六四七）田二四町四反一畝余・畑七町七反八畝余。寛文一二年（一六七二）に西隣の田苗村と合併している。『耕地確定図』では旧真土村分の字と考えられる「本屋敷」などが除かれ（大規模な耕地整備が行われている）、街道沿いの宅地・畑・学校用地を含む区画である。字限からは開発の余地がなく、明治初期の面積も後述の水論当時と大きな変更はなかったと推測される。

(65)前掲注(64)近藤論文、一九～二四頁、二八～二九頁。

(66)『尼崎市史』第五巻（尼崎市、一九七四年）七八一～七九一頁。延宝五年（一六七七）の『村明細帳』によれば、高二六四石、田面積一四町八反余、畑二町二反余、人口一六二八人、牛七疋。現在の兵庫県尼崎市潮江（JR尼崎駅北側）にあたる。

(67) 李家正文『李家正文対話集――トイレットで語ろう――』(相模書房、一九八二年) 二〇七～二六五頁。
(68) 李家正文『泰西中国トイレット文化考』(雪華社、一九七三年、第二版一九八一年) 一七五頁。
(69) 白川静『金文の世界――殷周社会史――』(平凡社、一九七一年) 六八頁、九八頁。
(70) 白川静『甲骨文の世界――古代殷王朝の構造――』(平凡社、一九七二年) 一八四頁。
(71) 白川静『白川静著作集』第四巻 (平凡社、二〇〇〇年) 三五三頁。
(72) 杜石然他著・川原秀城他翻訳『中国科学技術史』上 (東京大学出版会、一九九七年) 五一頁。
(73) 前掲注(72)『中国科学技術史』上、八三～一四四頁。
(74) 原宗子「中国農業の歴史的基礎」(『途上国の経済発展と社会変動』緑蔭書房、一九九七年)。同「生産技術と環境」(『中華の形成と東方世界』岩波講座世界歴史三、岩波書店、一九九八年)。同「土壌から見た中国文明」(前掲注24『四大文明〔中国〕』)。同『古代国家の開発と環境』(研文出版、一九九四年)。同『「農本主義」と「黄土」の発生――古代国家の開発と環境二――』(研文出版、二〇〇五年)。同「中国「農本」主義成立の背景と環境」(関西農業史研究会第二七五回例会・日本経世済民史研究会第一〇回例会報告 於・大阪経済大学、二〇〇六年一月一四日)。原氏には個人的にご教授戴いた。厚く御礼申し上げます。
(75) 黒崎直『水洗トイレは古代にもあった――トイレ考古学入門――』(吉川弘文館、二〇〇九年) 二五頁。
(76) 古島敏雄『日本農業技術史』(『古島敏雄著作集』第六巻、東京大学出版会、一九七五年)。
(77) 前掲注(29)石村書によれば、箍をはめた桶は延慶二年 (一三〇九) の『海龍寺文書』が初見だという (二六頁)。
(78) 内藤正典「近世農村における肥培管理技術の成立」(『東京大学教養学部人文科学紀要』七八巻、一九八三年) 一一四頁。
(79) 佐藤照男「不耕起はイネの根が作る――〃根穴構造〃を活かせる新農法――」(『現代農業』七一巻、一九九二年) 一五八～一六三頁。金沢夏樹『水田農業を考える――日本農業のなかのアジア――』(東京大学出版会、一九八九年) に、「水田の生産力の特色」として湛水の特性を整理している (四四～四六頁)。
(80) 岩田進午『「健康な土」「病んだ土」』(新日本出版、二〇〇四年) 九六～九七頁。
(81) 有薗正一郎『近世東海地域の農耕事情』(岩田書院、二〇〇五年) 一七頁。

(82) 白川實『語り継ぎたい農業技術の変遷』(私家版、一九八一年。農耕文化研究振興会、一九八八年復刻) 九一頁。
(83) 田中耕司「水田が支えるアジアの生物生産」(『生物資源の持続的利用』岩波講座地球環境六、岩波書店、一九九八年) 一三〇~一三一頁。
(84) 浸透性の高い田では根穴が導水管化してしまい、利用し難い。
(85) 幕府領・幕府預かり地では、「上々田」区分を用いないのが通例であるが、享保以降に一部導入される。
(86) 『弌野截』上巻 (近代史文庫宇和島研究会編『宇和島藩庁伊達家史料』第二巻、一九七七年) 一三頁。宇和島城下に隣接する村。
(87) 大石慎三郎校訂『地方凡例録』上巻 (近藤出版、一九六九年) 六五~一〇三頁。他の「地方書」と呼ばれるものも同様である。
(88) 横山由清『食貨志略』(『日本田制史』大岡山書房、一九二六年・五月書房、一九八一年復刻) 一三~一四頁。横山氏は『日本人名大事典』第六巻 (平凡社、一九三八年) などによると、明治政府に出仕して制度御用掛、左院議員、元老院少書記官を歴任し、東京帝大で法制史を講義した。藤田貞一郎「「世紀末」によせて」(『経済史研究』二号、一九九八年) によれば、幕末に『魯敏遜漂行記略』として『ロビンソン漂流記』を本邦に紹介している (一九八頁)。
(89) 前掲注(88)『日本田制史』一頁。
(90) 三橋時雄「近世農業経営論――船橋随庵の「農一戸業」を中心に――」(岡光夫・三好正喜編『近世日本農業農山漁村文化協会、一九八一年) に、近世末期の田制研究の水準を述べ、児玉幸多「租税制度」(『近世農民生活史』吉川弘文館、一九五七年) には、近世検地の「坪刈説」などに疑問を呈している。
(91) 『彦根市史』第六巻史料編近世1 (彦根市史編集委員会、二〇〇二年) 七三五頁。
(92) 『郡鑑』(『伊予吉田郷土史料集』第四輯、吉田郷土史研究会、一九八二年) 一一~一三頁 (句点筆者)。「田畑の土地を山にて見わけ様の事」の箇条書き三条は、永井義瑩「『清良記』巻七第四項目の土性区分について」(『伊予史談』三〇六号、一九九七年。『近世農書「清良記」巻七の研究』清文堂出版、二〇〇三年に再録) で指摘しているように、『耕作事記』所収の『土地弁談』に、〔 〕の文言を加えている。第Ⅰ部第四章注(27)参照。

(93)「是ヲ食米と云」は、第II部三章第二節で述べているが、本百姓には「麦田」分の「米・麦」が「食米」として制度的に与えられていたことを示している。

(94) 長澤規矩也『新漢和中辞典』（三省堂、一九六七年）「①サクジョウ②サクば①=作坊《ボウ》。仕事場。ふしんごや②耕地」（一四四頁）。

(95) 前掲注(87)『地方凡例録』上巻には、「山田・谷田ハ耕地の名なれども、通例の上・中・下・下々等の位に附る所もあり、夫は山田・谷田と唱えず、其位々を唱ふ、又山田・谷田と名を付るハ、山の洞谷間等にある田にて、至て土地悪しく、猪鹿の荒らし強く、下々田の位にも成がたき分を山田・谷田と名付く、是亦無位にて石盛取箇とも低く付るなり」としている（九七頁）。

(96)『摂州八部郡東尻池村明細帳』（「宗国卓司氏所蔵文書」、『神戸市文献史料』第三巻、神戸市教育委員会、一九八〇年）一一五～一二八頁。現・神戸市長田区の海岸部の村で、尼崎藩領から天領に変わっている。

(97) 前掲注(96)『神戸市文献史料』第三巻、一〇五頁。

(98)『神戸の地盤』（神戸市企画局総合調査課、一九八〇年）二七頁。落合重信復刻・解説『兵庫懸八部郡地誌』後藤書店、一九七七年）の「地味」の項に、「其色赤其質美ニシテ燥土トス稲粱ニ宜シク桑茶ニ適セス其濱海ノ地ニ至テハ概子礫地ニシテ僅ニ土を見ルノミ池沼数百井ヲ鑿リ桔槹ヲ設クル者数十ケ所而テ猶ホ頻年旱ヲ患フト云フ」（三六六～三八七頁）と記録している。添付された明治一八年（一八八五）の地形図には、「濱海」部分と東部は松林となっている。

(99)『播磨国竹《(片)》島庄長福寺村検地帳』（「山下寛也氏所蔵文書」、『龍野市史』第五巻（龍野市、一九八〇年）一〇～一七頁。『揖保川町史』（揖保川町、二〇〇五年）にも収録され、編者の八木哲浩氏の解説がある。

(100)『兵庫県の地名』（『日本歴史地名大系』平凡社、一九九九年）六一七～六一八頁。

(101)『大門字限図』龍野法務局所蔵。明治初期のものに加筆されている。

(102) 近畿地方整備局姫路河川国道事務所編『姫路工事事務所のあゆみ』（二〇〇三年）によれば、村内を貫通する国道二号線は昭和二九年（一九五四）五月に着工し、平成三年（一九九一）に現状となった（それ以前は西国街道を利用していた）。利水は昭和二九年「揖保川正條地区築堤着手」、昭和三二年（一九五七）「揖保川揖保川正條地区築堤（一部特殊堤）完成」とされる。この工事で大門の利水が現状となった。文書所蔵者・山下寛也氏、原・那波野地区の方々にご教示いただきました。記して感謝申し上げます。

(103)『陸奥国田村守山庄安原村検地帳』（安原久悦氏所蔵文書）。安原氏がHPで公開している。http://www1.odn.ne.jp/~yaswara/komonjo/index.htm

(104)『地籍図』「田村二二巌江村安原」（福島県歴史資料館所蔵。明治一五～二〇年（一八八二～八七）に編纂）。

(105) 安原久悦氏（福島県白河市在住）に、ご教示いただきました。「田村守山安原村絵図」の画像は安原氏にご提供戴きました。記して感謝いたします。

(106)「武州足立郡南部中丸村御縄打水帳」（「大島家文書」さいたま市立博物館所蔵）。『大島家文書目録史料抄録』（『大宮市文化財調査報告書』第一集、大宮市教育委員会、一九六九年）。

(107)『村絵図』（さいたま市立博物館所蔵『大島家文書』）。『大宮市史』第三巻下近世地誌編（大宮市、一九七三年）の巻末にも収録（縮小されているため字名が判別しにくい）。

(108) 籠瀬良明「見沼べり谷頭田畑の成立と展開――武蔵中世水田の地理学的研究・第一報――」（『地理学評論』二七巻七号、一九五二年）、籠瀬良明「谷地田型低湿地」（『低湿地』古今書院、一九七二年）。筆者の現地聞取り調査では昭和四七年（一九七二）に漆原・五反田などの水田部分の市街化が始まったという。

(109) 中野達哉「武蔵国東部低地域における近世の耕地開発と村」（『近世の検地と地域社会』吉川弘文館、二〇〇五年）。

(110) 籠瀬良明「埼玉県低湿地帯の開発に関する若干の考察」（『横浜市立大学紀要』一七巻、一九五八年）。

(111)「葛飾郡中曽根村村差出銘細書上帳嘉永五年」（小野文雄編『武蔵国村明細帳集成』誠美堂、一九七七年）四八九頁。中曽根村は上彦名村の北方（現、吉川市）で、上彦名村と水利条件はほぼ同じである。

(112)『泉市誌』上巻（泉市誌編纂委員会、一九八六年）二一三～二一六頁。『二本松市史』第四巻資料編近世一（二本松市、一九八〇年）二八〇頁。『三春町史』第二巻通史編近世（三春町、一九八四年）五二六頁。『宝暦四年（一七五四）摂州八部郡西小部村差出明細帳』（「内田正一家文書」、『神戸市文献史料』第一九巻、神戸市教育委員会、二〇〇〇年）には、「上々田石盛壱石三斗」として「両毛作」、「上田石盛壱石二斗」として三分の二が「両毛作」三

分の一が「片毛作」とある（三一〜三二頁）。仙洞御所領の村である。
（113）前掲注（108）籠瀬書、七三頁。
（114）『賀茂郡竹原東ノ村田畠諸作仕付帳』（濱田敏彦翻刻現代語訳注記解題『日本農書全集』農山漁村文化協会、一九九九年）一一頁。
（115）『明治九年段別畝順牒迫目村』（愛媛県立図書館所蔵）に、四七町七畝一歩の田が計上されているが、うち一町二反七畝六歩に「冷水」湧出があると注記され、三間盆地では山麓部に湧水田が多数あったと考えられる。
（116）『松浦本』四一〇頁。
（117）辻善之助編『多聞院日記』第五巻（三教書院、一九三九年）一五頁。
（118）前掲注（108）籠瀬書、八〇〜八三頁。この地の土豪・春日氏が徳川氏の旗本として登用されるという好条件下ではあるが、旧摂津国の市町村史に収録された検地帳を見れば、収穫期に関係なく、同じ検地人が、短期間に多数の村で検地に従事している例がみられる。
（119）安藤博編『縣治要略』（青蛙房、一九六五年）に、「今新たに墾成の地ありて、石盛を定むるときは、その傍近の土質に比例以て制定し、一々坪刈をなすにあらずと知るべし」とある（一八五頁）。
（120）朝陽会編『大日本租税志』後編（一九二七年。思文閣出版、一九七一年復刻）四八七頁。
（121）池上裕子「検地と石高制」（歴史研究会・日本史研究会編『日本史講座』第五巻、東京大学出版会、二〇〇四年）一一九頁。
（122）佐藤常雄『日本稲作の展開と構造』（吉川弘文館、一九八七年）に、近世から近代にいたる坪刈による徴税方法の変遷実例が記録されている。また、「幕府の徴租法が享保期に検見取法から定免法に転換した要因のひとつに水稲の品種分化をあげることができる」とある（二六一頁）。幕府領に先駆けて宇和島では正保期に品種分化による定免が実施され、凶作時の検見が田と品種による限定的な実施で済むことになった。
（123）『勧農和訓抄』（西村卓翻刻・現代語訳・解題『日本農書全集』第六二巻、農山漁村文化協会、一九八〇年）二六八頁。
（124）宮本常一『忘れられた日本人』（岩波書店、一九八四年）二六二頁。

第二章　中世・近世前期「農術」の展開

一　「農術」の萌芽

「化育」の時代には、天地の恵みの下で植物本来の能力を発揮させて、収穫量をわずかでも増やそうと「技」の比重が増す。天の恵みを変えることはできないが、地の恵みをさらに享受しようとして、土地を育てて安定的な収穫を得ようとする。

畑作では、河川の遊水地の自然客土や、集落より垂れ流される生活排水を利用する以外に、ミネラル・ラン藻などの肥料分の補給が受け難く、開墾時からの灰肥・植物繊維残滓に頼ることになる。ついで里山に積極的に出向いて刈敷・腐葉土を集め、さらに刈敷に人糞尿・家養動物糞を混ぜて熟成させた肥料で畑土を膨解させ、素朴な農具による「耕起」が行われる。いわゆる「中耕保水・中耕除草」(1)と呼ばれる状態となる。畑作は雑草との戦いになるが、栽培期間の短い天候不順にも影響の少ないもの、衣類などの材料を基幹として活発に行われる。水田稲作が導入されても、灌漑などの土木技術が不十分なので、畑作は多くの水田に出来ない場所を利用して園芸的な栽培の延長線上に、あるいは焼畑で移動しながら行われ、長く重要な位置を占める。

水田稲作が普及した班田制の下でも、一般に百姓《ひやくせい》は牛馬を飼わなかったので蓄糞を利用することができず、刈敷などは人が運べる範囲の調達に限られ、肥料は自給された。

『延喜式』第三九巻「内膳司」に、畑の施肥について、次のように書かれている。

営蔓菁一段。種子八合。惣単功三十一人半。耕地五遍。把犂十二人半。駆牛二人半。牛二頭半。料理平和一人。糞土百二十擔。擔別准重六斤。運功二十人。人別六度。従二左右馬寮一運二北園一。皆准レ此。下下子半人。七八月。採功六人。

以下、「蒜（のびる）」「韮（にら）」「葱（ねぎ）」「薑（はじかみ・しょうが）」など菜園で育てられる作物が書かれ、個々の作物に必要とされる労役の記述の中に肥料（「糞土」）が登場する。「晩瓜」「茄」など、肥料が書かれていないものもある。なお「糞土」について筆写者の注記には「蔓菁（かぶ）」だけに糞土と写され、その他は単に糞と書写されているが文脈上〝糞〟の下には〝土〟が入る「⿱糞土」が原本に書かれていたはずであるとしている。[2] 左右馬寮から、一二〇擔の糞土を運ぶ人数を書いており、「皆准レ此」は、個別に掲げられた作物すべてに適用される断り書きである。「糞」と省略して書写された個所に、糞の「字面」によって人糞尿を当てはめる向きもあるが、糞の字源は「両手でちり取りを持って、きたないものを捨てる意」[3]で、誤解である。左右馬寮の「きたない」ものとは、家畜糞が敷藁と混ざったものと考えられ、擔は六〇キログラムなので濃厚な投入量で「作りまわし」[4]をすれば、施肥の必要がない作物もでてこよう。

これは、家畜を飼えない、農具が貧弱な庶民・百姓とは異なる当時の最先端の技で、入念な畑作の耕起と労働・肥料事情を記した記録とみることができ、肥料の運搬の困難さを強調した記述であるともうかがえる。また、次に栽培される作物を想定した施肥が行われており、「農術」の萌芽」が読み取れる。サウアーがその起こりを園芸的な栽培とみたてた農業は、作物個別に対応した技が畜積され、次第に食料としての比重が増えるに従い、限られた農地で収穫増と安定を目指していた段階から、次に育てる作物にも事前に備えたスケジュールを織り込んだ復合した「技」、コントロールする「術」が生まれ育つ。

中世絵巻の『餓鬼草紙』などの排便風景から、「人糞尿が肥料として使われていなかったのではないか」[5]とされるが、これは、人糞尿の搬出が困難で便所が設け難かったことと、必要とされる畑へ運ぶ手段がなかった時代の、都市衛生の問題を描いていると見るべきであろう。[6]

「箍桶」が普及する一四世紀までは、人糞尿をそのまま運搬・使用は出来ず、固形物に吸着させて水分を蒸発させた「糞土」とした場合のみに利用可能だった。

水田作では、稲を狭い苗代で密植発芽させるので肥沃度が要求され、人糞尿を発酵熟成させた即効性を持った「身肥」が使われた。発芽のための手入れと、鳥獣害の防止、身肥の運搬性からも、家と近い「前田」で行われる必要があった。人糞尿の運搬事情が改善されても、農家戸別でみれば、大家族制度を想定しても家人のわずかな屎尿だけでは絶対量が不足する。したがって身肥は流水による自然のミネラル・ラン藻の潤沢な補給が望めない畑、面積の小さい苗代に投入されることになる。畑への肥料の投入は、根菜を含めた多様な作物・「作りまわし」ともあいまって、「深耕」などの個別の技術を高めて、「農術」を萌芽させる。

水田では浸透防止法「田スキ」が認識・実用化される。

ラン藻などと、湛水での稲藁と微生物・微小動物の作り出す自然の肥料形成作用が働いた無施肥栽培が基本となり、農具も土木具から分化したならし道具・畦塗り具・刈鎌などが利用される。これらの条件が整い、「田植え株刈」が一般化した結果、平安中期以後の生産力の飛躍的な向上をもたらす。

多年草としての稲栽培では実った順に刈り取られていたが、選抜されて早稲・晩稲とこまかく品種が選別されて、田植えが行われる。品種を分けることによって、一時期に実りが得られるために株刈が可能となり、田頭に仮庵を建てて収穫することもなくなる。[7]「田植え株刈」方式は「天」の不順を、部分的に回避する道をわずかながら見出すものである。「天」は気候の変動、[8]「地」は噴火・地震・洪水となって人々に脅威をもたらし、この中で早・中・晩の割合を定めた最適策が選択されて普及する。

多年草稲の穂摘み収穫と比較すれば、田植え株刈は短期集中的に労力を必要とする。田植えの必要だけでなく、収穫も穂刈収穫に比して実りが一時期になることと、膨大な体積を収穫するための貯蔵の問題から、すみやかな脱穀を行う必要が生まれる。(9) 田の生産方式の変換は、女性に適した労働力の需要を増し、生産性の飛躍的な向上は、田の持つ可養人口と季節集中的な可庸人口を大きくする。

西暦一〇〇〇年頃に成立した『枕草子』から、当時の稲作の様子をうかがえる。

都の郊外になる松ヶ崎（京都市左京区）で、五月に「稲といふ物をとり出《いで》て、わかき下衆《げす》どもの、きたなげならぬ、そのわたりの家のむすめなどひきも来て、五六人してこかせ、又見もしなぬくるべく物、二人してひかせ(10)」と書かれている。

「稲といふ物」とは、葉や茎がない穂を指しているようで、これを「扱く」様子と、二人組みで「くるべく物」を引くところから、木臼での「籾摺」を見物していたことになる。

賀茂神社（京都市上京区）へ参る途中では、田植えを見ている。「田植ふとて、女のあたらしき折敷のやうなるものを笠にきて、いとおほう立ちて歌をうたう。おれ伏すやうに、また、なにごとするともみえで、うしろざまにゆく」とあり、田植え歌には「ほとゝぎす、をれ、かやつよ、をれなきてこそ、我は田植ふれ(11)」と歌っていた。歌詞からみれば、時鳥が鳴くから「おれ伏すやうに」苦痛な姿勢で田植えをせねばならないと、このつらい労働が毎年の習慣になっていたと読み取れる。

太秦（京都市右京区）への道中では、収穫を観察している。

八月のつごもり、太秦にもうづとて見れば、穂にいでたる田を人いとおほく見さわぐ、稲かるなりけり。「早苗とりしかいつの間に」まごとに、さいつころ賀茂へもうづとてみしが、あわれにもなりにけるかな。

これは男《をのこ》どもの、いと赤き稲の本《もと》ぞ青《あを》き持たりてかる。なにかあらむして本《もと》をきるさまぞ、やすげに、せまほしげにみゆる也。いかでさすらむ、穂をうちしきて並《な》みお《(を)》るお《(を)》かし。庵のさまなど。[12]

「なにかあらむ」道具で、「本《もと》ぞ青《あを》き持たり」て、「本《もと》を」「やすげに」切っている。作者の清少納言は「鎌」という道具を知らず、稲刈りを珍しいものとして、田植えの苦痛なさまと一変した「やすげ」な作業なので、自分もやってみたいと書いている。松ヶ崎では穂摘みされた稲だったが、太秦では株刈されており、都の近郊での一つの転換点の記録といえる。

黒田日出男氏は、中世の家財没収記録には「鎌」がない一方で、「中世絵巻」では鎌を差した人物が登場しているところから、「鎌」は烏帽子と同じ扱いで、農民の身分を示すものだとしている。[13]「庵のさまなど」とは、歌の世界では稲の刈穂のために田頭に建てられる刈穂に掛けた「仮庵」が、株刈されるようになって必要なくなった情景。それをみて、「並《な》みお《(を)》るお《(を)》かし」と面白がっている。

安定性と増収穫を獲得し、それのみで生計を立てられるまでに成長して、専業の「農民」、生業としての「農業」が生まれる。これは、開墾の意思・動機が大きくなることにもなり、水田適地とみなされなかった場所も、次第に浸透防止法・田スキの習得により開墾され、水系が作用した「ムラ共同体」意識を強固にしていく。

水田稲作に次第に依存する「農本主義」が熟成されてきて、「農事暦」を中心に据えた社会となる。田スキがもたらした田の単位生産力の向上は、田の資産価値を大きくし、田そのものと背後の利水などを巡って訴訟・争乱の機会が増え、次第に武力を持った「裁定機関」の必要度が高まって、「武家政権」が生まれることになったともいえよう。

縄文後期に始まった農業は田畑の面積を次第に増やしていくが、しかし一方では、その中で自然の営みである水の土地浸食・運搬・堆積と大きな変化を受ける。

徳永光俊氏は、奈良盆地の中世から近代の農法変遷研究の中で、河川の堆積作用によって古くからの等高線に沿った流れは、一二世紀には失われていたと指摘している。田であったところが畑化したり、河川の蛇行によって過度な湿地となるところが生まれ、住居・集落も移さなければならなくなる。(14) 奈良・平安時代の地勢の変化に対応した大きな努力が、行基や空海の灌漑伝承を生むことになる。

二 「農術」の祖形

(一) 二毛作

開墾が進んだこともあって、狩猟・採集の比重が低下すると、天の恵みが受けられなかった年や、動乱の時には生命の維持が困難になる。その対策として、生きんがための「巧み」として、凶荒作が乾田となった所で行われ、それが乾田裏作へと発達し、「畑作物の田への進出」がみられるようになる。

二毛作の起源研究を遡ると、それまで鎌倉中期からとされていたものを、河音能平氏は元永元年(一一一八)の「伊勢大神宮検非違使伊勢某状案」により、一挙に平安時代後期とした。

すなわち「随兼房今年所作也、雖然横為字藤太擬麦押蒔之由」とあり、兼房が今年稲作をした田に、字藤太が勝手に麦を蒔いたとする訴訟の判決文案である。「字藤太」は、稲を刈り取った後の田や年荒の田には誰でもが放牧できるとする習慣から、田の跡地には誰でも利用権があるとして、兼房の田に麦を蒔いたのだろうと、河音氏は推測している。兼房は、字藤太の麦栽培は、利用権の乱用だとして訴訟を起こし、「停止件藤太妨兼房者麦遠可令作之由」と、藤太の行為を停止する判決が出た。(15)

同じ史料について、磯貝富士男氏は当年の気候を考慮して、「字藤太が麦を押し蒔こうとしたのは元永元年の秋収の稲の凶作に直面した」緊急行動ではないかとしている。(16) しかし、筆者には字藤太のように大規模に蒔付けたからこそ訴訟沙汰となったのだと思える。田植え株刈りに移行したと考えられる平安後期に「農業」を生業とした者が多くなり、零細な農民は旱や出水などで凶作に直面すれば生き延びるために、早くから磯貝氏の指摘する緊急行動である、稲作の後の乾いた田を粗末な農具で掻き削って細々と二毛作を実行していたと、想定したほうが合理的ではないだろうか。

宝月圭吾氏は、中世の営農を考証した中で、京都近郊で「水田に稲を植えずに瓜や藍などの換金作物を栽培し、領主に対しては、稲が不作であると偽って、年貢米を納めないものがあった事実が判明する（「遍照心院文書」）」と、大消費地近郊農業・町近郊農業の商品作物偏重傾向が、租税逃れと同時進行していたことを明らかにしている。[17]また、美田地帯の京都西郊の桂川沿岸地域で、「当時の文献にあらわれているだけでも、一四〇五（応永十二）年より一四九八（明応七）年に至る一世紀たらずの間に、二十回の洪水を経験している」[18]としており、当時の治水・土木技術の水準のもとでは、前節に掲げた徳永光俊氏の指摘した奈良盆地と同じように、河川の堆積による自然の脅威にさらされた営農だったことを示している。

二毛作は、田が旱・出水などで機能を失ったところに、畑作物を栽培したのが起こりで、次の段階として稲の収穫後に、田を畑化する努力が始まったことになろう。

畑作物については、律令の時代の「賦役令」に、「稲ハ二斗、大麦ハ一斗五升、小麦ハ二斗、大豆ハ一斗ヲ、各粟一斗ニ当テヨ」[19]と登場する。米の収税量が基本とされながら、粒食のできる大麦・粟、用途の多い小麦・大豆は高く評価されている。気候条件・病害虫の発生などのリスクを回避し難い時代に、米偏重の農業は行えるものではなく、百姓は生きるためにさまざまな作物を栽培する必要がある。したがって、主として焼畑の灰肥や遊水地の客土・生活排水に頼った畑作の持つ比重もきわめて大きく、その間に栽培の「技」が、『延喜式』に示されたものをモデルとして、蓄積されたとみなければならない。

このように農業は畑と田の二系統で互いに成長してきたが、平安時代後期から鎌倉時代にかけて、「畑輪作」の多様性の延長上に積極的な「畑と田の結合」[20]が起こり、「農術」の萌芽を促し、成長させた。『鎌倉遺文』に収録された鎌倉幕府成立頃の田の譲り状には、「右件水田者」「沽却水田事」などと書かれたものが登場する。[21]これは春秋二度の収穫がある二毛作田と区分するために、単作の田を「水田《みずた》」とあえて表記する必要が生まれる程度に、二毛作が普及してきたことを示していよう。

『宮崎県史』には、「麦作と合戦の刈田」という章を立て、南北朝時代から戦国時代の、合戦と刈田の関係が分析されている。

具体例として、康永四年（一三四五）、永徳元年（一三八一）の刈田などから、当時の気候や栽培されている稲などを分析し、「早田・晩田は、土地の生産力の実情にあわせて稲の品種が使い分けられた」と、指摘している。「南北朝期の刈田が、秋に集中しているのに対して、室町期から戦国期になると、秋以外の刈田が目立ってくる」、「南北朝期の合戦の刈田が、稲主体で夏の終わりから秋に集中していたのが、室町・戦国期には、春麦の略奪、晩稲の略奪と作物の領域が拡大している」とする。基本的な営農が米単作から、麦との二毛作に移る過程を示すとともに、秋・春の略奪が深刻な打撃を与えているとも指摘している。[22]農民は略奪から命を守るためや、危険分散の必要から、多様な畑作物を田へ進出させたのではないだろうか。米の特性や価格的優位性を否定するつもりはないが、米に偏重・固執した農業は行い難く、これらの裏作がやむを得ない側面を備えながら常態化していかざるを得ず、リスクの高い略奪行為も、それらの作物の収穫量に見合うように増えていく。

乾田で裏作を常態的に行うようになると、表作の稲の収穫量が減る。二毛作の始まる平安時代後期からそれが普及し史料（『鎌倉遺文』所収文書や『宮崎県史』）に表れる一四世紀までのタイムラグの大きさは、表作の減収に対応することが困難だったことを示していよう。

二毛作田は意図して自然循環による肥料形成サイクルを断ち切るため、自然の肥料形成力が落ちる。二毛作田は「自然循環断絶型」と類形されよう。断絶されて落ちた肥料形成力（地力）を、さらに表作の稲と麦に分散することにもなる。これを解決するために、裏作付をする田を変えるだけでなく、田にも、従来用いられなかった畑作の技術である刈敷の投入、牛馬糞や人糞尿を刈敷に吸着発酵させた糞土などの利用が模索される。

（2）　大唐米

西国を中心に表作の減収穫をともなう二毛作が行われている頃に「大唐米」が伝来する。

大唐米については、『清良記』の「第七巻」がしばしば引用される。「太米の事」として、早大唐・白早大唐・唐法師・大唐餅・小大唐・晩大唐・唐穂青・野大唐の八種類が、掲げられている。

　右八品何れもかはり有り。此の内餅米少くして善からず。其の外は白（明）地をきらはず、上田にはいよいよ（愈）よくて、其の上飯にしては、食多し。農人の食して上々の稲なり。第一日損少く、虫くはず、風こぼれにあふ事。又あまりにすぐれたり。是のみにて、其の外こなしに手間いらず、上きこと数多ある稲なり」（『全集』五三頁、『松浦本』八〇頁。句点筆者）

大唐米は長粒のインディカ種で、幾分あめ色をしているものが多く、「赤米」とも呼ばれる。ジャポニカ種にも赤米があり、「神田」の供米や、酒米として栽培される。[23] インディカ種の特徴は、粒長で脱粒性が大きく無芒だとされ、[24] 一般に「唐ほし」「こぼれ」「ぼうず」、中国では「秈《せん》」「占（秈）城《チャンパ》米」などとも呼ばれている。

嵐嘉一氏の『日本赤米考』を参考にして、栽培の記録を年代順に掲げる。[25]

①教王護寺文書……延慶元年（徳治三年、一三〇八）「大唐法師」が登場する。

②醍醐寺文書・讃岐「三宝院文書」、同「東長尾荘（現、香川県さぬき市）年貢算用状」……応永四年（一三九

七）「大唐米」として登場。年貢の三〇％が「大唐米」とある。

③東寺百合文書・播磨「矢野荘（現、兵庫県相生市）散用状」……応永一二年（一四〇五）「大唐米」として登場。在来種と大唐米の比率が六：一で作られた。応永一五年には和市の売値が在来種より、約一割安い。

④『犬筑波集』……大永四年（一五二四）以降に編集された中に「日本のものの口の広さよ　大唐をこがしてや　のみやらん」と登場する。

⑤『交隣紀行』黄愼著……慶長元年（一五九六）、秀吉の朝鮮出兵のさいの中国（明）側講和特使が残した九州名護屋での見聞記録。

将官ノ外、皆赤米ヲ用イテ飯ト為ス。形ハ瞿麦《クバク》ノ如ク、而シテ色ハ蜀黍《モロコシ》ニ似ル。殆ド下咽ニ堪エズ。蓋シ稲米ノ最悪（後略）

⑥『醒酔笑』安楽策伝著……元和九年（一六二三）に完成した笑話（後述）。

以上が、中世から近世初頭にかけて年次の判別できる代表的なものである。

明治一五年（一八八二）「勧農局」から出された「米由来説略」には、「天喜康平（一〇五三～一〇六四）ノ頃大宰府ヨリ上米ヲ出ス、是ヲ鎮西米トイウ。此際支邦《ママ》ヨリ一種ノ米ヲ輸ス。俗呼ビテ「ホウシゴ」後世是ヲ「ダイタウマイ」亦「タウボシ」トモ云、味淡白ナルモノナリ」とあるが、この出典は不明である。

「田植草紙」などの中世の歌謡から大唐米が唄われたものを志田延義氏が集め、古島敏雄氏・熱田公氏(26)などが伝来年代の特定を試みている。次に、志田氏の集めた史料の一例を示す。(27)

「きのふ《（昨日）》京からくたり《（下）》たるめくろ《（目黒）》のいね《（稲）》はな　いね《（稲）》三ば《（把）》にな米《（よね）》は八石な　ふく《（福）》のたね《（種）》やれ三合まいて《（蒔）》は三石かこかさし候けに《（実）》ちもとこのいねにわ《（は）》　まかうやふくのたね《（種）》をは《（ば）》」

（『田植草紙』昼歌四番）

「やらん目出度や　京から来るふしくろの稲はな　稲三把で米《（よね）》は八石よな　やらん目出度や　京から来るふ

くら雀はな　よね《米》俵をいただいてんぞますよな　あ　米《よんね》は〳〵　八石よな米《よね》は八石よな」

（鳳来寺田楽歌謡「なりはひ」）

「京から来るや　節黒の稲よ　とう稲三把でや米《よね》は八石よ」

（武蔵国杉山神社神寿歌）

「歌妻を替　京から下るやら　ふしくろの稲三把　米《よね》は八石稲三把　是等せきたよ稲三把」

（信州新野田遊歌「小せせりの事」）

「福の種まこうよう　福の種まこうよう……唐より渡るふじ黒の稲はいねは　いね三把によねが八石（後略）」

（奈良向山神社御田行事謡物）

「京より下る　京より下る　早稲は　よいわせ　はびろのわせ　稲は三ばにこめは八石よ　ナウ」

（三重県芸田郡田植歌）

「めくろのいね」には、『弌野截』[28]の「目黒」、『甲斐国村高並村明細帳』の上小曾村宝永二年（一七〇五）・享保九年（一七二四）条、小石和村宝永二年に書かれた「目黒」「目黒もち」[29]が該当する。「ふしくろ」は近世農書や明細帳では見当たらないが、黒紫米と呼ばれる系統を受け継いだものには、節に黒色色素が現れる。「はびろ」は、伊予・内子の「五百木屋高橋家文書」に「はひろわせ」[30]、『甲斐国村高並村明細帳』下岩崎村・宝暦一〇年（一七六〇）条に、「葉広」が栽培されていることが記録されている。[31]

大唐米は伝来当時、農民からは「三把で八石」と多収穫米とみられていたが、領主側からはどのよう扱われ、消費者からはどのように見られていたのだろうか。

東寺領矢野荘の文書から福島紀子氏は、南北朝の中期から末期にかけて、大唐米は総納入年貢の約三〇％前後、多いときで三七％に及ぶが、至徳二年（一三八五）頃を境として二〇％台に下降して、応永年間（一三九四～一四二七）には二〇％前後を保持する状況となるとしている。また、大唐米が新田に蒔かれたとすれば経年変化で、作付地が移動するはずだが変化がないこと。大唐米の作付程度は荘園側の勧農権にゆだねられ、領主は収穫・換金されて始めてそれを知ること。天候への強靭性によって最低の年貢を保証されると評価されていたこと。換値の低さは一種の「免」[32]とみられていたこと。現地での換金記録から、荘官農民の操作が入り過大に作付が報告されていた可能性があること、などを指摘している。[33]

乾田では表作（稲）の減収穫をともない、かつ労力を多く必要とする二毛作から、多収穫で労力が少なくて済む大唐米に転換されたとみなせよう。領主側も価格が安くとも、収穫が多くなるので補えたか、未納棄損にいたるより良いと受入れているようである。

一方『犬筑波集』の記事からは、大唐米が「香煎」として呑まれていたことがわかる。日本人の嗜好の広さを示しており、「茶の湯」に対して「飯の湯」があったともいえよう。

また戦国の笑話『醒睡笑』には、次のように大唐米が登場する。

貧しく世をすごす僧があった。日ごろ児《ちご》を思っていたが、とうとうその思いにたえかねて児を招待したが、貧しいので普通の米がなく、大唐米《だいとうまい》をたいて出した。それを見て、「これは珍しいものだ」などと褒める人もあった。亭坊（亭主の坊主。この貧しい坊主をさす）が、「せめてもの御馳走にと思って、米を染めさせました」と取りつくろうと、児は箸を持ち直して「そうか知ら。大唐飯《めし》のようだけれど」といった。

校注者の鈴木棠三氏は、「大唐米は赤米ともいって、赤色を帯びて居り、古く栽培されていた劣等品種」と、解説している。[34]この笑話は、大唐米が赤米で品質に劣り、安価な米、あるいは米の代用品として扱われ、一方で大唐米の白米が京都周辺ではまだ珍しかった、微妙な段階で成立したと考えられる。

『交隣紀行』の黄慎は、大唐米を食味に堪えない最劣等米としていて、『醒睡笑』の評価より、さらに低い評価を下している。身分によって食べる米が異なるのは、大唐米の栽培比率が極めて大きかった状況を示すことになる。朝鮮出兵は、長期化にともなって食料の補給・調達に苦しむ。将兵・軍夫の食糧として大量の大唐米が必要となり、出陣した主として西国・四国・九州方面の諸大名の支配地域では、大唐米の作付が矢野荘の比率を、大きく上回っていたことをうかがわせている。

『醒睡笑』では安物の米＝赤米としており、当時の都へは商品価格で劣る大唐米を移送しなかったことを表してもいよう。換金性が悪く、市場の発達した地域周辺の栽培率は低く、真米（ジャポニカ種）の栽培に適さない田畑に植えられる。福島氏が指摘したように、最低収量を確保するためや、省力できるので二毛作の代替とされる。さらに「風こぼれ・こなしに手間いらず」と『清良記』に書かれたように脱穀性が良く、「扱き」の手間が真米に比べると驚くほど少なくてすみ、秋の繁忙期に雇われたい貧農には特に歓迎される。時代が下っても「飯にして、食多し」と書れたように、炊増えすることもあって、「農人の食して上々の稲」と自家消費用と、下級武家の禄米や夫食にほぼ限定して「薄田（貧肥田）・日損田」に大唐米が栽培されることになる。(35)

大唐米の伝来についての明確な史料はないが、対宋貿易が活発となった鎌倉後期と想定される。大唐米の伝播普及が、中世後半の農業生産力向上の大きな要因となった。

山麓の棚田や沖積平野の開発は、開田した当初は表土に蓄積された地力によって収穫が大きいが、数年で低下してしまう。地力が衰えたところに「二番手」として大唐米が栽培され、稲根が腐植となって蓄積されて地力の回復を待つことになる。腐植の蓄積が大きくなると大唐米の収穫量は落ち、真米に移行される。薄田・日損田に適合する大唐米の特性が、重要だったことは間違いない。

貞享年間（一六八四〜一六八八）になった『郡鑑』によると、伊予吉田藩では「赤米黒大豆不作様にかたく可申付候(36)」と、「赤米」すなわち大唐米の栽培が禁止されている。ところが本項の冒頭でみたように、『清良記』には大唐米の記述があるのである。同書が村の指導層の者の「怨嗟」を表しているとはいえ、藩の禁令を破って言及する必要はない。農民の食に限定して、かつ「清良の時代」と設定はしているが、手放しで推奨するようなことはありえない。この部分が「第七巻」の元本になった、『耕作事記』にも含まれていることを考えれば、成立時期を右の禁令の成立以前と考えることができよう（第Ⅰ部第四章参照）。

（3）　篚桶の登場

「自然循環断絶型」の欠点の克服は、一四世紀初めに登場した「篚桶」により、人糞人尿の運搬範囲が広がったことによって解決する。

「農具」としての「篚桶」の普及が、表作の減収穫が避けられる二毛作恒常田の大面積化と、田植え後の水温の上がらない地域や、漏水の多い田の収穫量の増大をもたらす。また、畑作では、川の遊水地で肥料分が自然に客土されるところ、生活排水が供給されるところ、焼畑で灰肥が利用できるところ、菜園のように糞土が運べるところだけでなく、篚桶によって肥料と水が運べることで、園芸的な栽培から脱して「常畑」として営農できる面積が一気に拡大する。

今谷明氏は文安二年（一四四五）の『兵庫北関入船帳』を分析し、年間に入津した藍が四四二石あり、そのうちの三七一石を阿波産だと特定して残る七一石についても大半が阿波産ではないかとしている。(37) 藍を作るには多量の肥料が必要とされ、(38) 吉野川の自然客土だけではとうてい多量の藍の生産はできない。したがって、同地ではすでに篚桶が普及していたとみなせる。

先述した福島紀子氏の東寺領矢野荘散用状の分析で、大唐米の作付率が至徳二年（一三八五）を境に激変していることを指摘していた。(39) 氏の研究には直接に篚桶は登場しないが、当地ではこの時に、篚桶を使った恒常的な二毛作が始まった、と捉えることが可能である。

二毛作の普及は、春秋の短期間に多大な労力を要求する。稲作用の肥料のすき込みと、収穫後の麦の毛根を丹念に切断して耕盤を短期間に作る必要からも、犂耕を活発化させる。犂耕により土壌を反転させることは、除草効果をもたらし、膨軟化を高めて腐植の酸化を促して肥料効果を高める。常畑営農が広範囲で可能となり、ここでも犂耕が導入されて特定作物の作付面積を拡大し、それらを原料とした製品化の規模を拡大して、農業の需要をさらに生み出すことにもなる。

籠桶の農具としての利用は、人糞尿を溜めて、汲み取り運搬して野坪に移して蒸発・醱酵させ、それを希釈して田畑に肥料として散布すること、降水に恵まれないときに他の水源から水を運搬散布することが主である。つまり、貯蔵用の便桶（ツボ）、野坪（桶・ツボ）と、運搬用の三つを使うことで成り立つ。

便桶（ツボ）で溜める行為は、便所という雨露が入らない場所を作ることであり、家そのものを変えてしまい、都市・市という場所を恒常化・定住化させ、しかも、人口の密度を高める要因にもなる。

運搬具としての籠桶は、酒・酢・油といった農産物由来製品の運搬を容易として、製造と流通の規模の拡大をももたらす。これらの波及的・相乗的効果が大きい籠桶は、「農術」を大きく育てるだけでなく、中世社会を大きく変革させた(40)。

「農術」は、畑・水田《みずた》・乾田での二毛作を含めた、三つの技術系統を確立し、時代を大きく変えていった。門徒衆などによって、大唐米を作付けて積極的に開墾された沖積平野の「無縁」の土地が、「有縁」に代わり、その支配を巡る争いも起こることになる。言いかえれば、大唐米と二毛作の普及によって、可養人口が増えて人口圧が高まり、これを一つの遠因として引き起こされたものが、「中世の混乱」「戦国時代」であるともみえる。大唐米・籠桶・二毛作を外して、この時代を理解することはできない。

三 「農術」の成長

(一) 都市近郊農業

前節に宝月氏の見出された、京都近郊での換金作物に偏重した例を掲げたが、室町時代に来朝した朝鮮回礼使・宋希璟が、応永二七年(一四二〇)に「阿麻沙只村に宿して日本を詠う」と題して、次のように詠んでいる。

日本の農家は、秋に畓《みずた》を耕して大小麦を種き
明年初夏に大小麦を刈りて苗種を種き
秋初に稲を刈りて木麦を種、初冬に木麦を刈りて大小麦を種く
乃ち川塞がれば則ち畓と為し、川決すれば田と為す
水村山郭に火烟斜なり
役なく人閑かにて異事多し
耕地は一年三たび穀を刈る
若し仁義を知らばまた誇るに堪えん(41)

「阿麻沙只」は摂津尼崎、「田」は畑・畠のこと、「木麦」は蕎麦のことである。宋希璟は水田が畑になり、また水田となる、進んだ農業に驚き、同時になにもせずに過ごす人々が多いとしている。また、乞食が異様なほど多いことを記録している。(42)

「大小麦→稲→蕎麦→大小麦」「秋→初夏→初秋→初冬」とする、高度の「作りまわし」は、犂・鍬などの農具を持ち、大量の肥料や労働力が容易に調達できる特殊な事情と、商品作物の需要が活発であったことを示していよう。京・西宮・尼崎という人口が集中した地域で、大量の屎尿が、籠桶の普及によって収集・運搬されて、近

郊農地に大量に投入される。乞食の多いという記述は、村に居られなくなって町や街道で仕事を求めざるを得ない者が大量にいたことを表している。この豊富な労働力を利用して、灌漑整備を行えば、田の乾湿を容易に操れるようになる。消費者を身近に抱えて、それに応えるように耕地の整備が進められ、運搬手段を獲得した屎尿が肥料として都市部で溜められ、収集・運搬されることで、近郊農地の地力を維持向上させる。

商業・流通史の分野では京や奈良を核として、山崎・江口・淀・神崎・兵庫・堺・大津・坂本・西宮・尼崎など、信仰・商業・流通（湊・宿）・酒造などの「特徴を備えた衛星的な町」が、密度を濃くして形成されていたと指摘されている。(43) 特徴を備えた町には、特定商品の生産が行われる地域も含まれる。こうした場所では特定商品の製造残滓である、「油粕」などの金肥料が生まれて流通する。これらの流通も箍桶の普及による変革とみなし得よう。

人口集密地周辺では、肥料と労力に裏付けされて、多毛作が持続的に規模拡大されて行われる。限られた耕地面積で、より多い実りと利潤を求めて、自給肥料から広範囲な収集肥料と金肥料に、自家労力から労働力雇用に依存する、新しい農業を生み出す。西日本各地に(44)残る平野部の「千軒町」周辺でも、同様の現象が起こっていたと想定される。ただ、これらは町（市）や都周辺の「近郊農業」での特異な形態を述べているとみるべきであろう。

栽培作物には、多肥料を受け入れ多収穫となる品種が選抜され、自給＋租税、自給＋租税＋余剰出荷体制から、積極的な原料・商品供給体制へと転換する地域が出現する。畑作が田に積極的に進出することにより、「畑と田が結合」して、「人の工《たくみ》（巧み）」が占める割合が多くなり、金になる作物の多収穫と畑を遊ばせない効率に目を向けた多彩な技を採り入れられ、「『農術』の祖形・基本」が完成する。

金肥料を積極的に導入したことにより、肥料効果を高めるために深く耕すこと、肥料の購入代金を賄うためにも単位面積の収穫量の増大が求められる。多肥による障害対策、多収穫を目指す細かな手入れと、農術の向上が求められ、労働は過密・過大なものとなって行き、多労をいとわないようになる。

「畑と田が結合」することは、「外来」の金肥料に依存する割合を増やしてでも、商品として大量出荷することを目指しており、「在来」では操作できない商品相場に大きな影響を受ける。作物商品相場と金肥料が安定していれば農産物の多収穫と均衡して、農民を豊かにする。しかし、自給的な部分が少なくなるほど、外来による支配を受けるようになり、「外来要因」の激変にあえば、農民だけでは対処できなくなる事態が多くなる危険を孕んでいる。(45)

過渡期に問題になるのは、「乾田化」である。一般的に、水田多毛作は灌漑を備えて乾田化したと単純にみなされている。確かに湿田を乾田化すれば、蓄積された腐植が空気に触れることにより酸化分解して稲の増収が得られるが、しかし三〜五年後に腐植の分解が劇的に進行して稲枯れを起こしてしまう原因となり、乾田化は容易に行えるものではない。(46)蓄積される腐植は、田の肥朕基盤であり、農民はいかに目先の利益が大きいからといって、無闇にこれを失うことは避ける。常時湛水ができない堅田には灌漑が施されて乾田化が行われるが、水田《みずた》は農具・肥料・労力・水との関係で、「常湛法」がそのまま維持されることが多かったはずである。

一軒の農家の中でも、田畑一枚ごとに多様な技が求められ、「畑と田の結合」を効率よく行うために「犂耕」がさらに活発化する。牛を飼うことによる糞肥も得られ、畑作や乾田の多毛作を、犂耕・牛耕で行うことにより、裏作・次作用の荒犂や畝立を効率よく短期間に深く耕せることになる。稲作に戻る時には、麦根を断ち切って耕盤を作る。それにともなって、除草効果・浸透防止効果を飛躍的に高め、投入した肥料の攪拌効果もあげる畑の技である「耕す」が田にも広く行われるようになる。

二毛作田での生産性の飛躍的な向上は、田の品位にも影響をもたらし、「中田」に相当した一部の田が、作徳

の多さから、後に「上々田」に格上げされることになる。(47)

（2）「第七巻」の作りまわし

『清良記』には、『老松堂日本行録』にみられた「大小麦→稲→蕎麦→大小麦」のサイクルと相似した、「早稲→蕎麦・小秬・小菜→早麦」サイクルが登場する。第II部第三章第二節で、これは四半百姓が行っていた生きるためのサイクルだと述べたが、このサイクルを可能とした農術が生まれた経緯をみる。

第I部で行った軍記検証の結果、永禄一一年（一五六八）以降が舞台となる。前節で引用した『宮崎県史』と同様に、当時の三間盆地は一過性でない戦乱が続いていた。したがってそれに対応する記述が、原本『清良記』にはあったと推測される。侵攻や苅田狼藉に耐えるための方策として、収穫時期の早期化、それにともなう労役（夫積）や運搬の利便性を図るための道幅の拡張(48)の記述が、原本には少量ながらあったと思える。

土居清良が、永禄一一年まで一条氏に属していたとすれば、一条氏・大友氏の組織だった侵攻は受けない。また『長元物語』に、土佐沿岸部が河野水軍の繰り返しの略奪に悲鳴をあげている状態が書かれているが、(49)土居家の三間大森は海岸から離れているので、河野水軍の略奪はあまり考慮しなくて良いだろう。鳥坂の敗戦で勢力を失った一条氏から離反した三間衆は、一条氏の伊予での触頭である河原淵（渡邊）氏から人質を奪い返し、後ろ盾に西園寺氏→河野氏→毛利氏を頼る。河原淵氏は、伊予―土佐間の要衝に位置するため、立場は微妙で、深田・竹林院西園寺氏の息・真近を、(50)養子に迎えて均衡を図る。この妥協的な行動は、伊予・土佐との両属状態となって、一層の混乱と弱体化をもたらす。立場の弱くなった河原淵氏のあいまいな行動は、河後森《かごもり》城周辺と竹林院西園寺氏領の作を土佐勢の略奪から守ることになるが、一方で、三間を荒すことになる。これが、三間衆に不信感を抱かせる。三間衆は疎外されることになり、これが『清良記』で河原淵氏が徹底的に「悪様」に書かれる原因の一つとなろう。海岸部は河野水軍に代わり、大友氏が敵になる。

第八巻第七章にみられる春の戦いの描写では、「麦をなぎ小苗をすきかえし」とあり、第八章には「植田をこね」との記述がある。この出兵の目的は一条氏一門の東小路氏の子供である「教忠」の権威の回復と、親一条氏派の国人に対する梃入れで、作物を荒らすのが目的ではない。この戦いは膠着状態となり、一条氏被官の土佐四万十川上流域の耕地に恵まれない「上山衆」などによる略奪に変わる。第一二巻第一六章では、「大将は御貸しくださるにおいては伊予分へ働き、冬春の兵糧取り申すべし[51]」と、上山衆は一条氏に頭分の出動を求め、伊予で収奪した作物で食繋ぎ「奉公」を勤めようとする。

つまり、清良や百姓は「実り」を狙った敵に対応せねばならない。食料調達を狙った敵は、苗代を荒らし、植田をこねることは出来ず、「其国作時分を計って、其盛りを知り来る習ひ[52]」と、収穫期を見計らって盗み荒らすことになる。したがって、先に想定したように「第七巻」農書の導入部分に、敵の侵攻を事前に探知して作毛を刈取り、敵に奪われない方策を検討する記述があったとしても不思議ではない。また、個々の農家の判断で作付されていたのを、土居領全体で「早稲」に切り替えて成功したと書かれている。あえて収量の少ない早稲を植えるのは、略奪の危険にさらされた戦国期のさしせまった状況を表しているともいえよう。

三間地方には当時の城が数多く確認され、藤木久志氏が考証したように、百姓も城に籠って難を避ける体制になっていた[53]。第八巻第一章に、一条氏との手切れが近いと農民が、「作毛をしまい、ことごとく城米を入れきしめきければ[54]」とあり、城は領主・百姓共の、食料保管庫でもあった。いかに敵に作毛を奪われないようにするかは、領主・農民に共通の切実な問題である。かせ侍・足軽・小者など、動ける者を根こそぎ総動員して、短期間でどれだけの作毛を確保できるかを検討する記述があったのは、このためではないだろうか。敵は風土的に収穫時期の早い土佐勢であり、兵農未分離の時代には、自領の収穫が終わってからの出兵となる確率が高い。したがって、敵の収穫時期に合わせて収穫するために、すべての田を早稲に揃えられるか、田植え・刈取りの時期にどれだけの労力が集中してそれを消化できるのか、消化するために人馬をどこにどれだけ配備するのか、などが検討されることになろう。

一条氏に取って代わった長宗我部氏も、当初は一条氏の戦術を踏襲するが、久武蔵之助が伊予攻略の司令官となり、戦略が変更される。宇和の西園寺・河野氏には毛利氏が後ろ盾となっており、「宇和郡は切所ゆえ、敵を亡ぼす儀何とも成り難きにつき、在々所々、草臥申すやうにと、年越陣、麦薙陣、苗代返し、苅田陣の如し。一年に四度宛打ち続く(55)」と、戦略転換する。加えて、消耗し切った伊予の諸将を個別に牒略する。これが実を結び、国境の諸将は次々に長宗我部氏に内通して、ついには降る。

この対策として、三間の百姓は「救荒作物」を併用した「早稲→蕎麦・小秬・小菜→早麦」の作りまわし(56)を生み出したのではないだろうか。苗代を荒されれば、苗不足で田植えできない田にその時期に適した作物を植えて食料不足を補う。その場合、次には麦・稲のサイクルに戻す必要がある。早麦・麦・早稲・中稲・晩稲のいずれかの時期で戻すため、「第七巻」には栽培品種と時期の記述があり、想定・指針としてサイクルが記されることになろう。このサイクルでは、早麦を収穫した後に早稲に戻る一年三作と、中・晩稲が植えられる隔年三作とが想定される。一年三作とすれば、「四季作物種子取りの事」に書かれた、作物の成育期間と若干のずれがみられるが、有薗正一郎氏が指摘するように作付は可能で、百姓たちはこのサイクルを「想定・指針」としてだけでなく、戦乱が続く事態に生き残る、食べるために恒常的に行うことになる。

京都西郊の農民が出水や旱害などの天災から生き残ろうとしたのと同様に、肥料と労力さえあれば、これに見合う面積の乾田・半乾田で、たとえ能率が悪い貧弱な農具を用いてでも、可能な限り排水畝立てを行い、運搬や耕起の労力が過重となっても、農術を進めることになる。

当時は身分制度が厳然としておらず、農民が商人を兼ね、村に商人がいたこともあって、油粕や干鰯などを導入して、積極的に農術を磨いて商人たちの要求に応えていた可能性もある。自然災害・戦乱という、局地的で多くは一過的事態を除けば、農民たちは旺盛に技を磨き生産力を高めるべく、多労をいとわない農術を育んでいたのではないだろうか。戦乱期には村々に城が築かれるが、城に軍用品を補給するために、鍛冶を招いて住まわせる。それが鉄製農具の充実をもたらして、農術の向上に寄与する。

(3) 近世前期の二毛作率

『清良記』の時代の、「田と畑の結合」状況をみる。

江戸時代初期の宇和島藩領では、都市近郊とそれ以外の地域で、麦田の作付状態が異なっている。宇和島城下周辺と、創藩以前より河後森城下として町を形成していて陣屋の置かれた松丸では麦田比率が高く[57]、前記した室町時代の都市近郊と同じ傾向を示す。ここから、『清良記』に書かれた刈敷に牛馬糞を混ぜて熟成させたものだけでなく、牛馬糞の代わりに人糞尿も用いていたことがわかる。また、地形図(図1参照、但し松丸は省略)と照合すると城下・松丸周辺でも、村との間に標高差や河があると麦田の割合が低く(光満村・高串村・宮下村・延野村)、屎尿や塵芥の運搬が、困難だったこと示している。

他方、こうした麦田の割合が相対的に低い村々でも一定の麦田比率を示すのは、自給肥料体制の限界性と、麦田に適した音土・真土に限定せずに不向きとされた粘土質の多い疑路と呼ばれる田も村によっては麦田にされたことを示している。そして、干鰯が宇和島の特産品なのだが、当時の米価に比して高く、米麦には使われることが極めて少なかったこともみてとれる。

遡って中世末期・戦国時代の二毛作の麦栽培率を推測すると、肥料要因から考えれば、江戸時代前期の麦田率

図１　宇和島城下と周辺の村
国土地理院発行の25,000分の１地形図(宇和島・伊予吉田)より作成

が比較的低い村々の率が、そのまま適用されることになろう。農具要因でみれば、当時の村には城があって鍛冶が常住しており農具の調達状態は江戸時代より良かったはずである。

西日本での二毛作の麦栽培率の目安を三〇%とした、峰岸純夫氏[58]・徳永光俊氏[59]の見解は、都市近郊部を除いた地域で妥当性を持っていることになる。乾田では五〇%程度、都市近郊部ではそれ以上の二毛作の普及が実現されていることになる。

戦乱の中で農術は進むが、戦乱が収まり治安が回復して「農商」の分離が進むと、粗放なものに大部分が戻る。ただし肥料を調達できる城下町近郊や、広い耕地と労力を大量に保有する、あるいは耕地面積の少ない特定規模の農家で、進んだ農術が維持される。

四　豊臣政権と「農術」

（一）　太閤検地

中世と近世の区分は、一般に織田信長が将軍となる義昭を奉じて上京する永禄一一年（一五六八）に置かれるが、南伊予での近世は遅れ、小早川氏の支配（天正一三年〈一五八五〉）で始まる。近世の体制への変換は、当初緩やかで、土豪の存在を認める差出・書上を行い、ついで小早川検地・浅野検地と呼ばれる杖量検地が行われた。それが戸田氏の支配に替ると、土豪を排除して直接支配を行う、占領地の扱いになる。

豊臣政権は武家の統領ではなく、天下の支配を目指す。治安を回復し、石高制・検地・兵農と商農の分離など、その後の基本をなす制度を導入した。[60]「太閤検地」については、作合《さくあい》の排除や、桝・竿などの度量衡の統一などがとりあげられることが多いが、村に及ぼした影響をもう少し詳しくみる必要がある。

『清良記』成立の時代考証に、「畝」がとりあげられたことがあるように、それまでの伊予では、反以下の単位は半や代であった。一般には、六尺三寸四方を一歩としているが、南伊予では六尺五寸四方が一歩で、三〇歩を一畝、一〇畝を一反としている。「第七巻」には、「夫田畑三百六十坪を一反と言ふ」[61]と、清良の時代の一反を基準として書いている。時代も清良の時代と設定されているが、あくまでも主題は一反三〇〇坪の寛文年間である。枡も太閤検地で京枡に統一されたとされているが、第II部第二章第三節で触れたように、伊予では小早川氏の時代は土豪の存在が認められており、土豪の取り分・知行分を確保するために長い竿と京枡の一・二五倍[62]の納枡が使われた。京枡は宇和島藩では寛永年間に採用された。したがって面積と容積の変動があるため、『清良記』では収穫量に触れていないともいえよう。

豊臣政権は、田を上田・中田・下田・下々田と区分掌握して、畑・屋敷などにも石盛を付けて、「地頭三分二・百姓三分一」の年貢を徴収し、さらに裏作の麦には「地頭三分一・百姓三分二」という基本を示す[63]。裏作の麦からの年貢徴収は、抵抗が大きくて実行できなかったが、麦裏作を行う中田に、上々田という新たな品位を設けることが、一部地域で実施される[64]。いずれにしても、米を三分の二以上、徴収する。

二毛作の普及した時代の鎌倉幕府は、裏作の麦の徴収を禁じている[65]。理由は明らかにされないが、次のようなことが考えられる。

①田の稲刈り後の利用権は誰にでもあるとしていた慣習を尊重した。②二毛作の普及が西国より遅れたと想定される関東の政権で、実情を十分に把握できていなかった。③武家の統領・覇王・軍事政権との自己規律から、兵食としての米、馬糧としての大豆など、兵糧・軍需（軍政）品のみを徴収する立場を貫いた。④大麦は烹炊の手間がかかることと腐敗しやすいこと、腹もちが悪いことから軍需品とはみなさなかった[66]、などである。その後の室町・徳川幕府は、鎌倉幕府の規律を継承するが、豊臣政権はこの規律の埒外にあろうと務め、この面からみても特異である。

近藤孝純氏は、南伊予に残る「与州《(予)》宇和郡岩野郷真土村御検地張《(ママ)》」を分析し、「総登録者六一人の中、主なし一、寺院二、入作二、計四を引くと五七人となり、その中の五反以下を再生産の限界にある農民とみて、彼等の数は三七人となる。これら約六五％に達する農民は何によって生計をたてていたのであろうか」と、指摘している。屋敷の分析から、「居屋敷農民一六人」は、土豪に隷属した人身的支配関係にあったが、今回の検地によって「新たに封建領主の必要とした軍役の提供者と認定された」。さらに、慶長一四年（一六〇九）の検地帳から、「庄屋上甲又兵衛の三町七反余を最高に、一町余一人、九反余一人、八反余四人、六反余二人、五反余二人、他は再生産不可能と思われる零細農民である」、「太閤検地の意図する旧名主体制の否定、小農民自立促進と云う理念からは程遠く、むしろ土地の収集化の方向に結果したものではないだろうか[67]」としている。

太閤検地という「ならし」は、農地に寄生した者を排除したが、直接耕作者・百姓の「規模」を定めるにはいたらなかった。したがって経営規模が極狭の零細農民の割合が多く、これらには天災に耐える体力がなく、他に生業・余業を持っていなければ簡単に潰れてしまう。後述するように低い石盛がされるが徴税は過酷で、作徳（余剰・搾取寄生を生む部分）が少なく、言い換えれば土地の付加価値が極端に少なくなって、質入・売買の対象にもなり難く、流質して名子になることも、耕地を売って小作人になることも許されない。つまり餓死するか、逃亡する以外に道はなくなる。小農化については、支配者（土豪・名主百姓を含めて）と農民との、搾取関係（作合）から論じられことが多いが、搾取の余地のない制度下での零細農民にとっては、身近に緊急避難的な庇護者を求めることも出来なくなる体制でもある。「土豪の役割が生きていた戦国の時代より[68]」、零細農民の生活は過酷なものとなり、太閤検地という「ならし」は、耕地の評価を下落させたといえよう。

（2）　検地と石盛

『地方凡例録』には、「検地余歩《ヨブ》の儀、古検ハ弐割、新検ハ壱割五分の余歩を差加」とあり、実測面積に余歩として、二〜一・五割加えて計上させたとしている。(69) 八木哲浩氏は、この余歩について、文禄三・四年（一五九四・五）に行われた古検地で、田畑の租税負担額を示す石盛を実質的に二割引き下げていたことを、播磨国の例で検証している。(70)

文禄検地から数年後の、「慶長六年（一六〇一）播磨国揖東郡小宅庄之内上堂本村御検地帳」に、

一	ふけ	地中 麦地	十間五尺廿間五尺毛中	七畝拾四歩	ひがい助兵衛
一	同	地中 麦地	壱間五尺十四間二尺毛上	弐拾三歩	同人
一	同	地中 麦地	八間卅一間半毛中	壱反八歩	同人
一	同	地中 麦地	十間卅四間毛下ノ上	壱反壱畝十歩	まちノ甚九郎
一	同	地上 麦地	十二間十毛上々といっち	四畝	ひがい助兵衛
一	同	地上々 麦地	四十一間半十七間毛上々	壱反三畝廿五歩	まちノ新兵衛

（後略）

とある。

計二四二筆の田は、品位を上々・上・上中・中上・中・下上・下の七種としている。裏作には、「下」に「苗代」が二筆、「上」には「麦地」と「桑三本」としているのが一筆、「中」には「麦地」と「茶十六本」としているのが一筆あるが、その他はすべて「麦地」としている。作柄を示す「立毛」は、田の品位が「上々」ならば立毛も上々が多いが上・中とされているもの、「上田」でも中・下・下々とされるものが散見され、田の品位と立毛の品位は必ずしも一致しない。畑作には麦は皆無で、茶・桑・木わた・大根・大豆・粟・菜と少量の麻・胡

麻・蕎麦がみられる。(71)

これは池田輝政の播磨入国検地ですべての田が乾田化されて、ほぼすべての裏作が麦となったことを示している。立地は揖保川中流域に沿った平野で、高い石盛からみれば、肥料の調達がよく(人糞尿の収集・金肥料としての干鰯・油粕の利用が想像される)、最高率で裏作が行われた都市近郊型というべき形態が示されている。(72)豊臣政権の崩壊期には立地に恵まれた地域で、旧来の田制の規定を一部越えた、農民には過酷なものだが作付を踏まえた実情に近い高い石盛りを設定している。(73)

検地の余歩についてもう少し立入ってみれば、面積の変化と、中世・戦国期の土豪・名主百姓への処遇が、関わっていると想像される。土豪や名主百姓は、耕地・資力・牛馬・農具・種籾などを保有して、小規模自作農の被官・小作人や下人を使って経営していた。この土豪・名主百姓が、原則的に太閤検地によって直接耕作者以外の者として排除される。彼らは近親などを抱え込んで、隷属した者たちに受作をさせて経営していたが、検地によって分解され(徳政・ならし)、その規模は零細化されてしまう場合が多く、(74)その規模は牛馬が飼えない、あるいは飼う必要が少ないものになってしまう可能性が大きい。それまでの経営と比べれば、作徳を蓄積した土豪あるいは土豪の支配人・名主百姓によって、指図・指導・督励を受けて、種・牛馬・農具・労働力・肥料などを計画的・集中的に投下する農業が喪失することになる。この喪失した部分と零細化させる部分を「余歩」として、石盛を下方修正して織り込まなければならなかったのではないだろうか。太閤検地は、荘園・農場的経営を解体したともいえよう。

すなわち、豊臣政権が認めなければならなかった二割の石盛の減少は、経営面積が小さい百姓の生産性を示している。旧名主百姓などが一~三町規模の経営を維持した場合は、そのままの生産性を維持していたと想定されるが、多くは小面積化されて生産性は低下する。つまり、太閤検地は中世の土地耕作形態の最も下方で「ならし」ため、生産性の低下を招き、全体としては下方の税評価基準である石盛を使わざるを得なかったと説明されよう。

（3）田遊び

『清良記』「第七巻」第九章に、

或時横目衆、在々を見廻り、農の志しは今は早、一辺に制して、愚なるは無御座候。去ルより作も勝劣りも見分かたく、一入見事なるよし申しければ、公、心地よけに打笑ひおわして、漢書曰く、敬賢（者）如大賓、愛民如赤子とあれは、余りに一方向なるも、能るへからす迚、さらはいついつは踊を催すへし、汝等も其の序に我を慰めよと触られければ、田夫の下人妻子共悦ひ進ミて、我も我もと情を尽し、其踊より前に是を仕廻迚稼ける程に、思ひの外はかをやり、其時より四季相応の慰ミ、百姓好心いさミをゆるされてけり。[75]

と、風流《ふりゅう》・田踊り・田遊びの記述が出てくる。この風流が、清良神社の創建や盛大な祭りと関わることを第Ⅰ部第四章第三節で述べた。

熱田公氏は『田植草紙』から、中世の民衆芸能の原点を田遊びとしている。[76] 黒田日出男氏は『清良記』などによって、田遊びと農耕技術との関係を考察して、『清良記』以前と以後、つまり中世と近世の境界線で、田遊びが大きく転換しているとして、幕藩体制社会における田遊びの形骸化を指摘している。[77]

平川南氏は、直接田遊びに触れていないが、石川県加茂遺跡出土の牓示片の内容が『類聚三代格』第一八の延暦元年（七九〇）の大政官符のものであるとしたうえで、その条文から富豪層が財力によって「魚酒」を供用して貧農を集める、「富豪層による田植え・刈取りなどの農繁期における労働力の独占」を読み取っている。[78] 平川氏の指摘する、田植え株刈方式の導入拡大による「魚酒供用を伴う労働力の独占」が、自然崇拝を背景として田遊びの原点になったのではないだろうか。

黒田氏の指摘する、農村の風景を変化させる田遊びの形骸化は、太閤検地がもたらした土豪・名主百姓による集約的な農業の小規模化、その後の走り・欠け落ち百姓の発生と土地の集約化、小農自立策施行（南伊予では鬮持制度導入）の過程を背景としていると考えられる。中世からの大経営者、田主・長者・田堵、土豪・名主などの存在意義をみれば、これらの持つ作徳（加地子、色職を含めて）の多さが、集約的な農業を展開させていた。農暦に応じた行事・儀式には、支配下・影響下の特定の身分を持つ者を参加させ、田植えなど労力が集中的に必要な時には、土豪・名主の指揮下で、計画的な農作業を行う。被官・名子・下人・小作人・日雇人に酒肴を振舞い、豊穣を願うすべての影響下の人々を参加させて、それぞれに相応しい役割を与えて結束を高め、「田遊び」として娯楽・芸能の域にまでに単純苦痛な農作業を変えている。これが中世の農作業の一典型で、世が乱れる時代には、荘園領主の取り分も戦乱などを口実として土豪層がその多くを取り込んでしまい、在地に徳分が多く留まった。その徳分を「ならす」ことで、民衆芸能を盛んにしたともいえよう。中世の田植え歌に、長者への賛歌が多いのも、長者が「魚酒」を供用する経営者、農民が従業員に類似した関係で、高度成長期にみられた社内運動会や慰労会と同様に、他者からみれば、あるいは時代が変れば奇異に見える。

太閤検地という「ならし」により、土豪や名主が、手作地主である庄屋村役に転じたとしても、多くは規模が縮小される。中央政権の意向のまま、無限の奉仕を余儀なくされる大名のもとで、徳分は村請に応える者としての行政者の役得と権限にほぼ限られる。百姓も結い・宮座・親族といった緩やかな協同作業と、村請としての上下関係を主とした(79)、役儀・強要に分解されて、娯楽の部分が喪失していったのではないだろうか。その後に再び旧土豪・旧名主出身者の多い庄屋のもとに土地が集積されると、太閤検地以前の華やかな田遊びは記憶として残っているため、これを再び企てる者が現れる。しかし地縁のない進駐軍の藩には、たとえ農作業でも人々が群れ集まることは嫌悪され、忌避される。清良神社が創建されたのも、土居一族の先祖誇りだけでなく、再び土地を集積し財をなし、その財を村民や諸職人に再分配する「ならす」行為の一部だと理解されるが、時の支配者にはこれに集結したことが忌避される。

鬮持制度の初期には、庄屋への労役の提供にさいして「食出立《くいいでた》ち」、つまり農民が食事も自弁していて、供用・共食の部分がなくなっていた。前章第三節で引用した『新猿楽記』に登場する田堵の田中豊益のように、「五月男女《さおとめ》ヲ労ル上手ナリ」[80]と、書かれた労わりなどの連帯感が希薄となって、単なる上下関係になってしまう。鬮持制度が定着して、庄屋の田植役が庄屋からの振舞酒肴を楽しみとした百姓たちの娯楽となっていくのは江戸時代半ばになるが、庄屋には村請の重圧が常にのしかかり、質素・倹約を求めた支配者の意向と、自立した中産階級の本百姓が生まれたことによって一体感が変質し、中世のような華やかさは失われてしまう。

（4）商業と経済

豊臣政権は、国郡単位の城下町・陣屋に職人・商人を誘致して、室町時代に見られた都市化を加速し、「農商職」の分離を行った[81]。前節で触れたが、それ以前には数か村にひとつは城や栄えた寺社・宿があり、そこには職人・商人が居を構え、身近な村から原材料の調達をし、加工して流通を行う体制であった。百姓が商人や職人を兼ねていた可能性が大きく、商人や職人は百姓には身近な存在で、それらの者が求める原材料・作物を百姓が供給する体制である。

『清良記』第六巻には、大森に復帰した清良を迎える商人「田中の御前」[82]、第一四巻には、「森の道げん」「長寿院」という商人が描かれ、共に大森城下に屋敷を貰っている。「三間、川原淵、北の川、宇和、御庄、その他敵領まで物を貸す。このころ、升物《ますもの》は一を貸して二をとれば、しだいにふえて、永禄の末、元亀天正の時分はつもりしられて、大森ろう城するとも一年はこの三人の米にてこたえべきとの取ざた余儀なし。まことに領内の宝なり」[83]と、身近な大商人の存在を書き、章の題も「領中宝の事」としている。第九巻には、戸雁村の商人兼忍びの親方である「丹波・丹後」が描かれ、その手には、商人を二〇～三〇人も抱え、「このころは金銀米銭ともに、十貸して十六取るはよき人なり」と、金融を手広く行い、清良はこれに出資して、利分の四〇%を収入にしたとしている。[84]これらの記述には、多分に講談が入り込んではいるが、村に居を構えた大商人が、広範囲な商圏で活動したことをうかがわせている。また、編者はこれらの商人を「農本商末」のように農と敵対した商には描いておらず、編者自らも商業的な貸金を営んでいた可能性を示している。

室町時代は、西欧諸国の海外進出が活発化した時期でもある。日本はそれに呼応するように、戦乱に備えた武具・兵器・弾薬などの旺盛な内需を満たすため、あるいは外国の求める銀の供給地として、国際的な市場に関わっていく。この状況が継承された豊臣政権は「石高制」を採用する。これは経済規模が拡大して、小額通貨である銭貨が不足するとともに、基準となり難いほどの悪貨が混じっていたため、これを補うために、一年を通じてみても価値変動が大きい「米」を、やむを得ずに「通貨」として採用した側面がある。[85]豊臣政権で行われた「米積もり」「米遣い」の例として、豊臣譜代大名とでもいうべき福島正則が、日常の小額の出納もすべて米で支払っていることが見出されるように、石高制は徹底される。[86]当時大増産された金・銀の秤量貨幣と銭、制式として米通貨を含めると膨大な通貨量になる。

天下の統一は国郡単位の城と城下町の整備、京・大坂・伏見での大名屋敷の建造と、手伝い普請などを通して、全国規模の流通体制の編成を促進し、市場流通が整備されるにしたがって、地域的な淘汰を進める。[87]この過程で戦国期から盛況を迎えていた各地の金・銀・鉛山なども再開発され、さらに朝鮮出兵にともなう兵器・兵糧の大量調達と軍船・輸送船の大量建造がなされ、[88]空前の大好況となる。鉱夫・工夫・人夫などの需要が急増するとともに、これらの諸作業・工事にともなう、木材・石材・竹材などの諸材料と用具・諸道具・夫食・牛馬の飼料の需要が急増する。山間部では、材木の切り出し・製材・運搬の需要が急増し、さらに金属材料の生産と加工にともなう燃料の「炭」需要も激増する。さらに浦や街道ではそれらの輸送業が発達するなど、社会情勢の変革が起こっている。

江藤彰彦氏は、一七世紀像を再編する中で、「短期間に大量の労働力が流入・集中する場所が各地に成立し、それらが相互に影響しあいながら一七世紀前半の経済成長を支えていた」として、その場所を「繁栄拠点」と名付けている。(89) また、「「繁栄拠点」に隣接する地域では、繁栄拠点が生み出す就労機会や需要が、農民の生計に深く組み込まれていた」と指摘している。(90) この現象は一六世紀末にも遡れる。

伊予での繁栄拠点は、木材・薪炭生産の拠点となった山間村、それを輸送するための街道・川湊村、積み出すための手段である船と造船を担った浦などが該当する。これらの繁栄拠点が要求する需要に応え、作れば売れる商品作物栽培が活性化すると、農林水産から派生した主業・副業も活発となり相乗的に好況をもたらす。

太閤検地で相対的に下落していた生産性は回復し、さらに向上する。この条件下で、各地で商品作物の栽培が積極的に導入されていったと考えられる。村の側からみれば、年貢・役の負担、あるいは代役の負担が増すが、あちらこちらに消費者の大集団が出現したことによって、その周辺では作物は作れば高額で捌ける状況になった。年貢として大部分の米は収奪されるが、その余の農作物は銀・銭に換えられ、消費者集団の周辺では需要に応えるために農術の向上が著しくなる。

五　徳川政権と「農術」

（一）　経済策の転換

徳川政権は、豊臣政権の石高制を踏襲する。ただ、豊臣政権の五畿内の農術を基本とせず、三河を基本としたようである。豊臣政権の都市近郊型農業は、直轄領・御所領では継承されず、これが行われていた村も、幕府領・預かり地になれば緩やかな石盛に設定された。[91]

豊臣政権で拡大した経済規模は、徳川政権の初頭、江戸城と大名屋敷の建設、大坂城と城下の再編、各地の天下普請、諸大名の築城と城下の再編がなされ、各地の鉱山が隆盛し、前節で引用した江藤彰彦氏の指摘した繁栄拠点を中心としてさらに拡大していく。

大名は、築城手伝い・参勤交代・在府などに要する費用を、大量の借財で賄う。抵当になるのは米で、東国では江戸、西国では大坂へと大量の廻米を行い、[92]換金返済される。大名は負担増に耐えかねながら、財源を求めて溜池の増設[93]や水路の整備、沖積平野などの開墾を行う。開墾によってもたらされた米の増産は、寛永通宝や小判・丁銀の大量流通ともあいまって、一七世紀初頭の米価の安定要因となる。

その後、一連の再編事業の終息と外国交易の縮小によって、急速に経済規模が収縮に向かう。寛永一六年（一六三九）には鎖国令が発布され、室町・豊臣政権以来の拡大型経済が大転換される。それにともなって農業を取り巻く環境は、特に西日本を中心に激しく変化している。太閤検地で相対的に下落していた生産性は好況によって回復し、さらに向上した。しかし、山間村などを取り巻く繁栄も一六三〇年代には峠を越え、各地で「尽き山」と呼ばれる資源枯渇が起こる。[94]さらに「寛永一五年（一六三八）夏、長門国から流行が始まった」牛疫は、西日本一帯に広まり、「作付け面積の縮小と施肥量減少の両面から、収穫量を減少させ」、「天候不順による凶作と疫病の流行が加わって、寛永一九年（一六四二）の大飢饉に突入する」[95]。

第一八巻第一章「清良撫民の事」に、元亀三年（一五七二）八月から異常気象が続き、翌年の「天正元年はいかなる年ぞや。五畿内より東は万作なるよし聞こえけるが、山陰、山陽、南海、西海は大干魃にて」、「かく年中不順にて、麦、稲損じ、その地雑穀もとらざれば、その秋よりたちまちに飢饉にて、飢えたる人野に充ち、餓死せるもの路頭に横たわる。さるによりて侍をはじめ百姓に至るまで葛根を掘りて日暮らしの食にあてるといえども事足らず、難儀におよぶことばかりなり」[96]とある。

天正元年（一五七三）の西日本の旱魃は確認できず[97]、この頃の土居清良たちは「五畿内より東」にことさら関心があったとも想定しにくい。しかも清良は、第Ⅰ部第二章第三節で触れたが、同年を描いた第一七巻で高野山・熊野・伊勢参詣旅行に行っていた。彼の留守中に西之川芝一党が大森城を攻め、報復のために留守番衆が「六月一九日に西の川へ打ち向かい、青稲を刈伏せ、在家ども少しを焼き払」[98]とあり、第一八巻とは矛盾した記述となっている。第一八巻の記述は、「寛永の飢饉」をモデルとしているようである。人々が山に入って葛根（蕨根）を掘って飢えを凌ぎ、領主の清良は領民が飢死に瀕しているのに兵糧米を備蓄しても意味がないと施し、松浦宗案の献策で葛根を掘る労力を田畑の整備に向かわせ、足軽・小者を総動員して秋麦を植えて、ようやく飢渇から免れたとしている。葛・蕨は、草刈場・茅場・焼畑跡によく生え、山芋など地下茎・根は傾斜地に生えているのが掘り易い。初期には山麓が掘り荒らされ、次第に「尽き山」になっていた深山まで掘り返されることになる。「第七巻」に述べられている柴の労役の過大さは山林資源枯渇と、こうした状況の中で山林の保全・回復が藩にも認識されていて、それを書き出したかとも思える。

岡光夫氏が、『全集』の解釈を引用して、「「富者も貧者も身分の上下を問わずみな困窮して、道ばたで死ぬ者も多い。事情をよく調べてみれば、これが本当のところだ。今天下が大いに乱れて、どこの国でも同じような有様だが、死人の半数が餓死だというのは、領主がいずれも軍事や民生に関係のないことばかり考えて、耕作を勧める気持ちがないからである」ということばは、著者生前の戦国時代の物語ではなくて、彼が現実に見聞した幕藩体制下の農村のことではないだろうか[99]」としているのは、至当な見解である。在地領主として経営に専念しようとした者に代わり、軍事・民生以外のことに力を入れざるを得なくなった近世の藩の下、土佐・伊予を問わず、互いに走り・欠け落ち百姓が、さ迷い飢える様を指摘している。豊臣政権から徳川政権に移行した当時は、走り・欠け落ち百姓を受け入れる繁栄拠点があったが、経済が収縮したところに飢饉が追い討ちをかけることになる。『清良記』に書かれた長宗我部氏の軍勢が奇襲攻撃時に通ったとされる間道や、清良が隠密裏に行軍したとされるルートも、多くは幕藩体制下に密かに落ち延びた走り・欠け落ち百姓の通った道で、改編者自身の見聞によるものだと推測される。戦国＝乱世・飢饉と、類型化した見方は当てはまらない。

寛永牛疫発生前に飼育されていた牛数は不明だが、寛文牛疫発生前には吉田藩分藩以前の宇和島藩（一〇万石）領で一二、九三二疋を保有していた。この牛を育てるための「草地」を確保していたことになる。宝永・宝暦年間になっても牛数は牛疫前の水準に回復しておらず、経済の縮小によって役牛として売る道が減少したことと、牛を使う農術が求められなくなったことを示していよう。また、逃れることができない疫病から、牛を飼う事がリスク視されたこともあげられよう。牛が飼えなくなることは、牛耕と牛糞という農業の一つの基盤を失うことになる。牛耕と牛糞によって、麦などを自家消費だけでなく商品作物として単位面積あたりの生産性を向上させる「近世に成長した「農術」は後退し、「中世に生まれた「農術」の祖形・基礎」段階に戻り、農家の経営基盤を脆弱にする。この過渡期に起こったのが寛永の飢饉になる。

牛糞を失った分は、当初は飢饉で耕作放棄された田畑や草地の刈敷で代用された。飢饉で耕作放置された田畑の回復が終わると、牛を育てるために必要だった草地も田畑化され、今日の中山間村の景観に近づくところもある。しかしながら、その後も多発する飢饉によって耕作放棄される田畑の再開墾を人耕で繰り返されるところが多い。草地の田畑化と牛糞の喪失は肥料調達を困難なものとして、次第に金肥料への依存を余儀なくさせ、役牛の減少は飼料用作物の需要も低下させる。

『清良記』とその元本となった『耕作事記』は、経済の縮小の中で起こった寛永飢饉・牛疫の疲労から、何とか抜け出そうとする過程を舞台としている。したがって、「近世に成長した「農術」」に固執した庄屋の立場と、広い農地を持つところからくる牛に対する執着が綴られることになる。

他方、繁栄拠点が収縮する中で、働き場所を失った人たちの都市への集中が起こる。都市への人口の集中は、都市の燃料事情・労働事情などから大麦が利用しにくいため（第四節参照）米の消費増につながり、やがて人々の贅沢化などによって米価格は上昇する。寛永の飢饉は、米価の上昇によって過度に米作偏重を強行していたところに、牛疫が起こって被害を大きくした可能性が大きい。

（2） 村の景観

景浦勉氏が考証された、伊予東部の「大保山銀納騒動[100]」は、豊臣政権以後の山間村の活動状況の参考となる。この騒動は元和九年（一六二三）に松山藩が、銀納を出願していた六か村の代表を呼び出して、銀納の拒否と運動の禁止を申渡す。

豊臣政権下で木材需要が急速に高まり、山間部では製材運搬を含めた「銀稼ぎ」が盛んとなり、出稼ぎ者を雇用する景況となっていた。騒動の発端は、慶長八年（一六〇三）にまで遡及できるとされる。稲作が出来ない村なので、銀から米に替えて年貢を負担することへの異議申立てなのだが、大保山村の後年の庄屋の筆録写には「もみ板檜板五葉松板栂柱野根板等之類一同下直ニ相成買人無之[101]」とあるように、木材需要が落込んで稼ぎが出

表1　宇和島藩領山奥上組・山奥下組村高変遷　(石)

村	本高 慶長19(1614)	京桝高 寛永8(1631)	御竿高 正保4(1647)	内拚高 寛文12(1672)
魚成	302	688.9	836.3	586
田野	190.8	435.3	396.1	322
長谷	79.5	181.4	398.5	215.3
今田	75.4	171.9	280.5	259
男川内	110.5	252.1	542.3	281.7
下相	229.7	295.6	533.8	327.2
土居	332.3	581.3	747.9	480.8
古市	65.4	94.3	264	98.3
中津川	30.9	50	261.1	87.2
伏越	60.5	83.6	133.4	100.8
川津南	325	540	784.8	450.2
窪野	395.6	766.4	2003.4	1008.7
鑰之緒	240.3	480.5	1091.8	440.7
野井川	251	425	1058.5	359
遊子谷	143.3	318	1217	447.5
相川	698.5	1244.2	1892.6	1401.7
横林	387.6	775.3	1681.2	704.2
坂石	71.4	142.8	504.5	179.5
総計	3989.7	7526.6	14627.7	7749.8

注：『弌墅截』より(肱川源流地域)。

来なくなったことが騒動の主因である。また同史料には「新百姓之分元村江帰村」「百姓共追々村出致様ニ相成」とあり、出稼ぎ者も出身地に帰村し、出稼ぎ者を含めた経済が縮小して、ついには村人自体が離村を考えねばならない事態となり、この出願にいたったのである。以後、不幸なことに領主の変更が重なり、寛文四年（一六六四）には、首謀者の刑殺という悲劇的な展開をみせ、同一〇年（一六七〇）に漸く主張が認められる。しかしこの時には、数年分の年貢が未納状態だったという。

　このように木材需要は、慶長八年には減退をはじめている。木材景気の変遷は、宇和島藩領の肱川上流域の山奥上組・下組や、河原淵組、津島組などでも同様である。これら林業を中心とした経済活動が盛んだった地域の村高には表1で示すような変遷がみられ、開発過程がうかがえる。慶長一九年に伊達家がこの地を引継いだ時の本高や田畑の面積をみると、太閤検地以後の開発がまったく掌握されていない[102]（表1および第II部第一章第二節の表7参照）。同地では、太閤検地以後に、木材需要の高まりを受けて盛んに伐採がなされ、その跡地が開墾されていたのであるが、それらは、寛永八年（一六三一）の京桝高訂正と、正保四年の御竿高検地でようやく掌握されている。(103)新たな田畑が開かれる努力が続けられ、個々の百姓の生産力、その総和となる村の高が本高と乖離していったため、京桝高改訂や御竿高検地が行われる必要があった。木材を伐採した後を山畑・切畑として利用するだけでなく、切出しや製材で稼いだ銀銭を元に、村民が自ら、あるいは開発労働者を雇い、伐採された跡地を「本畑」や「新田」といった、作徳が大きな田畑として開墾していたことになる。山稼ぎに従事した、帰る所のない走り・欠け落ち百姓などが、開墾労働者や小作人となって定住したと想定される。

これらの村の多くは、寛文六年の水害以後の内拚検地高で、本高から京桝に換算したとされる寛永八年の高程度に戻る村も多く、幕府の「山川掟」が懸念したような究極の「尽き山」ともいえる崩落が起こったかとも推測される。(104)『弌野截』をみると、これらの村では一鬮分の耕地が、『清良記』の述べる田一町に及ばず、鬮分を六～八反程度で設定しており、かつ、半百姓・四半百姓が多い。もともと林業を主業・余業とした家が多い村で、正保四年の御竿高で掌握されたように開発が進み、それに対応して家数が増えたが、文字通りの崩落によって耕地が失われて家数が過剰となってしまった結果である、あるいは検地が小作関係の破棄をともなった徳政だったともみえる。

急速な経済規模の縮小は商品作物価格の下落を招き、さらに有力商人が城下に移転したことによって、精度の高い商業情報が百姓に届きにくくなったと想定される。商品作物に比重を置こうとしていた、あるいは置いていた経営は苦しいものとなる。そこに寛永の牛疫・飢饉が追い討ちをかけ、市場の環境に合わせた商品作物に依存した農業は特定の階層では意味を失い、年貢を負担して生活するための農業・「中世に生まれた「農術」の祖形・基礎」が再び選択されていく。寛文牛疫で死滅した牛数が回復しなかったのは、この選択のためだと理解される。

第四節で述べた播磨国揖保郡上堂本村の周辺では、元和三年（一六一七）に池田氏が鳥取に移封され、本多氏・小笠原氏・岡部氏・天領と引き継がれる。天領となった寛永一三・一四年（一六三六・七）に、検地が行われて村高が約一五％減り、再び池田氏領となった寛永一五年（一六三八）から明暦三年（一六五七）に、元の池田検地高にほぼ戻る。翌年の万治元年に、再び幕府領となって寛永の検地高に戻り、その後龍野脇坂氏領となっても、寛永の検地高が踏襲される。(105)

村高の変遷は、私領と天領の相違と、それにともなう田制と免の相違だけではなく、経済規模の縮小に実態を合わせざるを得なかった結果だと考えられる。播磨の中心が姫路に移ると、それにともなって揖保郡では商品作物栽培は大きく後退し、田の畑作化も限定されて、水田稲作に比重を置いたものとなり、他の稼ぎ・副業・出稼ぎを織り込んだ「半ば百姓・四半の百姓、兼業農家」が、主流となったことを示しているとうかがえ、伊予の山間村や浦と共通した様相をみせている。

（1）飯沼二郎「風土とはなにか」（『風土と歴史』岩波書店、一九七〇年）。
（2）『延喜式』第六（正宗敦夫編纂『日本古典全集』日本古典全集刊行会、一九二九年）一八九～一九六頁。『延喜式』では、「単功」は「短功」と書かれる箇所が多く、諸橋轍次編『大漢和辞典』第八巻（大修館書店、一九五九年）の「短功」は「陰暦十月から正月迄の日の短い時の工匠の仕事」だとしている（二九二頁）。
（3）長澤規矩也編『新漢和中辞典』（三省堂、一九六七年）八五三頁。
（4）徳永光俊「大和農法にみる作りまわし」（『日本農法史研究――畑と田の再結合のために――』農山漁村文化協会、一九九七年）。作物の栽培サイクルと田畑の輪換を含んだものを示している。
（5）黒田日出男「施肥とトイレ」（『増補姿としぐさの中世史』平凡社、二〇〇二年）。
（6）宇野隆夫『荘園の考古学』（青木書店、二〇〇一年）は、「近世の田畑遺構によく付属する肥溜めは、戦国期以前にはほとんど存在しない」としている（一三二頁）。

（7）『万葉集』『古今和歌集』『後撰和歌集』などには、「刈穂」に掛けた「仮庵」が多く詠まれる。穂刈（刈穂・穂摘み）による収穫期間は長いため、仮小屋を建てる必要があった。また、秋の寂寥感に「稲葉」詠まれるのも、気温の低下によって出穂が出来なくなり、役目を終わって立枯れる稲葉の情景である。

（8）鈴木秀夫・山本武夫『気候と文明・気候と歴史』（朝倉書店、一九七八年）。住田紘『気象・太陽黒点と景気変動』（同文館出版、二〇〇四年）に、太陽黒点と経済変動が周期性を持ち、覇権国家の交代をもたらす要因となることを考察している。中沢弁次郎『日本米価変動史』（柏書房、一九六五年）は、古代からの米価掌握を目指しているが、変動要因の最大のものは気候変化であるとしている。

（9）寺沢薫「収穫と貯蔵」（石野博信・岩崎卓也・河上邦秀・白石太一郎編『古墳時代の研究』雄山閣出版、一九九一年）六〇～六三頁。

（10）渡辺実校注『枕草子』（新日本古典文学大系二五、岩波書店、一九九一年）一二八頁。

（11）前掲注(10)『枕草子』二五五頁。

（12）前掲注(10)『枕草子』二五五～二五六頁。

（13）黒田日出男『日本中世開発史研究』（校倉書房、一九八四年）七四～七五頁。

（14）徳永光俊「大和農法の形成と展開」（前掲注4徳永書）。

（15）河音能平「二毛作の起源について」（『中世封建制成立史論』東京大学出版会、一九七一年）。

（16）磯貝富士男『中世の農業と気候――水田二毛作の展開――』（吉川弘文館、二〇〇二年）一九～二四頁。

（17）宝月圭吾「中世の産業と技術」（『岩波講座日本歴史』第八巻中世四、岩波書店、一九七一年）一〇四頁。米以外の作物は、領主側（支配者）にとって収税のための捕捉性に乏しく、中世・近世を問わず課題となる。

（18）前掲注(17)宝月論文、八三頁。

（19）朝陽会編『大日本租税志』中編（一九二七年。思文閣、一九七一年復刻）一九〇頁。

（20）前掲注(14)徳永論文で、大和での「畑と田」の結合・離散の過程を、実証的に示している。

（21）竹内理三編『鎌倉遺文』古文書第一巻（東京堂出版、一九七一年）文書No.三六三・三七四・四五〇など。

(22) 永井哲雄「麦作と合戦の刈田」（『宮崎県史』通史編中世、宮崎県、一九九八年）四三四～四三八頁。
(23) 竹内理三編『寧楽遺文』上巻（東京堂出版、一九八一年）二二五頁。天平六年「尾張国収納正帳」など。
(24) 田中正武『栽培植物の起源』（日本放送出版会、一九七五年）一一四頁。ジャポニカ種の特徴とされる「有芒」のものも文献史料として数多く見出される。
(25) 嵐嘉一『日本赤米考』（雄山閣、一九七四年）。
(26) 熱田公「民衆文化の台頭」（前掲注17書）。
(27) 「田植草紙」（新間進一・志田延義・淺野建二校注『中世近世歌謡集』日本古典文学大系四四、岩波書店、一九五九年）「昼哥四はん《（番）》」本歌を注釈一一より抜粋（二七五～二七六頁）。
(28) 『弌野截』下巻（近代史文庫宇和島研究会編『宇和島藩庁伊達家史料』第三巻、一九七八年）一一九頁。
(29) 『甲斐国村高並村明細帳』（『甲州文庫史料』第四巻、山梨県立図書館、一九七五年）。
(30) 門田恭一郎「大洲藩の農耕法」（『伊予史談』三三二号、二〇〇四年）三三頁。
(31) 前掲注(29)『甲斐国村高並村明細帳』二六二～二七四頁。
(32) 「免」は課税を免ずる意味である。近世には一般的に課税率を表すことが多い。
(33) 福島紀子「矢野荘散用状に見られる大唐米」（東寺文書研究会編『東寺文書にみる中世社会』東京堂出版、一九九九年）三一八～三二六頁。
(34) 安楽策伝著・鈴木棠三校注『醒睡笑』（平凡社、一九八三年）一六四頁。
(35) 宮川修一「大唐米と低湿地」（渡辺忠世編『稲のアジア史』三、小学館、一九八七年）は、嵐嘉一氏・津野幸人氏の「作物学の手法による実験データ」を引用して、大唐米は「多収を目指す経営には不適格な品種」だと述べている（二六四頁）。佐藤洋一郎『稲の日本史』（角川書店、二〇〇二年）では、温帯ジャポニカと熱帯ジャポニカ、インディカの肥料と収量の関係を比較している（一四七頁）。それによれば「上田にはいよいよ（愈）よくて」という「第七巻」の大唐米についての記述は適合しない。実際に栽培しなかった者が書いたことになる。
(36) 『郡鑑』（吉田郷土史研究会編『伊予吉田郷土史料集』第四輯、吉田町教育委員会、一九八二年）一五頁。なお『不鳴条』（『日本農民史料聚粋』第一一巻、酒井書店・育英堂事業部、一九七〇年）によれば、宇和島藩では「太米一割之歩米引」であった（三〇四頁）。

(37) 今谷明「瀬戸内制海権の推移と入船納帳」（燈心文庫・林屋辰三郎編『兵庫北関入船納帳』中央公論美術出版、一九八六年）。

(38) 三好正喜・徳永光俊校注執筆『阿州北方農業全書』（『日本農書全集』一〇巻、農山漁村文化協会、一九八〇年）三八五～三九三頁。

(39) 前掲注(33)福島論文。明徳二年（一三九一）に「早米（早稲）」の収納が始まっており、早稲と大麦の二毛作に移行したとみなせる（三一八～三二六頁）。

(40) 籾桶についての考察は別稿を用意している。池橋宏『稲作の起源』（講談社、二〇〇五年）は、中国での二毛作起源について、小麦を常食としていた宋の南下により、江南で二毛作が普及したとしている。また北宋の大中祥符五年（一〇一二）に秈・占城イネが勅令によって作られて水田の八〇～九〇％で栽培されたとする（一七四～一七五頁）。矢野荘での大唐米の作付状態、あるいは作付低下と定着は、その後の日本でみられる真米（ジャポニカ）と大麦の二毛作が行われたことを示しており、大唐米の位置・二毛作体系は日本独自の展開をしたとみなせる。

(41) 宋希璟著・村井章介校注『老松堂日本行録』（岩波書店、一九八七年）一四四頁。

(42) 前掲注(41)『老松堂日本行録』九六～九七頁。

(43) 佐々木銀弥「中世都市と商品流通」（前掲注17書）。同「中世後期地域経済の形成と流通」（永原慶二・佐々木潤之介編『日本中世史研究の軌跡』東京大学出版会、一九八八年）など。

(44) 小出博『利根川と淀川』（中央公論社、一九七五年）水利と開発の難易度について東西日本の相違を考察している。

(45) 脇田晴子「土倉と徳政」（『室町時代』中央公論社、一九八五年）。黒羽兵治郎「農村小記」（『野の人町の人』柳原書店、一九四四年）には、江戸時代中期の河内での例が掲げられている。

(46) 勝部眞人『明治農政と技術革新』（吉川弘文館、二〇〇二年）に、明治期の秋田県での「乾田化」の問題が詳述されている（一八六～一九一頁）。

(47) 後の江戸幕府領では基本的に「上々田」が採用されず、「作徳」の差に逆転現象が生まれて、「上田」より「中田・下田」の質入評価が高くなる（前掲注45黒羽書、七三頁）。
(48) 軍事面からみても三間は盆地の中に小丘陵が点在しているため、道路を拡幅し道路脇の丘陵地に鉄砲を埋伏させる戦法が有効であった。土居清良の最大の武功である岡本合戦もこの戦法を取った。
(49) 『長元物語』（『群書類従』第二三輯上、群書類従完成会、一九五八年）「土佐浦々へハ中伊予来島ノケイゴノ兵船来リ。女童ヲ取ル。浦浜ニ家令焼亡事」（二四頁）。
(50) 『松浦本』一一九頁。西園寺氏は「実・公」を交互に名乗る伝統があり、「実近」が実名であろう。
(51) 『松浦本』一六六頁。
(52) 『全集』六頁、『松浦本』六六頁。
(53) 藤木久志「戦場の村・村の城」（『雑兵たちの戦場』朝日新聞社、一九九五年）。同「村の戦争」（『戦国の村を行く』朝日新聞社、一九九八年）。
(54) 『松浦本』一一八頁。
(55) 前掲注(49)『長元物語』二五頁。
(56) 古島敏雄『日本農学史第一巻』（『古島敏雄著作集』第五巻、東京大学出版会、一九七五年）で二年サイクルと捉えている（一五八頁）。有薗正一郎「「清良記」の水田多毛作事例に関する一試案」（『地理学報告』四七号、一九七八年）では一年三作として捉えている。永井義瑩「『清良記』巻七をめぐる農書研究」（『農村研究』六一号、一九八五年）では、作付収穫時期から矛盾したサイクルであるとしている。
(57) 第II部第三章第一節表4参照。松丸には「寛永の頃桑折中務居住（中略）七千石給地也」と、河原淵氏の河後森城下を継承して陣屋が据えられていた（前掲注36『不鳴条』四三〇頁）。慶安三年（一六五〇）に、桑折氏は知行が削られて、宇和島城下に移っている（須田武男編『松野町誌』松野町、一九七四年、八八三頁）。中之川村の麦田率の減少は、その影響とみられる。
(58) 峰岸純夫「十五世紀後半の土地制度」（竹内理三編『土地制度史I』体系日本史叢書、山川出版社、一九七三年）は、「三〇%という一つの目安ができる」、「古堅田のごとく、地味の消耗度、施肥の条件や労働力事情を考慮して、断続的に麦作をする乾田もある」（四〇〇頁）としている。永井義瑩氏は、峰岸氏が成立年代を考慮していないことを批判し、また、古堅田を「排水不良田」と定義してそこでは麦作ができないとして否定している。しかし、永井氏は一五世紀後半と、氏の主張する『清良記』成立年代である一七世紀後半（元禄一四・一五年以後）との条件変化の有無について論及せず、さらに「古堅田」の定義も誤認している。

(59)『全集』二五三〜二五七頁。

(60)安良城盛明『幕藩体制社会の成立と構造』（御茶の水書房、一九五九年）。同『太閤検地と石高制』（日本放送出版会、一九六九年）。宮川満『太閤検地論』（御茶の水書房、一九六三年）。脇田修『近世封建制成立史論——織豊政権の分析Ⅱ——』（東京大学出版会、一九七七年）。同『秀吉の経済感覚』（中央公論社、一九九一年）。池上裕子「織豊期検地論」（前掲注43永原・佐々木書）。同「検地と石高制」（歴史研究会・日本史研究会編『日本史講座』第五巻、東京大学出版会、二〇〇四年）。中野等『豊臣政権の対外侵略と太閤検地』（校倉書房、一九九四年）、速水融『近世初期の検地と農民』（和泉書院、二〇〇九年）などによっている。「太閤検地」と総称されているが、単なる土地の計測と耕作者・品位確認の「検地」とは異なって、近世的諸制度の画期ともなっており、「改新・改革」と呼ばれるのが相応しい。本書では通例に従って「太閤検地」と記述する。

(61)『全集』一三頁。なお、現代語訳の注釈に「三十坪を一反とする」とあるが「三百坪」の誤植である（『松浦本』六八頁）。

(62)前掲注(36)『不鳴条』二一六頁。

(63)渡邊忠司「近世初期の「士免」覚書——近世初期徴税法研究の概観——」（『大樟論叢』二三号、一九八七年）。豊臣政権は基本的に「検見法」を採る。

(64)森杉夫「和泉国の太閤検地（一）」（『大阪経大論集』一九四号、一九九〇年）。

(65)佐藤進・池内義資編『中世法制史料集』第一巻（岩波書店、一九五五年）二二一頁。米の「神聖」視は、「兵糧＝米」の視点に起源を持っていると推定される。

(66)近代の軍隊でも、日清戦争頃まで兵食は米の習慣が続き、脚気罹病に悩んでその対策として駐屯食として大麦が加えられる。『百姓伝記』（岡光夫翻刻現代語訳解題『日本農書全集』第一七、農山漁村文化協会、一九七九年）に、烹炊の手間と腹持ちの悪さを詳述している（一八五〜一九七頁）。津野幸人「肉体労働における米の役割」（『小農本論』農山漁村文化協会、一九九一年）は、「デンプン質主体の食事では食物の種類によって驚くほどに労働能率がちがう」「空腹感の襲来とともに筋力が虚脱状態となる。米と同じ分量の芋や麦を食べても空腹を早く感じるし、疲労度も重いものである」と指摘している（六四〜六五頁）。

(67) 近藤孝純「南予における天正慶長検地帳について」（『近世宇和地方史の諸問題』宇和町教育委員会、一九八九年）。

(68) 長谷川裕子「中世近世移行期の人売り慣行にみる土豪の融通」（藤木久志・蔵持重裕編著『戦国の村を歩く』校倉書房、二〇〇四年）が、土豪の持つ緊急避難的な役割と存在意義を考察している。

(69) 大石慎三郎校訂『地方凡例録』上巻（近藤出版、一九六九年）七三頁。

(70) 八木哲浩「近世の揖保川町」（『揖保川町史』第一巻、揖保川町、二〇〇五年）は、前掲注(69)『地方凡例録』の「古来検地条目」を引用して、「二割を引いた高を反当り籾収量と定めた」と太閤検地の「ゆるやかさ」を指摘している。また、後に領主池田氏が「姫路城築城費用の捻出のため、播磨国中の村高、国高の二割打出しをはかったのは、太閤検地のときの石盛が実質より軽く定められていた事情があって、二割余計に取り立てることも可能であるとの計算が働いたから、との見方もできよう」として（六一二〜六一五頁）、この地域での「高」の変遷を考証している（六二五〜六三五頁）。なお、『加古川市史』第二巻本編Ⅱ（加古川市、一七九九年）第五章第二節（八木氏執筆）で、池田氏の支配が検証されている。

(71) 『龍野市史』第五巻史料編二（龍野市、一九八〇年）一〇〜一三頁。同村は、現・たつの市龍野町堂本。「池田輝政検地記録」のうち「森川文書」には「池田三左衛門様播磨へ御入国ハ慶長五庚子年、明ル六年御検地改ニ付惣奉行中村主殿助殿・若原右京之助殿両人御出張」、「山下文書」には「慶長六丑・同七寅両年ニ播磨ノ方相済申候。右御寸法・斗代高其村々ニ御見合セ極リ候。反ニ弐石代、同壱石九斗代、同壱石八斗代、同壱石七斗代、壱石六斗代。尤其村ノ用ヒ高ハ上中下下々頭斗代ニ准極リ申候」と、高い石盛がされている。文禄四年「長福寺村検地帳」では、「上田」一・五石、「中田」一・三石、「下田」は四筆一・二、〇・九二、一・一五、〇・九石と不定で、「下々田」一筆〇・九石とされている。

(72) 当時西播磨の中心は斑鳩寺付近で、その近郊に相当する。

(73) 八木氏はこの検地帳などを使い、太閤検地のゆるやかさを考証している。

(74)「真土村」の例など。山崎隆三「地主小作関係の展開」(岡光夫・山崎隆三編『日本経済史』ミネルヴァ書房、一九八三年）は、例外的な旧侍・名主の大土地保有経営がみられるが、再生産を維持するための被官・下人で、後の小作料を取得する目的とは異なっているとしている（一六八〜一六九頁）。
(75)『全集』一二四頁、『松浦本』六八頁。
(76)熱田公「民衆文化の台頭」(前掲注17書)。
(77)黒田日出男「田遊びと農業技術」(『日本中世開発史の研究』校倉書房、一九八四年)。
(78)平川南『古代地方木簡の研究』(吉川弘文館、二〇〇三年）一一六〜一一七頁。
(79)大島真理夫「村落共同体と地主制」(前掲注74岡・山崎書)。
(80)川口久雄校注『新猿楽記』(平凡社、一九八三年）七七頁。
(81)前掲注(45)脇田書、一四四頁。
(82)『松浦本』六〇頁。
(83)『松浦本』一九七〜一九八頁。
(84)『松浦本』一二八頁。
(85)小葉田淳『鉱山の歴史』(至文堂、一九五六年）は、「十六世紀中頃から十七世紀にかけて、鉱業史上に一時期を劃すべく、とくに金銀山の急激なる開発が全国に亘って行われ、金銀大増産を見た。十七世紀中頃になると金銀の産出が減退して、これに代って銅鉱業が勃興した」(五四頁）と、豊臣政権当時は銭貨原料の銅が少なく、徳川政権に入り増大したことを指摘している。
(86)藤田達生「「天正の陣」後の伊予国衆(上)――新居浜市教育委員会所蔵「野田家文書」を素材として――」(『伊予史談』三三五号、二〇〇四年)。福島正則の安芸移封後の文書である。
(87)末永国紀「全国市場の成立」(前掲注74岡・山崎書)。
(88)たとえば『清良記』第三〇巻第一〇章に「三島明神の神木、高野大師の御作堂」などを徴収し、「多くの船ども出来し、来たる辰の正月高麗陣とて諸国に催しりしなるに、その暮れ十二月二十八日船蔵より火出でて、神木にて造りし船は一そうも残らず焼けにける」としている。さらに、戸田民部（勝隆のこと）が、朝鮮で陣没するのも神罰だとしている（『松浦本』四一六頁）。

(89) 江藤彰彦「江戸時代前期における経済発展と資源制約への対応」（大島真理夫編『土地希少化と勤勉革命の比較史』ミネルヴァ書房、二〇〇九年）九五～九七頁。

(90) 前掲注(89)江藤論文、九三頁。

(91) 前掲注(70)『揖保川町史』第一巻、六三六～六三七頁など。御所領では享保期以降に石盛を一部変更している村がみられる。

(92) 中部よし子「近世都市の展開」（前掲注74岡・山崎書）。

(93) 第II部第一章第一節で引用した「中山池」は、南伊予での代表的な溜池である。

(94) 前掲注(89)江藤論文、九五～九七頁。

(95) 前掲注(89)江藤論文、一〇一～一〇三頁。

(96) 『松浦本』二四一頁。

(97) 前掲注(8)中沢書。辻善之助編『多聞院日記』第五巻（三教書院、一九三九年）など。

(98) 『松浦本』一三五頁。

(99) 岡光夫『近世農業の展開』（ミネルヴァ書房、一九九一年）一一三～一一四頁。

(100) 景浦勉「大保山銀納騒動」（『伊予農民騒動史話』愛媛文化双書一〇、愛媛文化双書刊行会、一九七二年）。

(101) 前掲注(100)景浦書、一六頁。

(102) 前掲注(36)『不鳴条』には、「此田畑畝浅野弾正検地たりといへども、戸田民部殿藤堂和泉守殿検地も有之故」とあるが、詳細は記録していない（二一九頁）。

(103) 京桝高は本高を換算したものとなるが、多くの村で整合せず、京桝採用時にこの地域で検地が行われた可能性がある。太閤検地が行われていなかった（書上・差出のみだった）可能性もある。

(104) 黒板勝美編『徳川實記』第四篇（国史大系四一、吉川弘文館、一九六五年）。寛文六年二月二日「諸代官に山川の令を下さる」（五六〇頁）。

(105) 前掲注(70)『揖保川町史』第一巻、六三六～六三七頁。

終章　農書としての『清良記』研究の意義

第Ⅲ部では第一章、第二章において、農業の始まりから『清良記』成立時期にいたるまでの田と技を中心に考察してきたが、長い期間を扱うため個別技術の展開については概要を述べることしかできていない。また、南伊予の史料の状況から地域的事例の積み上げが難しく、全国の断片的事例をとりあげてきた。第Ⅱ部で行った農書としての『清良記』の解釈にも他の地方の事例を援用しており、その手法には異論もあろう。

終章では、技と解釈姿勢の補述を行い、飯沼二郎氏が『松浦本』序文に寄せた「清良記刊行の意味[1]」の趣旨を借用して、『清良記』研究の意義を述べて、本書のまとめとしたい。

一　村の安定をめざして

まず稲作の「株刈」「稲干」「稲扱き」という個別技術をとりあげる。

第Ⅱ部第一章第三節で引用したが、宝月圭吾氏が指摘したように、承和八年（八四一）の「太政官符」では「稲機《いなはた》」に収穫した稲を掛けて「干」ことが勧奨されていた[2]。しかし、第Ⅲ部第二章第一節で引用した、西暦一〇〇〇年頃に編まれた『枕草子』では、様子が異なっていた。

清少納言は御所からわずかな距離の松ヶ崎で、稲扱と摺を五月に見物しているが、五月まで株刈収穫されたものを保管すると膨大な体積となってしまい、収蔵庫も大型のものが必要となる。稲機での乾燥が終われば直ちに扱作業を行い、籾にして収納されたと想定されていた。しかし『枕草子』では、稲穂のままで収納して、その後に随時に扱きを行っている。太秦《うずまさ》への道では、稲をサクサクと容易に刈る「鎌」について珍しげに書いている。鎌は古墳時代に鉄鎌が出土し、株刈跡のある稲株も出土している。しかし、平安時代の都近くでも穂摘みが行われていたこと、鉄鎌が珍しい道具で、株刈も目新しいものであったことを示している。

稲刈の文章につづいて、「本《もと》」から刈られた稲は、「穂《ほ》をうちしきて並《な》みお《(を)》るもお《(を)》かし」[3]とある。これは『清良記』と同じく、刈り取った稲をそのまま切り株の上に寝かせている状況である。『清良記』には、刈り束ねる手間も書かれており、一部の田、あるいはその年の気候条件などにより、稲機に掛けられる可能性も考えられるがこの手間には触れておらず、稀な作業だったのであろう。太秦への道の記述の冒頭にある、「人いとおほく見てさはぐ」は、第II部第一章第三節に示した『清良記』と同様に、干がされずに「人いとおほく」によって、田頭で稲扱される情景ではないだろうか。

『枕草子』は、歌枕のような観念の記述がある一方、男女の機微や実景の描写は実に丹念である。作者は宮仕えの女性なので、外出の機会が極めて少ない。したがって、稲作の観察記述は断片的で少ないが、前後関係や歌の感性、「刈穂」「仮庵」が様変わりしている実景を面白がっている記述などから、観察記録としても優れたものだといえよう。舞台となった都は、地方より富を集めることによって営まれており、同じ盆地内の松ヶ崎・太秦では、富を集めうる者が、自家の田畑経営に力を入れていなかったといえるかもしれない。

平安時代の後期から鎌倉時代になると、これらの個別技術の受容事情が変わってくる。平家の盛衰を経て鎌倉幕府が成立するが、この動きに力を貸した者は各地の開発領主が多く、それらの者が本願の土地を離れて全国各地に恩賞を貰って移動している。伊予でも在地の河野氏や得納氏のように功を認められて伸張する者もある一方、宇都宮氏、清家氏のように関東から移ってくる者も多い。それらの者や配下には田堵出身の者が多く、農業の技に詳しく関心も高かったと思える。したがって、各地で個別的に成長していた技も、地域特有の条件を除いていわゆる「一所懸命」と呼ばれる所業の者たちによって均質化され、田植え株刈、田頭稲扱き方式の稲作と、「作りまわし」を念頭とする畑作を基幹とした「農術」のレベルになったとみなしてもよい。

その後に二毛作、大唐米の移入が行われたことになる。

次に、第Ⅲ部第一章第二・三節で触れた農具と水田耕起、同第二章第二節で触れた二毛作についても補足しておきたい。

貞応二年（一二二三）の遁世者の道中日記である『海道記』には、四月四日に近江瀬田（現、滋賀県大津市）から三上山（現、野洲市）の間の情景が観察されている。

　田中打過《うちすぎ》テ民宅《みんたく》打過ギ、遥《はるばる》〃トユケバ、農夫《のうふ》双立《ならびたち》テ畄《アラタ》ヲウツ声、行雁《こうがん》ノ鳴渡《なるわたる》ガ如シ田ヲ打時ハ双立テ、同《おなじ》ク鍬《くは》ヲアゲテ歌ヲウタヒウツナリ。卑女《ひじょ》ウチツレテ前田ニエグツム、存外《おもは》ヌシヅクニ袖ヲヌラス(4)

歌の世界では、「雁」は「刈」に掛けられることが多いが、田に農夫が雁行して、雁の物悲しい鳴き声を思わせる歌を歌いながら、田を起こしているさまが良く表現されていよう。「シヅクニ袖ヲヌラス」は、今日の糧を得るために前田である水田《みずた》に残った稲の古株から生えたヒコバエ（エグ）(5)を女たちが採るという飢えに追い詰められた状況で、秋の収穫に向かって男たちは満足な食事もせずに頑張って田スキを行っている。重ねて出てくる「打」「ウツ」は、承久の乱（一二二一年）の物故者を鎮魂供養するための道中の「鬱」気分を表し、窮迫した農民が健気に働く姿を、巡礼者の己の姿と同体化・共感していることを強調している。

第Ⅲ部第二章第二節で二毛作の始まりを、飢えに直面した状況からとしたが、右のように貞応二年の近江では、飢えに直面しながらも二毛作を行っていない。ただ、たまたま前年は一毛作を実施しただけという可能性はもちろんある。箍桶の普及によって二毛作の常態化が出来るようになる以前の、そしてそれ以前の大唐米が伝わる前

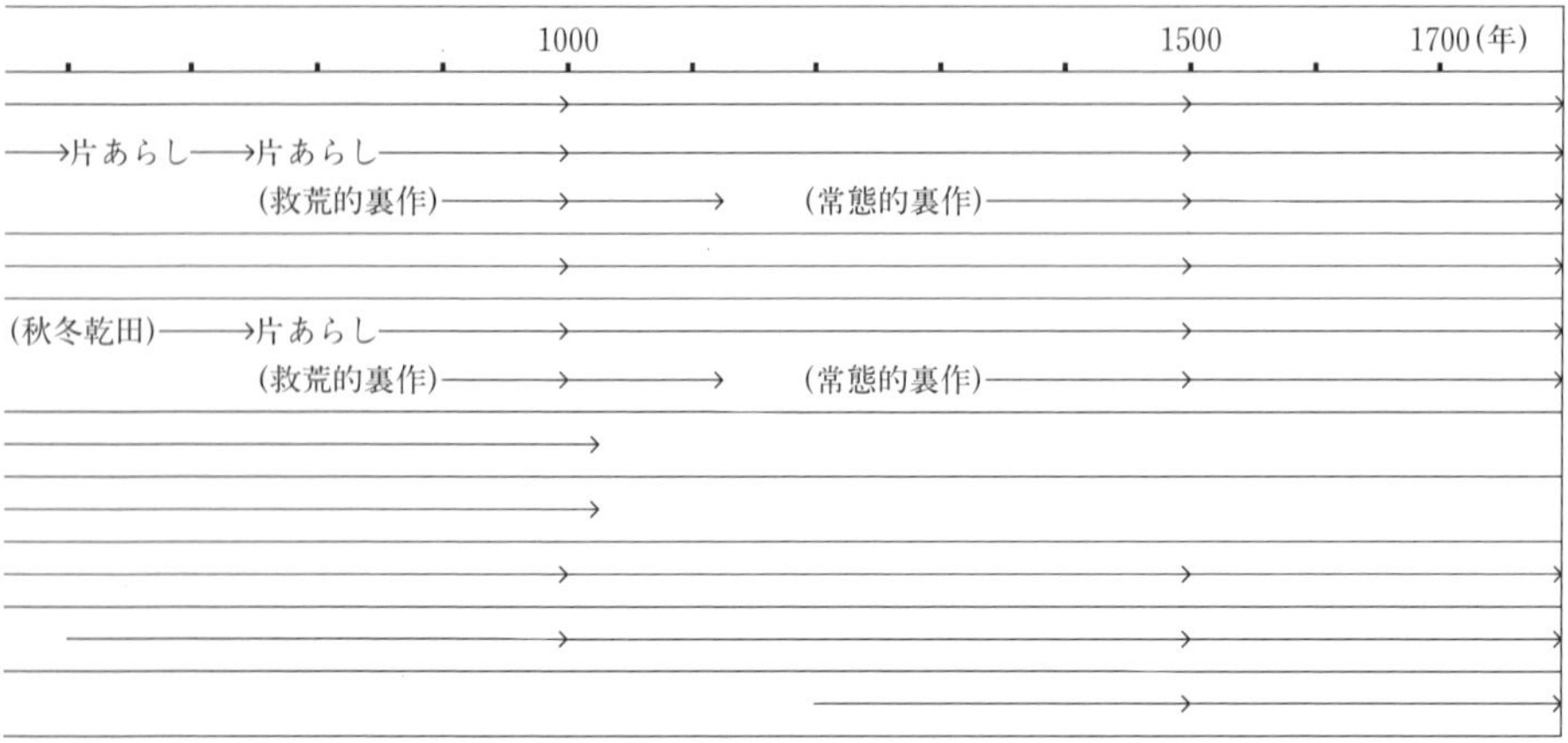

の姿をよく表現しているのではないだろうか。

二毛作の常態化後、豊臣政権によって全国的に同じ基準（田制）を用いた検地が行われる。五畿内を基準に据え、地域によっては現地事情を織り込みながら多少の修正を加えて行われている。したがって、大化の改新にともなう班田以後に、鎌倉幕府の成立と太閤検地によって二度全国規模で均質化される機会があったということができ、南伊予以外の史料を用いても、大きな誤差を生まないと考えている。また、宇和島藩では正保検地のさい、基本的な田制以外に、「早田・中田・晩田」と細分化を図っている。他郷の者を雇い入れて検地を行っており（第II部第三章第二節参照）、全国的なレベルからみても極端な相違がなかったといえ、筆者の『清良記』の解釈姿勢に問題はないとできよう。今後、地元の史料の発掘により、解釈の精度を向上させることが課題となる。

『海道記』に書かれたように、端境期にあたる春の食料の確保が、中世から近世前期の社会では免れがたい大きな問題となっている。『清良記』で早稲を藩の田制に逆らって推奨するのも、この問題の一つの回答になっている。『農業全書』も飢渇の憂いが主題であるように、近世前期には避けられないもので、限られた労力や資材をもって、どのようにすれば安定的な収穫を得られるかが記述の主眼

図1　水田稲作模式図

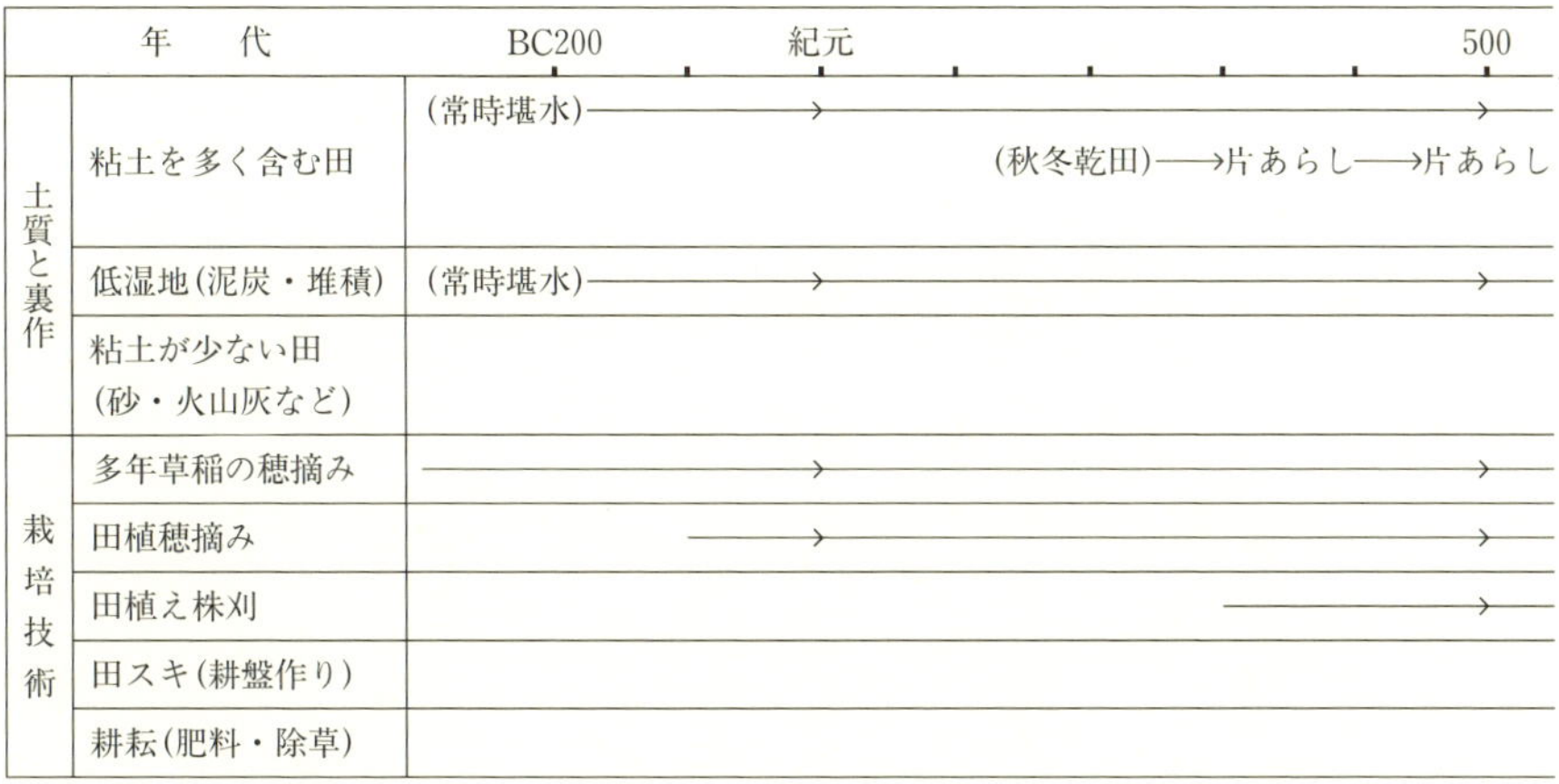

となり、近世前期農書の特徴となる。

徳永光俊氏の近世農書研究から明らかなように、近世後期の農書は増産・多収穫・高効率と換金作物経営を大きく意識しており(6)、享保や天明の飢饉のさいには、農書とは異なった「救荒書」も、書かれることになる。

『枕草子』を例にして、個別技術の発生と普及には大きな時間差が起こっていることを補足したが、第II部において検証したように、同じ地域であっても階層によって受容できたり、受容できなかったりする場合があることを示した。技術受容可否の分岐には、村の人口、労働力や身分階層、耕地と地理条件などがかかわりながら、最終的には「村の安定」と「収穫の安定」が優先されることが、『清良記』から読み取れる。

『清良記』は栽培技術中心の農書ではなく、村を安定的に維持するための農家の規模と、家を維持し生活するための諸作業や労働時間について庄屋の一廉を基準に置きながら記している。そこには、第I部第三章第二節で引用した目黒山境界訴訟の、百姓は末代で地頭の支配は当座のものであるとの考えが貫かれている。末代の百姓が安定的に生活するため、村の支配者・指導者である庄屋が、村を支配・維持する立場で、必要な規模と労役の徴収権を主張し、本百姓が四半百姓やむえん・もうと家などの労力を雇って経営を行い、村全体の構成戸と農家の規模と経営を模索する過程、言い換えれば村のバランスを回復する過程を描いていることにもなる。

江戸時代前期に成立した『清良記』にあらわれた階層別の経営差からの所見を、中世の農業に敷衍することで、もう少し中世の農業や社会の成り立ちを明らかに出来るのではないだろうか。農業の歩みは、人々の生命を維持することが基本なので、そこからさまざまな社会活動が起こることになる。したがって、単に農業技術の展開だけでなく、その普及、あるいは普及の格差が、いかなる社会の変革を引き起こしているかにも目配りが必要となろう。

図1は、『清良記』を終点とした水田稲作の技術的展開の模式図である（栽培技術は、それが行われていた可能性を示している。また普及の濃淡は示してはいない）。

二　飯沼二郎氏の『松浦本』序文から

飯沼二郎氏が「清良記刊行の意味」と題して、「明治以後」と「日本の高度成長期」をそれぞれ時代区分としてとりあげ、持論の「規模拡大を目指さない農業」、「伝統的な複合経営」の今後の指針として、『清良記』全巻刊行の意義を述べている。

明治以後に、鉱石肥料・化学肥料・セメント・農薬・鉄製農具・石油・電力など「外来」資材の導入と、西洋の科学的な学問・「学理」が導入された。ともすれば、自然への挑戦と克服を主眼として、畏敬の念を忘れてしまい、外来をさらに追い求め受け入れた農業に展開していく(7)。仮にこれを、「化育」と対比して「多育」と呼ぶ。

「多育」の多には、農民自身の多収穫願望も含まれるが、「外来・農外」に対する強い多くの要求が含まれる。「多育」は結果として、多くの成果を上げてきたが、農民に多労と多投資・多消費を強いる。外来・農外の要求は広範囲で、消費者・流通者・肥料農薬資材農機メーカー・販売者・建設業・行政・官僚・研究者、さらに海外からの要求と、とめどもない。農民は、それら多くの願望と要求を託されて作物を育てる。その過程で、外来・農外の「農業関連者」が肥大化して、「農外」が農外そのものの存続を至上視するかのように振舞い、農業の空洞化を促して、今や日本の農業は行き詰まる寸前にあると、飯沼氏は危機感を持っていた。

飯沼氏の区分した「明治以後」には、近代の学問の問題点も含まれていよう。

実際には水田稲作を中心としているにもかかわらず、乾田地帯で成立した「儒学」の農業観をベースとし、精耕・勤勉・多労を最上級の美徳とし、「田は耕すもの」「施肥をするもの」「田植えはすべてに行われるもの」と理解していた近世の支配者の農耕観に、明治以降に西洋の主流である牧畜と休耕をともなった畑作農耕が翻訳架上される。しかし、第Ⅲ部第一章第一節で引用したが、田中耕司氏が指摘するように、東・東南アジア起源の水田稲作は「個体の農法」であり、西アジア起源のムギ作の「群落の農法」とは捉え方が根本的に異なっている(8)。多くの農学者は系統の異なった輸入理論を消化できないまま、水田稲作にも援用し、奇妙な農耕観・農業観・史観を仕立て上げる。その一方で、農の現場では富国強兵策の一環から、灌漑設備の整備など農業基盤の整備をともなった乾田化が進められ、「老農」と呼ばれる農巧者、改良技術普及者の活動などによって、乾田での耕起・肥料などの多使用・多労により、収穫量の増大をひたすら目指すことが常態化する。常態化の中での知見と目標から農学が積み上げられていくが、長いスパンで稲作の歴史をみれば、耕起・乾田化・多肥・多労による営農は、僅かな期間にしかあてはまらない。

第Ⅲ部第一章第五節で触れたが、明治の地租改正に参画した横山由清氏が見出せなかった、古代からの「田そのもの」の基本的な区分の「徴《しるし》」をみつけられないまま、近代の学問が進む。地租改正のさいに集約された史料には伊予の反当り平均米収量は、一・二〜一・四石という驚くべき低い数字が掲げられている(9)。アカデミズムや近代化を進めようとする者は、「徴」をみつける必要性を認めず、過去の実績を甘く・都合よく見て、過去の農業を「在来」とあいまいなまま精査しないで、「劣った農業」「遅れた農業」「旧習農業」と認識したまま議論を進めていく。日本の農業は近代至上主義の「多様」な意思が採り入れられた「多育」に向かい、戦争という大混乱期を挟みながら展開する。

「日本の高度成長期」には、「環境」というキーワードも現れる。多育は、化学肥料と農薬を多量に消費して、食の安全や従事者などの健康を蝕み、環境破壊を起こす。その反省から、化学肥料や農薬に頼らない農業を目指す人や、肥大化した農外者の排除を目指す人たちによって、現行の多育から逆展開した、いわゆる「自然農法」「有機農法」が模索される。この運動は、古くから教養人を中心とするローマン的自然回帰者、農本主義者、自給自足を至上視する者、自作小作関係などの改善を目指した者などによって試みられてきた、「自然農法」「有機農法」を継承する。

ドジョウ・メダカ・タガメなどが見られなくなる可視的な部分から、広い範囲での「公害」が一般にも認識され、これらの小動物が環境省によって絶滅危惧種に指定される。

これを受けてか、農業基本法に農業の「多面的機能」なる用語が入り、各種の保護活動や、農業の「多様化」が一部分「許される」。しかしながら、日鷹一雅氏は、本来の生物の多様性の復元を目指そうにも、復元すべき「再生のベースライン」が、描きにくいと指摘している。(10)

常時湛水田での、自然の微生物・微小動物などの活動や食物連鎖を利用した不耕起無施肥稲作が、里山の牧地と薪炭・刈敷・建築自給材・屋根材供給機能を尊重しながら開墾された棚田や、低湿地を有効に利用した田で広く行われたこと、あるいは労力と肥料にコストを掛けない「自然循環維持型」や「自然循環断続型」の、自然環境に負荷をかけない素朴な技が、この国を支えてきたことを知ろうとせず、過去の劣った「在来の農法」「旧習農法」と見切ってきた結果が、再生のベースラインを見失わせているのではないだろうか。

農業本来の地域性・多様性・多面性を、漢字の呪縛と、法による統制によって喪失させ、農政者・研究者が、再生のベースラインすら描けない・見出しにくい状況に置かれているようである。その中で多くの農政者・研究者は「蛸壷的専門分野」に籠もり、あるいは鼻先の「問題と流行（傾向）」の中での対策に終始して、右往左往することによって寄食する結果となっているのではないだろうか。

江戸時代には、寛永・享保・天明と村を根底から覆す飢饉や、疱瘡などの流行が起こり、絶えず田畑の放棄と回復が繰り返される。その中でも、百姓の生きるための意欲・努力は衰えず、やがて草地を田畑化し、屋根材もオギ・ヨシから耐久力の少ない稲藁・小麦藁を主材として代用して、茅場も田畑化される所が多くなる。明治以後には外来の成果によって耕地が一気に拡大され、さらに、第二次大戦後に外地居住者の帰還と食料不足に対処するための荒蕪地・山麓開墾・干拓が行われて、耕地は海・山に向かって拡大される。里山も燃料事情の変換と、化学肥料・製造物残滓の普及による刈敷肥料需要の低下もあって、住宅建材の需要増を見込んで針葉樹に転換される。これが第二次大戦前後に乱伐した山林を回復しようとする動きと同化して、過度な針葉樹林としてしまう。針葉樹の間伐サイクルに応じた需要が、鉄材・外材輸入で置き換えられていく中でも、「緑化運動」として慣例化して、針葉樹に偏重した植林推奨により山の景観を激変させてしまう。その結果、大部分の管理ができなくなり、保水・治水の根幹に大きな障害を起こし、「花粉症」なる国民病を発症させている。

旧草地や茅場などが田畑化された部分、戦後に広げられた旧里山などが田畑化された部分、針葉樹林化された部分を含めての村・山の再構築・再整備をすることが今日の急務となろう。過度な開発によってできた集落や棚田・里山・山林を含めて中山間村を、根本から見直す必要があるのではないだろうか。遺産としての保護活動とは別に、背後の山の植生と、田に流れる流水から見直し、嶺には結果樹と落葉樹、中腹には複合林と適度な針葉樹林をとり戻し、裾や緩傾斜地は牧地として利用し、畑には多量収穫が必要とされない作物、水田は土壌と立地とのかねあいもあるが、「自然循環維持型」の稲作で省力・少経費化を試みて、『清良記』から空想部分を除いた「原風景」ともいうべき「伝統的複合経営」に、近代の成果である品種改良を始めとする栽培学・畜産学・林学など農学の多くの蓄積を「再結合」することにより、「新たな複合的経営」が描けるのではないだろうか。

飯沼氏が汲み取ろうとした、「規模と経営」は、黒正巌氏が指摘したように古くは班田収受（大化の改新）、山城などの土一揆、太閤検地と模索され、改編された『清良記』の時代には局地的だが鬮持制度として再編される。つまり、社会が行き詰まりをみせると、「ならし」の原理が働きそれを打破する。近代以後も明治の地租改正、第二次大戦後の農地改革と、当面の混乱を招くが、新たな活力と安定とを生み出している。(11)

「近世に成長した農術」「中世に生まれた農術の祖形・基礎」を集大成した、「ならしの様を語った」、「自然との付き合い・折り合いの中で省力をして成果を得る」『清良記』を起点として、その後に成立した「多収穫と高効率」を求めた江戸後期農書や、明治期の西洋の「学理」に刺激を受けた明治農書を参考にして、「家業」としての農業を見直して里山も含めた、新たな「ならし」を組み立てる必要が迫っている。他方で産業としての農業との二面性から、日本の農業の・社会のありかたを探っていただきたい。

徳永光俊氏の示した、「農書研究の見通し」に沿って、人口と労役・肥料の問題を柱に、おもに土居清良の活躍した中世後期、『清良記』が改編された近世前期について、軍記として解釈した場合に得られるものを援用して農業を観てきた。そこには、『清良記』以前の世界が闇のように広がり、わが国の文化を「農耕文化」と自称しながら、農耕そのものが儒学的な呪縛に陥り、十分に見つめられていない現状があった。「文字を持たなかった農民」は史料を残さず、文献史学の対象にはならない時代が長い。本書は、この空白を実録と空想を扱い慣れた軍記読みが埋めるべく、作業を試みた成果である。

諸兄姉のご批判をいただければ幸いである。

(1) 飯沼二郎「清良記刊行の意味」(松浦郁郎校訂『清良記』佐川印刷、一九七五年、一九七六年再版)。
(2) 宝月圭吾「中世の産業と技術」(『岩波講座日本歴史』第八巻中世四、岩波書店、一九六七年)九四頁。
(3) 渡辺実校注『枕草子』(新日本古典文学大系二五、岩波書店、一九九一年)二五六頁。
(4) 大曾根章介・久保田淳校注『海道記』(『中世日記紀行集』新日本古典文学大系五一、岩波書店、一九九〇年)七七頁。
(5) 「エグ」は稲の「古根塊」と古歌研究では解釈されているが、いずれの歌も「摘む」としており「ヒコバエ」のことである。
(6) 徳永光俊「農書にみる近世の幕あけ」(『日本農法の水脈』農山漁村文化協会、一九九六年)。
(7) 徳永光俊「日本農学の源流・変容・受容――心不二の世界――」(田中耕司責任編集『「帝国」日本の学知』第七巻、岩波書店、二〇〇六年)に、近世後期から特に明治以降の「学知」による農業の変遷を詳述している。
(8) 田中耕司「根栽農耕と稲作――「個体」の農法の視点から――」(吉田集而・堀田満・印東道子編『イモとヒト』平凡社、二〇〇三年)。岡村秀典・原宗子氏の研究成果からみれば(第III部第一章第三節参照)、中国古典も「群落の農法」を背景に成立している。この視点からみれば、今日のグローバリゼーションは、「群落の農法」を世界基準として推し進めていることになる。
(9) 佐藤常雄・大石慎三郎『貧農史観を見直す』(講談社、一九九五年)八二頁。
(10) 日鷹一雅「かつての水田の普通種の現状と再生」(『科学』七二巻一号、二〇〇二年)。
(11) 黒正巌「日本農史研究」(『黒正巌著作集』第七巻、思文閣出版、二〇〇二年)。

あとがき

小生は、戦後の食糧難の時代に甘藷で育った世代である。

小学校の担任だった北村勇先生から、教科書に載っている青木昆陽以前に、山城には甘藷を伝えた人がいて、その人の甘藷の形をした墓が残っていると教わった。以来、甘藷の伝播が気になり、長じて宮本常一さんの本で『清良記・親民鑑月集』が本邦の初出だと知って、獅子文六さんの小説『大番』に出てくる「カンコロ飯」の本場なのだからと、納得していた。

平成八年に退職を余儀なくされ、暇つぶしに四国を周遊したときに三間町を通り、豊かな水田に驚き、町役場に寄って『清良記』の古写本を見せていただいた。ほどなく、松浦郁郎氏の活字本を入手し、甘藷よりも軍記の面白さに引き込まれてしまった。

畿内の記述から解釈を始め、軍記を農業史料とする違和感を抱いた時期に、大阪経済大学日本経済史研究所の主催する寺子屋「史料が語る経済史・農書が語る江戸時代の農業」を受講させていただいた。以来、筆子になり、諸史料の閲覧などご便宜を図っていただいた。厚く御礼申し上げます。

「第七巻」に抱いた違和感を解明する中で、「関西農業史研究会」の活動を知り、例会を聴講させていただき、以来、会員の皆様の教えを乞うことになった。農業の知識は中学時代に都市郊外の半農地域で暮らしたこと、蔵王山麓で開墾に従事した叔父・横田二三治に教わった事以外に持たない小生に、長年にわたって会員の皆様が噛み砕いて教えてくださった。

徳永光俊先生には研究の指針や機会・場を、農学という大きな枠で考えることを堀尾尚志先生から、農業の始原からは田中耕司先生に、大島真理夫先生には論文の構成の初歩から社会経済学的な見方まで、近世の社会変動については江藤彰彦先生から、栽培学・農の現場は重久正次先生から、梶谷輝雄先生から歴史地理学と最近の研究情報を、西村卓・勝部眞人両先生からは明治の視点を、有薗正一郎先生からは徳川政権の根本である三河農業を、高橋英一先生からは生物学を、などなど。関西農業史研究会での諸先生のご指導・ご厚恩に感謝のほかない。本書第Ⅲ部は教えを小生なりに解釈してまとめたもので、誤謬があれば、それは受け手の小生の責任である。

また、伊予のことは、松浦郁郎先生、石野弥栄先生、門田恭一郎先生、井村博康先生、寺川仁先生など、多くの郷土を愛する方々に教えていただいた。感謝いたします。

小生は学校には縁が薄かったが、節目にすばらしい先生・先輩にめぐり合った。

小学校の北村先生、中学では当時『広辞苑』の出版を手助けされていた新村秀一先生に漢字のことや調べることを、島照子先生には理科的な見方を、高校では石塚一石先生に歴史を見ることを、社会人になっても寺井義人・尚子夫妻には転機ごとに視野を広げる手助けをしていただき、小生の思考回路を広げていただいた。感謝のほかない。また、ただひたすら〝『清良記』遊び〟をする亭主を支えてくれた、妻・百々代にありがとう。

在野の老書生の研究にもかかわらず、思文閣出版の原宏一部長に出版の機会を与えていただき、編集担当の田中峰人さんには数々のアドバイスを頂戴し、ようやくまとめることが出来ました。ご配慮に厚く御礼申し上げます。

平成二十三年四月一日　　伏見元嘉

索　　引

さ

し

ち

つ

て

と

◎著者略歴◎

伏見　元嘉（ふしみ・もとよし）

昭和16年(1941)大阪府生まれ．

兵庫県立湊川高等学校卒業．

中部日本自動車整備学校(現・トヨタ学園)卒業．

陸船資材商，自動車販売店勤務を経て損害保険技術アジャスターを勤める．

〔論文〕

「『清良記』の傍証研究――将棋記述よりのアプローチ――」(『伊予史談』321号，2001年)「『清良記』の改編者と成立過程」(『伊予史談』326号，2002年)「軍記物『清良記』の解釈」(『伊予史談』336号，2005年)．

中近世農業史《ちゅうきんせいのうぎょうし》の再解釈《さいかいしゃく》――『清良記《せいりょうき》』の研究《けんきゅう》――

2011(平成23)年5月31日発行

定価：本体7,800円(税別)

著　者　伏見元嘉
発行者　田中周二
発行所　株式会社　思文閣出版
〒606-8203　京都市左京区田中関田町2-7
電話　075-751-1781(代表)

印　刷
製　本　株式会社　図書印刷　同朋舎

ISBN978-4-7842-1562-1　C3021